"十三五"职业教育系列教材

浙江省"十一五"重点教材建设项目

JIDIAN SHEBEI KONGZHI JISHU YU YINGYONG

机电设备控制技术与应用

（第二版）

主　编　王耀军
副主编　俞秀金
参　编　张伟中　丁明军　蔡金顺
主　审　宋　丹

中国电力出版社
CHINA ELECTRIC POWER PRESS

内 容 提 要

全书共分为九个项目，以继电-接触器控制为主线，结合液压控制部件，将机电设备控制系统有机地结合在一起，全面分析了机电设备典型控制环节、常用机床电气控制、起重机械电气控制、数控机床电气控制及机电一体化典型案例，便于学生结合生产实际掌握机电设备控制系统。本书内容与维修电工国家职业技能标准中的国家职业资格四级、国家职业资格三级对接，在编写过程中力求由浅入深，由典型控制环节到系统分析，每个项目结束配以一定量的思考与练习题。

本书可作为高职高专院校、成人教育学院、技师院校的电气自动化技术、机电一体化技术、生产过程自动化技术、机械制造与自动化等相关专业的教材，也可作为从事机械设备和电气系统线路及器件等的安装、调试、维护、维修人员的参考用书。

图书在版编目（CIP）数据

机电设备控制技术与应用/王耀军主编. —2 版. —北京：中国电力出版社，2019.10（2024.7 重印）

"十三五"职业教育规划教材

ISBN 978-7-5198-3819-5

Ⅰ. ①机… Ⅱ. ①王… Ⅲ. ①机电设备-自动控制系统-职业教育-教材 Ⅳ. ①TH-39

中国版本图书馆 CIP 数据核字（2019）第 250597 号

出版发行：中国电力出版社

地　　址：北京市东城区北京站西街 19 号（邮政编码 100005）

网　　址：http://www.cepp.sgcc.com.cn

责任编辑：周巧玲（010—63412539）

责任校对：黄　蓓

装帧设计：郝晓燕

责任印制：吴　迪

印　　刷：北京雁林吉兆印刷有限公司

版　　次：2015 年 6 月第一版　2019 年 10 月第二版

印　　次：2024 年 7 月北京第七次印刷

开　　本：787 毫米×1092 毫米　16 开本

印　　张：16.5

字　　数：396 千字

定　　价：42.00 元

前 言

本书总码

本书以习近平新时代中国特色社会主义思想为指引，对接高新技术和产业布局，服务"中国智造"，对接职业技能等级考核，秉承新时代高职教育"项目驱动，教学做一体化"培养理念，不仅培养专业技术应用"硬"能力，而且模块化教学中培养职业核心"软"能力，包括自我学习、团队合作、解决问题、革新创新、与人交流、数字应用、信息处理等能力。

本书内容包括常用的电气控制元件介绍、典型电气控制环节、典型液压控制环节、常用的机床电路分析、起重设备控制、数控机床电路分析、机电一体化典型案例分析、常见故障及排除方法等。每个项目模块内容相互关联但又相对独立，教师可以根据实际情况加以选择。

本书通过对典型机电设备的控制分析，将机械传动与控制、液压传动与控制、电气控制等技术通过普通机床、起重设备、数控设备、打印机、洗衣机、机器人等机电设备有机结合起来，体现机-电-液-气-光一体化控制的思想。通过这些项目的学习，可形成整体的机电一体化控制概念。本书结合机电一体化技术的职业、行业特点，融入了中、高级维修电工职业标准，可为中、高级维修电工技能考核的取证训练配套教材。

按照机电设备行业岗位技能的需求，本书将机电控制技术以 9 个项目的形式呈现，以继电器-接触器控制为主线，结合液压控制部件，将机电设备控制系统有机结合，通过全面分析机电设备典型控制环节、常用机床电气控制、起重机械电气控制、数控机床电气控制及机电一体化典型案例，培养学生结合生产实际掌握机电设备控制系统的能力。

此次修订更加突出了系统的应用和分析，增加了配套资源，包括课件、视频、拓展阅读，便于学生自学和拓展。本书主要特色如下：

（1）"教学做"一体化。聚焦"三教"改革中教材的改革，以教材改革带动教法改革，提倡新形态课堂"学中做、做中学、探中学"模式，突破传统教材或偏理论、或理论实践脱节的局面，本书所有项目和任务围绕"教学做"一体化，紧密联系生产实际，知识体系完整。

（2）紧跟高新技术。及时把当前先进的技术如工业机器人技术、3D 打印技术引入到课程中，更加符合企业岗位迁移和发展的需求，培养高素质技术技能型人才。

本书由浙江机电职业技术学院王耀军任主编，俞秀金任副主编。编写分工如下：俞秀金（项目一、项目二、项目五、项目六）；张伟中、蔡金顺（项目三、项目四、项目七）；王耀军（项目八）；丁明军（项目九）。全书由王耀军统稿，宋丹主审。

本书在编写中，得到了戴一平教授、胡幸鸣教授、刘同文副教授、陈廷全高级工程师、朱玉堂高级工程师等的指点和帮助，在此表示衷心感谢！

限于编者水平，书中难免有不妥之处，恳请读者批评指正。主编邮箱：yaojunw@vip.163.com。

编　者

2019.8

第一版前言

本书是浙江省重点教材。本书从课程改革的角度出发，引入新产品新工艺，让教材与市场同步，与企业同步，增强学生的就业能力。在编写过程中，根据高职高专教材应以培养综合型、技术技能型人才为目标这一原则，在注重基础理论编写的同时，突出实践性教学环节，努力做到内容全面、语言简洁、通俗易懂、重点突出、图文并茂、实用性强，尽可能体现高职教育的特点。

在生产过程中，机电设备控制技术的应用十分广泛。作为机电一体化技术的核心课程，本教材内容包括常用的电气控制元件介绍、典型电气控制环节、典型液压控制环节、常用的机床电路分析、起重设备控制、数控机床电路分析、机电一体化典型案例分析、常见故障及排除方法等。每个项目模块内容相互关联但又相对独立，学校可以根据实际情况加以选择。

本书通过对典型机电设备的控制分析，将机械传动与控制、液压传动与控制、电气控制技术通过普通机床、起重设备、数控设备、打印机、洗衣机、机器人等有机地结合起来，体现机-电-液-气-光一体化控制的思想，通过这些项目的学习，使学生形成整体的机电一体化控制概念。在编写中结合机电一体化技术的职业、行业特点，融入了中、高级维修电工职业标准，可配合学生中、高级维修电工的取证训练。

全书共分为九个项目，以继电-接触器控制为主线，结合液压控制部件，将机电设备控制系统有机地结合在一起，全面分析机电设备典型控制环节、常用机床电气控制、起重机械电气控制、数控机床电气控制及机电一体化典型案例，便于学生结合生产实际掌握机电设备控制系统。

本书由浙江机电职业技术学院俞秀金（项目一、项目二、项目五、项目六）、张伟中（项目三、项目四、项目七）、王耀军（项目八）、丁明军（项目九）编写，俞秀金担任主编并对全书进行统稿，宋丹担任主审。

在本书的编写过程中，得到了戴一平教授、胡幸鸣教授、刘同文副教授、陈廷全高级工程师、朱玉堂高级工程师等的指点和帮助，在此表示衷心感谢！

由于编者水平所限，书中难免有不妥之处，恳请广大读者给予批评指正，E-mail：yxjinhz@163.com。

编　者

2015.3

目　　录

项目一　机电设备控制技术基础

低压电器是机电设备控制系统的一部分，是电力拖动自动控制系统的基本组成元件。机电设备控制系统的优劣与所用的低压电器直接相关。本项目通过学习电气控制电路中常用低压电器的工作原理、结构、选用原则等内容，为机电设备控制技术及应用打基础。

模块一　电磁机构工作原理

知识要求	技能要求
1. 了解铁芯和衔铁的材料、形状、结构； 2. 了解线圈材料，熟悉交流线圈、直流线圈、电流线圈、电压线圈； 3. 掌握短路环的工作原理与作用； 4. 了解触点系统及灭弧方法	1. 能识别直流线圈与交流线圈； 2. 能识别电压线圈与电流线圈； 3. 能观察短路环在铁芯中的位置与结构并做出判断

低压电器的基本结构由触点系统和电磁机构组成。触点系统存在接触电阻和电弧物理现象，对电器系统的安全运行影响较大。电磁机构的电磁吸力和反力是决定电器性能的主要因素之一。低压电器的主要技术性能指标与参数就是在此基础上制定的。因此，触点结构、电弧、灭弧装置及电磁吸力和反力等是低压电器的基本知识，也是研究电器元件结构和工作原理的基础。正确地选用和使用低压电器元件，对正确操作和电气安全运行是至关重要的。

一、电磁机构

电磁机构是电磁式继电器和接触器等的主要组成部件之一，其工作原理是将电磁能转换成为机械能，从而带动触点动作。

1. 电磁机构的结构形式

电磁机构由吸引线圈（励磁线圈）和磁路两个部分组成。磁路包括铁芯、铁轭、衔铁和气隙。吸引线圈通以一定的电压或电流产生激励磁场及吸力，并通过气隙转换为机械能，从而带动衔铁运动使触点动作，以完成触点的断开或闭合。图 1－1 所示为常用电磁机构的形式。由图 1－1 可见，衔铁可以直动，也可以绕某一支点转动。按磁系统形状分类，电磁机构可分为 U 形［见图 1－1(c)］和 E 形［见图 1－1(d)］两种。

吸引线圈按其中通电种类可分为交流电磁线圈和直流电磁线圈。对于交流电磁线圈，当通交流电时，为了减小因涡流造成的能量损耗和温升，铁芯和衔铁用硅钢片叠成。对于直流电磁线圈，铁芯和衔铁可以用整块电工软钢做成。

从结构上看，吸引线圈大致可分为有骨架和无骨架两种。交流电磁铁的线圈多为有骨架式，且线圈做成粗短形，这是考虑到铁芯中有磁滞损耗，便于散热。直流电磁铁的线圈则多做成无骨架式，且线圈形状做成细长形。

线圈做成并联于电源工作的线圈，称为电压线圈，它的特点是匝数多，线径较小。线圈做成串联于电路工作的线圈，称为电流线圈，它的特点是匝数少，线径较大。

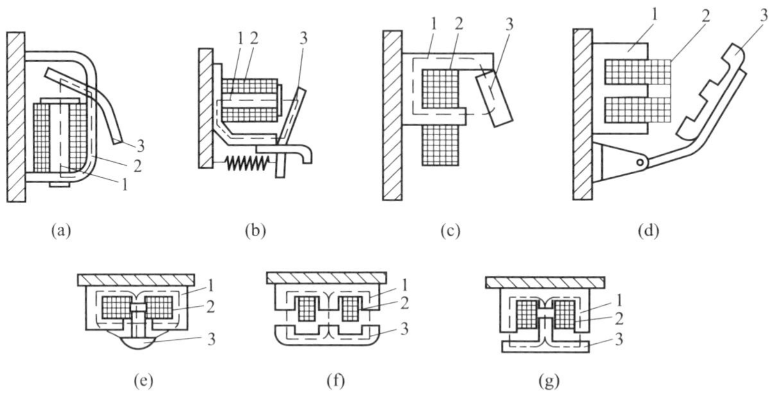

图 1－1　常用电磁机构的形式

1—铁芯；2—线圈；3—衔铁

2. 电磁机构的工作原理

电磁机构的工作特性常用吸力特性和反力特性来表达。电磁机构使衔铁吸合的力与气隙的关系曲线称为吸力特性。电磁机构使衔铁释放（复位）的力与气隙的关系曲线称为反力特性。

(1) 吸力特性。电磁机构的吸力与很多因素有关，其反映的是电磁吸力与气隙的关系，而励磁电流的种类不同，吸力特性也不一样。交流电磁机构吸力 F 与气隙 δ 的大小无关，实际上，考虑到漏磁通的影响，吸力 F 随气隙 δ 的减小略有增加，其吸力特性如图 1－2 所示。直流电磁机构的吸力 F 与气隙 δ 的平方成反比，其吸力特性如图 1－3 所示，它表明衔铁闭合前后吸力变化很大，气隙越小，吸力越大。

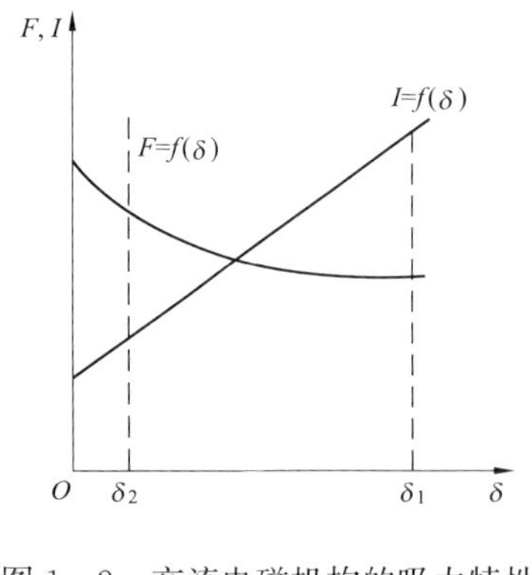

图 1－2　交流电磁机构的吸力特性

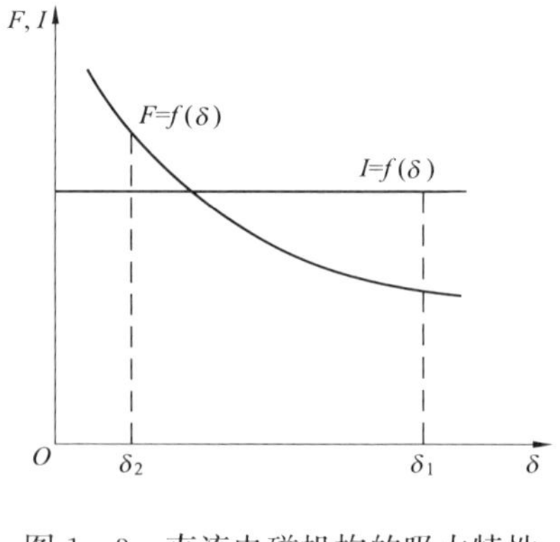

图 1－3　直流电磁机构的吸力特性

(2) 反力特性。电磁机构使衔铁释放的力一般有两种：一种是利用弹簧的反力，如图 1－1(b) 所示；另一种是利用衔铁的自身重力，如图 1－1(d) 所示。

(3) 剩磁吸力特性。由于铁磁物质有剩磁，它使电磁机构的励磁线圈失电后仍有一定的磁件吸力存在，剩磁的吸力随气隙 δ 的增大而减小。剩磁吸力特性如图 1-4 中曲线 4 所示。

（4）吸力特性与反力特性的配合。电磁机构欲使衔铁吸合，在整个吸合过程中，吸力必须始终大于反力，但也不能过大，否则会影响电器的机械寿命。反映在特性图上，就是要保证吸力特性在反力特性的上方。当切断电磁机构的励磁电流以释放衔铁时，其反力特性必须大于剩磁吸力，才能保证衔铁可靠释放。所以在特性图上，电磁机构的反力特性必须介于电磁吸力特性和剩磁吸力特性之间，如图 1-4 所示。

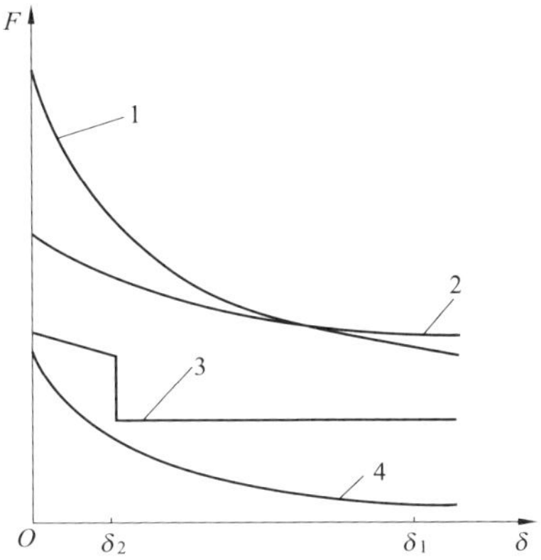

图 1-4　吸力特性和反力特性
1—直流吸力特性；2—交流吸力特性；
3—反力特性；4—剩磁吸力特性

在实际使用中，无论是直流操作还是交流操作，只要线圈两端电压大于释放电压，闭合状态的电磁机构都必须产生大于弹簧反力的吸力。直流电磁机构在这方面毫无问题，但对于交流电磁铁来说，铁芯中的磁通量及吸力是一个周期函数，为

$$\begin{aligned} F &= 4B^2S\times10^5 \\ &= 4S\times10^5B_m^2\sin^2\omega t \\ &= 2B_m^2S(1-\cos2\omega t)\times10^5 \end{aligned}$$

式中　F——电磁吸力，N；

B——气隙磁感应强度，T；

S——决定电磁吸力的衔铁端面面积，m^2。

（5）短路环的作用。电磁吸力 F 是一个周期函数，包括两个分量，即直流分量和频率为电网频率 2 倍的交流分量。吸力总是正的，在磁通每次过零时，即 $\omega t=0$、$\pi/2$、T（T 为磁通的周期）时，吸力为零，此时弹簧反力大于电磁吸力，电磁机构释放；而在 $\pi/2\sim T$ 之间，吸力大于反力，动铁芯（衔铁）克服原先的分离运动，使电磁机构重新吸合。这样，在 $f=50$Hz 时，每周期内衔铁吸力要两次过零，电磁机构就出现了频率为 100Hz 的持续抖动与撞击，使得铁芯迅速损坏，并产生难以忍受的噪声，这种现象是不允许存在的。为了避免衔铁振动，通常在铁芯端面上安装一个用铜制成的短路环或称分磁环，如图 1-5 所示。顾名思义，短路环就像是一匝两端接在一起的线圈，一般镶嵌在静铁芯端面的槽内。短路环把端面 S 分成两部分，即环内部分 S_1 与环外部分 S_2（$S=S_1+S_2$）。短路环仅包围了主磁通 Φ 的一部分。这样，铁芯中有两个不同相位的磁通 Φ_1 和 Φ_2，电磁机构的总吸力将是 F_1 和 F_2 之和，只要此合力始终大于反力，衔铁的振动现象就会消除。如图 1-5(b) 所示，加短路环后，Φ_1 产生的电磁吸力为 F_1，Φ_2 产生的电磁吸力为 F_2，F_1 和 F_2 合成的电磁吸力见曲线 F，最大电磁吸力为 F_{max}，最小电磁吸力为 F_{min}，反作用弹簧产生的反力为 F_r，由图 1-5(b) 可见，合成电磁吸力的最小值 F_{min} 在反力 F_r 的上方，避免了衔铁振动。

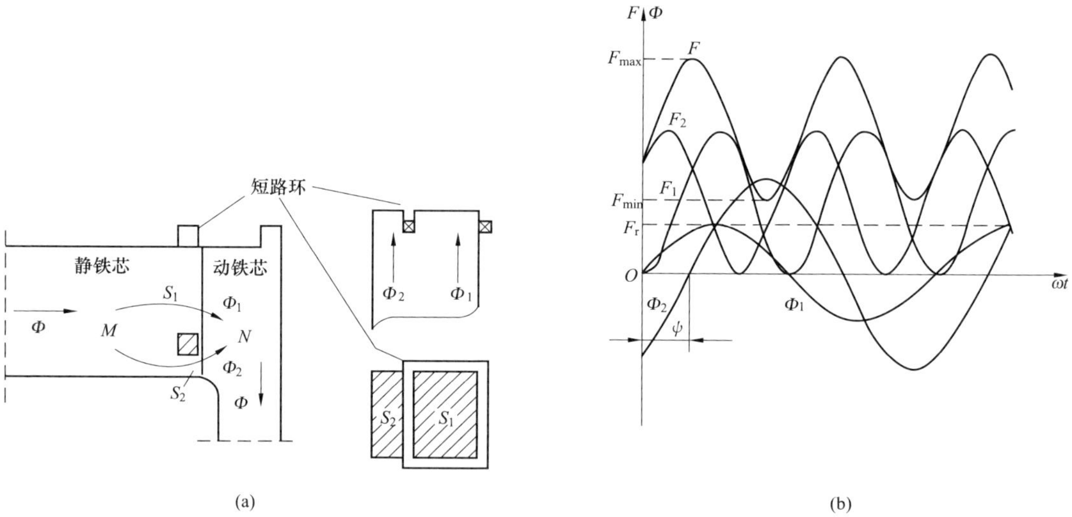

图 1-5 加短路环后的磁通和电磁力

(a) 磁通分布示意；(b) 电磁吸力波形示意

二、电器的触点和电弧

1. 电器的触点

触点是电器的主要执行部分，起接通和分断电路的作用。在有触点的电器元件中，电器元件的基本功能是靠触点来执行的，要求触点的导电、导热性能良好。触点的接触形式及结构形式很多，通常按其接触形式归为三种，即点接触、线接触和面接触。触点的结构形式有指形触点、桥式触点等。图 1-6(c) 所示为线接触，常做成指形触点结构，如图 1-6(e) 所示，它的接触区是一条直线。图 1-6(f)、(g) 分别为小型继电器中常用的分裂触点和片簧形式，这种结构有利于继电器提高通断的可靠性。

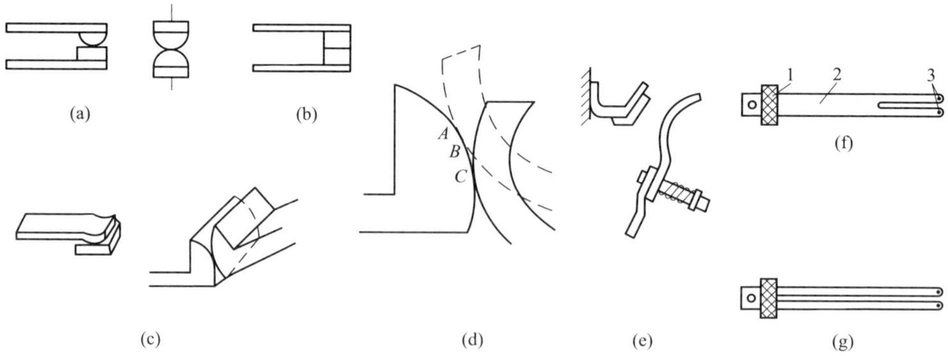

图 1-6 触点的接触形式

(a) 点接触；(b) 面接触；(c) 线接触；(d) 线接触触点的接触过程；

(e) 指形触点；(f) 分裂触点；(g) 片簧

1—固定件；2—簧片；3—两个接点

触点按其原始状态可分为动合触点和动断触点。原始状态时（即线圈未通电）断开，线圈通电后闭合的触点称为动合触点。原始状态闭合，线圈通电后断开的触点称为动断触点。线圈断电后所有触点复原。触点按其控制的电路可分为主触点和辅助触点。主触点用于接通或断开主电路，允许通过较大的电流。辅助触点用于接通或断开控制电路，只能通过较小的电流。

2. 电弧的产生及灭弧

（1）电弧的产生及基本灭弧方法。在自然环境中切断电路时，如果被切断电路的电流（电压）超过某一数值，根据触点材料的不同其值为0.25～1A、12～20V，则触点间隙中会产生电弧。电弧实际上是触点间气体在强电场作用下产生的放电现象。所谓气体放电，就是触点间隙中的气体被游离，产生大量的电子和离子，在强电场作用下，大量的带电粒子做定向运动，于是绝缘的气体就变成了导体。电流通过这个游离区时所消耗的电能转换为热能和光能，发出光和热的效应，产生高温并发出强光，使触点烧损，并使电路的切断时间延长，甚至不能断开，造成严重事故。电弧对电器的影响主要有以下几个方面：

1）触点虽已打开，但由于电弧的存在，要断开的电路实际上并没有断开。

2）电弧的温度很高，严重时可使触点熔化。

3）电弧向四周喷射，会使电器及其周围物质损坏，甚至造成短路，引起火灾。

所以，必须采取措施熄灭或减小电弧，其基本方法有以下几种：

1）速拉灭弧法：迅速拉长电弧，以降低电场强度。

2）冷却灭弧法：用电磁力使电弧在冷却介质中运动，降低弧柱周围的温度。

3）窄缝灭弧法：将电弧挤入绝缘壁组成的窄缝中以冷却电弧。

4）长弧切短法：将电弧分成许多串联的短弧，增加维持电弧所需的临极电压降的要求。

5）真空灭弧法：将电弧密封于高气压或真空的容器中。

（2）常用的灭弧方法和灭弧装置。常用的灭弧方法和灭弧装置有以下几种：

1）桥式结构双断口灭弧。图1-7所示为一种桥式结构双断口触点，流过触点两端的电流方向相反，将产生互相排斥的电动力。当触点打开时，在断口中产生电弧。电弧电流在两个电弧之间产生磁场，根据左手定则，电弧电流要受到一个指向外侧的电动力 F 的作用，使电弧向外运动并拉长，使它迅速穿越冷却介质而加快电弧冷却并熄灭。此外，这种方法也具有将一个电弧分为两个来削弱电弧的作用。这种灭弧方法效果较弱，故一般多用于小功率的电器中。但是，当配合栅片灭弧后，这种方法也可用于大功率的电器中。交流接触器常采用这种灭弧方法。

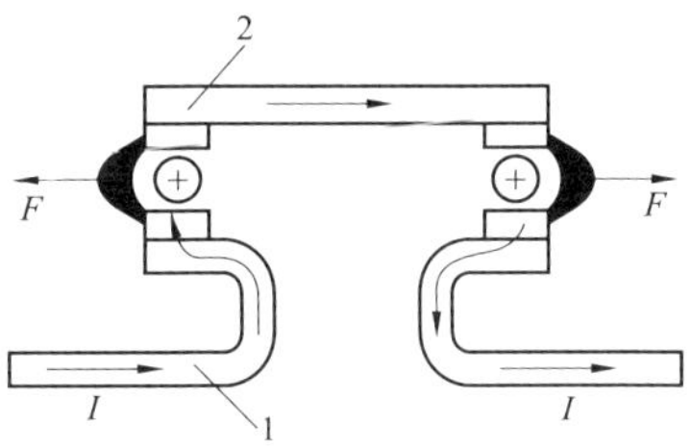

图1-7　桥式结构双断口触点灭弧原理
1—静触点；2—动触点

2）栅片灭弧。图1-8所示为栅片灭弧示意。灭弧栅一般由多片镀铜薄钢片（称为栅片）和石棉绝缘板组成，它们安放在电器触点上方的灭弧室内，彼此之间互相绝缘，片间距离为2～5mm。当触点分断电路时，在触点之间产生电弧，电弧电流产生磁场，由于钢片磁阻比空气磁阻小得多，因此，电弧上方的磁通非常稀疏，而下方的磁通却非常密集。这种上疏下密的磁场将电弧拉入灭弧罩中，当电弧进入灭弧栅后，被分割成数段串联的短弧。这样每两片灭弧栅片可以看作一对电极，而每对电极间都有 150～250V 的绝缘强度，使整个灭弧栅的绝缘强度大大加强，而每个栅片间的电压不足以达到电弧的燃烧电压，同时栅片吸收电弧热量，使电弧迅速冷却而很快熄灭。

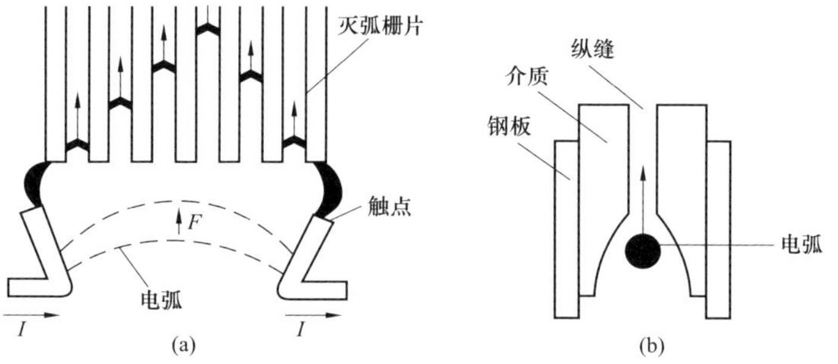

图 1-8　栅片灭弧原理

（a）电弧进入栅片被分割；（b）灭弧栅片的形状

当触点上所加的电压是交流时，交流电产生的交流电弧要比直流电弧容易熄灭。因为交流电在每个周期有两次过零点，显然电压为零时，电弧容易熄灭，因此灭弧栅装置常用作交流灭弧。

3）磁吹灭弧。磁吹灭弧方法是利用电弧在磁场中受力，将电弧拉长，并使电弧在冷却的灭弧罩窄缝隙中运动，产生强烈的消电离作用，从而将电弧熄灭。其原理如图 1-9 所示，它广泛应用于直流灭弧装置中（如直流接触器中）。

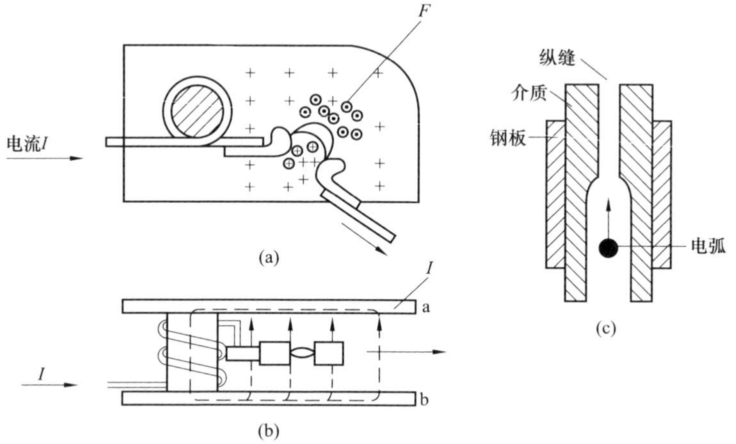

图 1-9　磁吹灭弧原理

（a）磁吹线圈向电弧产生推力；（b）俯视图；（c）窄缝灭弧介质

三、电气控制技术中的图形符号和文字符号

1. 图形符号

电气控制电路图是工程技术的通用语言，由各种电器元件的图形、文字符号组成。为便于交流与沟通，国家标准局参照国际电工委员会（IEC）颁布的有关文件，制定了我国电气设备的有关国家标准，颁布了 GB/T 4728.1～4728.5—2005、GB/T 4728.6～4728.13—2008《电气

简图用图形符号》和 GB 7159—1987《电气技术中的文字符号制订通则》。GB 7159—1987 已于 2005 年废除，目前没有相应的替代标准，在识图中仍可看到以该标准绘制的电气图，绘图时文字符号可以参照 GB/T 50786—2012《建筑电气制图标准》。

电气图用图形符号是按照功能组合图的原则，由一般符号、符号要素或一般符号加限定符号组合成为特定的图形符号、方框符号等。

一般符号是一种用以表示一类产品和此类产品特征的通常很简单的图形符号。

符号要素是一种具有确定意义的简单图形，用于与其他图形符号组合而构成一个设备或概念的完整符号，不能单独使用。例如，不同功能、类型的主令开关是由开关的一般符号与不同功能的符号要素组成的，因此，按钮开关、紧急开关和旋钮开关的符号是不一样的。

限定符号是一种用以提供附加信息的加在其他符号上的图形符号，通常不能单独使用，如“×”是表示断路器功能的限定符号。但一般符号有时也可用作限定符号，例如，电动机的一般符号加到其他一些符号上即构成电动式器件，若加到一般阀的符号上就构成电动阀门的符号等。

方框符号是一种用以表示元件、设备等的组合及其功能，既不给出元件、设备的细节，也不考虑所有连接的简单的图形符号。方框符号通常用在使用单线表示法的图中，也可用在表示出全部输入接线和输出接线的图中。在绘制电气图时应使用国家标准《电气简图用图形符号》规定的一般符号、方框符号、示例符号及符号要素、限定符号和常用的其他符号。《电气简图用图形符号》中已经给出的各种符号都不允许对其进行修改或重新进行派生，但允许按功能组合图的原则派生《电气简图用图形符号》中未给出的各种符号。

2. 文字符号

国家标准规定电气技术中的文字符号分为基本文字符号（单字母或双字母）和辅助文字符号。GB 7159—1987《电气技术中的文字符号制订通则》中单字母符号等同采用 IEC 750《电气技术中项目代号》标准中的种类代号，双字母符号等同采用 IEC 204《项目代号、图解、简图、表格和说明举例》中的双字母代码。因此，上述单字母符号和双字母符号在国际上是通用的。

基本文字符号中的单字母符号是按拉丁字母将各种电气设备、装置和元器件划分为 23 大类，每大类用一个专用单字母符号表示。例如，K 表示继电器、接触器类，F 表示保护器件类等。单字母符号应优先采用。双字母符号由一个表示种类的单字母符号与另一字母组成，其组合形式应以单字母符号在前、另一字母在后的次序列出。只有当用单字母符号不能满足要求、容易混淆，需要将大类进一步划分时，才采用双字母符号，以便较详细和更具体地表述电气设备、装置和元器件。例如，F 表示保护器件类，而 FU 表示熔断器，FR 表示热继电器等。文字符号可以参照 GB/T 50786—2012《建筑电气制图标准》。

辅助文字符号是用于表示电气设备、装置和元器件及电路的功能、状态和特征的。例如，AC 表示交流，PE 表示保护接地，RD 表示红色等。辅助文字符号也可放在表示种类的单字母符号后边组成双字母符号，例如，P 表示压力，SP 表示压力传感器。为简化文字符号，若辅助文字符号由两个以上字母组成，则允许只采用其第一位字母进行组合。例如，MS 表示同步电动机，是 M 和 SYN 的组合等。辅助文字符号还可以单独使用，例如，ON

表示接通，N 表示中性线，RST 表示复位等。

文字符号适用于电气技术领域中图纸和技术文件的编制，也可表示在电气设备、装置和元器件上或其近旁，以标明它们的名称、功能、状态或特征；可作为电气技术中项目代号中的种类字母代码和功能字母代码，也可作为限定符号与电气图用图形符号中一般符号组合使用，以派生各种新的图形符号。

模块二 刀开关与主令电器

知识要求	技能要求
1. 了解刀开关的种类； 2. 掌握刀开关的工作原理； 3. 掌握刀开关的参数	1. 能识别刀开关； 2. 能根据电路要求选择合适的刀开关

一、刀开关

在对电气设备的带电部分进行维修时，应使这些部分一直处于无电状态，所以必须将电气设备从电网脱开并隔离，能起这种隔离电源作用的开关电器称为隔离器。隔离器一般属于无载通断电器，只能接通或分断"可忽略的电流"（指套管、母线、连接线和电缆等的分布电容电流和电压互感器或分压器的电流），但有一定的载流能力。也有一些隔离器产品有一定的通断能力，能在非故障条件下接通和分断电气设备或成套设备中的某一部分，这时其通断能力应和其所需通断的电流相适应。

1. 刀开关分类

刀开关（刀形转换开关）是一种结构简单、应用广泛的手动电器，主要供无载通断电路用，即在不分断负载电流或分断时各极两触点间不会出现明显极间电压的条件下用于接通或分断电路。刀开关有时也可用来通断较小工作电流，作为照明设备和小型电动机做不频繁操作的电源开关。当能满足隔离功能要求时，刀开关也可用作电源隔离开关。当刀开关有灭弧罩，并用杠杆操作时也可接通或分断额定电流。

刀开关按极数分，有单极、双极、三极和四极刀开关；按操作方式分，有直接手柄操作、正面旋转手柄操作、杠杆操作和电动机操作；按转换方式分，有单投、双投（转换开关）。另外，还有一种采用叠装式触点元件组成旋转操作的称为组合开关。

兼有开关作用的隔离器称作隔离开关，它具备一定的电路接通能力。

隔离器和熔断器串联组合成一个单元，隔离器的动触点由熔断体或带熔断体的载熔件组成时，即为隔离器式熔断器组，或称为熔断器式隔离器。刀开关和熔断器串联组合成负荷开关，刀开关的动触点由熔断体组成时，即为熔断器式刀开关。上述含有熔断器的组合电器统称为熔断器组合电器。熔断器组合电器一般能进行有载通断，并有一定的短路保护功能。

刀开关和隔离器根据工作条件和用途的不同，主要有以下几类：开启式刀开关、封闭式负荷开关（铁壳开关）、开启式负荷开关（胶盖瓷底刀开关）、熔断器式刀开关、熔断器式隔离器等，产品种类很多，尤其是近几年不断出现新产品、新型号，本节主要介绍常用的几种产品。隔离器、刀开关和负荷开关的图形符号分别如图1-10(a)、(b)、(c)所示，图中分别是隔离器、刀开关和负荷开关的三线三极表示法，文字符号单字母为Q，双字母为QS。

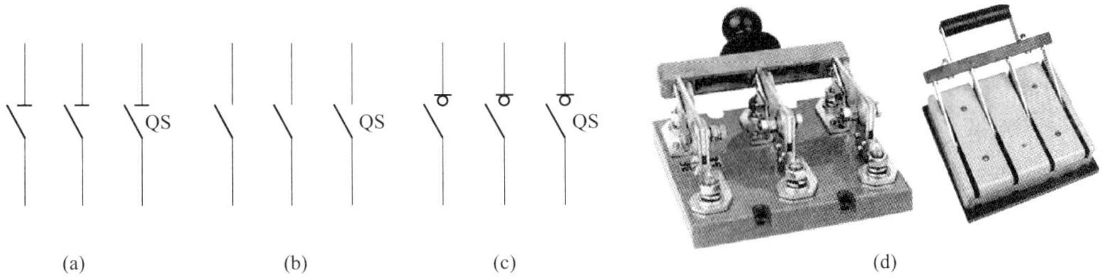

图1-10　隔离器、刀开关、负荷开关的图形符号和文字符号

(a) 隔离器；(b) 刀开关；(c) 负荷开关；(d) 外形图

(1) 开启式负荷开关。开启式负荷开关俗称胶盖瓷底刀开关，是一种结构简单、应用最广泛的手动电器，常用作交流额定电压380/220V、额定电流至100A的照明配电线路的电源开关和小容量电动机非频繁起动的操作开关。

开启式负荷开关由操作手柄、熔丝、触刀、触点座和底座组成，如图1-11所示。胶壳的作用是防止操作时电弧飞出灼伤操作人员，并防止极间电弧造成电源短路，因此操作前一定要将胶壳安装好再操作。熔丝主要起短路和严重过电流保护作用。

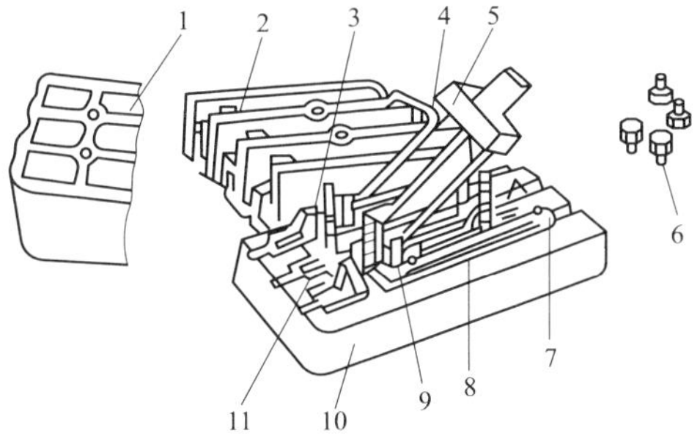

图1-11　HK系列开启式负荷开关结构示意

1—上胶盖；2—下胶盖；3—触刀座；4—触刀；5—瓷柄；6—胶盖紧固螺帽；
7—出线端子；8—熔丝；9—触刀铰链；10—瓷底座；11—进线端子

(2) 封闭式负荷开关。封闭式负荷开关又称铁壳开关，一般用于电力排灌、电热器、电气照明线路的配电设备中，供手动不频繁地接通和分断电路，以及作为线路末端的短路保护之用。交流50Hz、380V、60A及以下等级的开关，还可作为异步电动机的非频繁全电压起动的控制开关。

封闭式负荷开关主要由触点及灭弧系统、熔断器和操作机构构成，它们共装于同一防护外壳（铁盒）之内。常用的封闭式负荷开关型号有HH3、HH4两个系列，其中，HH4系列为全国统一设计产品，可取代同容量的其他系列老产品。

HH3和HH4系列封闭式负荷开关采用灭弧装置，有瓷质E形灭弧室与由钢纸板夹上去离子栅片构成的灭弧室两种。配用的熔断器，额定电流为60A及以下者，为瓷插式熔断器；额定电流为100A及以上者，为无填料封闭管式熔断器。封闭式负荷开关的操作机构具有两个特点：一是采用储能合闸方式，即利用一根弹簧执行合闸和分闸机能，使开关的闭合速度和分断速度同操作速度无关，这既有利于改善开关的动作性能和灭弧性能，又能防止触点停滞在中间位置上；二是设有连锁装置，它可以保证开关合闸时不能打开防护铁盖，而当防护铁盖打开时，不能将开关合闸，这样既有助于充分发挥外壳的防护作用，又保证了更换熔断器等操作的安全。

（3）熔断器式隔离器。熔断器式隔离器是一种新型电器，有多种结构形式，一般由填料熔断器和刀开关组合而成，广泛应用于开关柜或与终端电器配套的电器装置中，作为线路或用电设备的电源隔离开关及严重过载和短路保护之用。在回路正常供电的情况下接通和切断电源由刀开关来承担，当线路或用电设备过载或短路时，熔断器的熔体熔断，及时切断故障电流。其结构如图1－12所示。

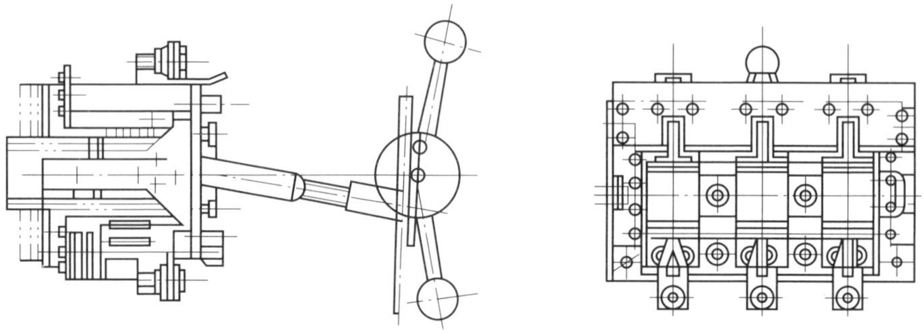

图1－12　熔断器式隔离器

安装刀开关时，手柄要向上，不得倒装或平装。倒装时，手柄有可能会自动下滑而引起误合闸，造成人身伤害事故。接线时，应将电源进线端接在上端端子上，负载接在下端端子上。这样，拉开刀闸后，刀开关与电源隔离，便于检修。

（4）组合开关。组合开关实质上也是一种刀开关，只不过一般刀开关的操作手柄是在垂直于其安装面的平面内向上或向下转动，而组合开关的操作手柄是在平行于其安装面的平面内向左或向右转动而已。组合开关由若干分别装在数层绝缘件内的双断点桥式动触片、静触片（与盒外的接线相连）组成。动触片装在附加有手柄的绝缘方轴上，方轴随手柄而旋转，于是动触片也随方轴转动并变更其与静触片分、合位置。所以，组合开关实际上是一个多触点、多位置式、可以控制多个回路的电器，也称转换开关。

组合开关一般用于电气设备中，作为非频繁地接通和分断电路、换接电源和负载、测量三相电压及控制小容量异步电动机的正反转和星形-三角形起动等用。

在选择组合开关时，其额定电流应等于或大于被控制电路中各负载电流的总和，若用于控制电动机，其额定电流一般选择为电动机额定电流的1.5～2.5倍。组合开关的通断能力较低，故不可用来分断故障电流。当用于控制电动机做可逆运转时，必须在电动机完全停止转动后，才允许反向接通。

组合开关的结构与外形如图1－13所示。

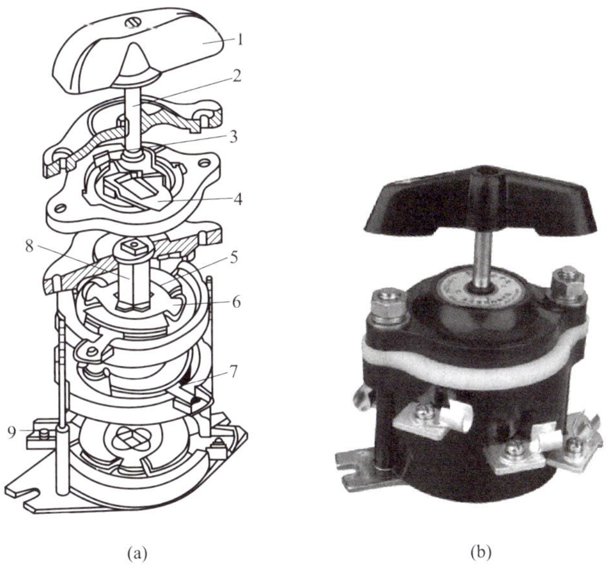

图 1-13　组合开关

(a) 结构示意；(b) 外形图

1—手柄；2—转轴；3—弹簧；4—凸轮；5—绝缘垫板；
6—动触点；7—静触点；8—绝缘方轴；9—接线柱

2. 隔离器、刀开关等的选用原则

隔离器、刀开关的主要功能是隔离电源。在满足隔离功能要求的前提下，选用的主要原则是保证其额定绝缘电压和额定工作电压不低于线路的相应数据，额定工作电流不小于线路的计算电流。若要求有通断能力，则须选用具备相应额定通断能力的隔离器；若需接通短路电流，则应选用具备相应短路接通能力的隔离开关。

选择隔离器、刀开关时，主要根据线路对电路特性的要求决定电路数、触点种类和数量。有些产品是可以改装的，制造厂可在一定范围内按订货要求满足不同的需要。

目前隔离器、刀开关（含刀形转换开关）产品的绝缘电压大多数为交流 500V、直流 440V，故安装刀开关（或刀形转换开关）的电路的额定电压不应超过交流 500V 或直流 440V。电路的计算电流也不应超过其额定工作电流。刀开关的极数、位置和操纵方式可根据实际需要选定。

当用刀开关直接通断小负载时，应注意选择相应的通断能力。特别是当直接控制小型电动机等感性负载时，应考虑其接通和分断过程中的电流特性（如起动电流、起动时间等）。

隔离器、刀开关在按上述原则选择后，均需进行短路性能校验以保证其具体安装位置上的预期短路电流不超过电器的额定短时耐受电流（当电路中有短路保护电器时可为额定极限短路电流）。

选用熔断器组合电器时，需在上述隔离器对开关的选用要求之外再考虑熔断器的特点（参见熔断器的选用原则）。

二、主令电器

主令电器是电气自动控制系统中用于发送或转换控制指令的电器，是一种用于辅助电路中的控制电器。为方便起见，本书将辅助电路中除继电器以外的电器均归为这一类。

1. 主令电器分类

主令电器应用广泛，种类繁多，按其作用可分为控制按钮、行程开关、接近开关、转换开关（组合开关）、主令控制器及其他主令电器（如脚踏开关、倒顺开关、紧急开关、钮子开关、指示灯等）。下面介绍几种常用的主令电器。

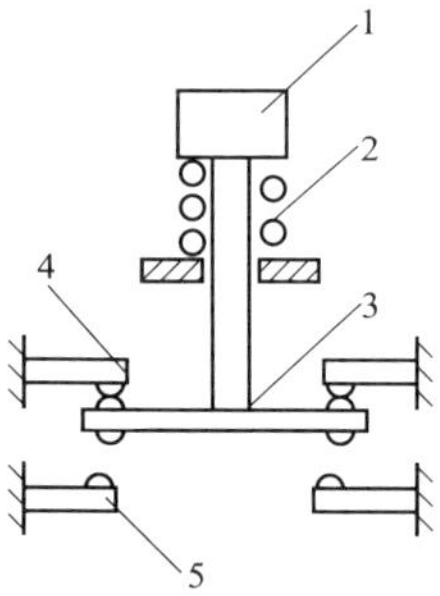

图 1-14 控制按钮的结构原理

1—按钮帽；2—复位弹簧；3—动触点；4—动断触点；5—动合触点

（1）控制按钮。控制按钮是一种结构简单、应用十分广泛的主令电器。在电气自动控制电路中，用于手动发出控制信号以控制接触器、继电器、电磁起动器等。控制按钮的结构种类很多，可分为普通按钮式、蘑菇头式、自锁式、自复位式、旋柄式、带指示灯式、钥匙式等，有单钮、双钮、三钮及不同组合形式，一般是采用积木式结构，由按钮帽、复位弹簧、桥式触点、外壳等组成，通常做成复合式。控制按钮有一对动断触点和动合触点，有的产品可通过多个元件的串联增加触点对数。还有一种自持式按钮，按下后即可自动保持闭合位置，断电后才能打开，控制按钮的结构原理图如图 1-14 所示。

为了标明各个按钮的作用，避免误操作，通常将按钮帽做成不同的颜色，以示区别，其颜色有红、绿、黑、黄、蓝、白等，例如，红色表示停止按钮，绿色表示起动按钮等。按钮开关的主要参数有型式及安装孔尺寸、触点数量及触点的电流容量，在产品说明书中都有详细说明。按钮开关的图形符号如图 1-15 所示，文字符号单字母为 S，双字母为 SB。常用国产产品有 LAY3、LAY6、LA20、LA25、LA101、LA38、NP1 等系列。国外进口及引进产品品种也很多，几乎国外大的低压电器厂商都有产品进入我国市场，并有一些新的品种，结构新颖。

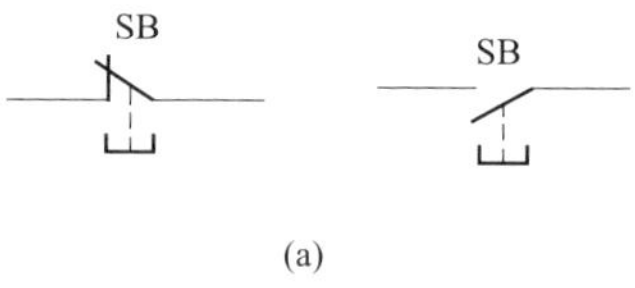

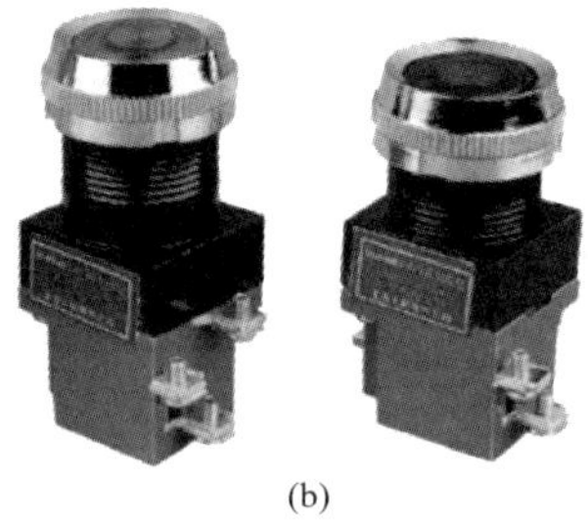

图 1-15 按钮开关的图形符号、文字符号与外形图

（a）图形符号与文字符号；（b）外形图

（2）行程开关。行程开关又称限位开关，是一种利用生产机械某些运动部件的碰撞来发出控制指令的主令电器，是一种用于控制生产机械的运动方向、速度、行程大小或位置的自动控制器件。其结构形式多种多样，但其基本结构可以分为三个主要部分：摆杆（操作机构）、触点系统和外壳。触点类型有一动合一动断、一动合二动断、二动合一动断、二动合二动断等。动作方式可分为瞬动、蠕动和交叉从动式三种。行程开关的主要参数有型式、动作行程、工作电压及触点的电流容量。行程开关的图形符号如图 1-16 所示，文字符号单字母为 S，双字母为 SQ。

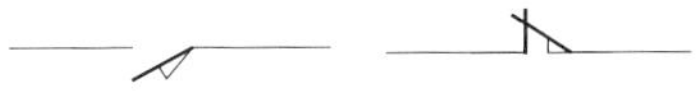

(a)

(b)

图 1-16　行程开关的图形符号与外形图

（a）图形符号；（b）外形图

目前国内生产的行程开关有 LXK3、3SE3、LX19、LXW、WL、JLXK 等系列。其中，3SE3 系列为引进西门子公司技术生产的。另外还有大量的国外进口产品，也得到了广泛应用。

（3）接近开关。接近开关又称无触点行程开关，它不仅能代替有触点行程开关来完成行程控制和限位保护，还可用于高频计数、测速、液面控制、零件尺寸检测、加工程序的自动衔接等的非接触式开关。由于它具有非接触式触发，动作速度快，可在不同的检测距离内动作，发出的信号稳定无脉动，工作稳定可靠，寿命长，重复定位精度高，以及能适应恶劣的工作环境等特点，在机床、纺织、印刷、塑料等工业生产中得到了广泛的应用。其图形符号如图 1-17 所示，文字符号单字母为 S，双字母为 SQ。

(a)

(b)

图 1-17　接近开关的图形符号与外形图

（a）图形符号；（b）外形图

接近开关按其工作原理来分主要有高频振荡式、霍尔式、超声波式、电容式、差动线圈式、永磁式等，其中，高频振荡式最为常用。

接近开关的工作电源种类有交流和直流两种；输出形式有两线、三线和四线制三种，有一对动合、动断触点，晶体管输出类型有 NPN 和 PNP 两种，外形有方形、圆形、槽形和分离型等多种。接近开关的主要参数有型式、动作距离范围、动作频率、响应时间、重复精度、输出型式、工作电压及触点的电流容量。需要说明的是，接近开关的额定动作距离是在标准情况下测定的，实际应用时应考虑制造误差及环境因素的影响。接近开关的产品种类十分丰富，常用的国产接近井关有 3SG、LJ、CJ、SJ、AB、LXJ0 等系列。另外，国外进口及引进产品也在国内应用广泛。

（4）转换开关。转换开关是一种多挡式、控制多回路的主令电器，广泛应用于各种配电装置的电源隔离、电路转换、电动机远距离控制等，也常作为电压表、电流表的换相开关，还可用于控制小容量电动机。其图形符号如图 1－18 所示，文字符号单字母为 S，双字母为 SA。

目前常用的转换开关类型主要有两大类，即万能转换开关和组合开关。两者的结构和工作原理基本相似，在某些应用场合下，两者可相互替代。转换开关按结构类型分为普通型、开启组合型和防护组合型等，按用途分为主令控制用和控制电动机用两种。

转换开关一般采用组合式结构设计，由操作机构、定位系统、限位系统、接触系统、面板及手柄等组成。接触系统采用桥式双断点结构，并由各自的凸轮控制其通断。定位系统采用棘轮棘爪式结构，不同的棘轮和凸轮可组成不同的定位模式，从而得到不同的输出开关状态，即手柄在不同的转换角度时，触点的状态是不同的，图 1－19 所示为其中某一层的结构原理。

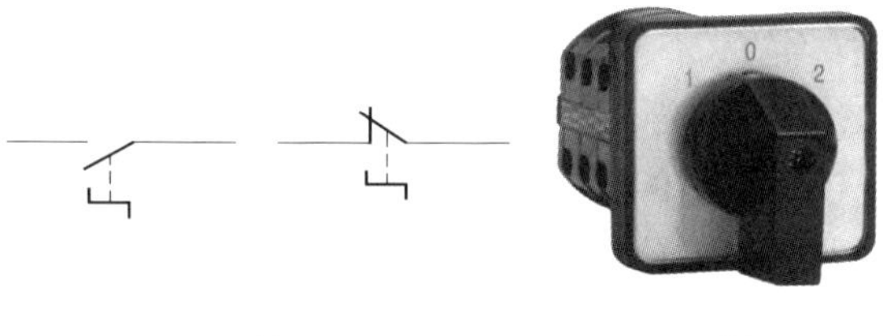

(a) (b)

图 1－18 转换开关的图形符号

（a）图形符号；（b）外形图

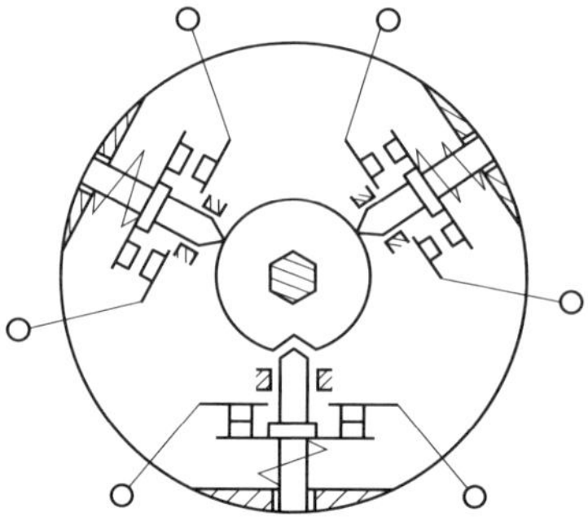
图 1－19 转换开关的某一层结构原理示意

转换开关的主要参数有型式、手柄类型、操作图形式、工作电压、触点数量及其电流容量。常用的转换开关有 LW5、LW6、LW8、LW9、LW12、LW16、VK、3LB、HZ 等系列，其中 3LB 系列是引进西门子公司技术生产的，另外还有许多品牌的进口产品也在国内得到广泛应用。

（5）指示灯。指示灯在各类电气设备及电气电路中用于电源指示及指挥信号、预告信号、运行信号、事故信号及其他信号的指示。其图形符号如图 1－20 所示，文字符号单字母为 H，双字母为 HL。指示灯主要由壳体、发光体、灯罩等组成。指示灯的外形结构多种多样，发光体主要有白炽灯、氖灯和半导体型三种。发光颜色有黄、绿、红、白、橙五种，使用时应按国家标准规定的相应用途选用。指示灯的主要参数有型式及安装孔尺寸、工作电压及颜色。常用国产产品系列有 AD11、AD30、XDJ1 等，另外国外进口和合资生产的品种很多，绝大多数生产低压电器的公司均有指示灯产品。

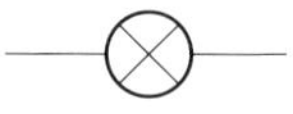
图 1－20 指示灯的图形符号

2. 主令电器的一般选用原则

主令电器首先应满足控制电路的电气要求，如额定工作电压、额定工作电流（含电流种类）、额定通断能力、额定限制短路电流等，这些参数的确定原则与选用主电路开关电器和控制电器的原则相同；其次应满足控制电路的控制功能要求，如触点类型、触点数目及其组合形式等。除此之外，主令电器还需要满足一系列特殊要求，这些要求随电器的动作原理、防护等级、功能执行元件类型和具体设计的不同而异。

对于人力操作控制按钮、开关，包括按钮、转换开关、脚踏开关等，除满足控制电路电气要求外，首先主要考虑安全要求与防护等级，必须有良好的绝缘性能和接地性能；其次是选择按钮颜色标记及组合原则、开关的操作图等。

防护等级的选择应视开关的具体工作环境而定。

选用按钮时应注意其颜色标记必须符合国家标准的规定，不同功能的按钮之间的组合关系也应符合有关标准的规定。

模块三　接触器与继电器

知识要求	技能要求
1. 熟悉接触器与继电器的结构； 2. 掌握接触器、继电器的工作原理； 3. 掌握接触器、继电器的参数	1. 能识读低压电器的铭牌参数； 2. 能根据电路要求选择合适的接触器和继电器

一、接触器

接触器是一种适用于在低压配电系统中远距离控制、频繁操作交/直流主电路及大容量控制电路的自动控制电器，主要用于自动控制交/直流电动机、电热装置、电容器组等设备，应用十分广泛。接触器具有强大的执行机构、大容量的主触点及迅速熄灭电弧的能力。当系统发生故障时，接触器能根据故障检测元件所给出的动作信号迅速、可靠地切断电源，并有低压释放功能。接触器与保护电器组合可构成各种电磁起动器，用于电动机的控制及保护。接触器的文字符号单字母为 K，双字母为 KM，图形符号如图 1-21 所示。

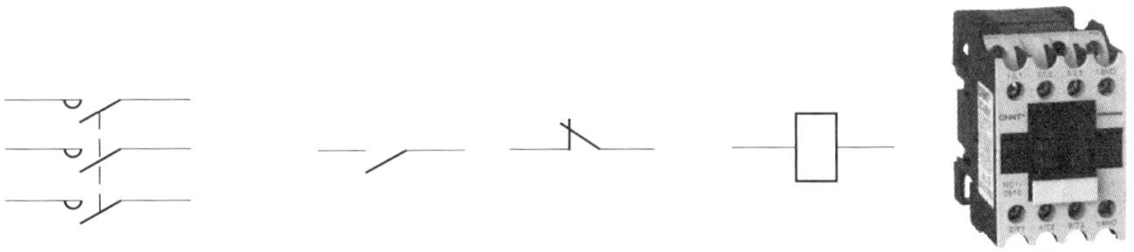

(a)　(b)　(c)　(d)

图 1-21　接触器的图形符号与外形图

(a) 主触点；(b) 辅助触点；(c) 线圈；(d) 外形图

接触器的分类有几种不同的方式，按操作方式分，有电磁接触器、气动接触器和电磁气动接触器；按灭弧介质分，有空气电磁式接触器、油浸式接触器、真空接触器等；按主触点控制的电流种类分，有交流接触器、直流接触器；另外还有建筑用接触器、机械连锁（可逆）接触器、智能化接触器等，其中，建筑用接触器的外形结构与模数化小型断路器类似，可与模数化小型断路器一起安装在标准导轨上。应用最广泛的是空气电磁式交流接触器和空气电磁式直流接触器，习惯上简称为交流接触器和直流接触器。

1. 接触器的结构及工作原理

接触器由磁系统、触点系统、灭弧系统、释放弹簧机构、辅助触点及基座等几部分组成，如图 1-22 所示。接触器的基本工作原理是利用电磁原理通过控制电路的控制和可动衔铁的运动来带动触点控制主电路的通断。在电磁机构方面，中小容量的交、直流接触器的电磁机构一般采用直动式磁系统，大容量的采用绕棱角转动的拍合式电磁铁结构。接触器的触点分为两类，即主触点和辅助触点。中小容量的交、直流接触器的触点一般采用直动式双断点桥式结构，大容量的主触点采用转动式单断点指型触点。直流接触器常采用磁吹式灭弧装置灭弧，交流接触器常采用多纵缝灭弧装置灭弧。接触器的辅助触点用于控制回路，可根据需要按使用类别选用。

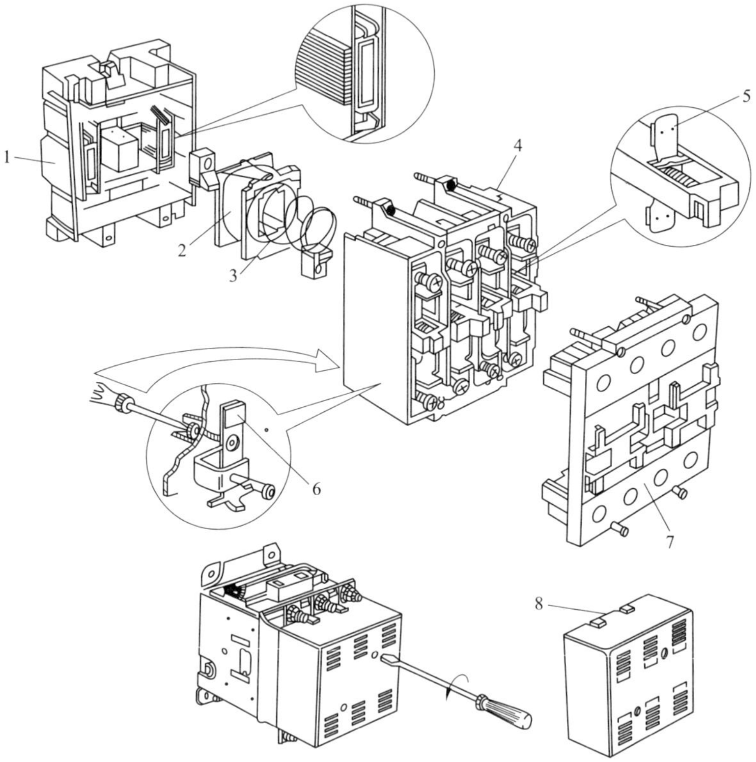

图 1-22　交流接触器的典型结构

1—底座；2—线圈；3—反作用力弹簧；4—中间部分；
5—动触点；6—静触点；7—面盖 ；8—灭弧罩

2. 常用接触器

(1) 空气电磁式交流接触器。在接触器中，空气电磁式交流接触器应用最为广泛，产品系列、品种最多，其结构和工作原理基本相同，典型产品有 CJ20、CJ21、CJ26、CJ29、CJ35、CJ40、NC、B、LC1-D、3TB 和 3TF 系列等，其中，CJ20 系列交流接触器是国内 20 世纪 80 年代开发、统一设计的产品，现已完全取代 CJ10 系列交流接触器。它采用直动双断点桥式触点结构，触点采用银镍、银化铝等耐电弧、耐磨损和抗熔焊等特点的合金触点材料。灭弧系统采用 3 种结构形式：40A 以上接触器采用多纵缝陶土灭弧罩，25A 接触器采用带 U 形铁片灭弧室，16A 以下接触器不加装灭弧装置，利用双断点触点自然灭弧。电磁机构采用直动式磁系统，40A 级以下为 E 形铁芯，60A 及以上为 U 形铁芯。整体布置采用两层或三层布置，63A 以上的产品由铝合金基座、塑料底板和灭弧罩组成三段式立体结构。40A 产品采用灭弧罩在上、电磁系统在下的两层主体布置。40A 以上产品的辅助触点由独立组件布置在主触点两侧。25A及以下产品采用辅助触点布置在主触点上方，辅助触点、主触点及灭弧系统和电磁系统布置成三层，壳体、底座分为两段的立体布置结构，加装U形片灭弧装置。25A及以下产品可在标准安装轨上安装。10A以下产品有派生的接触器式中间继电器等品种。

(2) 直流接触器。直流接触器应用于直流电力线路中供远距离接通与分断电路及直流电动机的频繁起动、停止、反转或反接制动控制，以及CD系列电磁操作机构合闸线圈或频繁接通和断开起重电磁铁、电磁阀、离合器的电磁线圈等。

直流接触器有立体布置和平面布置两种结构。电磁系统多采用绕棱角转动的拍合式结构。主触点采用双断点桥式结构或单断点转动式结构，有的产品是在交流接触器的基础上派生的。因此，直流接触器的工作原理基本上与交流接触器相同。常用的直流接触器有CZ18、CZ21、CZ22、CZ0等系列，其中，CZ18系列直流接触器适用于直流额定电压440V、额定电流40～1600A的电力线路中供远距离接通与分断电路之用，也可用于直流电动机的频繁起动、停止、反转或反接制动控制。

CZ18系列直流接触器采用绕棱角转动的拍合式电磁铁，单绕组吸引线圈，主触点为单断点指形结构，由串联磁吹灭弧线圈和陶土灭弧罩组成灭弧系统。主触点灭弧系统与电磁铁系统一前一后固定在底板上，一动合一动断为一组的桥式双断点辅助触点布置在电磁铁的两侧。额定电流为40A、80A的接触器为板前接线，磁系统不带电，而额定电流为160A及以上的接触器为板后接线，磁系统带电，所以必须安装在绝缘底板上。

(3) 智能化接触器。智能化接触器的主要特征是装有智能化电磁系统，并具有与数据总线及与其他设备之间相互通信的功能，其本身还具有对运行工况自动识别、控制和执行的能力。

智能化接触器一般由基本系列的电磁接触器及附件构成。附件包括智能控制模块、辅助触点组、机械连锁机构、报警模块、测量显示模块、通信接口模块等，所有智能化功能都集成在一块以微处理器或单片机为核心的控制板上。从外形结构上看，与传统产品不同的是智能化接触器在出线端位置增加了一块带中央处理器及测量线圈的机电一体化的电路板。

目前智能化接触器的产品尚不多，已面世的产品在一定程度上代表了当今智能化接触器技术发展的动向和水平，是智能化接触器产品的发展方向，如日本富士电动机公司的NewSC系列交流接触器、美国西屋公司的A系列智能化接触器、ABB公司的AF系列智能化接触器、金钟-默勒公司的DIL－M系列智能化接触器等。国内已有将单片机引入交流接触器的控制技术。

3. 接触器的主要特性和参数

(1) 接触器的形式：包括极数、电流种类、使用频率、灭弧介质、操动方式等。

(2) 额定值和极限值：包括额定工作电压、额定绝缘电压、约定发热电流、约定封闭发热电流（有外壳时的)、额定工作电流或额定功率、额定工作制、额定接通能力、额定分断能力和耐受过载电流能力。其中，额定工作电压指主触点所在电路的电源电压，耐受过载电流能力是指接触器承受电动机起动电流和操作过负荷引起的过载电流所造成的热效应的能力。接触器有四种标准工作制，即八小时工作制、不间断工作制、断续周期工作制和短时工作制，其中，八小时工作制是接触器的基本工作制。

(3) 使用类别：接触器有四种标准使用类别，主触点使用类别为交流AC－1～AC－4，直流DC－1、DC－3、DC－5；辅助触点使用类别为交流AC－11、AC－14、AC－15，直流DC－11、DC－13、DC－14。

（4）控制回路：常用的接触器操作控制回路是电气控制回路。电气控制回路有电流种类、额定频率、额定控制电路电压等几项参数。当控制电路电压与主电路额定工作电压不同时，应采用如下标准数据：

直流：24、48、110、125、220、250V。

交流：24、36、48、110、127、220V。

（5）辅助电路：包括辅助电路种类、触点种类、触点数量等，一般以附件形式提供。

（6）机械寿命和电寿命：接触器的机械寿命用其在需要正常维修或更换机械零件（包括更换触点）前，所能承受的无载操作循环次数来表示。接触器的电寿命用不同使用条件下无需修理或更换零件的负载操作次数来表示。

4. 接触器的选用原则

接触器的选用主要是选择型式、主电路参数、控制电路参数和辅助电路参数，以及按电寿命、使用类别和工作制选用，另外需要考虑负载条件的影响。

（1）型式的确定。型式的确定主要是确定极数和电流种类。电流种类由系统主电流种类确定。三相交流系统中一般选用三极接触器。当需要同时控制中性线时，则选用四极交流接触器。单相交流和直流系统中常有两极或三极并联的情况。一般场合下，应选用空气电磁式接触器。易燃易爆场合下，应选用防爆型及真空接触器等。

（2）主电路参数的确定。主电路参数主要是额定工作电压、额定工作电流（或额定控制功率）、额定通断能力和耐受过载电流能力。接触器可以在不同的额定工作电压和额定工作电流下工作。但在任何情况下，所选定的额定工作电压都不得高于接触器的额定绝缘电压，所选定的额定工作电流（或额定控制功率）也不得高于接触器在相应工作条件下规定的额定工作电流（或额定控制功率）。接触器的额定通断能力应高于通断时电路中实际可能出现的电流值。耐受过载电流能力也应高于电路中可能出现的工作过载电流值。

（3）控制电路参数和辅助电路参数的确定。接触器的线圈电压应按选定的控制电路电压确定。交流接触器的控制电路电流种类分交流和直流两种，一般情况下多用交流，当操作频繁时则常选用直流。一般应根据系统控制要求确定所需的辅助触点种类（动合或动断）、数量和组合型式，同时应注意辅助触点的通断能力和其他额定参数。当接触器的辅助触点数量和其他额定参数不能满足系统要求时，可增加中间继电器扩大功能。

（4）电寿命和使用类别的选用。接触器的电寿命参数由制造厂给出，电寿命指标和使用类别有关。接触器制造厂均以不同形式（表格或曲线）给出有关产品电寿命指标的资料，可以根据需要选用。

5. 接触器常见故障分析

（1）触点过热。造成触点发热的主要原因有触点接触压力不足、触点接触电阻大、接触不良、触点表面被电弧灼伤烧毛等。

（2）触点磨损。触点磨损有两种：一是电气磨损，由触点间电弧或电火花的高温使触点金属气化和蒸发所造成；另一种是机械磨损，由触点闭合时的撞击、触点表面的相对滑动摩擦等造成。

（3）线圈断电后触点不能复位。线圈断电后触点不能复位的主要原因包括：触点熔焊在一起，铁芯剩磁太大，反作用弹簧弹力不足，活动部分机械上被卡住，铁芯端面有油污等。

（4）衔铁振动和噪声。接触器产生振动和噪声的主要原因包括：短路环损坏或脱落，衔铁歪斜或铁芯端面有锈蚀及尘垢使动静铁芯接触不良，反作用弹簧弹力太大，活动部分机械上被卡住而使衔铁不能完全吸合等。

(5) 线圈过热或烧毁。线圈中流过的电流过大时，就会使线圈过热甚至烧毁。发生线圈电流过大的原因有以下几个方面：线圈匝间短路，衔铁与铁芯闭合后有间隙，操作频率超过允许值，外加电压高于线圈额定电压等。

(6) 不能吸合或虽吸合但不能自保持。这种情况一般是由于触点接触电阻太大所致。

二、继电器

在电气控制领域或产品中，凡是需要逻辑控制的场合，几乎都需要使用继电器，对继电器的需求也千差万别，为了满足各种要求，人们研制生产了各种用途、不同型号和大小的继电器，下面根据常用继电器技术条件及其应用领域大体归类，对其进行最基本的说明。

（一）继电器的结构原理

继电器是一种利用各种物理量的变化，将电量或非电量信号转化为电磁力（有触点式）或使输出状态发生阶跃变化（无触点式），从而通过其触点或突变量促使在同一电路或另一电路中的其他器件或装置动作的一种控制元件。根据转化的物理量的不同，可以构成不同功能的继电器，以用于在各种控制电路中进行信号传递、放大、转换、连锁等，从而控制主电路和辅助电路中的器件或设备按预定的动作程序进行工作，实现自动控制和保护的目的。

常用的继电器按动作原理分，有电磁式继电器、磁电式继电器、感应式继电器、电动式继电器、温度（热）继电器、光电式继电器、压电式继电器、时间继电器等；按反应激励量的不同，有交流继电器、直流继电器、电压继电器、中间继电器、电流继电器、时间继电器、速度继电器、温度继电器、压力继电器、脉冲继电器等；按结构特点分，有接触器式继电器、微型（超小型、小型）继电器、舌簧继电器、电子式继电器、智能化继电器、固体继电器、可编程序控制继电器等。其中电磁式继电器的种类最多，应用最广泛。

任何一种继电器都具备两个基本机构，一是能反映外界输入信号的相应的感应机构，二是对被控电路实现通、断控制的相应执行机构。感应机构与执行机构对于任一继电器都是不可缺少的，其特性称为继电器的输入-输出特性，常用继电器特性曲线表示，它是一种矩形曲线，如图 1－23 所示，图中横坐标是流过继电器线圈的电流或电压值，纵坐标是继电器的动作情况。让流过电流继电器线圈的电流（或加在电压继电器线圈两端的电压）从零开始增加，刚开始继电器的触点并没有发生变化，直到电流（或电压）数值增加到某一定值，继电器的触点发生动作，动合触点闭合，动断触点断开，此时的电流（或电压）值称为继电器的动作值，此时我们称继电器动作了。电流（或电压）继续增加，继电器保持动作状态。当流过电流继电器线圈的电流（或加在电压继电器线圈两端的电压）开始下降，刚开始继电器没有变化，只有当继电器下降到某一值时继电器释放了，其动合触点恢复动合，动断触点恢复动断，此时的电流（或电压）值称为释放值。释放值与动作值的比值为继电器的返回系数，用 β 表示，则

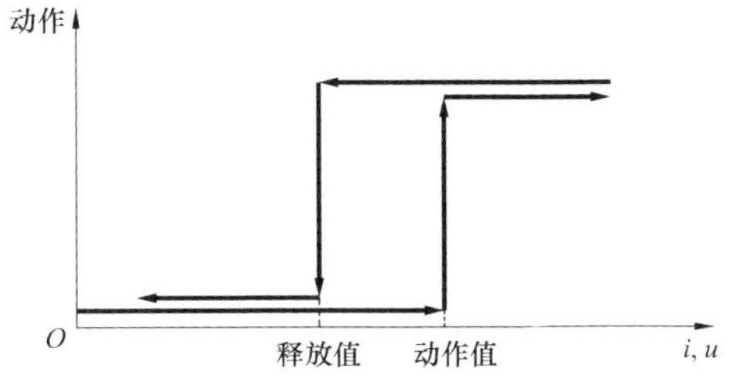

图 1－23　继电器输入-输出特性

$$\beta=\frac{\text{释放值}}{\text{动作值}}$$

对于过电流继电器来说，β 是一个小于 1 接近于 1 的系数，β 值的大小表征了继电器的

灵敏度，其值越接近 1，继电器越灵敏。

（二）常用继电器

1. 电磁式继电器

电磁式继电器的种类很多，如前所述的电压继电器、中间继电器、电流继电器、电磁式时间继电器、接触器式继电器等都属于这一类，接触器式继电器是一种作为控制开关电器使用的接触器。实际上，各种和接触器的动作原理相同的继电器（如中间继电器、电压继电器等）都属于接触器式继电器。接触器式继电器在电路中的作用主要是扩展控制触点数量或增加触点容量。电磁式继电器的结构和工作原理也是由电磁机构（包括动静铁芯、衔铁、线圈）和触点系统等部分组成。所不同的是，继电器的触点电流容量较小，触点数量较多，没有专门的灭弧装置，所以体积小，动作灵敏，只能用于控制电路。

电磁式继电器反映的是电信号，当线圈反映电压信号时，称电压继电器；当线圈反映电流信号时，称电流继电器。电流继电器和电压继电器根据用途不同，又可以分为过电流（或过电压）继电器、欠电流（或欠电压）继电器。前者电流（电压）超过规定值时铁芯才吸合，如整定范围为 1.1～6 倍额定值；后者电流（电压）低于规定值时铁芯才释放，如整定范围为 0.3～0.7 倍额定值。

国内目前常用的接触器式继电器产品除 20A 以下的各型号接触器外，还有 JZ7、JDZ2、JZ14 等系列普通电磁式中间继电器，双层触点产品有 8 对触点；引进的产品有 MA406N 系列中间继电器、3TH 系列（国内型号 JZC）接触器式继电器等。MA406N 型中间继电器的结构形式和触点数均和 JZ7 系列中间继电器相同。3TH 系列继电器有单层（4 对触点）和双层（8 对触点）之分，负载能力较强，还可以带延时触点（即有一组动合、动断触点动作时有 1ms 的延时间隔），可满足某些电路的不间断转换要求。此外 3TH 系列继电器还可以配置机械锁扣，并可接成转换式触点，能满足不同电路的控制功能要求。

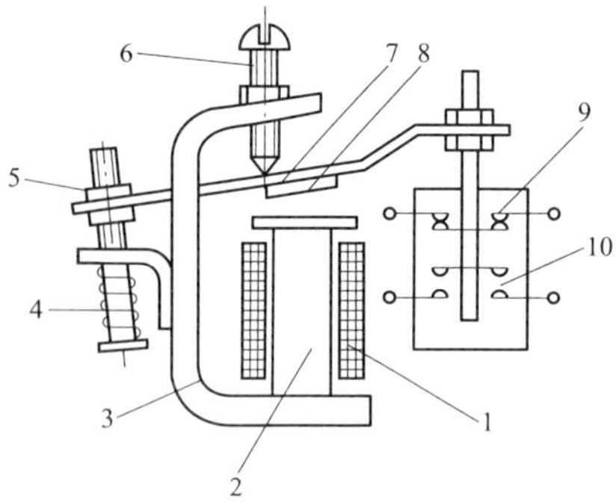

图 1－24 直流电磁继电器原理结构示意
1—线圈；2—铁芯；3—磁轭；4—弹簧；
5—调节螺母；6—调节螺钉；7—衔铁；
8—非磁性垫片；9—动断触点；10—动合触点

2. 通用直流电磁继电器

通用直流电磁继电器通常在电力传动控制系统中作为电压、电流、时间、双线圈继电器用。直流电磁继电器原理结构示意如图 1－24 所示，其动作原理请自行分析。

常用的通用直流电磁继电器有 JT3、JT9、JT10、JT18、JL15 等系列，其中，JT 系列常用于直流自动控制线路中作为时间、欠电压、欠电流、高返回系数的电压继电器及中间继电器，在电力传动系统中控制和保护直流电动机及交流绕线式异步电动机反接制动时的反接继电器。JL15 系列电磁电流继电器是一种过电流瞬时动作继电器，常用于电力传动系统中的过电流保护元件及频繁操作交流异步电动机的堵转保护。

3. 时间继电器

时间继电器按其延时原理有电磁式、机械阻尼式、同步电动机式、双金属片式、电子式、可编程式、数字式等，它是一种利用上述原理实现触点延时接通或断开的自动控制电器，主要作为辅助电器元件，用于各种电气保护及自动装置中，使被控元件达到所需要的延时，在保护装置中用以实现各级保护的选择性配合等，应用十分广泛。

(1) 直流电磁式时间继电器。直流电磁式时间继电器利用阻尼的方法来延缓磁通变化的速度，以达到延时的目的，一般是在直流电磁式继电器的铁芯上附加一个短路线圈（也称阻尼套筒）而制成的。当线圈从电源上断开后，主磁通逐渐减小，由于磁通变化，在短路线圈中产生感应电流。由楞次定律可知，感应电流所产生的磁通是阻碍主磁通变化的，因而主磁通的衰减速度放慢，延长了衔铁的释放时间。

直流电磁式时间继电器利用阻尼套筒获得延时，对要求延时达到 3s 的继电器，采用在铁芯上套铝管的方法；对要求延时达到 5s 的继电器，则采用铜管。为了扩大延时范围，还可采用释放时将工作线圈短接的方法。此时，为了防止电源短路，应在线圈回路中串联一个电阻 R，由于工作线圈也参与阻尼作用，故其延时可进一步加长。

一般电磁式时间继电器的延时范围在十几秒以下，多为断电延时，其延时整定精度和稳定性不是很高，但继电器本身适应能力较强，在一些要求不太高、工作条件较恶劣的场合，多采用这种时间继电器，电磁式时间继电器有 JT3 系列。

(2) 机械阻尼式时间继电器。机械阻尼式时间继电器又称气囊式时间继电器，是利用空气阻尼的原理制成的。以 JS23 系列时间继电器为例，它由一个具有四个瞬动触点的中间继电器作为主体，再加上一个延时组件组成。延时组件包括波纹状气囊及排气阀门，刻有细长环形槽的延时片、调时旋钮、动作弹簧等，如图 1-25 所示。通电延时型时间继电器断电时，衔铁处于释放状态，顶动阀杆并压缩波纹状气囊，压缩阀门弹簧打开阀门，排出气囊内的空气；当线圈通电后，衔铁被吸松开阀杆，阀门弹簧复原，阀门被关闭，气囊在动作弹簧作用下有伸长的趋势，外界空气在气囊的内外压力差作用下经过滤气片，通过延时片的延时环形槽渐渐进入气囊，当气囊伸长至触动脱钩件时，延时触点动作。从线圈通电起，至延时触点完成换接动作为止的时间，称为延时时间。转动调时旋钮可改变空气经过环形槽的长度，从而改变延时时间（这种结构称为平面圆盘可调空气道延时结构），调时旋钮上钮牌刻度线能粗略地指示出整定延时值。

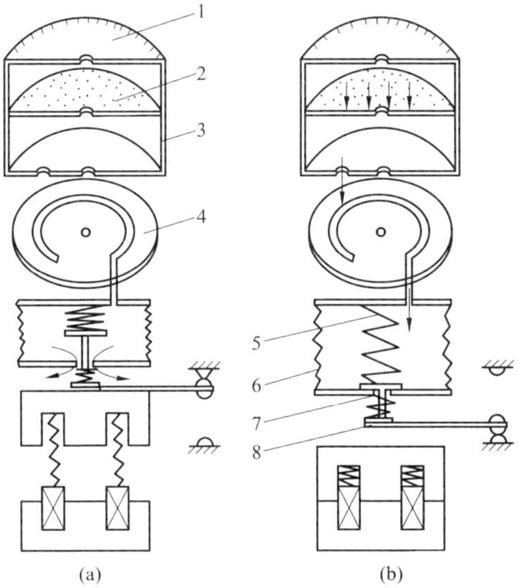

图 1-25　机械阻尼式时间继电器

(a) 不通电时状态；(b) 通电以后的状态

1—钮牌；2—滤气片；3—调时旋钮；4—延时片；5—动作弹簧；6—波纹状气囊组件；7—阀门弹簧；8—阀杆

机械阻尼式时间继电器的延时范围可以扩大到数分钟，但整定精度往往较差，只适用于一般场合，机械阻尼式有 JS7-A 系列气囊式时间继电器。

(3) 同步电动机式时间继电器。同步电动机式时间继电器的主要特点是延时范围宽，可长达数十小时，重复精度也较高。同步电动机式有 JS11 系列时间继电器、西门子公司引进的 7FR 型同步电动机式时间继电器。这种继电器的功耗小，性能指标较高，有短延时单量程（7PR10)、单量程（7PR40）和多级量程（7FR41，共有六级量程）三种类型，延时范围从零点几秒到数十小时可调。延时整定用量程整定（当为多级量程时）旋钮和延时时间整定旋钮两个旋钮进行。除可指示整定的延时值外，还可以指示出每一瞬时的剩余延时时间，这种继电器的不足之处是只有通电延时。

电子式、可编程式和数字式时间继电器的延时范围宽，整定精度高，有通电延时、断电延时和复式延时、多制式延时等类型，应用广泛。

时间继电器的图形符号如图 1－26 所示，文字符号单字母为 K，双字母为 KT。

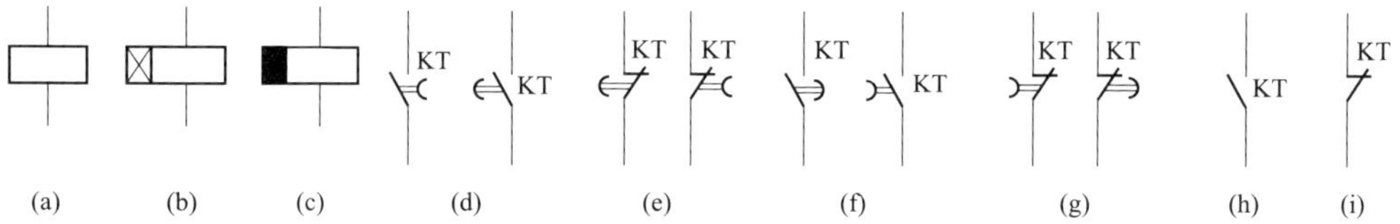

图 1－26　时间继电器的图形符号

（a）线圈一般符号；（b）通电延时线圈；（c）断电延时线圈；（d）通电延时动合触点；（e）通电延时动断触点；（f）断电延时动合触点；（g）断电延时动断触点；（h）瞬动动合触点；（i）瞬动动断触点

4. 温度继电器

温度继电器广泛应用于电动机绕组、大功率晶体管等的过热保护。下面以电动机保护方面的应用为例进行简单介绍。

当电动机发生过电流时，会使其绕组温升过高，热继电器可以起到电动机过电流保护的作用。但当电网电压不正常升高时，即使电动机不过载，也会导致铁损增加而使铁芯发热，这样也会使绕组温升过高，另外，电动机环境温度过高及通风不良等也同样会使绕组温升过高，在这种情况下，若用热继电器则不能正确反映电动机的故障状态。为此，人们设计出利用发热元件间接反映绕组温度而进行动作的继电器，这就是温度继电器。

温度继电器埋设在电动机的发热部位，如电动机定子槽内、绕组端部等部位，直接反映该处的发热情况，无论是电动机本身出现过电流引起温度升高，还是其他原因引起电动机温度升高，温度继电器都可起到保护作用。温度继电器大体上有两种类型，一种是双金属片式温度继电器，另一种是热敏电阻式温度继电器。

双金属片式温度继电器的工作原理与热继电器相似，在此不予赘述。双金属片式温度继电器的动作温度是以电动机绕组绝缘等级为基础来划分的，分为 50℃、60℃、70℃、80℃、95℃、105℃、115℃、125℃、135℃、145℃、165℃ 11 个规格。继电器的返回温度因动作温度而异，一般比动作温度低 5～40℃。双金属片式温度继电器的缺点是加工工艺复杂，且双金属片易老化。另外，由于双金属片式温度继电器的体积偏大而多置于绕组的端部，故很难及时反映温度上升的情况，以致发生动作滞后的现象，同时也不宜用来保护高压电动机，因为过强的绝缘层会加剧动作的滞后现象。

热敏电阻式温度继电器的外形同一般晶体管式时间继电器相似，但作为温度感测元件的热敏电阻不装在继电器中，而是装在电动机定子槽内或绕组的端部。热敏电阻是一种半导体器件，根据材料性质有正温度系数和负温度系数两种。正温度系数热敏电阻由于具有明显的开关特性、电阻温度系数大、体积小、灵敏度高等优点，得到了广泛应用和迅速发展。

5. 热继电器

热继电器是一种利用电流热效应原理工作的电器，具有与电动机允许过载特性相近的反时限动作特性，主要与接触器配合使用，用于对三相异步电动机的过电流和断相保护。

三相异步电动机在实际运行中，常会遇到因电气或机械原因等引起的过电流（过载和断相）现象。但只要过电流情况不严重，持续时间短，绕组不超过允许温升，这种过电流是允许的。如果过电流情况严重，持续时间较长，则会加速电动机的绝缘老化，甚至烧毁电动机。因此，在电动机回路中应设置电动机保护装置。常用的电动机保护装置很多，但使用最多、最普遍的是双金属片式热继电器。目前，双金属片式热继电器均是三相式，并有带断相保护和不带断相保护两种。热继电器的图形符号如图 1－27 所示，文字符号单字母为 F，双字母为 FR。

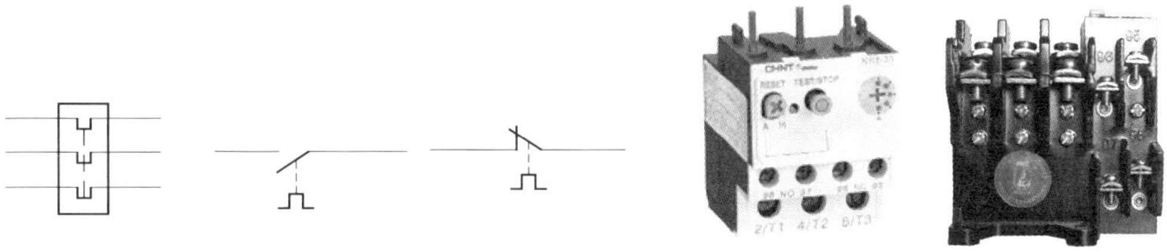

(a)　(b)　(c)

图 1－27　热继电器的图形符号与外形图

（a）热元件；（b）动合触点、动断触点；（c）外形图

（1）热继电器的工作原理。热继电器由热元件、双金属片、复位按钮、导杆、拉簧、连杆、触点、接线端子等组成，另外，还有外壳、电流整定机构、温度补偿双金属片等部件。

双金属片是一种将两种线膨胀系数不同的金属用机械碾压方法使之形成一体的金属片。膨胀系数大的（如铁镍铬合金、铜合金或高锰合金等）称为主动层，膨胀系数小的（如铁镍类合金）称为被动层。由于两种线膨胀系数不同的金属紧密地贴合在一起，因此，当产生热效应时，双金属片向膨胀系数小的一侧弯曲，由弯曲产生的位移带动触点动作。

热元件串接于电动机的定子电路中，通过热元件的电流就是电动机的工作电流（大容量的热继电器装有速饱和互感器，热元件串接在其二次回路中）。

使用时，热继电器动作电流的调节是借助旋转热继电器面板上的旋钮于不同位置来实现的。热继电器的复位方式有自动复位和手动复位两挡。在手动位置时，热继电器动作后，经过一段时间才能按下手动复位按钮复位。在自动复位位置时，热继电器可自行复位。

三相式热继电器在三相主电路中均串接热元件和双金属片。如果被控制的三相异步电动机发生过电流、断相、三相电源严重不平衡等故障，使电动机某一相或三相的电流升高，热继电器均能起保护作用。带断相保护的热继电器的结构原理如图 1－28 所示，它采用差动式结构，双金属片 10 和热元件 11 串联后直接串接于电动机定子电路中。当出现过电流时，双金属片受热向左弯曲，使导板 8 向左推动补偿双金属片 5，使它顺时针方向转动，推动电流调节杆 1 向右移动，到达一定位置后，压簧 4 的作用力方向改变，使顶杆 3 脱离扣杆 2 向左运动同时脱扣，动断触点 6 打开，动合触点 7 闭合。补偿双金属片 5 可以在规定温度范围内补偿环境温度对热继电器的影响。如果周围环境温度升高，双金属片 10 向左弯曲程度加大，然而补偿双金属片也向左弯曲，使导板 8 与补偿双金属片同步改变，故热继电器特性不受环境温度升高的影响，反之亦然。调节热继电器面板上的整定电流调节旋钮，也就是改变了补偿双金属片与导板同步移动的距离，即改变了热继电器的整定电流值。差动机构动作原理如图 1－29所示，电动机的过电流保护功能是由上、下顶板组成的差动机构同步动作来实现的。

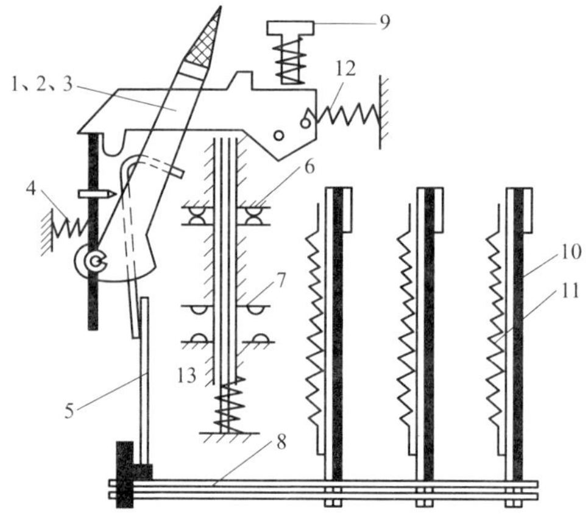

图 1－28 带断相保护热继电器的结构原理

1—电流调节杆；2—扣杆；3—顶杆；4、12—压簧；5—补偿双金属片；6—动断触点；7—动合触点

8—导板；9—复位按钮；10—双金属片；11—热元件；13—弹簧机构

图 1－29(a) 所示为冷态时的位置。运行时，当三相电流小于整定动作电流值时，三个热元件正常发热，双金属片端部均向左弯曲并推动上顶板 1 和下顶板 3 同时左移，但达不到动作位置。当过电流达到整定动作电流时，双金属片弯曲较大，推动上、下顶板平行移动，使摆动杠杆 4 移动到动作位置 5。移动的距离为 a 时，热继电器脱扣起到过电流保护作用［见图 1－29(b)］。当发生任意一相断相时，三相系统失去平衡，由于该相电流为零，双金属片不发生弯曲，下顶板不能跟随上顶板移动，而停留在原位不动，迫使摆动杠杆扭转偏移。当偏移距离为 a 时，热继电器脱扣起到断相保护作用［见图 1－29(c)］。采用差动式动作原理的热继电器具有很强的温度补偿特性，当外界温度在－20～＋60℃范围内变化时，也能进行自动补偿，提高了动作可靠性。

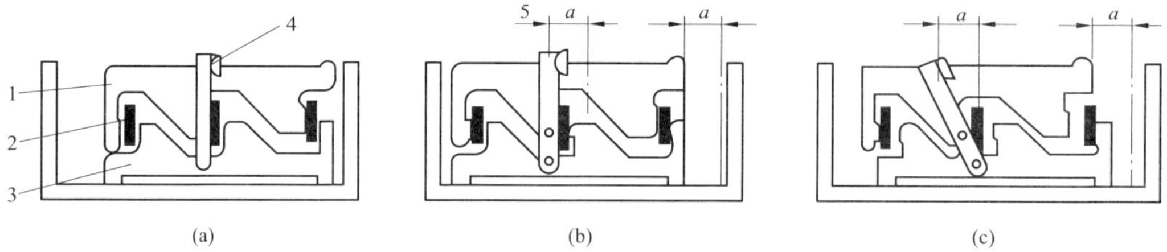

图 1－29 热继电器的差动机构动作原理示意

(a) 冷态位置；(b) 三相平衡过电流动作；(c) 三相不平衡时的热态动作位置

1—上顶板；2—双金属片；3—下顶板；4—摆动杠杆；5—动作位置

热继电器动作后，一般在 2min 内能可靠地手动复位，在 5min 内能可靠地自动复位。手动复位是按下复位按钮 9，迫使顶杆 3 退回原位，弹簧机构 13 受压，使动断触点闭合，恢复原始状态（见图 1－28)。

定子绕组为星形连接的三相感应电动机采用一般的三相热继电器即可得到保护，但定子绕组为三角形连接的三相感应电动机由于流过热继电器的电流与流过电动机绕组的电流增加比例不同，当电动机运行在 50％～67％负载情况下出现一相断电时，通过热元件的线电流刚达到额定电流（此时继电器不会动作），但电动机绕组中电流较大的那一相电流将超过额定相电流（有过热烧毁的危险），所以需采用带断相保护的热继电器才能获得可靠的保护。

（2）常用热继电器产品简介。常用的热继电器有JR20、JRS1、JR36、JR21、T、3UA、LR1-D等系列。其中，JR20、JRS1、JR36系列是我国自行设计的新产品，JR21系列是引进德国芬纳尔公司技术生产的，T系列是引进德国ABB公司技术生产的，3UA系列是引进德国西门子公司技术生产的，LR1-D系列是引进法国TE公司技术生产的。每一系列的热继电器一般只能和相适应系列的接触器配套使用。例如，JR20系列热继电器与CJ20系列接触器配套使用，3UA系列热继电器与3TB、3TF、3TW等系列接触器配套使用，T系列热继电器与B系列接触器配套使用等。但也有例外，例如，JRS1系列热继电器不但可与CJX系列接触器配套使用，还可与3TB、3TH及LC1-D系列等接触器配套使用等。

上述系列热继电器的共同特点是，均有三种安装方式，即独立安装式（通过螺钉固定）、导轨安装式（在标准安装轨上安装）和接插安装式（直接挂接在与其配套的接触器上）。操作面板上设有动作脱扣指示，可以显示热继电器已经动作；有一个有三个挡位的整定电流旋钮，整定电流范围是由不同的热元件号确定的，用户可根据需要选择整定电流范围和确定动作值；有手动、自动复位按钮和一对辅助触点接线端子。

（三）继电器的选用

1. 接触器式继电器的选用

接触器式继电器选用时主要按规定要求选定触点形式和通断能力，其他原则均和接触器相同。在某些应用场合下，如对继电器的触点数量要求不高，但对通断能力和工作可靠性（如耐振）要求较高时，以选用小规格接触器为好。

2. 时间继电器的选用

选用时间继电器时要考虑的特殊要求主要是延时范围、延时类型、延时精度和工作条件。

3. 保护继电器的选用

保护继电器指在电路中起保护作用的各种继电器，主要有过电流继电器、欠电流继电器、过电压继电器、欠电压（零电压、失电压）继电器等。

（1）过电流继电器。过电流继电器主要用于电动机的短路保护，对其选择的主要参数是额定电流和动作电流。过电流继电器的额定电流应当大于或等于被保护电动机的额定电流，其动作电流可根据电动机工作情况按其起动电流的1.1～1.3倍整定。一般绕线转子感应电动机的起动电流按2.5倍额定电流考虑，笼型感应电动机的起动电流按额定电流的5～8倍考虑。选择过电流继电器的动作电流时，应留有一定的调节余地。

（2）欠电流继电器。欠电流继电器一般用于直流电动机的励磁回路，监视励磁电流，作为直流电动机的弱磁超速保护或励磁电路与其他电路之间的连锁保护。对其选择的主要参数为额定电流和释放电流，其额定电流应大于或等于额定励磁电流，其释放电流整定值应低于励磁电路正常工作范围内可能出现的最小励磁电流，可取最小励磁电流的0.85倍。选用欠电流继电器时，其释放电流的整定值应留有一定的调节余地。

（3）过电压继电器。过电压继电器用于保护设备不受电源系统过电压的危害，多用于发电动机-电动机机组系统中。对其选择的主要参数是额定电压和动作电压。过电压继电器的动作电压一般按系统额定电压的1.1～1.2倍整定。一般过电压继电器的吸引电压可在其线圈额定电压的一定范围内调节，如JT3电压继电器的吸引电压在其线圈额定电压的30%～

50%范围内。为了保证过电压继电器的正常工作，通常在其吸引线圈电路中串联附加分压电阻的方法确定其动作值，并按电阻分压比确定所需串入电阻的值。计算时应按继电器的实际吸合动作电压值考虑。

（4）欠电压（零电压、失电压）继电器。欠电压继电器在线路中多用于失电压保护，防止电源故障后恢复供电时系统的自起动。欠电压继电器常用一般电磁式继电器或小型接触器充任，其选用只要满足一般要求即可，对释放电压值无特殊要求。

4. 热继电器的选用

选用热继电器时应从使用条件、工作环境、电动机的型式及其运行条件及要求，以及电动机的起动情况、负荷情况等几个方面综合加以考虑，必要时应进行合理计算。

（1）热继电器型式的选择。一般热继电器有多种安装方式，应按实际安装情况选择。安装时，热继电器应布置在整个开关柜（箱）的下部。

（2）原则上热继电器的额定电流应按电动机的额定电流选择。但对于过载能力较差的电动机，其配用的热继电器的额定电流应适当小些。在不频繁起动的场合，要保证热继电器在电动机的起动过程中不产生误动作。通常当电动机的起动电流为其额定电流的 6 倍及以下、起动时间不超过 5s 时，若很少连续起动，就可按电动机的额定电流选用热继电器。当电动机的起动时间较长时，不宜采用热继电器，而采用过电流继电器作为保护。

（3）热继电器的主要参数是热元件的整定电流范围，该参数直接影响热继电器的保护性能和动作的可靠性。通常选择的整定电流范围的中间位应等于或稍大于电动机的额定电流，每一种额定工作电流等级的热继电器有若干不同额定电流的热元件可供选择。

（4）由于热继电器有热惯性，不能做短路保护，应考虑与短路保护配合问题。

（5）当电动机工作于重复短时工作制时，要注意确定热继电器的允许操作频率。因为热继电器的操作频率是很有限的，操作频率较高时，热继电器的动作特性会变差，甚至不能正常工作。对于可逆运行和频繁通断的电动机，不宜采用热继电器做保护，必要时可选用装入电动机内部的温度继电器保护。

（6）在对热继电器安装接线时，应注意连线的导线截面和长度在允许范围内。

模块四　熔断器与低压断路器

知识要求	技能要求
1. 了解熔断器的种类和使用方法； 2. 熟悉熔断器和低压断路器的工作原理； 3. 掌握熔断器和低压断路器的参数	1. 会正确使用工具安装熔断器和低压断路器； 2. 能根据电路要求选择合适的熔断器与低压断路器

一、熔断器

熔断器是一种当电流超过规定值一定时间后，以它本身产生的热量使熔体熔化而分断电路的电器，也可以说它是一种利用热效应原理工作的电流保护电器，广泛应用于低压配电系统和控制系统及用电设备中做短路和过电流保护，是电工技术中应用普遍的保护器件之一。熔断器串接于被保护电路中，能在电路发生短路或严重过电流时快速自动熔断，从而切断电路电源，起到保护作用。熔断器与其他开关电器组合可构成各种熔断器组合电器，如熔断器式隔离器、熔断器式刀开关、隔离器熔断器组、负荷开关等。熔断器的文字符号单字母为 F，双字母为 FU，图形符号如图 1-30 所示。

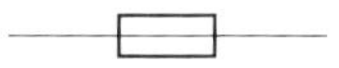

图 1-30　熔断器的图形符号

（一）熔断器的结构及工作原理

1. 熔断器的结构及熔体的特性

熔断器一般由熔断管（或座）、熔体、填料、导电部件等部分组成（见图 1-31）。熔断管一般由硬质纤维或瓷质绝缘材料制成封闭或半封闭式管状外壳，熔体装于其内，并有利于熔体熔断时熄灭电弧。熔体由金属材料制成不同的丝状、带状、片状或笼状，除丝状外，其他通常制成变截面结构（见图 1-31），目的是改善熔体材料性能及控制不同故障情况下的熔化时间。

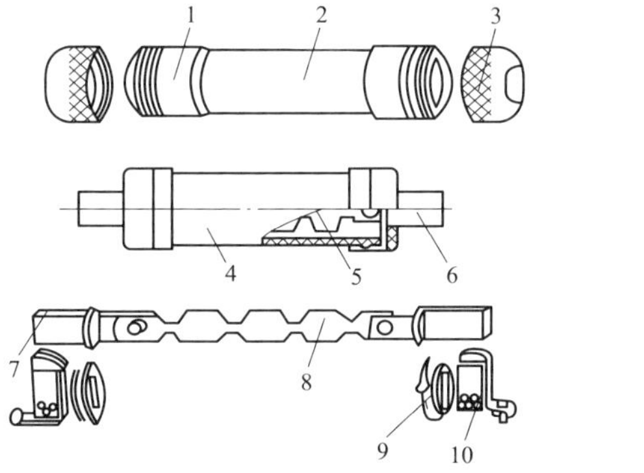

图 1-31　无填料密封管式熔断器

1—铜圈；2—熔断管；3—管帽；4—钢纸管；5—钢纸管内壁；6、7—触刀；8—熔油；9—垫圈；10—插座

熔体材料分为低熔点材料和高熔点材料两大类。熔体是熔断器的核心部件，应具备的基本性能是功耗小、限流能力强和分断能力高。填料也是熔断器中的关键材料，目前广泛应用的填料是石英砂，主要有两个作用，作为灭弧介质和帮助熔体散热，从而有助于提高熔断器的限流能力和分断能力。

熔断器串接于被保护电路中，当电路发生短路或过电流时，通过熔断器的电流使其发热，当达到熔断器金属的熔化温度时就会自行熔断，期间伴随着燃弧和熄弧过程，随之切断故障电路，起到保护作用。当电路正常工作时，熔断器在额定电流下不应熔断，所以其最小熔化电流必须大于额定电流。最小熔化电流是指当通过熔体的电流等于这个电流值时，熔体能够达到其稳定温度，并且熔断。

2. 熔断器的工作原理及技术参数

熔断器的保护特性常用时间-电流特性曲线（或称安-秒特性曲线）表示，如图 1-32 所示。它表征流过熔体的电流与熔体熔断时间的关系，这一关系与熔体的材料和结构有关，是熔断器的主要技术参数之一，图中 I_P 为熔断器的预期电流，t 为熔断时间。由图 1-32 可见，熔断器的时间-电流特性曲线的形状存在 I^2t 特性关系，即电流通过熔体时产生的热量与电流的平方和电流持续的时间成正比，电流越大，则熔体熔断时间越短。

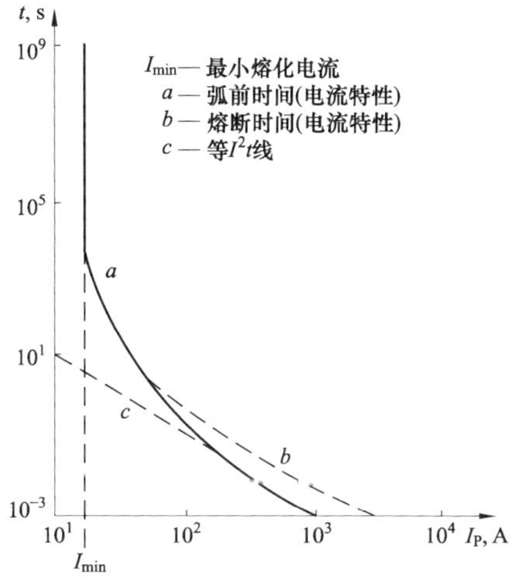

图 1-32　熔断器的时间-电流特性

熔断器的主要技术参数有时间-电流特性、分断能力和限流能力，这 3 个参数都体现了在保护方面对熔断器提出的要求。显然，时间-电流特性主要是为过电流保护服

务的，分断能力主要是为短路保护服务的，限流能力是为限制高倍短路电流的危害而提出的。

（二）熔断器的分类

按结构形式，熔断器可以分为专职人员使用的熔断器和非熟练人员使用的熔断器两大类。前者多采取开启式结构，后者的安全要求比较严格，其结构多采取封闭式或半封闭式，如螺旋式、圆管式、瓷插式等。专职人员使用的熔断器按用途可分为一般工业用熔断器、半导体器件保护用熔断器和自复式熔断器等。半导体器件保护用熔断器具有快速分断性能，主要用于电力半导体变流装置内部短路保护。自复熔断器是一种新型限流元件（限流器），本身不能分断电路，常与低压断路器串联使用，可提高断路器的分断能力。这种熔断器在故障电流切除后即自动恢复到初始状态，可继续使用，故名自复熔断器。

按使用类别，熔断器又分为 G 类和 M 类。G 类为一般用途熔断器，可用于保护包括电缆在内的各类负载。M 类为电动机电路用熔断器。

（三）常用典型熔断器

熔断器的产品系列、种类很多，常用产品系列有 RL 系列螺旋式熔断器、RC 系列插入式熔断器、R 系列玻璃管式熔断器、RT 系列有填料式熔断器、RM 系列无填料密封管式熔断器、NT（RT）系列高分断能力熔断器、RLS 系列半导体器件保护用快速熔断器、特殊熔断器（如具有断相自动显示熔断器、自复式熔断器）等。

（1）螺旋式熔断器。螺旋式熔断器广泛应用于工矿企业低压配电设备、机械设备的电气控制系统中，做短路和过电流保护。常用产品系列有 RLS、RL6 系列螺旋式熔断器，如图 1－33 所示。螺旋式熔断器由瓷座 1、熔体 2、瓷帽 3 等组成。熔体是一个瓷管，内装有石英砂和熔丝，熔丝的两端焊在熔体两端的导电金属端盖上，其上端盖中有一个染有红漆的熔断指示器，当熔体熔断时，熔断指示器弹出脱落，透过瓷帽上的玻璃孔可以看见。若熔断器熔断，只要更换熔体即可。

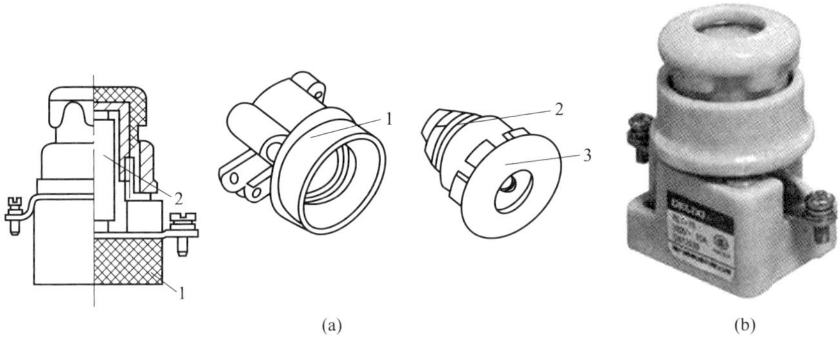

图 1－33 螺旋式熔断器

（a）结构示意；（b）外形图

1—瓷座；2—熔体；3—瓷帽

（2）插入式熔断器。插入式熔断器又称瓷插式熔断器，常用为 RC1A 系列插入式熔断器，这种熔断器一般用于民用交流 50Hz、额定电压至 380V、额定电流至 200A 的低压照明线路末端或分支电路中，作为短路保护及高倍过电流保护。额定电流为 15A 及以下的熔断器，其触点采取线接触形式，其余各电流等级产品的触点均采取面接触形式，并在静触点两侧设置弹簧夹以产生所需的接触压力。熔断器所用熔体材料主要是软铅丝和铜丝。使用时应按产品目录选用合适的规格。

（四）熔断器的选用

1. 选用的一般原则

熔断器的主要参数有额定电压、额定电流、额定分断电流等，当有上、下级熔断器选择性配合要求时，应考虑过电流选择比。选用时，首先应根据实际使用条件确定熔断器的类型，包括选定合适的使用类别和分断范围，在保证使熔断器的最大分断电流大于线路中可能出现的峰值短路电流有效值的前提下，选定熔体的额定电流。同时应使熔断器的额定电压不低于线路额定电压。但当熔断器用于直流电路时，应注意制造厂提供的直流电路数据或与制造厂协商，否则应降低电压使用。

过电流选择比是指上、下级熔断器之间满足选择性要求的额定电流最小比值，与熔断器的极限分断电流、I^2t 值和时间-电流特性有密切关系，一般需要根据制造厂提供的数据或性能曲线进行详细的计算和整定来确定。专职人员使用的刀型触点熔断器的过电流选择比规定为1.6：1，螺栓连接熔断器和圆筒帽熔断器的过电流选择比规定为2：1；非熟练人员使用的螺旋式熔断器的选择比规定为1.6：1。例如，设上级熔断器的熔体电流为160A，则当过电流选择比规定为1.6：1时，下级熔断器的熔体电流不得大于100A，并应用 I^2t 值进行校验，保证上级熔断器的 I^2t 值大于下级熔断器。

选择熔断器的类型时，主要依据负载的保护特性和预期短路电流的大小。例如，用于保护照明和小容量电动机的熔断器，一般考虑它们的过电流保护，这时，希望熔体的熔化系数适当小些，宜采用熔体为铅锡合金的熔丝或RC1A系列熔断器；而对于大容量的照明线路和电动机，主要考虑短路保护及短路时的分断能力，除此以外还应考虑加装过电流保护，当预期短路电流较小时，可采用熔体为锌质的RM10系列无填料密封管式熔断器；当短路电流较大时，宜采用具有高分断能力的RL系列螺旋式熔断器；当短路电流相当大时，宜采用有限流作用的RT（NT）系列高分断能力熔断器。当回路中装有低压断路器时，还应考虑两者动作特性的配合问题。

2. 熔体额定电流的确定

（1）用于保护负载电流比较平稳的照明或电热设备，以及一般控制电路的熔断器，其熔体额定电流 I_{FN} 一般按线路计算电流确定。

（2）用于保护电动机的熔断器，应按电动机的起动电流倍数考虑躲过电动机起动电流的影响，一般选熔体额定电流 I_{FN} 为电动机额定电流 I_{MN} 的1.5～3.5倍。对于不经常起动或起动时间不长的电动机，应选较小倍数；对于频繁起动的电动机，应选较大倍数；对于给多台电动机供电的主干线母线处的熔断器，其熔体额定电流可按下式计算：

$$I_{FN} \geqslant (2.0 \sim 2.5) I_{MNmax} + \sum I_{MN}$$

式中　I_{FN}——熔断器的额定电流；

I_{MN}——电动机的额定电流；

I_{MNmax}——多台电动机中容量最大的一台电动机的额定电流；

$\sum I_{MN}$——其余电动机的额定电流之和。

为防止发生越级熔断，上、下级（即供电干线、支线）熔断器间应有良好的协调配合，宜进行较详细的整定计算和校验。

二、低压断路器

低压断路器又称自动开关或空气开关，是低压配电网中的主要电器开关之一，它不仅可以接通和分断正常负载电流、电动机工作电流和过载电流，而且可以接通和分断短路电流。低压断路器主要用在不频繁操作的低压配电线路或开关柜（箱）中作为电源开关使用，并对线路、电器设备及电动机等实行保护，当它们发生严重过电流、过载、短路、断相、漏电等故障时，能自动切断线路，起到保护作用，应用十分广泛。较高性能万能式断路器带有三段式保护特性，并具有选择性保护功能。高性能万能式断路器带有各种保护功能脱扣器，包括智能化脱扣器，可实现计算机网络通信。低压断路器具有的多种功能是以脱扣器或附件的形式实现的，根据用途不同，断路器可配备不同的脱扣器或继电器。脱扣器是断路器本身的一个组成部分，而继电器（包括热敏电阻保护单元）通过与断路器操作机构相连的欠电压脱扣器或分励脱扣器的动作控制断路器。

低压断路器的分类方式很多，按使用类别分，有选择型和非选择型，非选择型低压断路器多用于支路保护，主干线路断路器则要求采用选择型；按灭弧介质分，有空气式和真空式；按结构形式分，有万能式、塑壳式（装置式）和小型模数式；按安装方式分，有固定式、插入式、抽屉式等。常用的是按结构形式分类。根据断路器在电路中的不同用途，断路器分为配电用断路器、电动机保护用断路器和其他负载（如照明）用断路器等，其图形符号如图 1-34 所示，文字符号单字母为 Q，双字母为 QF。

(a) (b)

图 1-34 三相断路器的图形符号与外形图

(a) 图形符号；(b) 外形图

（一）低压断路器的结构和工作原理

低压断路器的工作原理示意如图 1-35 所示。低压断路器由以下三个基本部分组成：

（1）触点和灭弧系统：这一部分是执行电路通断的主要部件。

（2）具有不同保护功能的各种脱扣器：由不同功能的脱扣器可以组合成不同性能的低压断路器。

（3）自由脱扣器和操作机构：是联系（1）、（2）两部分的中间传递部件。

低压断路器的主触点一般由耐弧合金（如银钨合金）制成，采用灭弧栅片灭弧。主触点是由操作机构和自由脱扣器操纵其通断的，可用操作手柄操作，也可用电磁机构远距离操作。在正常情况下，触点可接通、分断工作电流，当出现故障时，能快速及时地切断高达数十倍额定电流的故障电流，从而保护电路及电路中的电器设备。自由脱扣机构 2 是一套连杆机构，当主触点 1 闭合后，自由脱扣机构将主触点锁在合闸位置上。如果电路发生故障，自由脱扣机构就在有关脱扣器的操动下动作，使脱钩脱开。过电流脱扣器（也称为电磁脱扣

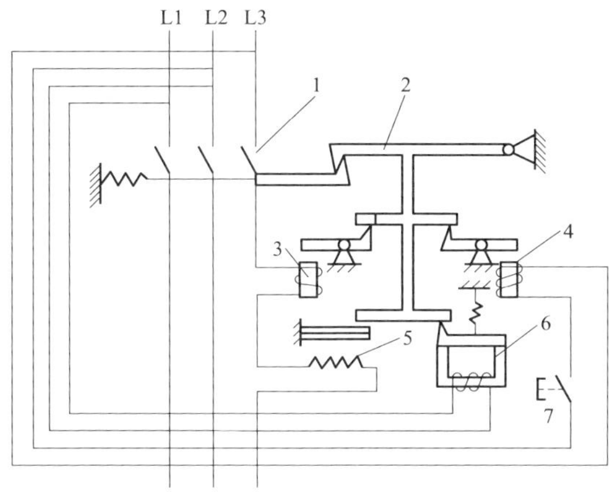

图 1-35　低压断路器工作原理示意

1—主触点；2—自由脱扣机构；3—过电流脱扣器；4—分励脱扣器；
5—热脱扣器；6—欠电压脱扣器；7—起动按钮

器）3 的线圈和热脱扣器 5 的热元件与主电路串联。当电路发生短路或严重过载时，过电流脱扣器的衔铁吸合，使自由脱扣机构动作，从而带动主触点断开主电路，动作特性具有瞬动特性或定时限特性。断路器的过电流脱扣器分为瞬时脱扣器和复式脱扣器两种，复式脱扣器是瞬时脱扣器和过载脱扣器的组合。当电路过载时，热脱扣器（过载脱扣器）的热元件发热使双金属片向上弯曲，推动自由脱扣机构动作，动作特性具有反时限特性。当低压断路器由于过载而断开后，一般应等待 2～3min 才能重新合闸，以使热脱扣器复位，这也是低压断路器不能连续频繁地进行通断操作的原因之一。过电流脱扣器和热脱扣器互相配合，热脱扣器担负主电路的过载保护功能，过电流脱扣器担负短路和严重过载故障保护功能。欠电压脱扣器 6 的线圈和电源并联。当电路欠电压时，欠电压脱扣器的衔铁释放，使自由脱扣机构动作。分励脱扣器 4 用于远距离控制，实现远方控制断路器切断电源。在正常工作时，其线圈是断电的，当需要远距离控制时，按下起动按钮 7，使线圈通电，衔铁带动自由脱扣机构动作，使主触点断开。

低压断路器配置了某些附件后，可以扩展功能，这些附件主要是欠压脱扣器、分励脱扣器、过电流脱扣器、辅助触点、旋转操作手柄、闭锁和释放电磁铁和电动操作机构等。

（二）常用典型低压断路器

1. 塑料外壳式断路器

塑料外壳式断路器的主要特征是有一个采用聚酯绝缘材料模压而成的外壳，所有部件都装在这个封闭型外壳中。接线方式分为板前接线和板后接线两种。大容量产品的操作机构采用储能式闭合，小容量（50A 以下）的常采用非储能式闭合，操作方式多为手柄扳动式。塑料外壳式断路器多为非选择型，根据断路器在电路中的不同用途，分为配电用断路器、电动机保护用断路器和其他负载（如照明）用断路器等。塑料外壳式断路器常用于低压配电开关柜（箱）中，作为配电电路、电动机、照明电路、电热器等设备的电源控制开关及保护。在正常情况下，断路器可分别用于电路的不频繁转换及电动机的不频繁起动。

塑料外壳式断路器的品牌种类繁多，国产典型型号为DZ20，其他常用主要型号有H（引进美国西屋电气公司技术制造）、T（引进日本寺崎株式会社技术制造）、3VE、3WE（引进德国西门子公司技术制造）、NZM（德国金钟一默勒公司）、NS、S等系列。

DZ20系列塑料外壳式断路器有四种性能形式，Y型为基本型，也称一般型。C型（经济型）、J型（较高型）和G型（高通断能力型）断路器是Y型的派生产品，C型断路器除了极限分断能力与Y型不同之外，在结构方面基本相同。另外还派生了四极和无飞弧产品等。对于一般型（Y型）断路器，当电路出现短路电流时，脱扣器动作，触点被机构断开后才能切断短路电流。Y型断路器的通断能力要比J型小。J型是将Y型断路器的结构进行了改进，当短路电流达到某一定值时，触点间产生接点电动力，动触点被斥开形成较大的斥开距离，接着断路器的脱扣器动作。由于接点电动力斥开和脱扣器脱扣同时进行，缩短了全断开时间并提高了短路通断能力，其全断开时间一般在14ms之内。G型断路器是在Y型断路器底板后串联一个平行导体组成的斥力限流触点系统（也称为限流器），该触点系统比J型斥力触点长，断开距离也大，因此能更迅速限流。正常情况下的断开和闭合都由上半部Y型断路器来完成。当出现短路时，限流器触点立即斥开，电弧出现后，利用电弧电阻限制短路电流上升，同时因脱扣机构动作，动触点打开，触点开距继续增大，弧柱电阻也进一步增大，在4～5ms内将短路电流限制到最大实际分断电流，在8～10ms内分断短路电流。由于限流器中的动、静触点平行导体长，产生的斥力大，动触点斥开距离也大，且斥开也快，因此限流效应显著。

DZ20型断路器的脱扣器分过载（长延时）脱扣器、短路（瞬时）脱扣器两种。过载脱扣器为双金属片式结构，受热弯曲推动牵引杆有反时限动作特性。短路脱扣器采用电磁式结构。

DZ20系列断路器的操作方式有手动直接操作、转动手柄操作和电动操作三种。安装方式有板前接线方式和板后接线方式，并有多种安装附件可供选择。

2. 模数化小型断路器

模数化小型断路器是终端电器中的一大类，是组成终端组合电器的主要部件之一。终端电器是指装于线路末端的电器，该处的电器对有关电路和用电设备进行配电、控制、保护等。模数化小型断路器在结构上具有外形尺寸模数化（9mm的倍数）和安装导轨化的特点，单极断路器的模数宽度为18mm，凸颈高度为45mm，安装在标准的35mm×15mm电器安装轨上，利用断路器后面的安装槽及带弹簧的夹紧卡定位，拆卸方便。断路器由操作机构、热脱扣器、电磁脱扣器、触点系统、灭弧室等部件组成，所有部件都置于一绝缘外壳中，如图1－36所示。有的产品备有报警开关、辅助触点组、分励脱扣器、欠电压脱扣器和漏电脱扣器等附件，供需要时选用。在图1－36中，断路器的短路保护由电磁脱扣器完成，过载保护采用双金属片式热脱扣器完成，额定电流在5A以下采用复式加热方式，额定电流在5A以上采用直接加热方式。该系列断路器可作为线路和交流电动机等的电源控制开关及过载、短路等保护之用，广泛应用于工矿企业、建筑及家庭等场所。常用主要型号有C45、DZ47、S、DZ187、XA、MC等系列。

（三）低压断路器的选用原则

低压断路器的选用，应根据具体使用条件选择使用类别，选择额定工作电压、额定电流、脱扣器整定电流和分励、欠电压脱扣器的电压、电流等参数，参照产品样本提供的保护

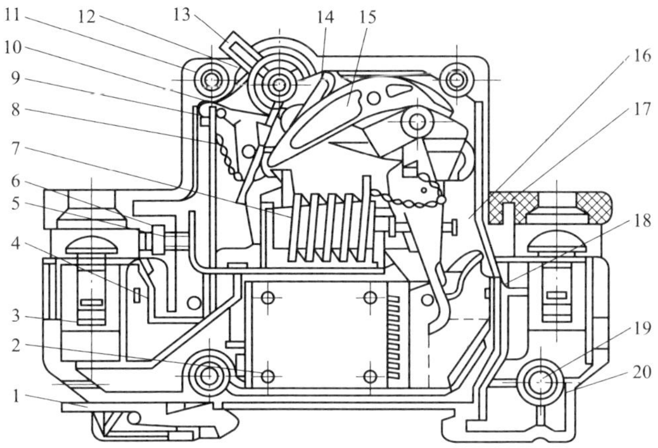

图 1-36　模数化小型断路器内部结构示意

1—安装卡；2—灭弧罩；3—接线端子；4—连接排；5—热脱扣调节螺栓；6—嵌入螺母；7—电磁脱扣器；8—热脱扣器；9—锁扣；10、11—复位弹簧；12—手柄轴；13—手柄；14—U 形连杆；15—脱钩；16—盖；17—防护罩；18—触点；19—铆钉；20—底座

特性曲线选用保护特性，并需对短路特性和灵敏系数进行校验。当与另外的断路器或其他保护电器之间有配合要求时，应选用选择型断路器。

（1）额定工作电压和额定电流。低压断路器的额定工作电压和额定电流应分别不低于线路、设备的正常额定工作电压和工作电流或计算电流。断路器的额定工作电压与通断能力及使用类别有关，同一台断路器产品可以有几个额定工作电压和相对应的通断能力及使用类别。

（2）长延时脱扣器整定电流 I_{r1}。所选断路器的长延时脱扣器整定电流 I_{r1} 应大于或等于线路的计算负载电流，可按计算负载电流的 1～1.1 倍确定，同时应不大于线路导体长期允许电流的 0.8～1 倍。

（3）瞬时或短延时脱扣器的整定电流 I_{r2}。所选断路器的瞬时或短延时脱扣器整定电流 I_{r2} 应大于线路尖峰电流。配电断路器可按不低于尖峰电流 1.35 倍的原则确定，电动机保护电路当动作时间大于 0.02s 时可按不低于 1.35 倍起动电流的原则确定，如果动作时间小于 0.02s，则应增加为不低于起动电流的 1.7～2 倍。这些系数是考虑到整定误差和电动机起动电流可能变化等因素而加的。

（4）短路通断能力和短时耐受能力校验。低压断路器的额定短路分断能力和额定短路接通能力应不低于其安装位置上的预期短路电流。当动作时间大于 0.02s 时，可不考虑短路电流的非周期分量，即把短路电流周期分量有效值作为最大短路电流；当动作时间小于 0.02s 时，应考虑非周期分量，即把短路电流第一周期内的全电流作为最大短路电流。若校验结果说明断路器通断能力不够，应采取以下措施：①在断路器的电源侧增设其他保护电器（如熔断器）作为后备保护；②采用限流型断路器，可按制造厂提供的允通电流特性或限流系数（即实际分断电流峰值和预期短路电流峰值之比）选择相应的产品；③适时改选较大容量的断路器。各种短路保护断路器必须能在闭合位置上承载未受限制的短路电流瞬态值，还须能在规定的延时范围内承载短路电流。这种短时承载的短路电流值应不超过断路器的额定短时耐受能力，否则也应采取措施或改变断路器规格。断路器产品样本中一般都给出产品的额定峰值耐受电流和额定短时耐受电流（I_s 电流）。当为交流电流时，短时耐受电流应以未受限制的短路电流周期分量的有效值为准。

（5）灵敏系数校验。所选定的断路器应按短路电流进行灵敏系数校验。灵敏系数即线路中最小短路电流（一般取电动机接线端或配电线路末端的两相或单相短路电流）和断路器瞬时或延时脱扣器整定电流之比。两相短路时的灵敏系数应不小于 2，对于 DZ 型断路器，单相短路时的灵敏系数可取 1.5，对于其他型断路器可取 2。如果经校验，灵敏系数达不到上述要求，除调整整定电流外，也可利用延时脱扣器作为后备保护。

（6）分励和欠电压脱扣器的参数确定。分励和欠电压脱扣器的额定电压应等于线路额定电压，电源类别（交、直流）应按控制线路情况确定。国家标准规定的额定控制电源电压系列为直流（24）、（48）、110、125、220、250V；交流（24）、（36）、（48）、110、127、220V，括号中的数据不推荐采用。

模块五　电磁执行机构

知识要求	技能要求
1. 了解电磁阀的种类； 2. 掌握电磁阀的工作原理	1. 能根据电路要求选择电磁阀； 2. 能安装电磁阀

机械设备的执行机构主要包括电磁铁、电磁阀、电磁离合器、电磁抱闸、液压阀等，例如，起重机械、磁选机械、升降机械、机床等设备的工艺过程就是靠上述元件来完成的。电磁铁、电磁阀已发展成为一种新的电器产品系列，并已经成为成套设备中的重要元件。电磁铁本身还是其他一些元件的核心部件。

一、电磁铁

电磁铁由励磁线圈、铁芯和衔铁三个基本部分构成，衔铁也称动铁芯，是牵动主轴或触点支架动作的部分。当励磁线圈通以励磁电流后便产生磁场及电磁力，衔铁被吸合，并带动机械装置完成一定的动作，把电磁能转换为机械能。根据励磁电流的性质，电磁铁分为直流电磁铁和交流电磁铁。直流电磁铁和交流电磁铁具有各自不同的机电特性，因此适用于不同场合。选用电磁铁时，应考虑用电类型（交流或直流）、额定行程、额定吸力、额定电压等技术参数。衔铁在起动时与铁芯的距离，即额定行程。衔铁处于额定行程时的吸力，即额定吸力，它必须大于机械装置所需的起动吸力。额定电压（励磁线圈两端的电压）应尽量与机械设备的电控系统所用电压相符。此外，在实际应用中要根据机械设计上的特点，考虑直流电磁铁和交流电磁铁的特点，能否满足工艺要求、安全要求等，选择交流或直流电磁铁。

直流电磁铁具有以下特点：

（1）励磁电流的大小仅取决于励磁线圈两端的电压及本身的电阻，而与衔铁的位置无关，因此一旦机械装置被卡住，励磁电流不会因此而增加，导致线圈烧毁。

（2）直流电磁铁的吸力在衔铁起动时最小，而在吸合时最大，吸合后电磁铁容易因励磁电流大而发热。

交流电磁铁具有以下特点：

（1）励磁电流与衔铁位置有关，当衔铁处于起动位置时，电流最大，当衔铁吸合后，电流就降到额定值，因此一旦机械装置被卡住而衔铁无法被吸合时，励磁电流将大大超过额定电流，时间一长，会使线圈烧毁。

（2）吸力与衔铁位置无关，衔铁处于起始位置时与处于吸合位置时的吸力相同，因此交流电磁铁具有较大的起动初始吸力。

二、电磁阀

电磁阀按电源种类分有直流电磁阀、交流电磁阀、交直流电磁阀、自锁电磁阀等；按用途分有控制一般介质（气体、流体）电磁阀、制冷装置用电磁阀、蒸汽电磁阀、脉冲电磁阀等；按使用环境分有一般用电磁阀、户外用电磁阀、防爆用电磁阀等。各种电磁阀可分为二通、三通、四通、五通等规格，还可分为主阀、控制阀等。

图 1－37 所示为一般控制用螺管电磁阀结构示意，由图可见，它由衔铁 1、铁芯 2、外壳 3、压盖 4、隔磁管 5、线圈 6、管路 7、阀体 8、反力弹簧 9 等组成。为使介质与磁路的其他部分隔绝，用非磁性材料（如不锈钢）制成隔磁管将衔铁与铁芯包住，并将其下部与压盖密封，在压盖与阀体之间用氟橡胶密封圈密封，使进、出管之间不会泄漏。阀门是直通式，用反力弹簧压住衔铁上端，而用衔铁下端装有的氟橡胶塞将阀门进、出口密封阻塞。若要接通管道，必须接通线圈电源，产生电磁力，克服反力弹簧的阻力，开起阀门。

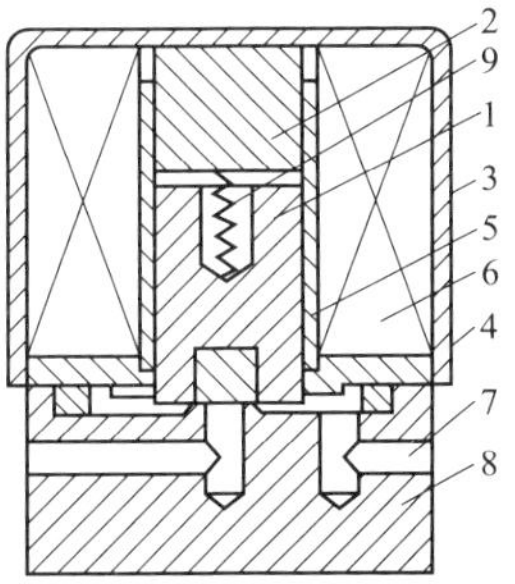

图 1－37　电磁阀结构示意

1—衔铁；2—铁芯；3—外壳；4—压盖；5—隔磁管；6—线圈；7—管路；8—阀体；9—反力弹簧

另外，在液压系统中，电磁阀用来控制液流方向，阀门开关由电磁铁来操纵。因此，控制电磁铁就是控制电磁阀。电磁阀的结构性能可用它的位置数和通路数来表示，并有单电磁铁（称为单电式）和双电磁铁（称为双电式）两种。图 1－38 所示为电磁阀的图形符号，图（a）为单电两位二通电磁换向阀，图（b）为单电两位三通电磁换向阀，图（c）为单电两位四通电磁换向阀，图（d）为单电两位五通电磁换向阀，图（e）为双电两位四通电磁换向阀，图（f）为双电三位四通电磁换向阀，图（g）为电磁阀的一般电气图形符号。在单电磁铁的图形符号中，与电磁铁邻接的方格中表示孔的通向正是电磁铁得电的工作状态，与弹簧邻接的方格中表示的状态是电磁铁失电时的工作状态。在双电磁铁的图形符号中，与电磁铁邻接的方格中表示孔的通向正是该侧电磁铁得电时的工作状态。

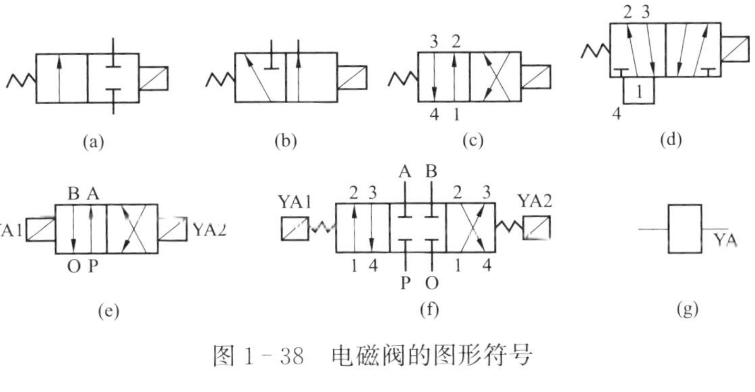

图 1－38　电磁阀的图形符号

在图 1－38(d) 中，电磁铁得电的工作状态是 1 孔与 3 孔相通，2 孔与 4 孔相通；电磁铁失电时的工作状态，由于弹簧的作用，阀芯处在右边，1 孔与 2 孔通，3 孔与 4 孔通，2 孔还与 4 孔通，即改变了液压油（压缩空气）进入液（气）压缸的方向，实现了换向。

在图 1－38(e) 中，与 YA1 邻接的方格中的工作状态是 P 与 A 通，B 与 O 通，也表示电磁线圈 YA1 得电时的工作状态。随后如果 YA1 失电，而 YA2 又未得电，此时电磁阀的工作状态仍为 YA1 得电时的工作状态，没有变化。直至电磁铁 YA2 得电时，电磁阀才换向，其工作状态为 YA2 邻接方格所表示的内容，即 P 与 B 通，A 与 O 通。同样，如果接着 YA2 失电，仍为 YA2 得电时的工作状态。若要换向，则需 YA1 得电，才能改变流向。设计控制电路时，不允许电磁铁 YA1 和 YA2 同时得电。

在图 1－38(f) 中，当电磁铁 YA1 和 YA2 都失电时，其工作状态由中间方格的内容表示，四孔互不相通，同上述的一样，若 YA1 得电，阀的工作状态由 YA1 邻接方格所表示内容确定，即 P 与 A 通，B 与 O 通。当 YA2 得电时，阀的工作状态由 YA2 邻接方格所表示的内容确定，即 P 与 B 通，A 与 O 通。对于三位四（五）通电磁阀，在设计控制电路时，同样不允许电磁铁 YA1 和 YA2 同时得电。

选用电磁阀时应注意以下几点：

(1) 阀的工作机能要符合执行机构的要求，据此确定采用阀的形式（三位或二位，单电或双电，二通或三通、四通、五通等）。

(2) 阀的孔径是否允许通过额定流量。

(3) 阀的工作压力等级。

(4) 电磁铁线圈采用交流电或直流电，以及电压等级等都要与控制电路一致，并应考虑通电持续率。

三、电磁制动器

电磁制动器是应用电磁铁原理使衔铁产生位移的机械运动装置，广泛应用于起重机、卷扬机、碾压机等类型的升降机械设备。

电磁制动器是由制动器、电磁铁或电力液压推动器、摩擦片、制动轮（盘）或闸瓦等组成。图 1－39 所示为盘式电磁制动器的结构原理图。由图 1－39 可见，盘式电磁制动器在电动机轴端装着一个钢制圆盘，它靠制动钳块与圆盘表面（径向）的离合，实现对电动机的制动和释放。圆盘的直径越大，制动力矩也越大，可以根据所需的制动力矩选择与之相匹配的圆盘。

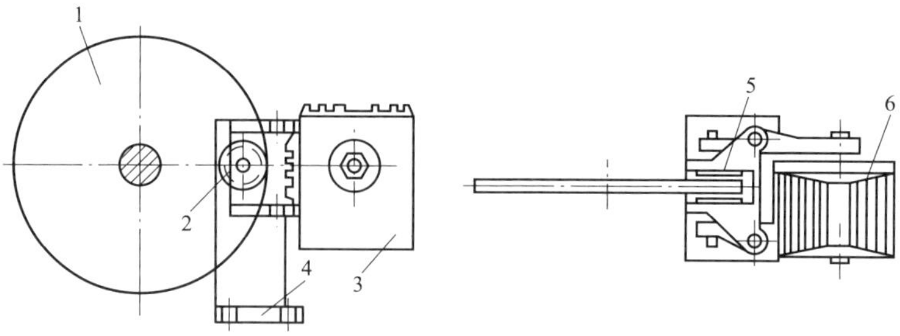

图 1－39　盘式电磁制动器的结构原理图

1—圆盘；2—铁芯；3—壳体；4—支架；5—摩擦片；6—衔铁

盘式电磁制动器的供电方式采用桥式整流装置，其电磁系统是在直流状态下工作的，它的工作电流很小，整流装置是与盘式电磁制动器装在一起的，其吸引线圈用环氧树脂密封于壳体内，这样适宜于在露天或多尘埃等各种恶劣的环境中工作。

思考与练习

1-1　从外部结构特征上如何区分直流电磁机构与交流电磁机构？

1-2　试说明单相交流电磁铁铁芯端面上装短路环的原因及作用。

1-3　试说明交流电磁线圈误接入直流电源、直流电磁线圈误接入交流电源后各会产生什么问题。

1-4　交流灭弧与直流灭弧常采用哪些灭弧方法与灭弧装置？

1-5　刀开关的主要用途是什么？

1-6　控制按钮、行程开关、接近开关、转换开关和指示灯的主要功能各是什么？

1-7　交流接触器与直流接触器是以什么区分的？

1-8　相比较而言，接触器的哪些参数与实际应用关系更密切？

1-9　简述接触器的选用原则。

1-10　试分析交流接触器线圈断电后衔铁不能立即释放的原因及处理办法。

1-11　对于在实际应用中熔断器一般常作为用电设备的短路保护而不用作过电流保护这一做法，你如何理解？

1-12　熔体的额定电流与熔断器的额定电流二者有什么关系？

1-13　过电流继电器与欠电流继电器二者的动作情况与电流整定范围有什么差别？

1-14　试比较电磁式时间继电器、机械阻尼式时间继电器、电动机式时间继电器和电子式时间继电器的应用场合和延时范围的不同。

1-15　定子绕组为星形连接与三角形连接的三相感应电动机做过载保护用的热继电器有差别吗？为什么？

1-16　试说明熔断器和热继电器的保护功能与原理，以及这两种保护的区别。

1-17　断路器有哪些主要功能？这些功能是通过哪些部件来实现的？

1-18　通过查阅有关设备手册列举两种常用模数化小型断路器的型号、规格与主要功能。

1-19　试说明双电两位四通电磁换向阀的动作原理。

1-20　试给出文字符号 QS、FU、FR、KM、KT、SB、SQ、SA、QF 对应的电器名称及图形符号。

项目二　机电设备典型控制环节

由继电-接触器组成的机电设备控制环节，包括三相异步电动机的全压起动、减压起动、制动与调速控制等，是组成复杂控制电路的基础。通过本项目的学习，学会正确识读与绘制电气原理图，掌握相应工作原理，为机床电气控制与起重机械设备电气控制的学习打基础。

模块一　电气原理图识读与绘制

知识要求	技能要求
1. 熟悉电气原理图的绘制原则与方法； 2. 了解电气安装接线图的绘制原则与方法	能按国家标准绘制相关控制线路的电气原理图和电气安装接线图

将电器元件按一定要求连接，驱动生产机械按固有的规律运动，相关的电器元件的连接称为电气控制系统。为方便电气控制系统的安装、调试、维修，将各元器件之间的连接用一定的图表示出来，在图上用不同的图形符号来表示电器元件，再用文字符号进一步说明各电器元件，如果接线复杂，还需要标注接线端子标记。

一、电气原理图

电气原理图是用来表示电路各个电器元件导电部件的连接关系和工作原理的图。此图应根据简单、清晰的原则，采用电器元件展开的形式绘制而成，它不按电器元件的实际位置来绘制，也不反映电器元件的大小、形状和安装位置，只用电器元件导电部件及其接线端子来表示电器元件，用导线将电器元件导电部件连接起来，以反映其连接关系。

电气原理图由电器元件的图形符号、文字符号等要素组成，这些图形符号、文字符号必须采用最新的国家标准来表示。以下是电气原理图绘制中可参考的国家标准：

GB/T 4728—2005～2008《电气简图用图形符号》

GB/T 23371.1—2013《电气设备用图形符号基本规则　第1部分：注册用图形符号的生成》

GB/T 5465.2—2008《电气设备用图形符号　第2部分：图形符号》

GB/T 6988.1—2008《电气技术文件的编制　第1部分：规则》

GB/T 7159—1987《电气技术中的文字符号制订通则》

GB 4026—2010《人机界面标志标识的基本和安全规则　设备端子和导体终端的标识》

GB/T 6988.1—2008《电气技术文件的编制　第1部分：规则》

GB/T 21654—2008《顺序功能表图用GRAFCET规范语言》

1. 绘制电气原理图的有关原则

(1) 电气原理图由主电路和辅助电路组成。主电路是从电源到电动机等负载的电路，辅助电路包括控制电路、照明电路、信号电路、保护电路等。

(2) 电气原理图中的直流电源和单相交流电源线用水平线画出，一般直流电源的正极画在图样上方，负极画在图样的下方。三相交流电源线集中水平画在图样上方，相序自上而下按 L1、L2、L3 排列，中性线（N 线）和保护接地线（PE 线）放在相线之下。主电路垂直于电源线路画出，控制电路与信号电路垂直画在两条水平电源线之间。耗电元件（如接触器、继电器的线圈、电磁铁线圈、信号灯等）一般直接与下方水平电源线连接，控制触点接在上方电源水平线与耗电元件之间。

(3) 电路中各电器元件均不画实际的外形图，只在电气原理图中表示出其带电部件，同一电器元件的不同带电部件按在电路中的连接关系分别画出，但必须采用国家标准规定的图形符号画出。对于同一电器元件上所有带电部件，采用国家标准中规定的同一文字符号标出。

(4) 电气原理图中所有电气触点均按没有外力作用时或未通电时触点的初始开闭状态画出。例如，接触器、继电器的触点按其电磁线圈未通电时的触点状态画出，控制器触点按操作手柄处于零位时的触点状态画出，控制按钮与行程开关触点按不受外力作用时的状态画出，断路器和开关电器触点按处于断开状态时画出。

(5) 对于电气原理图中各元器件触点的图形符号，当图形垂直放置时，以“左开右闭”原则绘制，即垂线左侧的触点应为动合触点，垂线右侧的触点应为动断触点；当图形为水平放置时，以“上开下闭”原则绘制，即在水平线上方为动合触点，在水平线下方为动断触点。

(6) 在电气原理图的图面区域对应的原理图上方标上该区域电路或元件的功能，以便读者检索电气线路，方便分析电路，利于理解电路工作原理。在继电器、接触器线圈的下方注上该继电器、接触器相应触点所在图中位置的索引代号，索引代号用图幅分区号表示。

(7) 为了在电气原理图中迅速、准确地找到图中某一项目，通常采用图幅分区法。图幅分区是将图纸的各边等分，分区的数目取决于图的复杂程度，每边必须取偶数，任何一边分区长度不小于 25mm，不大于 75mm。横向两边分区用阿拉伯数字编号，纵向两边用拉丁字母编号，编号的顺序从标题栏相对的左上角开始，如图 2-1 所示。分区代号字母在前、数字在后，如 B3、C4。

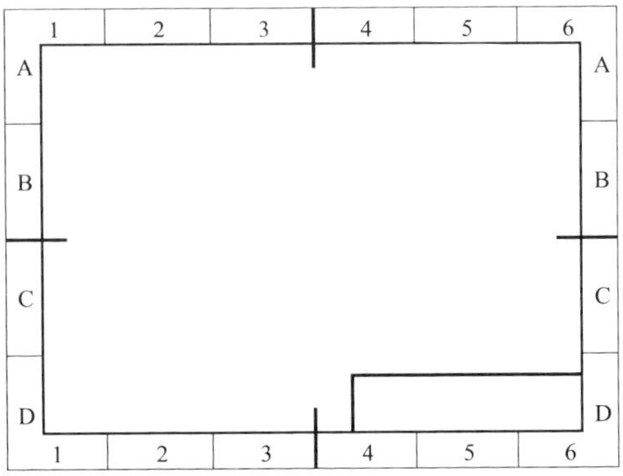

图 2-1 图幅分区

2. 电气原理图中的图形符号的说明

(1) 表示同一对象的图形符号有的示出两个或三个形式，如形式 1、形式 2，推荐形式、其他形式，一般形式、简化形式……一般来说，符号形式可任意选用，当同样能满足使用要求时，最好用推荐形式或简化形式。但无论选用了哪种形式，对于同一套图中的同一对象，统一用该种形式。

(2) 表示同一含义时，只能选用同一个符号。

(3) 图形符号各组成部分画法要规范，特别是相似形式的组成部分，如箭头画法，画在线端的实心箭头一般表示力或运动的方向，画在线中部的开口箭头一般表示能量、信息、信号等的流动方向。

（4）在实际应用中，可根据需要适当调整现有图形符号，可按相同比例，也可在不同方向按不同比例。但调整后的图形符号要与原图形符号传递相同的信息。

（5）为满足流动方向或阅读方向的不同要求，可调整图形符号的取向。由于几何形状不同，一个图形符号可经镜像调整为两种取向形式，经旋转调整为两种取向形式，先经镜像后经旋转调整成八种取向形式。图形符号的取向形式不认为是不同的符号。

二、电器元件布置图

安装电器元件首先要确定电器元件的位置。电器元件布置图用来表明电气原理图中各元器件的实际安装位置。电器元件布置图可根据电气控制系统的复杂程度采用集中绘制或单独绘制等方法。常用的有电器元件布置图、电气控制操作控制面板图等。

电器元件布置图的绘制原则如下：

（1）体积大和较重的电器元件应安装在控制盘的下方，发热元件安装在控制盘的上方。

（2）强电部分和弱电部分要分开布置，为防止干扰，弱电部分要加屏蔽。

（3）需要经常调整、检修的电器元件的安装高度要适中，不宜过高或过低。

（4）电器元件的布置应考虑整齐、对称、美观，外形尺寸与结构相同的电器安装在一起，以利安装和接线。

（5）电器元件布置不能过密，应留有一定的间距，如走线槽，还应加大各排电器的间距，以利于布线和维修。

电器元件布置图根据电器元件的外形尺寸按比例画出，并标明各元器件间距尺寸。控制盘内的电器元件与盘外的连接应经接线端子进行，在电器元件布置图中应画出接线端子板，并在端子板上标明线号。

图 2-2 所示为控制盘电器元件布置图示例，图中 FU1、FU2 为熔断器，QS 为刀开关，KM1、KM2、KM3 为接触器，FR 为热继电器，KT 为时间继电器，SB1、SB2 为按钮，XT 为端子排。

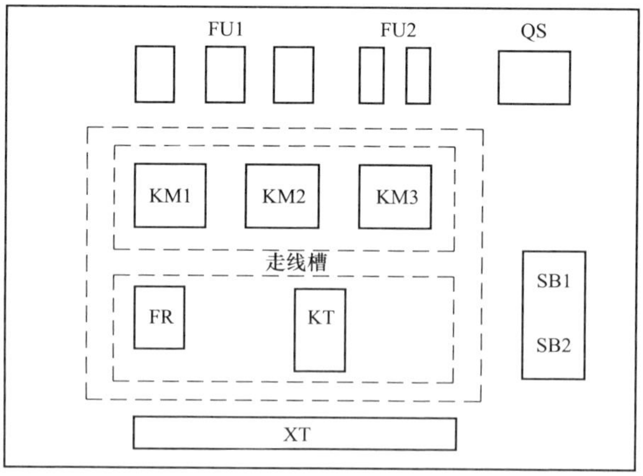

图 2-2 控制盘电器元件布置图

三、电气安装接线图

电气安装接线图是电气原理图的具体表现形式，是用规定的图形符号按电器元件的实际位置和实际接线来绘制的，用于电气设备和电器元件的安装、配线或电气故障检修。实际工作中，电气安装接线图常与电气原理图结合起来使用。

图 2－3 所示为电气安装接线图的一般画法，图中标明了控制盘与外部设备的连接方法，也示例标注了电源进线、所采用的金属软管和连接导线的根数、截面积等。

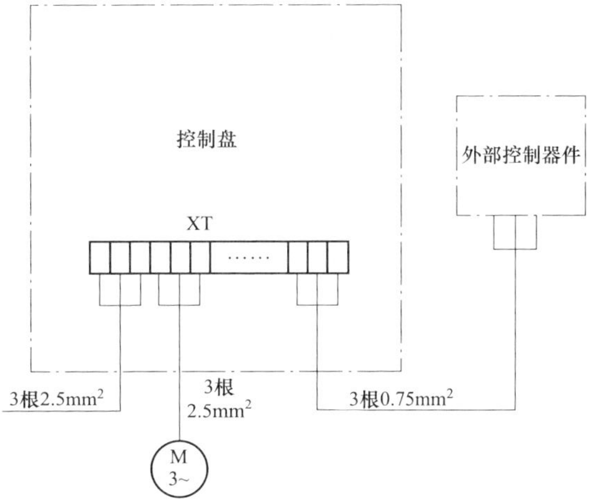

图 2－3　电气安装接线图

电气安装接线图的绘制原则如下：

（1）电器元件的图形、文字符号应与电气原理图标注完全一致。同一电器元件的各带电部件必须画在一起，并用点画线框起来，即采用集中表示法表示每一个电器元件。各电器元件的位置应与实际安装位置一致。

（2）各电器元件中凡需接线的部件端子都应绘出，控制板内外电器元件的电气连接一般应通过端子排进行，各接线端子的编号必须与电气原理图上的编号一致，且按电气原理图的接线编号连接。

（3）走向相同的多根导线可用单线或线束来表示。

（4）电气安装接线图中应标明连接导线的规格、型号、根数、颜色和穿线管的尺寸。

总之，电气安装接线图应明确、清楚并容易检查接线有无错漏。

模块二　三相异步电动机全压起动控制

知识要求	技能要求
1. 掌握三相异步电动机全压起动的条件； 2. 掌握三相异步电动机点动、长动、正反转、自动往返、顺序控制的控制电路与工作原理	能完成三相异步电动机点动、长动、正反转、自动往返控制电路的安装与接线

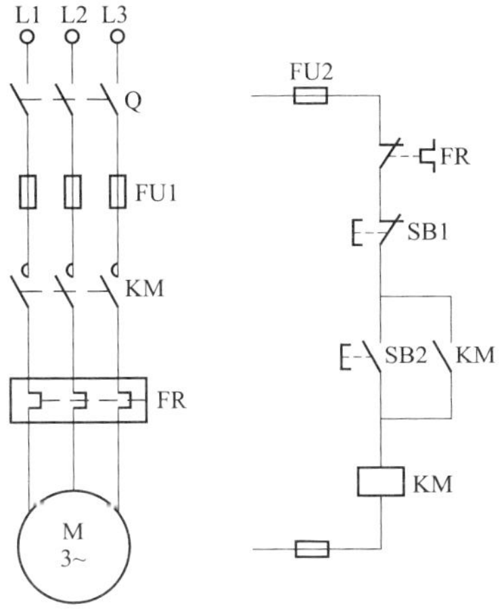

图 2－4　三相笼型异步电动机单向旋转全压起动控制电路

继电-接触器电气控制电路中常见的控制对象之一为三相异步电动机，三相异步电动机起动方法有全压起动和减压起动两种，相应的起动控制电路有全压起动控制电路与减压起动控制电路，下面分别介绍基本的控制电路。

一、三相异步电动机单向旋转全压起动控制电路

图 2－4 所示为三相笼型异步电动机单向旋转全压起动控制电路。该电路由刀开关 Q，熔断器 FU1、FU2，接触器 KM，热继电器 FR 和按钮 SB1、SB2 等组成。其中，由 Q、FU1、KM 主触点、FR 发热元件与电动机 M 构成主电路，由停止按钮 SB1、起动按钮 SB2、KM 动合辅助触点、KM 线圈、FR 动断触点及 FU2 构成控制

电路。

1．电路工作原理

电动机起动时，合上电源开关 Q，接通控制电路电源。按下起动按钮 SB2，其动合触点闭合，接触器 KM 线圈通电吸合，KM 动合主触点与动合辅助触点同时闭合，前者使电动机接入三相交流电源起动旋转，后者有一触点并接在起动按钮 SB2 两端，从而使 KM 线圈经 SB2 动合触点与接触器 KM 自身的动合辅助触点两路供电而吸合。松开起动按钮 SB2 时，虽然 SB2 一路已断开，但 KM 线圈仍通过自身动合辅助触点这一通路而保持通电，从而确保电动机继续运转。这种依靠接触器自身辅助触点而使其线圈保持通电的现象称为自锁，这对起自锁作用的辅助触点称为自锁触点，这部分电路称为自锁电路。

要使电动机停止运转，可按下停止按钮 SB1，接触器 KM 线圈断电释放，KM 的动合主触点、动合辅助触点均断开，分别切断电动机主电路和控制电路，电动机停止转动。当松开停止按钮后，SB1 的动断触点在复位弹簧作用下，虽又恢复到原来的动断状态，但原来闭合的 KM 自锁触点早已随着接触器 KM 线圈断电而断开，接触器已不可能通电吸合了。

2．电路的保护环节

图 2－4 所示电路的保护环节如下：①熔断器 FU1、FU2 为主电路与控制电路的短路保护；②热继电器 FR 具有长期过载保护；③电路的欠电压与失电压保护，这一保护是依靠接触器自锁电路来实现的。

二、三相异步电动机点动控制电路

生产机械不仅需要连续运转，有的生产机械还需要点动运行，还有的生产机械要求用点动运行来完成调整工作。

图 2－5 所示为三相异步电动机点动控制电路。点动控制与连续运转控制的根本区别在于电动机控制电路中有无自锁电路。从主电路上看，电动机连续运转电路应装有热继电器以做长期过载保护，而点动控制电路可不接热继电器。

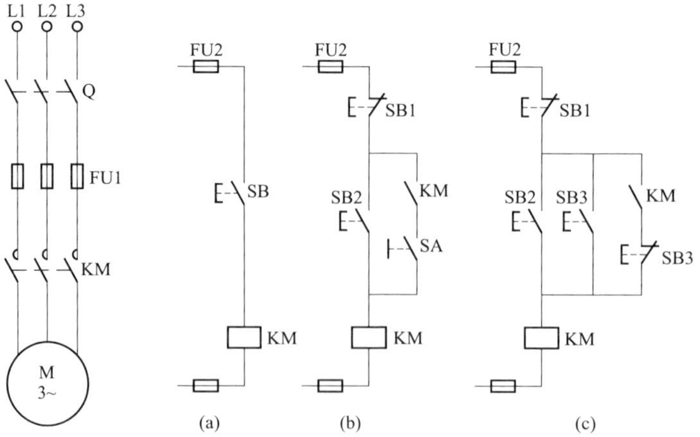

图 2－5　三相异步电动机点动控制电路

图 2－5（a）所示为最基本的点动控制电路。按下点动起动按钮 SB，接触器 KM 线圈

通电吸合，KM 主触点闭合，电动机接通三相交流电源起动旋转。当松开按钮后，KM 线圈断电并释放，主触点断开三相电源停止旋转。图 2－5（b）是既可实现点动控制又可实现连续运转的控制电路，由手动开关 SA 进行选择。当 SA 闭合时，由于自锁电路接入成为连续控制；当 SA 断开时自锁电路断开，成为点动控制。图 2－5（c）增加了一个复合按钮 SB3，将 SB3 的动断触点串接在自锁电路中，其动合触点与连续运转起动按钮 SB2 动合触点并联，使 SB3 成为点动控制按钮。当按下 SB3 时，其动断触点先断开，切断自锁电路，动合触点后闭合使 KM 线圈通电并吸合，主触点闭合，电动机起动旋转。当松开 SB3 时，KM 线圈断电并释放，主触点断开，电动机停止旋转。当电动机需连续运转时，可按下起动按钮 SB2，停机时按下停止按钮 SB1，便可实现电动机的连续运转起动和停止。

三、二地控制电路

在实际控制中往往要求对一台电动机能实现二地控制，即在甲、乙两个地方都能对电动机实现起动与停止控制，或在一地起动另一地停止。实现二地控制的基本原则是：在控制线路中将两个起动按钮的动合触点并联连接，将两个停止按钮的动断触点串联连接。图 2－6 所示为对一台电动机实现二地控制的辅助控制电路，其中 SB1、SB3 按钮位于甲地，SB2、SB4 按钮位于乙地。

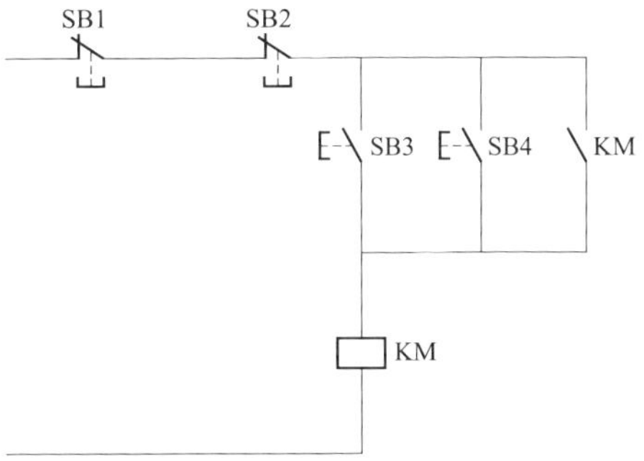

图 2－6　二地控制电路

四、三相异步电动机的正反转控制电路

生产机械的运动部件往往要求实现正、反两个方向的运动，例如，起重机吊钩的上升与下降，机床工作台的前进与后退等，这就要求拖动电动机能实现正反转。通过改变接于电动机定子绕组的电源相序（三相电源任意两相互换），旋转磁场立即反转，从而使转子绕组中的感应电动势、电流和电磁转矩都改变方向，电动机从正转迅速变为反转（反之亦然），可实现电动机的正反转控制。

电动机的正反转控制需要两个接触器，当其中一个接触器接通时，电动机正转；另一接触器接通时，电动机反转。如果两个接触器同时接通，将引起电路短路，故在电动机正反转控制电路中必须有互锁装置。

1．按钮控制电动机正反转电路

图 2－7 所示为按钮控制电动机正反转电路。此电路实质上是一个电动机正转接触器控制电路与一个电动机反转接触器控制电路的组合，但为了避免误操作引起电源的相间短路，在两个单向运行控制电路中设置了必要的互锁。

图 2－7（b）的工作过程如下：按下正转起动按钮 SB2，电动机正向起动并进入正常工作状态，松开按钮 SB2，由于电动机已进入自锁状态，将保持正转运行。电动机若需要反转，此时按下反转按钮 SB3 电动机没有反应，可先按停止按钮 SB1，再按反转起动按钮 SB3，电动机由正转迅速下降到零后反向起动并进入反转工作状态。这是因为电动机正转时，正转接触器 KM1 的动断触点处于断开状态，切断了反转接触器 KM2 线圈电路，使得按下反转按钮 SB3 时 KM3 不会通电。由图 2－7（b）可知，KM1 和 KM2 的动断辅助触点相互交叉接入了对方的线圈电路，使 KM1 和 KM2 线圈不能同时接通，同一时间只能其中

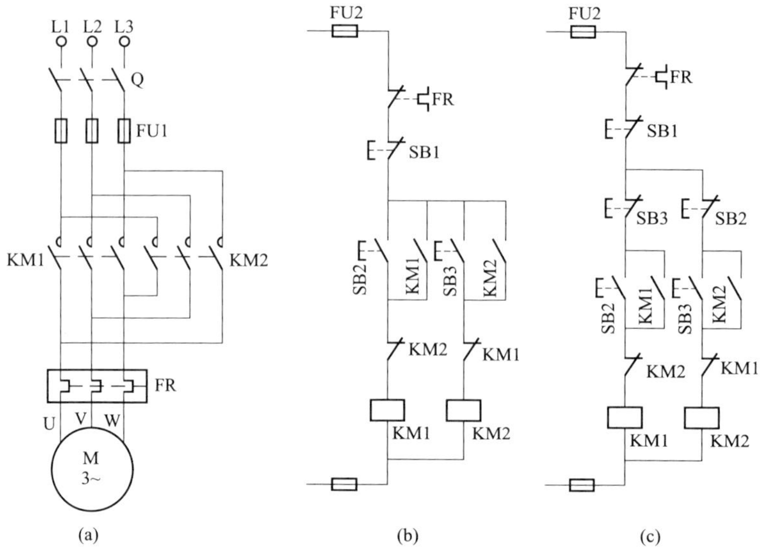

图 2-7 按钮控制电动机正反转电路

一个工作，这就是前面提到的接触器互锁，KM1 和 KM2 的动断辅助触点称为互锁触点。互锁的作用是保证电动机不会短路。图 2-7（b）是利用正反转接触器的动断辅助触点 KM1、KM2 实现互锁的，这种由接触器或继电器动断触点构成的互锁称为电气互锁。在这一电气互锁的电气控制电路中，要实现电动机由正转变反转或由反转变正转，都必须先按下停止按钮，然后进行反转或正转的起动控制，这就构成了正—停—反或反—停—正的操作控制。

在生产实际中为提高劳动生产率，减少辅助工时，要求直接进行电动机正转变反转或反转变正转的换向控制。为此，将正、反转起动按钮的动断触点串接在反、正转接触器线圈电路中，起互锁作用，这种互锁称按钮互锁。图 2-7（c）是具有电气、按钮双重互锁的电动机正反转电路。在这种电路中，若电动机正转运行需直接转换为反转，可按下反转起动按钮，此时反转起动按钮的动断触点先断开，于是切断了正转接触器线圈电路，正转接触器立即断电释放；进一步按下反转起动按钮，方使其动合触点闭合，于是接通反转接触器线圈电路，反转接触器线圈通电吸合，主触点闭合，电动机反向起动旋转，实现了电动机正反转的直接变换。直到电动机需停止时才按下停止按钮 SB1，完成正—反—停的操作控制。这种具有双重互锁的电动机正反转电路在电力拖动控制系统中广泛应用。

2. 行程开关控制的自动往返控制电路

在实际生产中，有些生产机械的运动部件需要做自动往返运动，如龙门刨床的工作台。图 2-8 所示为利用行程开关来进行自动往返运动控制的电路，行程开关是由安装在运动部件上的挡铁来压合动作的，挡铁安装位置又根据行程要求来调节，所以这是一种行程原则的控制。

图 2-8 实质上是在图 2-7（b）中正反转接触器自锁电路和互锁电路基础上，增加了行程开关动合触点并接在接触器动合辅助触点即自锁触点两端，构成一条自锁电路，将行程开关的动断触点串接于对方接触器线圈电路中，再增加一个互锁触点。为对运动部件的运动行

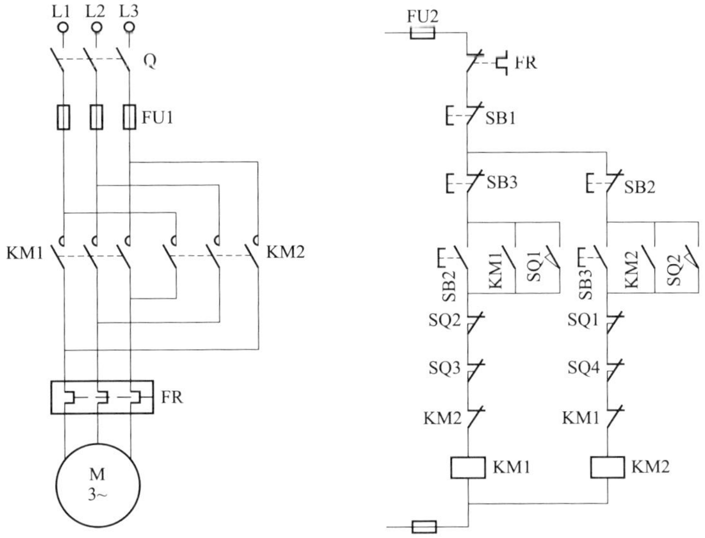

图 2-8　行程开关控制的自动往返控制电路

程进行限位保护，增设了两个运动方向的限位保护开关，构成了图 2-8 所示的自动往返行程控制电路。图 2-8 中，SB1 为停止按钮，SB2、SB3 为电动机正、反转起动按钮，SQ1 为电动机反转变正转行程开关，SQ2 为电动机正转变反转行程开关，SQ3 为正向运动极限保护行程开关，SQ4 为反向运动极限保护行程开关。若电动机正转拖动运动部件向左移动，则行程开关 SQ1 安装在右边位置，SQ2 安装在左边位置，SQ3 安装在最左的位置，SQ4 安装在最右的位置。压合行程开关的机械挡铁安装在运动部件上。

当按下正转起动按钮 SB2 时，电动机正向起动旋转，拖动运动部件向左运动，当运动部件上的机械挡铁压下换向开关 SQ2 时，正转接触器 KM1 线圈断电释放，反转接触器 KM2 线圈通电吸合，电动机由正转变为反转，拖动运动部件向右运动。当运动部件上的机械挡铁压下换向开关 SQ1 时，KM2 线圈断电释放，KM1 线圈通电吸合，电动机由反转变为正转，再次拖动运动部件向左运动，如此循环往复，实现电动机的正反转控制，进而实现运动部件的自动往返运动。当按下停止按钮 SB1 时，电动机便停止运转，运动部件也停止运动。

限位行程开关 SQ3、SQ4 分别安装在运动部件正、反向的极限位置。若运动部件到达换向开关压合位置时，机械挡铁压合不上换向开关，致使正转或反转接触器线圈未能断电，造成电动机继续正转或反转，运动部件继续沿原方向移动，机械挡铁压下限位行程开关 SQ3 或 SQ4，使相应接触器线圈断电释放，电动机停止，运动部件停止移动，从而避免运动部件越出允许位置而导致事故发生。

五、顺序控制电路

在有多台电动机的生产机械或其他应用场合，有时要按一定的顺序对各电动机进行控制才能保证操作过程的合理性和工作的安全可靠，例如铣床控制要求先起动主轴电动机后才能起动进给电动机。下面以两台电动机为例说明常用的顺序控制电路，其中，接触器 KM1 控制第一台电动机 M1，接触器 KM2 控制第二台电动机 M2。

1. 顺序起动控制电路

顺序起动控制电路可通过主回路和控制回路两种方法实现，图 2－9（a）所示为通过主回路实现的电路，图 2－9（b）所示为通过控制回路实现的电路。

在图 2－9（a）中，显然 M1 电动机不起动，M2 不管 KM2 是否吸合都不可能运转。在图 2－9（b）中，KM1 不吸合，其串接在 KM2 线圈回路中的动合触点一直断开，KM2 也不可能吸合。通过控制回路实现顺序起动控制的原则是：把控制先起动电动机的接触器动合触点，串入控制后起动电动机的接触器线圈回路中。

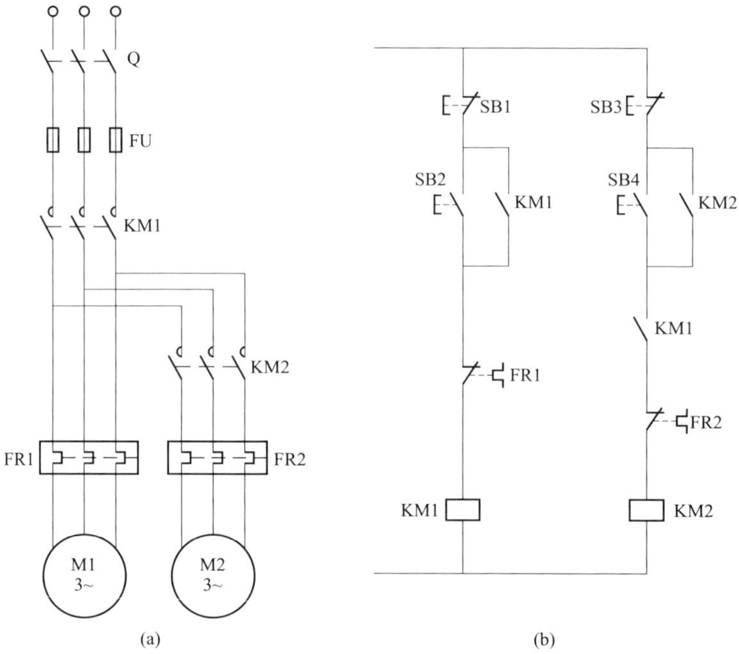

图 2－9 顺序起动控制电路

2. 顺序停止控制电路

图 2－10 所示为可实现两台电动机顺序停止的控制电路，M1、M2 电动机起动没有顺序要求，停止时必须 M2 停止后 M1 才能停止，实现控制的原则是：把控制先停止电动机的接触器动合触点，并联到后停止电动机停止按钮动断触点上。

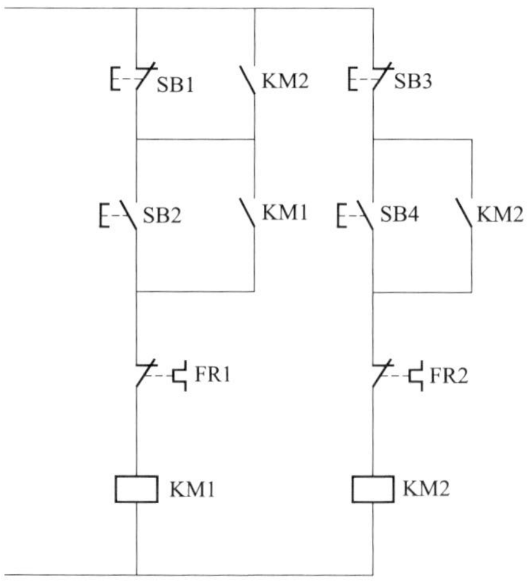

图 2－10 顺序停止控制电路

3. 电动机顺序循环工作控制电路

图 2－11 控制电路可实现电动机 M1 起动工作一段时间停止 M2 电动机才能起动工作，M2 工作一段时间后停止又使 M1 自行起动工作，M1 工作一段时间后又停止并使 M2 又自行起动工作……如此循环工作，直到按下停止按钮 SB1，M1、M2 电动机同时停止。详细工作原理请读者自行分析。

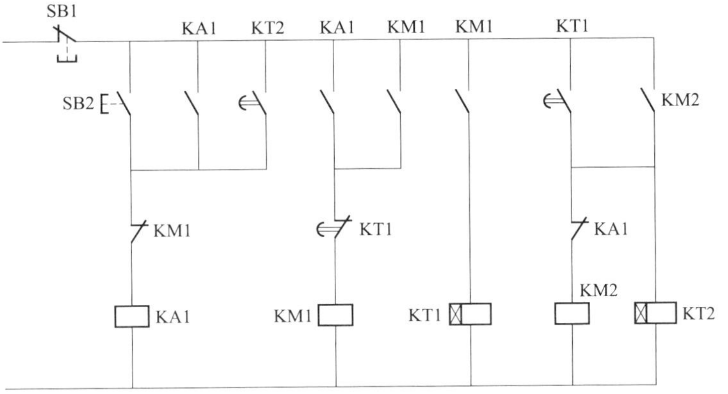

图 2-11 顺序循环工作控制电路

模块三 三相笼型异步电动机减压起动控制

知识要求	技能要求
掌握三相笼型异步电动机减压起动的方法与工作原理	1. 能完成三相笼型异步电动机定子串电阻、星形-三角形起动控制电路的安装与接线； 2. 能正确安装自耦变压器

三相笼型异步电动机采用全压起动，控制电路简单，但当电动机容量超过 10kW 时，因起动电流较大，一般采用减压起动。所谓减压起动，是指起动时降低加在电动机定子绕组上的电压，待电动机起动后再将电压恢复到额定值，使之运行在额定电压下。减压起动可以减小起动电流，从而可以减小线路的电压降，也就减小了起动时对线路的影响。但电动机的电磁转矩与电动机定子端电压的平方成正比，所以电动机的起动转矩相应减小，故减压起动一般用于空载或轻载下起动。常用的减压起动有定子串电阻（或电抗）起动、星形-三角形减压起动、延边三角形减压起动、自耦变压器减压起动等。

一、定子串电阻减压起动控制电路

图 2-12 所示为三相笼型异步电动机定子串电阻减压起动控制电路。起动时，在三相定子绕组中串入电阻，使电动机定子绕组

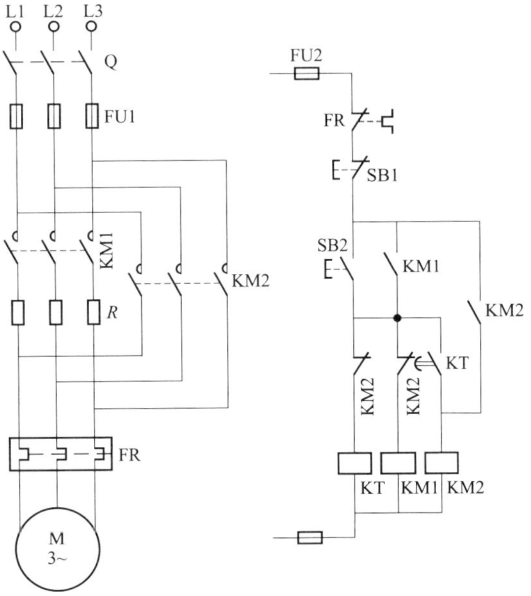

图 2-12 定子串电阻减压起动控制电路

电压降低，起动后再将电阻短接，电动机在额定电压下正常运行。这种起动方式不受电动机定子绕组接线形式的限制，较为方便。但由于串入电阻，起动时在电阻上的电能损耗较大，适用于不频繁起动场合。

图 2-12 中的 KM1 为起动接触器，KM2 为运行接触器，KT 为时间继电器。合上电源开关 Q，按下起动按钮 SB2，KM1、KT 线圈同时通电吸合并自锁，此时电动机定子串接电阻 R 进行减压起动。当电动机转速接近额定转速时，时间继电器 KT 通电，延时闭合触点闭合，KM2 线圈通电并自锁，KM2 动断触点断开并切断 KM1、KT 线圈电路，使 KM1、KT 线圈断电释放。这就构成先由 KM2 主触点短接定子串联电阻，再由 KM1 主触点断开定子电阻，电动机经 KM2 主触点在额定电压下正常运转的主电路。

二、星形-三角形减压起动控制电路

三相笼型异步电动机定子绕组有两种接法，即星形接法和三角形接法，具体根据铭牌规定要求连接。对于正常运行时定子绕组连成三角形的三相笼型异步电动机，均可采用星形-三角形减压起动控制电路。起动时，定子绕组先连成星形，待电动机转速上升到接近额定转速时，将定子绕组换接成三角形，电动机便进入全压下的正常运转。

对于正常运行时是三角形接法的电动机，起动时如果改为星形接法，则电动机定子绕组相电压为额定值的 $1/\sqrt{3}$，达到了减压起动的目的。

星形-三角形（Y-△）减压起动时，电动机定子绕组的接法如图 2-13 所示。起动时，电动机定子为星形接法，如图 2-13（b）所示，此时相电压为额定电压的 $1/\sqrt{3}$，减压起动，待转速上升到接近稳定转速时，电动机改为三角形接法，如图 2-13（a）所示，以额定电压全电压运行。

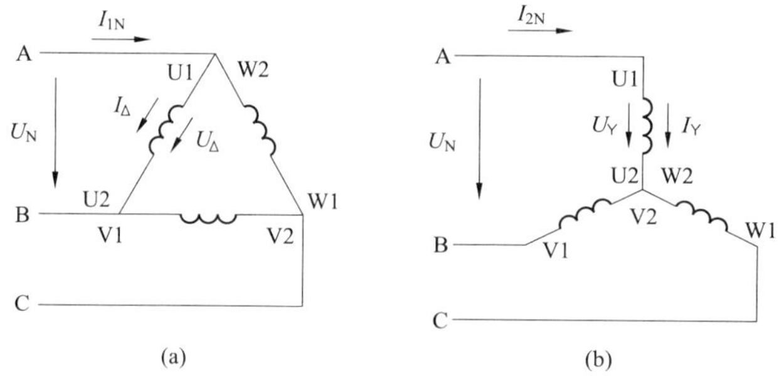

图 2-13 三相异步电动机星形-三角形减压起动定子绕组接法

（a）三相异步电动机三角形接法；（b）三相异步电动机星形接法

下面分析三相异步电动机星形-三角形减压起动时的电压和电流工作情况。

如图 2-13 所示，U1—U2、V1—V2、W1—W2 是电动机定子绕组的首末端。采用星形接法减压起动时，电动机定子绕组首末端之间的相电压 U_Y 是线电压 U_N 的 $1/\sqrt{3}$，即

$$U_Y = \frac{1}{\sqrt{3}} U_N$$

采用三角形接法减压起动时，定子绕组首末端相电压 $U_\triangle$ 等于线电压 U_N，即

$$U_\triangle = U_N$$

由此可见，采用星形接法减压起动时，加在电动机定子绕组端的相电压 U_Y 是三角形接

法时相电压$U_{\triangle}$的$1/\sqrt{3}$，即

$$U_{Y}=\frac{1}{\sqrt{3}}U_{\triangle}$$

由于起动时电动机相电流与相电压成正比，故

$$I_{Y}=\frac{1}{\sqrt{3}}I_{\triangle}$$

而电动机电流$I_{1N}=\sqrt{3}I_{\triangle}$，$I_{2N}=I_{Y}$，故

$$I_{2N}=\frac{1}{3}I_{1N}$$

又因为起动转矩与相电压的平方成正比，故

$$T_{Y}=\frac{1}{3}T_{\triangle}$$

比较上述不同接法在起动时的电流、电压和转矩，可以得出以下结论：

1）若起动时把电动机接成星形，则每相绕组仅承受额定电压的$1/\sqrt{3}$。

2）若起动时把电动机接成星形，则起动电流仅为三角形时的1/3。

3）若起动时把电动机接成星形，则起动转矩仅为三角形时的1/3。

在工业生产中，星形-三角形减压起动具有设备简单、操作方便、维护方便、起动电流小等优点。三相交流电额定电压U_{1N}为380V，采用星形接法起动时相电压降至220V，起到了减压起动的效果，同时，起动电流也降至全压时的1/3，减少了电动机起动时对电网的冲击。但由于采用星形接法起动时转矩只有三角形接法起动转矩的1/3，起动转矩较小且不可调，故此方法只适用于轻载或空载起动且正常运行是三角形接法的电动机。

1. 自动切换星形-三角形减压起动控制电路

图2-14所示为自动切换星形-三角形减压起动控制电路原理图。时间继电器延时时间根据现场实际起动时间进行调整。

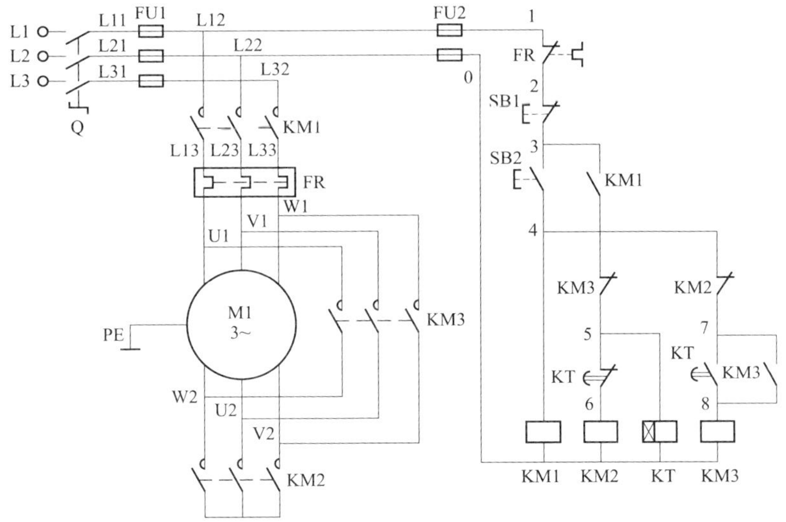

图2-14　自动切换星形-三角形减压起动控制电路

（1）星形起动控制。合上电源开关 Q，接通电源，按下起动按钮 SB2，线圈 KM1、KM2、KT 同时通电，KM1 主触点闭合接通电源，KM1 辅助触点（3—4）闭合实现控制电路自锁，KM2 主触点闭合使电动机定子绕组接成星形，KT 通电，时间继电器延时开启，电动机星形起动。

（2）星形-三角形切换。时间继电器延时时间结束，KT 动断触点（5—6）断开，接触器 KM2 线圈断电，KM2 主触点断开，电动机星形接法解除，KM2 辅助动断触点恢复闭合，为三角形接线做好准备。KT 动合触点（7—8）闭合，KM3 线圈通电，KM3 主触点闭合，电动机定子绕组接成三角形，KM3 动合辅助触点（7—8）闭合自锁，KM3 动断辅助触点（4—5）断开，切断 KT 线圈电路，时间继电器结束工作。

（3）停车控制。按下停止按钮 SB1，线圈 KM1、KM3 断电，主触点断开，电动机停止运行。

（4）电路保护。

1）短路保护：熔断器 FU1 和 FU2 做短路保护。

2）过载保护：热继电器 FR 做过载保护。

3）欠电压、失电压保护：KM1 自锁触点具有欠电压和失电压保护功能。

4）互锁保护：接触器 KM2、KM3 的辅助动断触点具有互锁功能。

2. 手动切换星形-三角形减压起动控制电路

图 2-15 所示为交流电动机星形-三角形减压起动，既能手动控制又能自动控制的电路。主电路图与图 2-14 所示一致，不同的地方是电动机星形接法转换成三角形接法增加了手动切换方式。

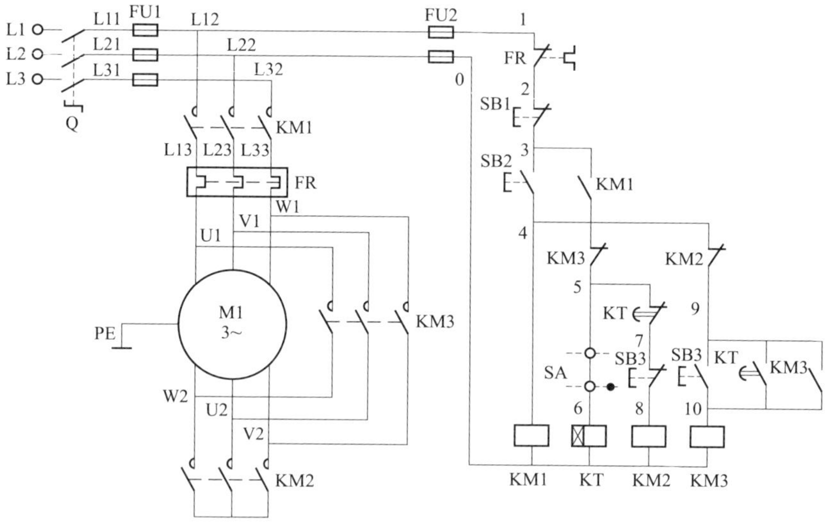

图 2-15 手动切换星形-三角形减压起动控制电路图

电路工作原理如下：首先将选择开关 SA 旋至手动起动控制位，即 SA（5—6）之间断开。合上电源开关 Q，接通电源，按下起动按钮 SB2，接触器 KM1、KM2 线圈通电，电动机以星形接法起动。想要将电动机切换成三角形接法，只要按下按钮 SB3，其动断触点切断接触器 KM2 线圈、动合触点接通 KM3 线圈并实现自锁，电动机即以三角形接法工作。

将选择开关SA旋至自动起动位，即SA（5—6）接通，此电路也可实现自动星形-三角形转换。关于具体工作过程，读者可参照图2-14的工作过程自行分析。

三、延边三角形减压起动控制电路

延边三角形减压起动是在电动机起动过程中将绕组接成延边三角形，待起动完毕后，将其绕组接成三角形进入正常运行。电动机定子绕组为延边三角形连接时，每相绕组承受的电压比三角形连接时低，又比星形连接时高，介于二者之间，这样既可实现减压起动，又可提高起动转矩，可以说延边三角形减压起动是星形-三角形减压起动的发展。

延边三角形连接时，电动机定子绕组相电压与线电压的关系决定于每相定子绕组两部分的匝数比，即三条延边中任何一条边的匝数与三角形内任何一边的匝数之比。改变延边部分与三角形内连接部分绕组的匝数比，就可改变电动机相电压的大小，达到改变起动转矩大小的目的。一般情况下，厂家出厂的电动机绕组匝数比已确定，不可能获得更多或任意的匝数比。

图2-16所示为延边三角形减压起动控制电路。在图2-16（c）中，当接触器KM1接通时，电动机接成延边三角形。当接触器KM3接通时，电动机接成三角形。KM2为电源接触器。在图2-16（b）中，KT为起动时间继电器。起动时，KM1、KM2通电并自锁，电动机接成延边三角形起动，经一定时间延时后，KT动作，使KM1断电，KM3通电，电动机接成三角形连接正常运转。

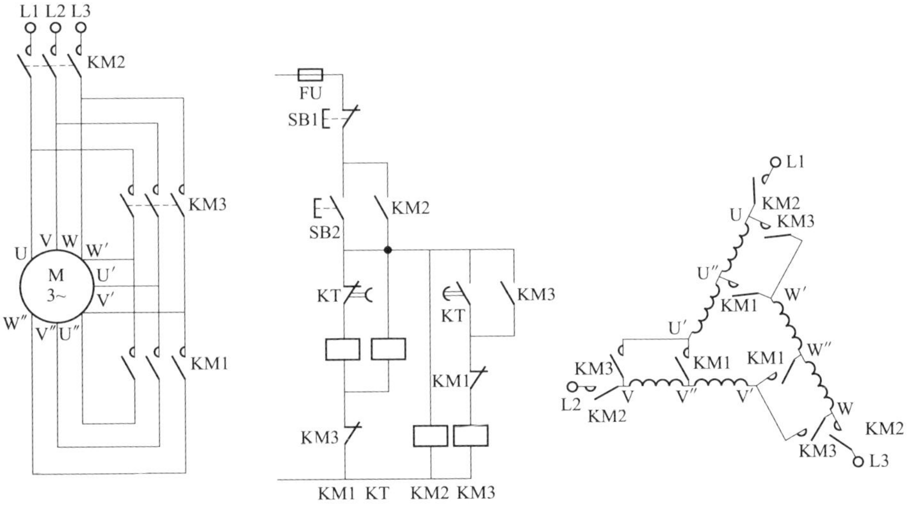

图2-16　延边三角形减压起动控制电路

延边三角形减压起动要求电动机正常工作是三角形接法。由于这种起动方法要求电动机有九个出线头，增加了电动机制造的难度，同时对控制系统的安装和接线也增加了麻烦。

四、自耦变压器减压起动控制电路

电动机自耦变压器减压起动是将自耦变压器原边接在电网上，起动时定子绕组接在自耦变压器二次侧上，电动机起动时获得的电压为自耦变压器的二次电压。待电动机转速接近电动机额定转速时，再将电动机定子绕组接在电网上，即电动机获得额定电压进入正常运转。这种起动方式适用于较大容量电动机的空载或轻载起动，在自耦变压器二次绕组上有多组抽头，供不同起动场合选用。

自动控制的自耦减压起动器电路由自耦变压器、交流接触器、热继电器、时间继电器、按钮等元件组成。图 2-17 所示为采用自耦变压器减压起动的控制电路图。图中 KM1 为减压起动接触器，KM2 为全压运行接触器，KA 为中间继电器，KT 为减压起动时间继电器，HL1 为电源指示灯，HL2 为减压起动指示灯，HL3 为正常运行指示灯。

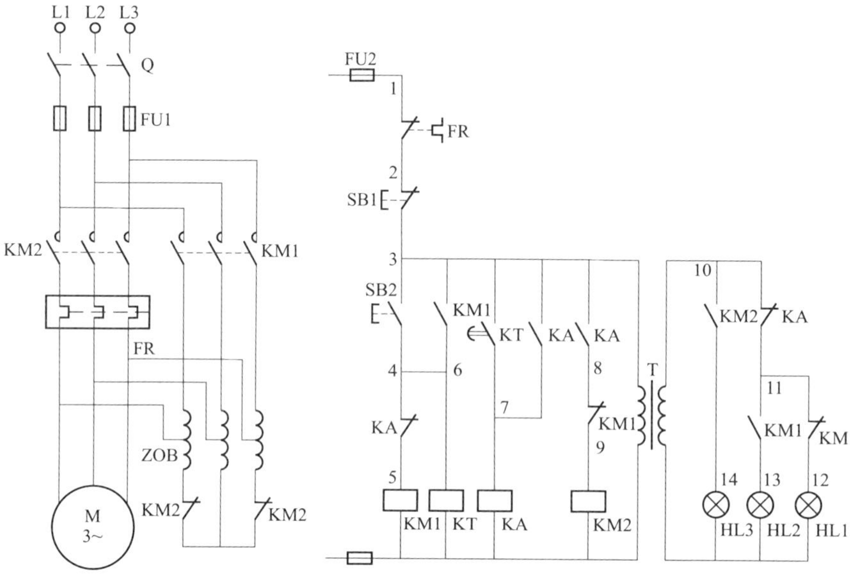

图 2-17 自耦变压器减压起动控制电路

电路工作原理：合上开关 Q，HL1 灯亮，表明电源电压正常。按下起动按钮 SB2，KM1、KT 线圈同时通电并自锁，将自耦变压器接入，电动机由自耦变压器二次电压供电进行减压起动，同时指示灯 HL1 灭，HL2 亮，显示电动机正进行减压起动。当电动机转速接近额定转速时，时间继电器 KT 通电延时闭合触点 KT（3—7）闭合，使 KA 线圈通电并自锁，其触点 KA（4—5）断开，使 KM1 线圈断电释放，KM1 主触点将自耦变压器切除；KA 的另一触点 KA（10—11）断开，HL2 指示灯断电熄灭；而 KA（3—8）闭合，使 KM2 线圈通电吸合，电源电压全部加在电动机定子上，电动机在额定电压下进入正常运转，同时 HL3 指示灯亮，表明电动机减压起动结束。由于自耦变压器星形连接部分的电流为自耦变压器一、二次电流之差，故用 KM2 辅助触点来连接。

模块四 三相绕线转子异步电动机减压起动控制

知识要求	技能要求
1. 掌握三相绕线转子异步电动机转子串电阻起动方法； 2. 熟悉电流原则与时间原则在电路中的使用方法	1. 能装接电动机的起动电阻； 2. 能根据电路正确装接主电路与控制电路

三相绕线转子异步电动机转子绕组可通过铜环经电刷与外电路电阻相接，以减小起动电流，提高转子电路功率因数和起动转矩，适用于重载起动的场合。

一、绕线转子电动机转子串电阻减压起动控制电路

1. 电流原则控制的绕线转子异步电动机转子串电阻起动控制电路

这种起动方式用到过电流继电器，符合过电流继电器的传输特性。当过电流继电器线圈中的电流达到动作值，继电器的触点发生动作时，动合触点闭合，动断触点断开；当过电流继电器线圈中的电流下降到释放值时，其动合触点恢复动合，动断触点恢复动断。

采用电流原则控制起动方法是将过电流继电器串入转子回路中，在起动时，由于起动电流很大，超过了过电流继电器的动作值，使得继电器动作。随着转速上升，转子电流下降。当转子电流低于继电器的释放值时，过电流继电器释放。用过电流继电器的释放去控制电路，使转子中所串电阻切除，达到逐步升高电动机转速的目的。

如图 2－18 所示，按下起动按钮 SB2，接触器 KM4 线圈通电并自锁，电动机定子绕组接通三相电源，转子串入全部电阻起动，同时 KA4 通电，为 KM1～KM3 通电做准备。由于刚开始起动电流很大，KA1～KA3 吸合电流相同，故同时吸合动作，其动断触点全都断开，使 KM1～KM3 处于断电状态。转子电阻全部串入，达到限流和提高转矩的目的。在起动过程中，随着电动机转速的升高，起动电流逐渐减小，而 KA1～KA3 的释放电流不同，其中 KA1 的释放电流最大，KA2 次之，KA3 最小。所以，当起动电流减小到 KA1 的释放电流整定值时，KA1 首先释放，其动断触点闭合，KM1 线圈通电，短接一段电阻 R_1。由于 R_1 被短接，转子电流增加，起动转矩增大，致使转速加快上升，这又使电流下降，当降

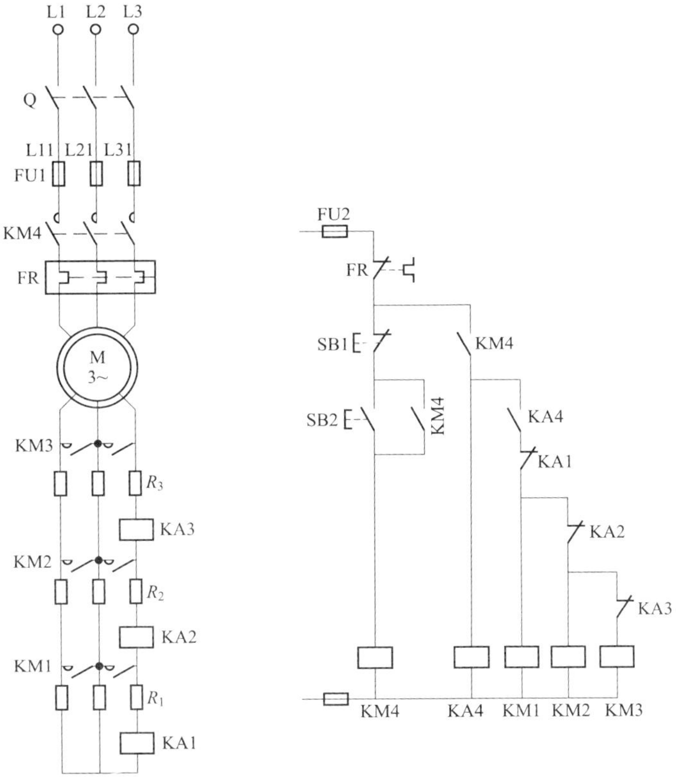

图 2－18　电流原则控制的绕线转子电动机转子串电阻起动控制电路

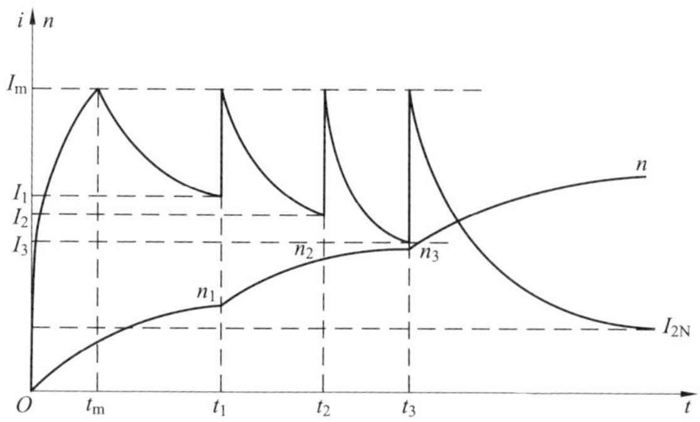

图 2-19 绕线转子电动机转子自动短接电阻的起动过程

低到 KA2 的释放值时，KA2 动断触点闭合，使 KM2 通电，切断第二段电阻 R_2……直到全部电阻都被短接，电动机起动过程结束。

图 2-19 所示为利用电流继电器自动短接电阻起动过程的电流和转速变化曲线。其中，I_1、I_2、I_3 分别为 KA1～KA3 的释放电流，I_m 为限制的最大起动电流，I_{2N} 为额定电流，n 为转速上升变化曲线。

2. 时间原则控制的绕线转子电动机转子串电阻起动控制电路

如图 2-20 所示，绕线转子电动机转子串电阻起动控制也可采用时间原则，其工作原理如下：合上电源开关 Q，按下起动按钮 SB2，接触器 KM4 线圈通电，主触点闭合，接通电动机电源，电动机串入所有电阻起动，辅助触点（5—13）闭合实现自锁，（5—15）闭合接通时间继电器 KT1 线圈，KT1 开始计时。KT1 延时时间到，其动合触点（15—19）闭合，接通接触器 KM1 线圈，KM1 主触点闭合，在主电路上将 R_1 电阻短接，电动机转子电阻减小，转速上升；KM1 辅助触点（15—21）闭合，时间继电器 KT2 线圈通电，KT2 开始计时。KT2 延时时间到，KT2 动合触点（15—23）闭合，接通接触器 KM2 线圈，KM2 主触点闭合，短接电阻 R_2，使电动机转子回路电阻进一步减小，转速继续上升；KM2 辅助触点

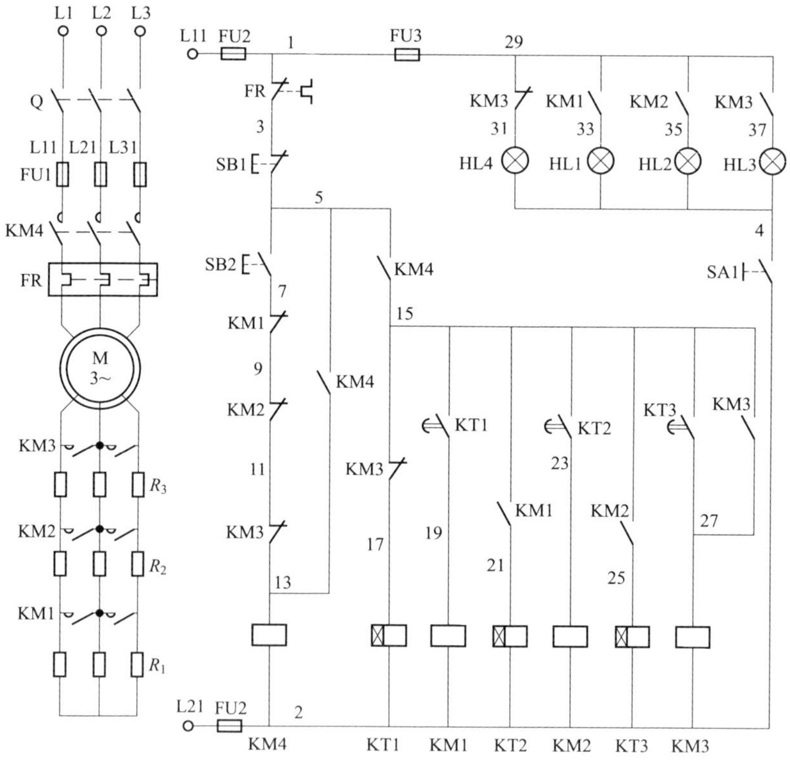

图 2-20 时间原则控制的绕线转子电动机转子串电阻起动控制电路

(15—25) 闭合，接通时间继电器 KT3 线圈，KT3 开始计时。KT3 延时时间到，其动合触点 (15—27) 闭合，接通接触器 KM3 线圈，KM3 主触点闭合，短接电阻 R_3，电动机转子所串电阻全部被短接，电动机进入正常运行状态；KM3 动断辅助触点 (15—17) 断开，切断 KT1、KM1、KT2、KM2、KT3 线圈回路；KM3 动合辅助触点 (15—27) 闭合，实现自锁。

如果需要观察电路工作情况，可以打开指示灯电路。方法是合上转换开关 SA1，接通 (2—4) 电路，HL1 灯亮表示 R_1 电阻被短接，HL2 灯亮表示 R_2 电阻被短接，HL3 灯亮表示 R_3 电阻被短接，电动机进入正常工作状态，HL4 灯在电动机起动时亮，起动完毕熄灭。

二、转子串频敏变阻器起动控制电路

绕线转子异步电动机转子串接电阻起动控制电路使用电器较多，电路复杂，起动电阻较大，在起动过程中逐段切除电阻，电流与转矩突然加大，产生一定的机械冲击。为获得比较理想的机械特性，从 20 世纪 60 年代开始，我国电气工程技术人员就开始应用和推广自己设计和制造的频敏变阻器及其控制电路。

频敏变阻器是一种静止的、无触点的电磁元件，其电阻值随频率变化而改变。理论分析与实践证明，频敏变阻器铁芯等值电阻与电抗均近似与转差率的平方根成正比。所以，绕线转子异步电动机串接频敏变阻器起动时，随着起动过程转子频率的降低，其阻抗值自动减小，实现了平滑无级的起动。

图 2-21 所示为电动机单方向旋转转子串接频敏变阻器并能自动短接的控制电路。其中，KM1 为电源接触器，KM2 为短接频敏变阻器接触器，KT 为起动时间继电器。

电路工作情况：合上电源开关 Q，按下起动按钮 SB2，KT、KM1 相继通电并自锁，电动机定子接通电源，转子接入频敏变阻器起动。随着电动机转速平稳上升，频敏变阻器阻抗逐渐自动下降，当转速上升到接近额定转速时，时间继电器延时整定时间到，其延时触点动作，KM2 通电并自锁，将频敏变阻器短接，电动机进入正常运行。

该电路操作时，按下 SB2 时间稍长点，待 KM1 辅助触点闭合后才可松开。KM1 为电源接通接触器，KM1 线圈通电需在 KT、KM2 触点工作正常条件下进行，若发生 KM2 触点粘连、KT 触点粘连、KT 线圈断线等故障时，KM1 线圈都将无法通电，从而避免了电动机直接起动和转子长期串接频敏变阻器的不正常现象发生。

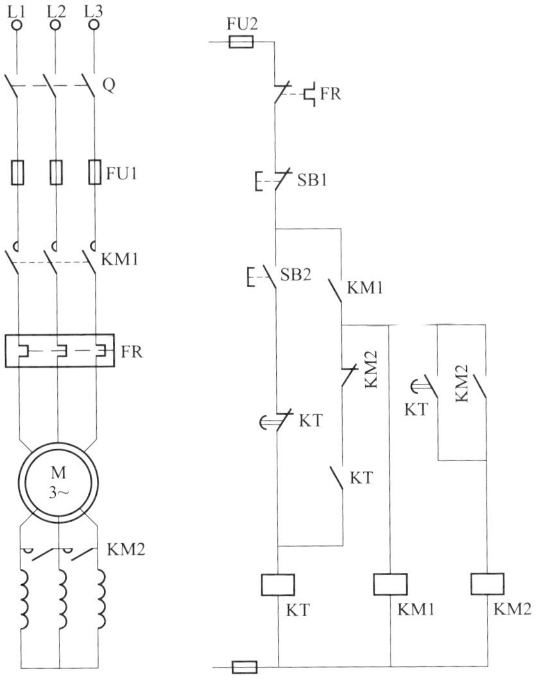

图 2-21　电动机单向旋转转子串接频敏变阻器起动控制电路

模块五　三相异步电动机电气制动及调速控制

知识要求	技能要求
1. 掌握三相异步电动机电气制动的方法及工作原理； 2. 掌握三相异步电动机变极调速方法	1. 能完成电气制动电路的安装与调试； 2. 能判断电动机变极调速时正确的接线端子

一、三相异步电动机制动原理

电动机不采取任何措施直接切断电动机电源称为自由停车。电动机自由停车的时间长，效率低，停车时间随惯性大小而不同。当某些生产机械要求迅速、准确停车时，必须采用可靠、快速的制动方式。

1. 制动方式

制动分为机械制动与电气制动。电气制动是在电动机转子上加一个与电动机转向相反的制动电磁转矩，使电动机转速迅速下降或稳定在另一转速上。常用的电气制动有反接制动与能耗制动。

（1）反接制动。反接制动是利用改变电动机电源的相序，使定子绕组产生相反方向的旋转磁场，产生的电磁转矩是制动转矩，使电动机转速迅速下降，当电动机转速接近于零时，立即切断三相交流电源，否则电动机将反向起动旋转。电源反接制动时，转子转速与定子旋转磁场的相对速度接近于2倍的电动机同步转速，以致反接制动电流将为电动机全压起动时起动电流的2倍，于是产生过大的制动转矩，使电动机绕组过分发热。为此，电动机电源反接制动时，应在电动机定子电路中串入反接制动电阻，并限制其每小时反接制动次数。反接制动电阻接法有三相对称接法与只有两相接入的不对称接法。当采用三相对称接法时，其阻值可按下列经验公式计算：

$$R_{\mathrm{b}}=K\frac{U_{\mathrm{N}}}{I_{\mathrm{ST}}}$$

式中　R_{b}——反接制动时电动机各相串接的电阻；

K——由反接制动电流允许值决定的系数；

U_{N}——电动机起动时电源相电压；

I_{ST}——电动机额定电压下起动时的起动电流。

当反接制动电流小于 I_{ST} 时，$K=1.5$；当反接制动电流等于 I_{ST} 时，$K=1.3$。

若采用不对称接法，则接入反接制动电阻阻值为上式计算阻值的1.5倍。

反接制动的要点是：①交流电动机的电源相序要反接；②当电动机转速接近零时，应迅速切断电动机的电源，否则将出现反向起动；③在进行反接制动时，电动机定子电路应串入反接制动电阻，以减小反接制动电流，减小制动冲击。

（2）能耗制动。能耗制动是三相电动机脱离交流电源后，迅速在定子绕组上加一直流电源，产生恒定磁场，电动机转子以惯性旋转，切割定子恒定磁场而在转子中产生感应电动势，流过感应电流，转子感应电流与恒定磁场相互作用产生电磁力，从而产生电磁转矩，该转矩是一个制动转矩，可以使电动机转速迅速下降到零。

三相电动机采用能耗制动具有制动平稳，能实现准确、快速停车，且不会出现反向起动等特点。另外，由于制动时定子绕组已脱离交流电源，电动机不从电网吸取交流电能，只吸取少量的直流励磁电能，所以从能量角度看，能耗制动经济性好。能耗制动适用于电动机容量较大和起动、制动频繁的场合。

2. 速度继电器

在电气控制中，速度继电器用于电动机的反接制动或能耗制动控制，作为电动机制动后自动切断电动机电源用。速度继电器的动作值一般为 100～300r/min，释放值约在 100r/min 以下。制动时，控制信号通过速度继电器与接触器的配合，使电动机接通反相序电源而产生制动转矩，使其迅速减速。当转速降至 100r/min 以下时，速度继电器的动合触点恢复断开，动断触点恢复闭合。使用速度继电器时，应将其转子装在被控电动机的同一根轴上，将其动合、动断触点串联在控制电路中。当被控电动机旋转时，速度继电器转子随着电动机一起旋转，在内部磁场作用下，速度继电器定子随转子旋转方向转动。当速度继电器定子转到一定角度时，在内部杠杆机构作用下，推动其动合触点与动断触点位置发生改变。当电动机速度下降时，速度继电器转子速度也随之下降，在反作用弹簧作用下，定子返回原来状态，对应触点恢复原来状态。

速度继电器主要根据所需控制的转速大小、触点数量和触点的电压、电流来选用，常用的速度继电器有 JY1 和 JFZ0 两种型号。其中，JY1 型可在 700～3600r/min 可靠工作，JFZ0－1 型适用于 300～1000r/min，JFZ0－2 型适用于 1000～3600r/min。一般速度继电器转速在 130r/min 左右即能动作，100r/min 时触点能恢复正常位置。

二、三相异步电动机反接制动控制电路

图 2－22 所示为电动机可逆运行反接制动控制电路。其中，KM1、KM2 分别为电动机正、反转接触器，KM3 为短接制动电阻接触器；KA1、KA2、KA3 为中间继电器；KV 为

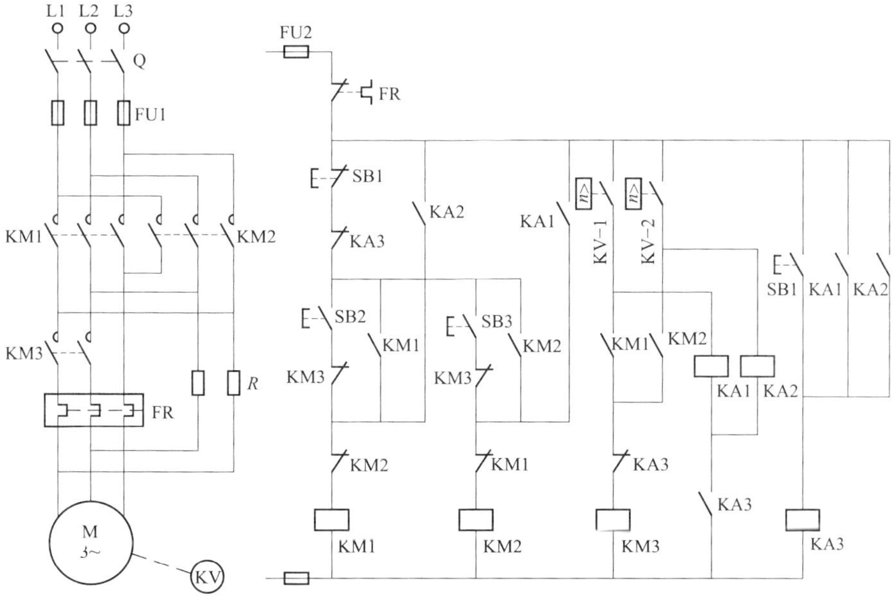

图 2－22　电动机可逆运行反接制动控制电路

速度继电器，KV－1为正转触点，KV－2为反转触点，R为反接制动电阻。

电路工作原理：电动机需正向旋转时，合上电源开关Q，按下正向起动按钮SB2，KM1线圈通电并自锁，电动机定子串入电阻，接入正相序三相交流电源进行减压起动，当速度继电器转速超过130r/min时，速度继电器动作，其正转触点KV－1闭合，使KM3线圈通电，短接定子电阻，电动机在全压下起动并进入正转运行状态。

当需停车时，按下停止按钮SB1，KM1、KM3线圈相继断电释放，电动机定子串入电阻并断开原正相序三相交流电源，电动机依惯性高速旋转。但当停止按钮按到底时，SB1动合触点闭合，KA3线圈通电吸合，KA3动断触点再次断开KM3线圈电路，确保KM3线圈处于断电状态，保证反接制动电阻R的接入。KA3动合触点闭合，由于此时电动机转速仍很高，速度继电器转速仍大于释放值，故KV－1仍处于闭合状态，从而使KA1线圈经触点KV－1通电吸合，并联在SB1按钮两端的KA1动合触点闭合，又保证了当停止按钮SB1松开后KA3线圈仍保持通电吸合，而KA1的另一动合触点闭合，使KM2线圈通电吸合。于是SB1按到底后，电动机定子串入反接制动电阻接入反相序三相交流电源进行反接制动，使电动机转速迅速下降。当速度继电器转速低于100r/min时，速度继电器释放，正向触点KV－1断开，KA1、KM2、KM3线圈相继断电释放，反接制动结束，电动机自由停车至零。

电动机反向运转、停车时的反接制动控制电路工作情况与上述情况相似，不同的是速度继电器起作用的是反向触点KV－2，中间继电器KA2替代了KA1，其余情况相同。

由以上分析可知，图2－22所示电路起动时，电动机从零至速度继电器达到130r/min为电动机串入电阻进行减压起动过程。所以，定子电阻R具有限制起动电流和反接制动电流的双重作用。停车时，务必将停止按钮SB1按到底，否则将因SB1触点未闭合而无反接制动。热继电器发热元件接于图示位置，可避免起动电流和制动电流引起的误动作。

电动机反接制动效果与速度继电器触点反力弹簧的松紧程度有关。当触点反力弹簧调得过紧，在停车时，电动机转速较高时，其触点便在反力弹簧作用下使其断开，这样过早地断开反接制动电路，使反接制动效果减弱。若反力弹簧调得过松，则速度继电器又释放过晚，电动机停车后可能出现短时反转。因此，应适当调节速度继电器触点反力弹簧的松紧程度，以期获得较好的制动效果。

三、三相异步电动机能耗制动控制电路

在能耗制动中，按对接入直流电的控制方式分，有时间原则控制和速度原则控制两种，相应地用到了时间继电器和速度继电器。

图2－23所示为时间原则控制的电动机单方向运行能耗制动电路。图中KM1为单向运行接触器，KM2为能耗制动接触器，KT为时间继电器，T为整流变压器，VC为桥式整流电路。电路工作原理如下：设电动机现已处于单向运行状态，所以KM1通电并自锁。要使电动机停止转动，按下停止按钮SB1，KM1线圈断电释放，其主触点断开，电动机断开三相交流电源。同时，KM2、KT线圈同时通电并自锁。KM2主触点将电动机两相定子绕组接入直流电源进行能耗制动，电动机转速迅速降低，当转速接近零时，时间继电器KT延时时间到，其动断通电延时断开触点动作，使KM2、KT线圈相继断电释放，能耗制动结束。

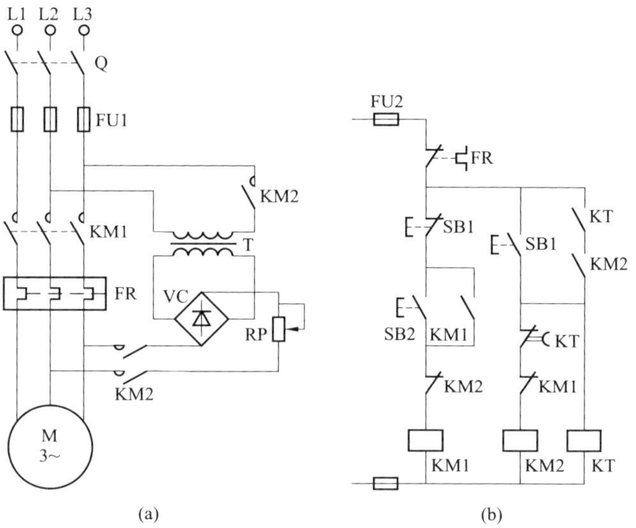

图 2-23　时间原则控制的电动机能耗制动电路

（a）主电路；（b）控制电路

图中 KT 的瞬动动合触点与 KM2 自锁触点串接，其作用是：当 KT 线圈断线或机械卡住故障，致使 KT 动断通电延时触点断不开，动合瞬动触点也合不上时，只有按下停止按钮 SB1，成为点动能耗制动。若无 KT 动合瞬动触点串接 KM2 动合触点，在发生上述故障时，按下停止按钮 SB1，将使 KM2 线圈长期通电，造成电动机两相定子绕组长期接入直流电源。

请读者自行思考：如果将时间原则改为速度原则控制，电路该如何修改？

四、三相异步电动机其余制动方法

1. 倒拉反接制动

当三相电动机拖动位能负载时，在绕组电动机的转子上串接电阻以改变物体提升或下放的速度。在下放重物时，为获得低速下降，常采用倒拉反接制动。此时电动机定子按正转提升相序接电源，但在电动机转子电路中串接较大电阻，这时电动机起动转矩 T 小于负载转矩 T_L，电动机在重力负荷作用下，迫使电动机反转。反转以后电动机的转差率 S 加大，直至 $T=T_L$，其机械特性如图 2-24（b）所示，在 c 点稳定运行，以 n_c 转速低速下放重物。

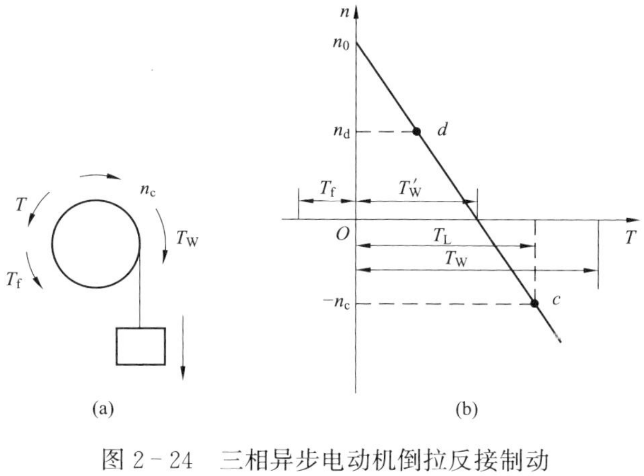

图 2-24　三相异步电动机倒拉反接制动

这时若用于轻载下放，且重力转矩小于 T'_W，将会出现不但不下降反而会上升的后果，如图 2－24（b)所示，在 d 点稳定运动，以转速 n_d 上升。

与电源反接制动一样，倒拉反接制动将电动机输入的电磁功率和负载送入的机械功率全部消耗在转子回路的电阻上，所以能耗大，但倒拉反接制动能获得任意低的转速来下放重物，故安全性好。

2. 再生发电制动

在中载或重载长距离下降重物时，可将提升电动机按反转相序接电源，产生下降方向的电磁转矩 T，此时电动机电磁转矩 T 方向与重力转矩 T_W 方向一致，使电动机很快加速并超过电动机的同步转速 $-n_0$。此时，电动机转子绕组内的感应电动势与电流均改变方向产生阻止重物下降的电磁转矩，当 $T=T_W-T_f$ 时，电动机以高于同步转速的转速稳定运行，如图 2－25（b）所示，电动机工作在再生发电制动状态，以高于同步转速的 n_b 下放重物。

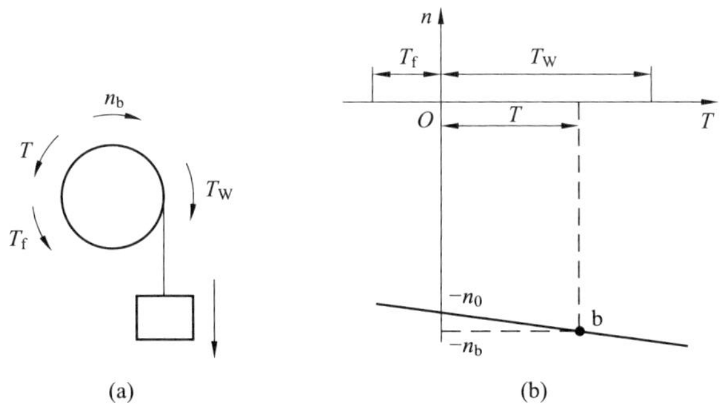

图 2－25　三相异步电动机再生发电制动

再生发电制动下放重物时，转子所串电阻越大，下放速度越高，因此，为使再生发电制动下放重物的速度不要太快，应将转子电阻短接或留有很小电阻。再生发电制动不但没有从电源吸取电功率，反而向电网输出功率。向电网反馈的电能是由拖动系统的机械能转换而成的。

三相异步电动机电气制动有反接制动、能耗制动、再生发电制动和倒拉反接制动。其中，倒拉反接制动因是由重力负载转矩作用下形成的反接制动，将在起重机电气控制中继续讲述。

五、三相笼型异步电动机双速变极控制电路

为使生产机械获得更大的调速范围，除采用机械变速外，还可采用电气控制方法实现电动机的多速运行。由电动机原理可知，感应电动机转速表达式为

$$n=n_0(1-s)=\frac{60f}{p}(1-s)$$

电动机转速与供电电源频率 f、转差率 s 及定子绕组的极对数 p 有关。由于变频调速与串级调速的技术和控制方法比较复杂，采用多速电动机来实现变速仍较多见。下面以常用的双速电动机为例介绍其控制电路。

图 2－26 所示为双速电动机按钮控制电路。KM1 为三角形连接接触器，KM2、KM3 为双星形连接接触器，SB2 为低速按钮，SB3 为高速按钮，HL1、HL2 分别为低、高速指示灯。电路工作时，合上开关 QS 接通电源，按下 SB2，KM1 通电并自锁，电动机为三角形

连接，实现低速运行，HL1 亮。需高速运行时，按下 SB3，KM2、KM3 通电并自锁，电动机接成双星形连接，实现高速运行，HL2 亮。

由于电路采用了 SB2、SB3 的机械互锁和接触器的电气互锁，能够实现低速运行直接转换为高速，或由高速直接转换为低速，无需再操作停止按钮。

图 2－26 所示的控制电路能实现双速电动机的调速控制，但有一定的局限性，存在着按 SB3 可以高速直接起动的问题，这在有些生产机械工作时是不允许的。实际控制中往往要求双速电动机在起动时只能按低速按钮才能工作，此时按高速按钮无效，一旦电动机起动，低、高速之间能自由切换。图 2－27 所示的控制电路能实现这一控制要求，KA 起到了顺序控制目的，主回路电路与图 2－26 所示相同，详细工作原理请读者自行分析。

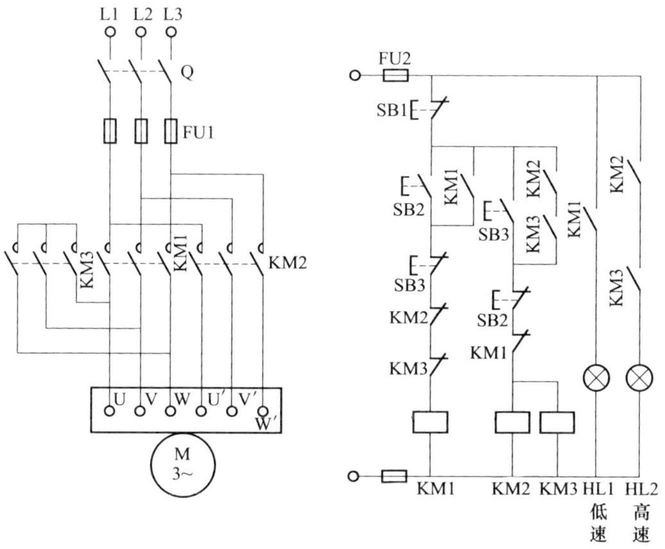

图 2－26　双速电动机按钮控制电路

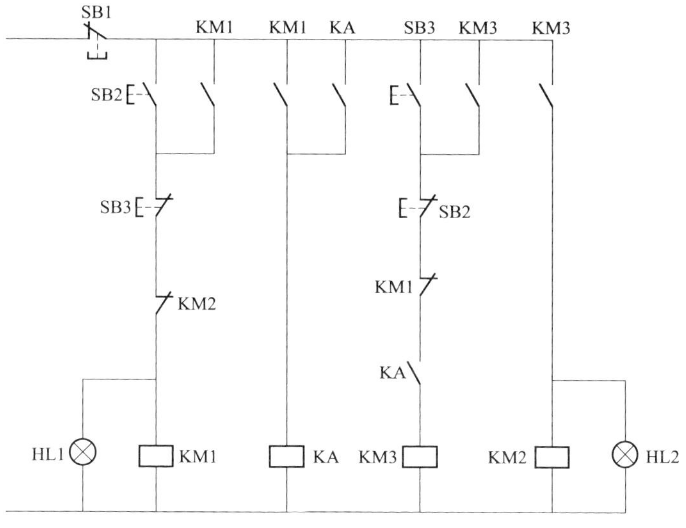

图 2－27　顺序控制双速电动机控制电路

双速电动机的具体应用可参见项目五的模块五。

思考与练习

2－1　在电气原理图中为什么要进行图幅分区？图幅分区的原则是什么？

2－2　电动机点动控制与连续运转控制的根本区别是什么？

2－3　何为电动机的欠电压与失电压保护？接触器控制电路是如何实现欠电压与失电压保护的？

2－4　试画出既可点动又可连续运转的二地控制的控制电路图。

2－5　何为电动机正反转电路的电气互锁与按钮互锁？

2－6　在电动机正反转控制电路中只有按钮互锁安全可靠吗？为什么？

2－7　试说明图 2－8 自动往返控制电路中行程开关 SQ1、SQ2、SQ3、SQ4 的作用及安装位置。

2－8　试画出两台三相笼型异步电动机 M1 和 M2 的电气控制电路，要求起动时 M1 起动后 M2 才能起动，停止时必须 M2 停止后 M1 才能停止。

2－9　试分析图 2－11 所示的顺序循环工作控制电路的工作原理。

2－10　设计一个三台笼型异步电动机控制电路，要求 M1 先起动，经 10s 后 M2 自行起动，运行 30s 后 M1 停止同时 M3 自行起动，再运行 30s 后全部电动机均停止。

2－11　设计一个小车运行控制电路，能实现以下动作要求：①小车由原位开始前进，到终端后自动停止；②在终端停留 2min 后自动返回，到原位后自动停止；③在前进或后退途中任意位置都能停止或再次起动。

2－12　试分析图 2－14 和图 2－15 所示的星形-三角形起动控制电路的区别，写出这两种电路的工作过程。

2－13　将图 2－17 所示的自耦减压起动控制电路中的通电延时时间继电器改成断电延时时间继电器而电路功能保持不变。

2－14　说明图 2－21 所示电路中时间继电器 KT 的瞬时动合触点和延时动断触点的作用。

2－15　将图 2－23 所示时间原则控制的电路改成用速度原则控制来实现。

2－16　分析图 2－27 所示顺序控制双速电动机控制电路的工作原理。

项目三　机电设备液压控制部件

液压传动是以压力油为工作介质来实现各种机械的传动和控制的。它利用各种元件组成基本控制回路，再由若干基本控制回路有机组合成能完成一定控制功能的传动系统，以此来进行能量的传递、转换及控制，在工业生产中得到了广泛的应用。

模块一　液压动力元件

知识要求	技能要求
1. 理解液压泵的工作原理与必备工作条件； 2. 掌握齿轮泵、叶片泵的工作原理和结构特点	1. 能正确选用和合理使用液压泵，并能安装与调试； 2. 能分析并排除液压泵的一般故障

一、液压传动的工作原理

如图 3-1 所示，液压传动系统的工作原理是：液压泵 3 在电动机带动下旋转，从油箱中吸油，油液经过滤油器 2 进入液压泵的吸油腔，它从液压泵中输出进入压力腔，并通过油管进入换向阀 5、节流阀 6，经换向阀 7 可进入液压缸 8 的左腔。此时，液压缸 8 的右腔的油液则经过换向阀 7 和回油管排回油箱，液压缸中的活塞推动工作台 9 向右移动。

如果将换向阀 7 的手柄移动成图 3-1（b）所示的状态，则经节流阀的压力油将由换向阀 7 进入液压缸的右腔，此时液压缸左腔的油经换向阀 7 和回油管排回油箱，液压缸中的活塞将推动工作台向左移动。因此换向阀 7 的主要功能是控制液压缸及工作台的运动方向。若系统中的换向阀 5 处于图 3-1（c）所示状态，则液压泵输出的压力油将经换向阀 5 直接回油箱，系统处于卸荷状态，液压油不能进入液压缸，所以换向阀 5 又称为开停阀。

工作台的移动速度是通过节流阀 6 来调节的，当节流阀的开口大时，进入液压缸的油液流量大，工作台移动的速度就快；反之，工作台移动速度就慢。因此节流阀 6 的主要功能是控制进入液压缸的流量，从而控制液压缸活塞的运动速度。

液压缸推动工作台移动时必须克服液压缸所受到的各种阻力，因而液压必须产生一个足够大的推力，这个推力是由液压缸中的液体压力产生的，要克服的阻力越大，液压缸中的油液压力越高；反之，压力就越低。系统中输入液压缸的流量由节流阀 6 调节，液压泵输出的多余压力油须经溢流阀 4 排回油箱，当系统中有多余压力油时，压力升高，作用在阀芯（图中为钢球）的作用力略大于溢流阀的弹簧预压力，压力油才能顶开溢流阀的钢球流回油箱，所以在图示系统中液压泵出口处的压力是由溢流阀决定的，可见溢流阀在系统中的主要功能是控制系统的工作压力。

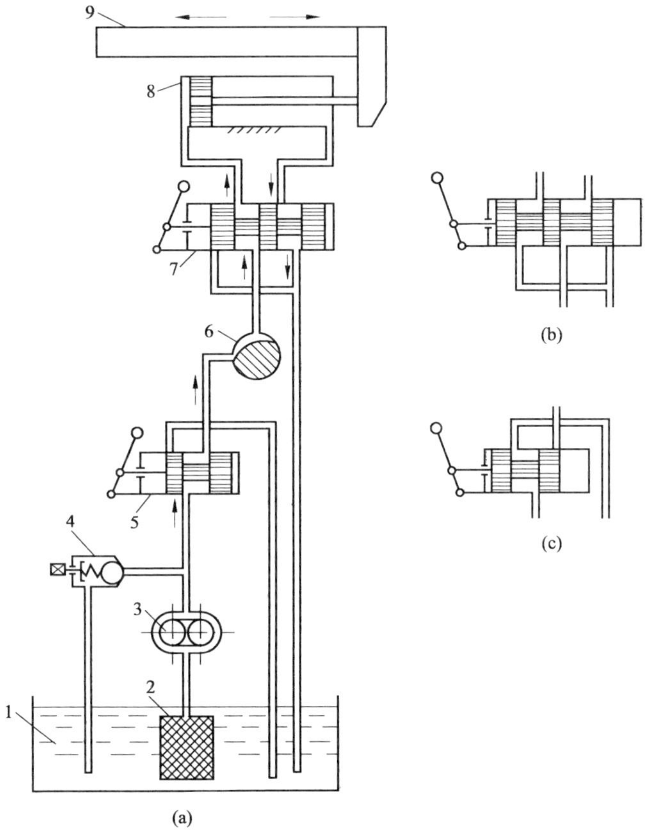

图 3-1 机床工作台液压系统的原理图

1—油箱；2—滤油器；3—液压泵；4—溢流阀；5、7—换向阀；6—节流阀；8—液压缸；9—工作台

二、液压系统的组成及特点

液压传动系统主要由以下几个部分组成：

（1）能源装置：把机械能转换成液体压力能的装置，一般最常见的是液压泵。

（2）执行装置：把压力能转换成机械能对外做功的装置，一般指做直线运动的液压缸、做回转运动的液压马达等。

（3）控制调节装置：对液压系统中的压力、流量和流动方向进行控制和调节的装置，如溢流阀、节流阀、换向阀等。这些元件的不同组合可组成功能不同的液压控制系统。

（4）辅助装置：除了以上三种以外的其他装置，如油箱、油管、过滤器、蓄能器、压力表、压力表开关等，它们对保证液压系统可靠和稳定地工作有重大作用。

（5）传动介质：传递能量的液体，即液压油。

液压传动的特点是液压传动过程中，利用液体作为工作介质，在密封容器内必须经过二次能量转换；能量传递过程中可远距离进行；传动平稳。液压传动与电力拖动、机械传动相比主要有以下优缺点：

（1）功率/质量比大。在同功率的情况下体积小、惯性小。

（2）力/质量比大。液压缸的力/质量比一般为 13 000N/kg，而直流直线式电动机仅为 130N/kg。液压传动响应速度快。

(3) 控制方式性能好。液压系统操作方便、省力、易于实现自动化，且能在很大范围内实现无级调速，传动比可达100：1～2000：1。

(4) 工作平稳、冲击小，能在高速下起动、制动和换向，也可以在带负荷下频繁起停。易于实现过载保护等。

(5) 液压传动系统也有较多的缺点，由于液体的可压缩性，其传动比不能严格保证；又由于能量传递过程中泄漏的存在，传动效率低；液压传动装置不能在高温下工作；液压元件制造精度高及系统工作过程中发生故障不易诊断等。

三、液压泵的工作原理

液压泵是依靠密封容积变化的原理来进行工作的，故一般称为容积式液压泵。图3-2所示为单柱塞液压泵的工作原理，图中柱塞2装在缸体3中形成一个密封容积a，柱塞在弹簧4的作用下始终压紧在偏心轮1上。原动机驱动偏心轮1旋转使柱塞2做往复运动，使密封容积a的大小发生周期性变化，当a由小变大时就形成部分真空，使油液在大气压力的作用下，经吸油管顶开单向阀6进入油腔而实现吸油，反之，当a由大变小时，油腔中吸满的油液将顶开单向阀5流入系统而实现压油。这样液压泵就将原动机输入的机械能转换成压力能，原动机驱动偏心轮不断旋转，从而液压泵不断地吸油和压油。

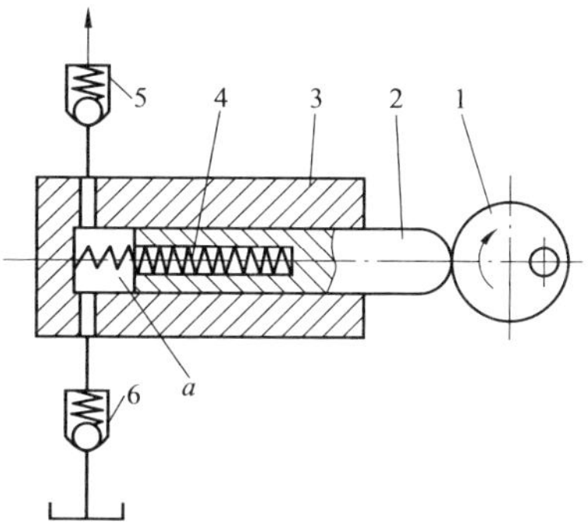

图3-2　单柱塞液压泵的工作原理

1—偏心轮；2—柱塞；3—缸体；4—弹簧；5、6—单向阀

液压泵的结构形式较多，有齿轮泵、叶片泵、柱塞泵等。根据在工作过程中液压泵输出流量是否可调节，可分为定量泵和变量泵。

四、齿轮泵、叶片泵的工作原理

1. 齿轮泵的工作原理及结构特点

齿轮泵是液压传动中最常用的一种泵，一般齿轮泵做成定量泵。齿轮泵又可以分为外啮合齿轮泵和内啮合齿轮泵。

图3-3所示为外啮合齿轮泵的工作原理图，由装在壳体内的一对齿轮所组成，齿轮两侧有端盖（图中未示出），壳体、端盖和齿轮的各齿间槽组成了许多密封工作腔。当齿轮按图示方向旋转时，右侧吸油腔由于相互啮合的轮齿逐渐脱开，密封工作容积逐渐增大，形成部分真空，因此油箱中的油液在外界大气压力的作用下，经油管进入吸油腔，充满齿间槽，并随齿轮旋转，把油液带到左侧压油腔内。在压油腔一侧，由于轮齿在这里逐渐啮合，密封工作容积不断减小，油液便被挤出去，形成压油过程，从压油腔输入到压力管中去。只要两个齿轮的旋转方向不变，其吸油、

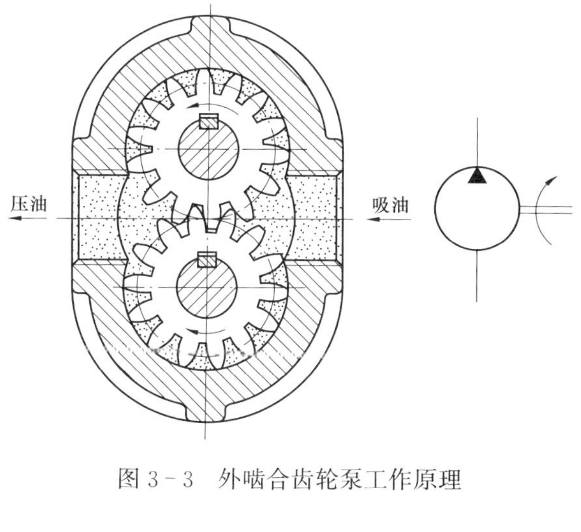

图3-3　外啮合齿轮泵工作原理

压油腔的位置也就确定了。图 3－3 所示右侧的图形为液压泵的图形符号。

齿轮泵存在泄漏、困油和径向液压力不平衡三大问题，影响了齿轮泵的性能和寿命。一般齿轮泵为低压泵，其工作压力约为 2.5MPa。

2. 叶片泵的工作原理及结构特点

叶片泵的结构比齿轮泵复杂，但其工作压力较高，且流量脉动小，工作平稳，噪声较小，寿命较长，所以广泛应用于机械制造中的专用机床、自动线等中低压力系统中，但其结构复杂，吸油特性不太好，对油液的污染也比较敏感。

根据各密封工作容积在转子旋转一周吸、压油液次数的不同，叶片泵分为两类，即完成一次吸、压油的称为单作用叶片泵，完成二次吸、压油的称为双作用叶片泵。单作用叶片泵多用于变量泵，双作用叶片泵多用于定量泵。工作压力约为 7MPa。结构经改进后可使工作压力提高到 16～19MPa。

（1）单作用叶片泵的工作原理。单作用叶片泵的工作原理如图 3－4 所示。单作用叶片泵由转子 1、定子 2、叶片 3 和端盖等组成。定子具有圆柱形内表面，定子和转子间有偏心距 e，叶片装在转子槽中，并可在槽内滑动，当转子回转时，由于离心力的作用，叶片紧靠在定子内表面上，这样在定子、转子、叶片和两侧配油盘间的工作空间形成若干个密封容积，当转子按图示方向旋转时，在图的右侧，叶片逐渐伸出，叶片间的密封容积逐渐增大，从吸油口吸油，这是吸油腔；在图的左侧，叶片逐渐压入槽中，叶片间的密封容积逐渐减小，油液从压油口压出，这是压油腔；在吸油腔和压油腔之间有一段封油区，把吸油腔和压油腔隔开，这种叶片泵的转子每转一周，每个工作空间完成一次吸、压油，因此称为单作用叶片泵。

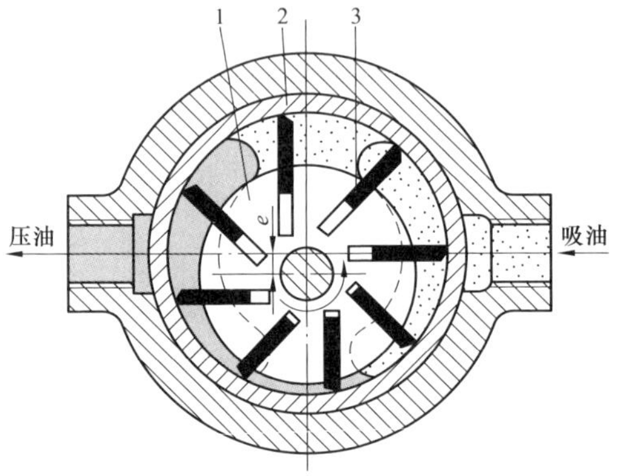

图 3－4　单作用叶片泵的工作原理
1—转子；2—定子；3—叶片

单作用叶片泵的特点是：改变定子和转子之间的偏心距便可改变泵的输出流量，偏心反向时，吸、压油的方向也相反；处在压油腔的叶片顶部受有压力油的作用，把叶片推入转子槽内。为了使叶片顶部可靠地和定子内表面接触，压油腔一侧的叶片底部要通过特殊的沟槽和压力油腔相通。吸油腔一侧的叶片底部要和吸油腔相通，这里的叶片仅靠离心力的作用顶在定子内表面。

（2）双作用叶片泵的工作原理。双作用叶片泵的工作原理如图 3－5 所示。双作用叶片泵由定子 1、转子 2、叶片 3 和配油盘（见图 3－6）等组成。转子和定子中心重合，定子内表面近似为椭圆柱形，该椭圆由两段长半径圆弧、两段短半径圆弧和四段过渡曲线组成。当转子转动时，叶片在离心力的作用下，在转子槽内向外移动而压向定子内表面，由叶片、定子和配油盘（端盖）形成若干个密封容积，当转子按图示方向顺时针旋转时，处在小圆弧上的密封容积以过渡曲线而运动到大圆弧的过程中，叶片外伸，密封空间的容积增大，形成吸油；再在大圆弧经过渡曲线运动到小圆弧的过程中，叶片被压入转子槽中，密封容积减小，形成压油。转子转动一周，吸、压油过程进行两次，因此，这种叶片泵称为双作用叶片泵。由于在工作过程中，这种泵作用在转子上的压力相互平衡，也称为卸荷式叶片泵。这种泵的特点是流量脉动小，工作平稳。

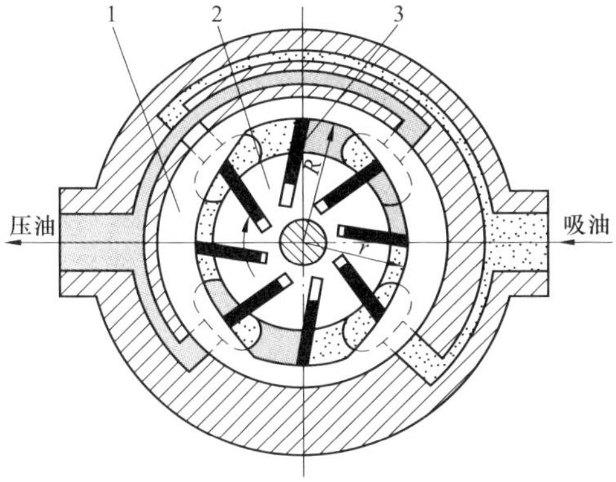

图 3-5　双作用叶片泵的工作原理

1—定子；2—转子；3—叶片

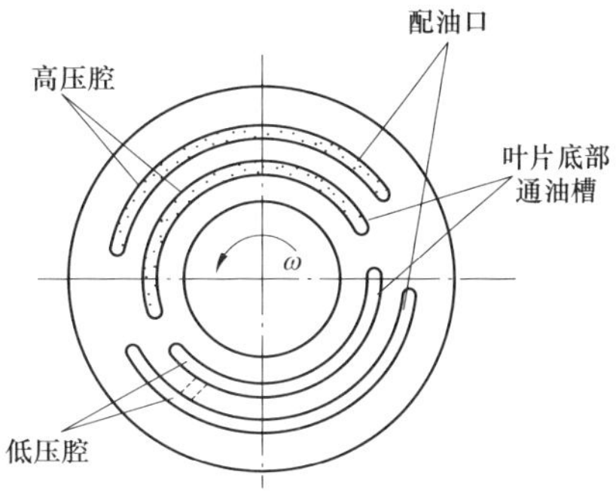

图 3-6　配油盘

(3) 限压式变量叶片泵的工作原理。限压式变量叶片泵是单作用叶片泵，根据单作用叶片泵的工作原理，改变定子与转子的偏心距 e，就可以改变泵的输出流量，限压式变量叶片泵能借助于输出压力的大小自动改变偏心距 e 的大小来改变输出流量。当压力低于某一可调节的限定压力时，泵的输出流量最大；当压力高于限定压力时，随着压力的增加，泵的输出流量线性地减小，其工作原理如图 3-7 所示。在转子槽中装有叶片，泵的出口经通道 7 与活塞缸 6 相通。在泵未运动时，定子在调压弹簧 9 的作用下，紧靠柱塞 4，并使柱塞 4 靠在螺钉 5 上。这时，定子和转子的偏心压力也较小，若此液压力小于上端的弹簧作用力，此时，定子相对于转子的偏心量最大，输出流量大。随着外负载的增大，液压泵的出口压力 p 也随之提高，当压力升至与弹簧力相平衡的控制压力 p_B 时，当压力进一步升高，就有 $p_A > k_s x_0$，这时，若不考虑定子移动时的摩擦力，液压作用力就要克服弹簧力推动定子向上移动，随之泵的偏心量减小，泵的输出流量也减小。p_B 称为泵的限定压力，即泵处于最大流量时的压力。调节调压螺钉 10，可改变弹簧的预压缩量 x_0，即可改变 p_B 的大小。

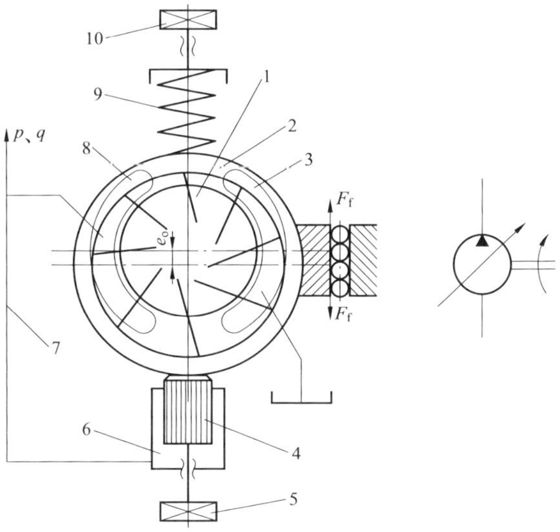

图 3-7　限压式变量叶片泵的工作原理

1—转子；2—定子；3—吸油窗口；4—柱塞；5—螺钉；6—活塞腔；7—通道；8—压油窗口；9—调压弹簧；10—调压螺钉

图 3-8 所示为限压式变量叶片泵的特性曲线。调节螺钉 5（见图 3-7）可调节最大流量，即可使曲线 AB 段上下平移。调节调压螺钉 10，可改变弹簧的预压缩量 x_0，即可改变 p_B 的大小，可使曲线 BC 段左右平移。改变调压弹簧的刚度 k_s 时，可以改变 BC 段的斜率，弹簧越“软”（k_s 值越小），BC 段越陡，p_{max} 值

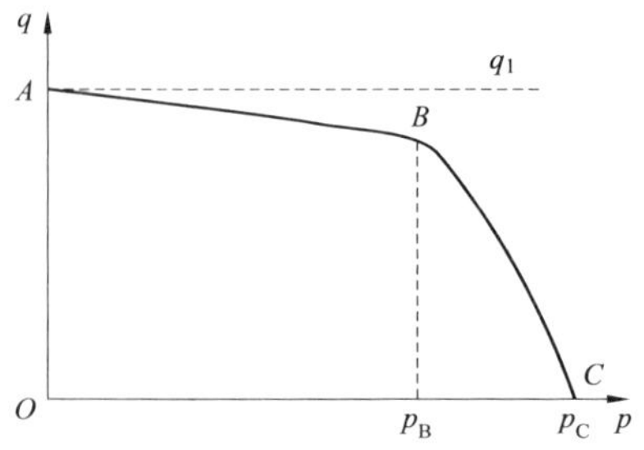

图 3-8 限压式变量叶片泵的特性曲线

越小；反之，弹簧越“硬”（k_s 值越大），BC 段越平坦，p_{max} 值越大。当定子与转子之间的偏心量为零时，系统压力达到最大值，称为 $p_C = p_{max}$，该压力也称为截止压力。实际上由于泵的泄漏存在，当偏心量尚未达到零时，泵的输出流量已为零。

在设计液压系统时，若所选用液压泵的特性曲线不能达到要求，在调节系统时可以对泵的特性进行调节，从而达到系统要求的流量和压力。

3. 液压泵的主要技术参数

（1）压力。

1）工作压力。液压泵实际工作过程中的输出压力称为工作压力。工作压力的大小取决于外负载的大小，而与液压泵的流量大小无关。

2）额定压力。液压泵在正常工作条件下，按泵的结构、性能所允许连续运行的最高压力称为额定压力。

（2）排量与流量。

1）排量 V。液压泵的转子每转一周，液压泵排出的液体的体积量称为液压泵的排量。

2）理论流量 q_t。在单位时间内所排出的液体的体积量称为理论流量，有

$$q_t = Vn$$

式中 V——液压泵的排量；

n——主轴转速。

3）实际流量 q。单位时间内液压泵实际排出的液体体积量称为实际流量。由于泵内有泄漏，因此实际流量要小于理论流量，有

$$q = q_t - q_l$$

式中 q_l——泄漏量。

4）额定流量 q_n。液压泵出厂时按标准规定所能达到的流量称为额定流量。

模块二 液压执行元件

知识要求	技能要求
1. 掌握液压缸的类型、工作原理及其特点； 2. 了解液压缸的典型结构	1. 能计算液压缸的结构尺寸； 2. 能正确选用和合理使用液压缸，并能安装与调试

液压缸与液压马达是液压系统中的执行元件，是将压力能转变成机械能对外做功的一种装置。液压缸的作用是实现往复运动，液压马达的作用是实现旋转运动。

一、液压缸的工作原理及结构

液压缸按其结构形式，可以分为活塞式液压缸、柱塞式液压缸和摆动式液压缸三类。活塞式液压缸和柱塞式液压缸实现往复运动，输出推力和速度。摆动式液压缸实现小于360°的

往复摆动，输出转矩和角速度。

活塞式液压缸根据其使用要求不同可分为双杆式和单杆式两种。

1. 双杆式活塞式液压缸

双杆式活塞式液压缸是活塞两端都有一根直径相等的活塞杆伸出。图 3－9（a）所示为缸体固定式的双杆式活塞式液压缸。它的进、出油口布置在缸筒两端，活塞通过活塞杆带动工作台移动，当活塞的有效行程为 l 时，整个工作台的运动范围为 $3l$，所以机床占地面积大，一般适用于小型机床。当工作台行程要求较长时，可采用图 3－9（b）所示的活塞杆固定形式。这时，缸体与工作台相连，活塞杆通过支架固定在机床上，动力由缸体传出。这种安装形式中，工作台的移动范围只有液压缸有效行程的两倍，因此占地面积小。

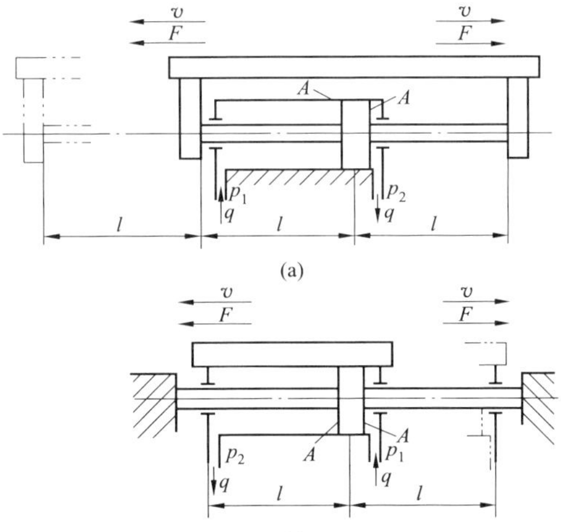

图 3－9　双杆式活塞式液压缸

活塞式液压缸产生的推动 F 和运动速度 v 为

$$F = A(p_1 - p_2) = (D^2 - d^2)(p_1 - p_2)\pi/4$$

$$v = q/A = 4q/[\pi(D^2 - d^2)]$$

式中　A——活塞的有效工作面积，m^2；

p_1、p_2——进、出油腔的压力，Pa；

D、d——活塞、活塞杆的直径，m；

q——进入液压缸的流量，m^3/s。

2. 单杆式活塞式液压缸

单杆式活塞式液压缸如图 3－10 所示，活塞只有一根活塞杆。单杆式活塞式液压缸由于活塞两端的有效面积不等，如果以相同流量的压力油分别进入液压缸的左、右腔，活塞移动的速度与进油腔的有效面积成反比，即油液进入无杆腔时有效面积大，速度慢，进入有杆腔时有效面积小，速度快。活塞上产生的推力与进油腔的面积成正比。

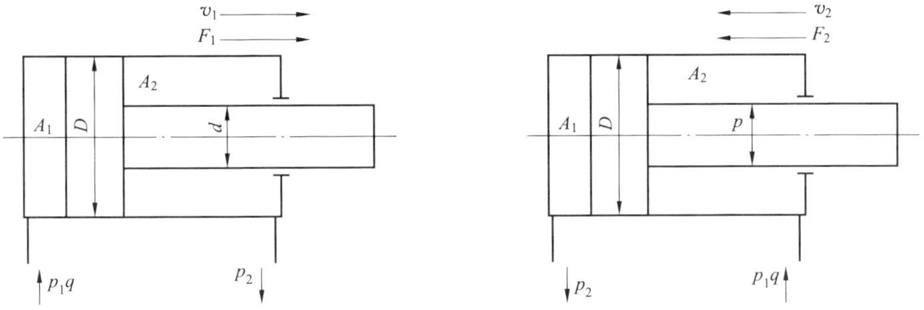

图 3－10　单杆式活塞式液压缸

二、液压马达的工作原理及结构

液压泵和液压马达是可逆工作的液压元件，向任何一种液压泵输入工作液体，都可使其变成液压马达工况；反之，当液压马达的主轴由外力矩驱动旋转时，也可变为液压泵工况。液压马达按其结构类型可分为齿轮式、叶片式、柱塞式和其他形式。

常用的液压马达的结构与同类型的液压泵很相似。叶片式液压马达的工作原理如图 3 - 11 所示，当压力油通过压油腔后，在叶片 1、3（或 5、7）上，一面作用有压力油，另一面为低压油。由于叶片 3 伸出的面积大于叶片 1 伸出的面积，因此作用于叶片 3 上的总液压力大于作用于叶片 1 上的总液压力，于是压力差使叶片带动转子沿逆时针方向旋转，作用于其他叶片（如 5、7）上的液压力，其作用原理同上。叶片 2、6 两面同时受压力油作用，受力平衡，对转子不产生作用转矩。叶片式液压马达的输出转矩与液压马达的排量，液压马达进、出油口之间的压力差有关，其转速由输入液压马达的流量来决定。

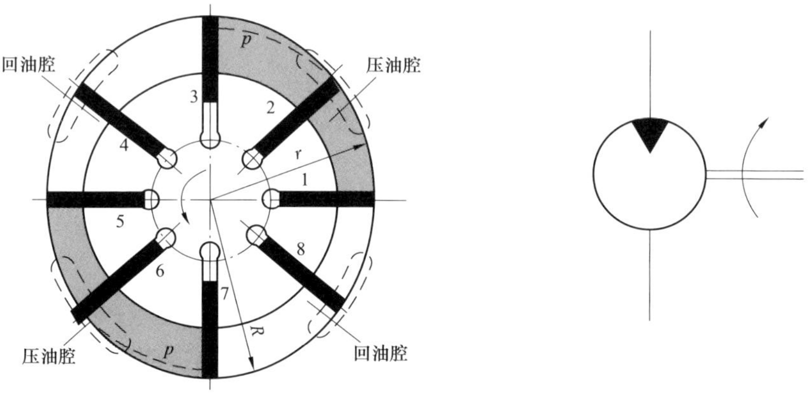

图 3 - 11　叶片式液压马达的工作原理

由于液压马达一般要求能正反转，因此叶片式液压马达的叶片要径向放置。为了使叶片根部始终通压力油，在回、压油腔通入叶片根部的通路上应设置单向阀，为了确保叶片式液压马达在压力油通入后能正常起动，必须使叶片顶部和定子内表面紧密接触，以保证良好的密封，因此在叶片根部应设置预紧弹簧。

模块三　液压控制阀

知识要求	技能要求
1. 掌握方向控制阀、压力控制阀、流量控制阀等标准液压元件的工作原理、结构和用途； 2. 掌握常用液压控制阀的图形符号	1. 能够识别各种液压控制元件，并能正确选用； 2. 能分析并排除液压控制阀的一般故障

在液压系统中，液压控制元件主要用来控制液压执行元件运动的方向、承受负载的能力和运动速度的大小，以满足机械设备工作性能的要求。液压控制元件按其用途可分为方向控

制阀、压力控制阀和流量控制阀三大类。尽管其类型不相同，但它们之间存在着共性，在结构上，所有阀都由阀体和阀芯及驱使动作的元件（如弹簧、电磁铁）等组成。

一、方向控制阀的工作原理及作用

方向控制阀主要用来通断油路或改变油液流动方向，从而控制液压执行元件的起动、停止或改变其运动方向。这类阀主要有单向阀和换向阀。

1. 单向阀

单向阀的主要作用是控制油液的单向流动。在液压系统中，单向阀的性能是：正向流动时阻力小，反向时密封性能好，动作灵敏，如图 3-12 所示。图 3-12（a）所示为管式单向阀的结构，压力油从阀体左端的油口流入时，克服弹簧 3 作用在阀芯 2 上的力，使阀芯右移，打开阀口，并通过阀芯上的径向孔 a、轴向孔 b 从阀体右端的油口流出；压力油从阀体右端的油口流入时，液压力和弹簧力一起使阀芯压紧在阀座上，使阀口关闭，液油无法通过。图 3-12（b）所示为其图形符号。

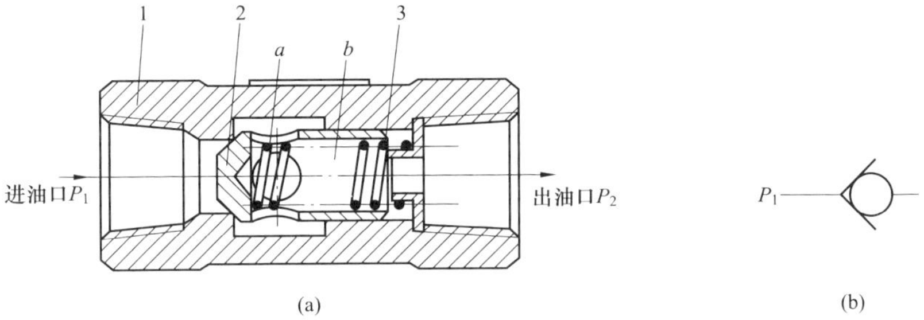

图 3-12　单向阀

1—阀套；2—阀芯；3—弹簧

一般单向阀的正向开启压力为 0.035～0.05MPa。

除了一般的单向阀外，还有液控单向阀，如图 3-13 所示。当控制油口 K 处无压力油进入时，其工作原理和普通单向阀一样，压力油只能从进油口 P_1 流向出油口 P_2，不能反向流动。当控制油口 K 处有压力油进入时，控制活塞 1 右侧 a 腔通泄漏孔（图中未画出），在液压力的作用下活塞向右移动，推动顶杆顶开阀芯，使油口 P_1 和 P_1 接通。油液可以从出油口反向流动。

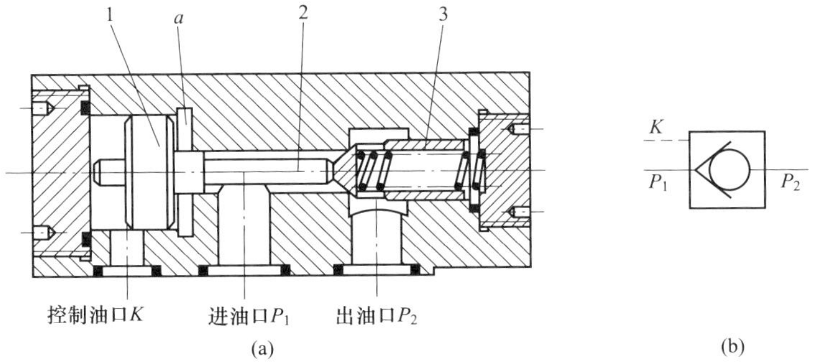

图 3-13　液控单向阀

1—活塞；2—顶杆；3—阀芯

2. 换向阀

换向阀是利用阀芯与阀体的相对运动，使油路接通、关闭或变换液流的方向，从而实现液压执行元件及驱动机构的起动、停止或变换运动方向。换向阀的种类很多，其分类方式各有不同，一般来说按阀芯相对运动方式分，有滑阀和转阀两种；按操作方式分，有手动、机动、电动、液动、电液动等多种；按阀芯工作时在阀体中所处位置数分，有二位、三位等；按换向阀所控制的通路数不同分，有二通、三通、四通、五通等。目前换向阀已有标准件，使用时只要选用标准件即可。

图 3－14（a）所示为二位三通电磁换向阀的结构，图 3－14（b）所示为其图形符号。在图示位置，油口 P 和油口 A 相通，油口 B 断开，当电磁铁吸合后，在推杆 1 的作用下，阀芯 2 右移，这时油口 P 和油口 B 接通而与油口 A 不通，液流改变流向。当电磁铁再次断电时，在右侧弹簧 3 的作用下，阀芯自动复位。

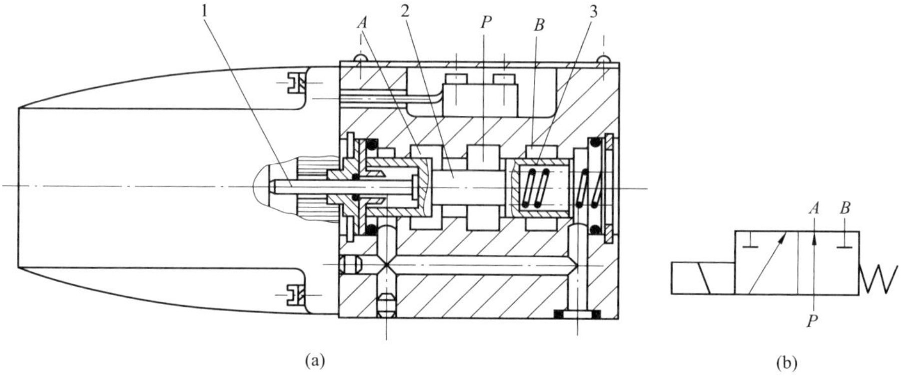

图 3－14　二位三通电磁换向阀

1—推杆；2—阀芯；3—弹簧

图 3－15 所示为三位五通电磁换向阀，具有两个电磁铁、五个通路，在电磁铁断电时为

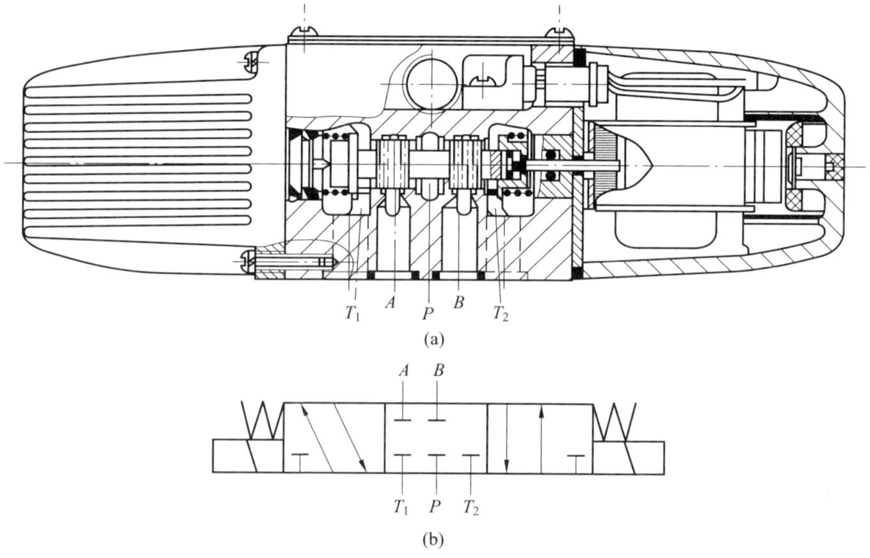

图 3－15　三位五通电磁换向阀

常态位置（阀芯处于中间位置），各油口 A、B、P、T_1、T_2 均不通，当左侧电磁铁通电吸合时，阀芯右移，使得油口 A 与油口 T_1 相通，油口 B 与油口 P 相通，T_2 不通；同理，当右侧电磁铁通电吸合时，阀芯左移，使得油口 A 与油口 P 相通，油口 B 与 T_2 相通，T_1 不通。因此可有三种状态来控制液流的流动状态，称为三位阀。换向阀在常态位置中各油口的通、断情况不同，将阀芯处于中间位置时的各油路的连接情况称为中位机能，见表 3－1。

表 3－1　　　　三位换向阀的中位机能

中位机能形式	中间位置时的滑阀状态	中间位置的符号	
		三位四通	三位五通
O	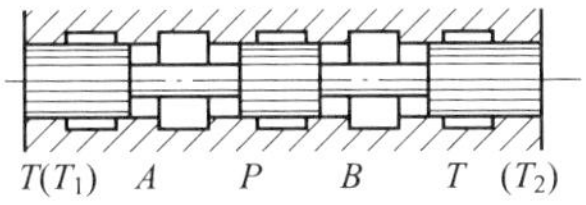	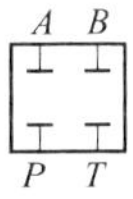	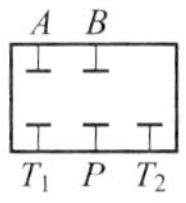
H	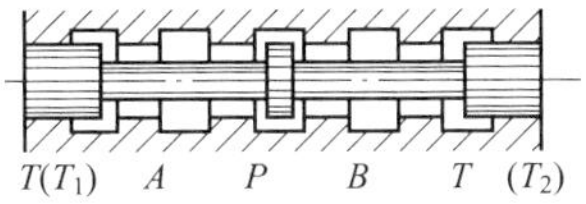	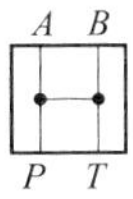	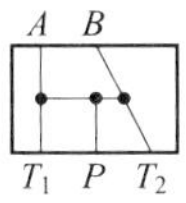
Y	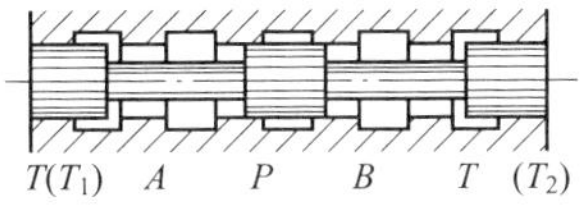	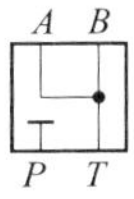	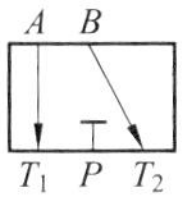
J	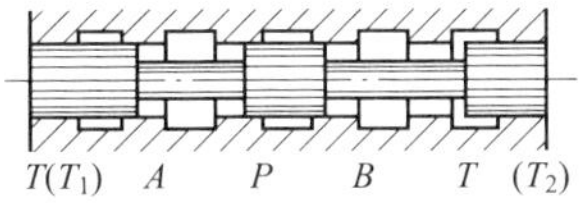	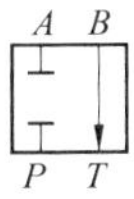	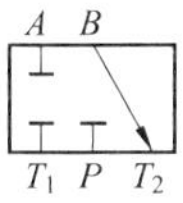
C	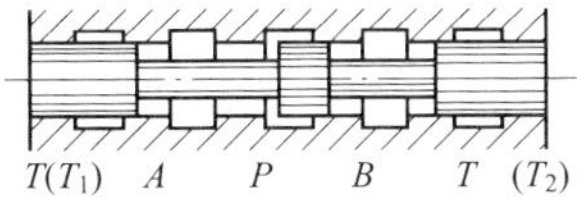	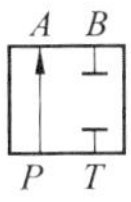	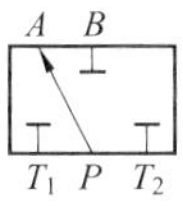
P	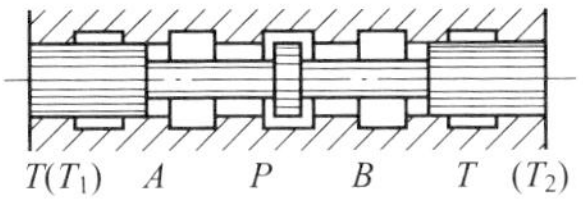	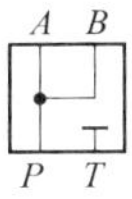	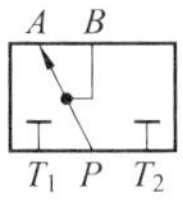
K	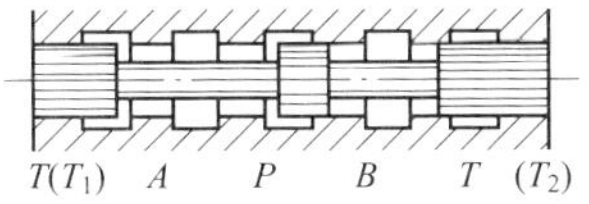	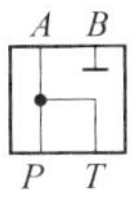	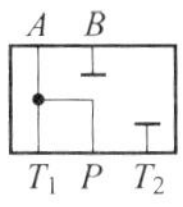
X	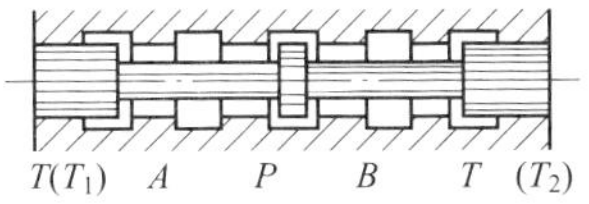		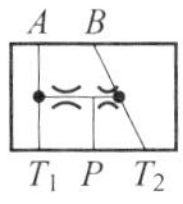
M	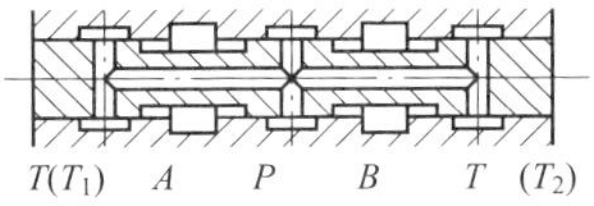	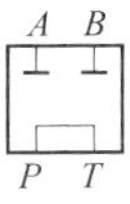	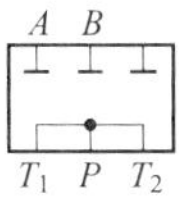
U	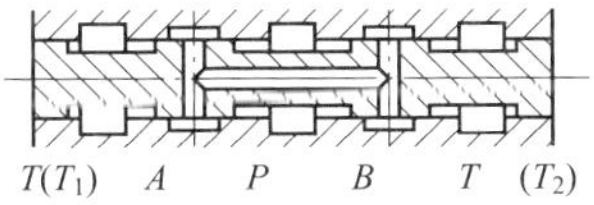	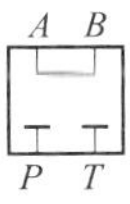	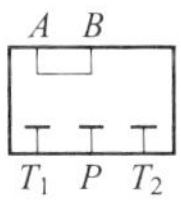

二、压力控制阀的工作原理及作用

在液压系统中，根据工作需要的不同，对压力控制的要求是各不相同的。有的需要限制液压系统的最高压力，如安全阀；有的需要稳定液压系统中某处的压力值（或者压力差、压力比），如溢流阀、顺序阀、减压阀等定压阀；有的需要利用液压力作为信号控制其他部件动作，如压力继电器等。

1. 溢流阀

溢流阀按其结构可分为直动式和先导式溢流阀两种。

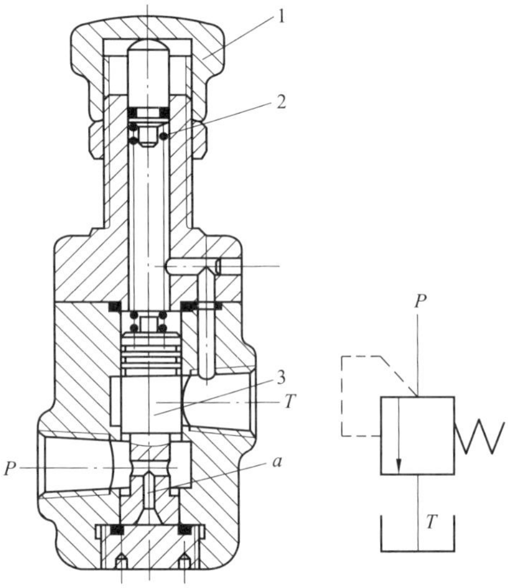

图 3-16　低压直动式溢流阀

1—螺母；2—弹簧；3—阀芯

直动式溢流阀是依靠系统中的压力油直接作用在阀芯上与弹簧力相平衡，以控制阀芯的启闭动作。图 3-16 所示为一种低压直动式溢流阀，P 是进油口，T 是回油口，进油口压力油经阀芯 3 中间的阻尼孔 a 作用在阀芯的底部端面上。

当进油口压力较小时，阀芯在弹簧 2 的作用下处于下端位置，将进油口 P 与回油口 T 隔开。当进油口压力升高，阀芯下端的作用力超过上端的弹簧力时，阀芯上升，阀口被打开（P 油口与 T 油口相通），将多余的油液排回油箱。阀芯上的阻尼孔 a 用来对阀芯的动作产生阻尼，以提高阀的工作平稳性，显然，调整螺母 1 可以改变弹簧的压紧力，这样也就调整了溢流阀进口处的液压力 p。由于进油口的压力较大时，弹簧力也相应较大，这使得弹簧增大，阀体结构增大，因此，直动式溢流阀一般只用于低压（其压力小于 2.5 MPa）的小流量场合。

图 3-17 所示为先导式溢流阀，压力油从 P 油口进入，通过阻尼孔 3 后作用在导阀 4 上，当进油压力较低，导阀上的液压力不足以克服导阀右边的弹簧 5 的作用力时，导阀关闭，没有油液流过阻尼孔，所以主阀芯 2 两端的压力相等，在较软的主阀弹簧 1 的作用下，

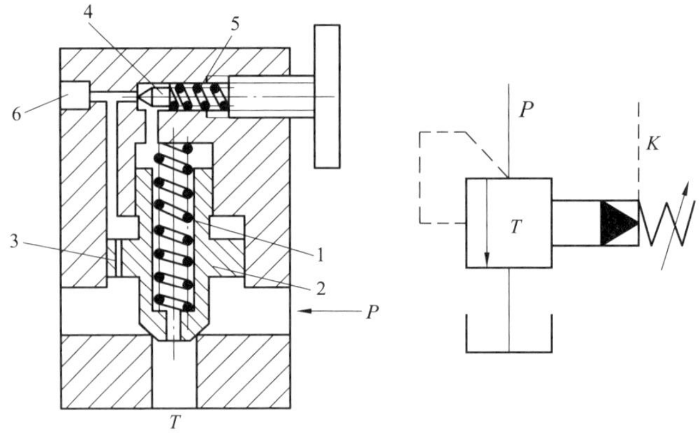

图 3-17　先导式溢流阀

1—主阀弹簧；2—主阀芯；3—阻尼孔；4—导阀；5—弹簧；6—液控口

主阀芯 2 处于最下端位置，溢流阀阀口 P 和 T 隔开，没有溢流。当进油口 P 压力升高到作用在导阀上的液压力大于导阀弹簧力时，导阀先打开，压力油可以通过阻尼孔 3 经导阀流动，由于阻尼孔的作用，主阀芯上端的压力 p_2 小于下端压力 p_1。当这个压力差作用在面积为 A_R 的主阀芯上的力大于主阀芯弹簧力 F_s 时，主阀芯向上开启，油液从 P 油口流入 T 油口，实现溢流。由于油液通过阻尼孔而产生的 p_2、p_1 之间的压力差不大，主阀芯弹簧较小，另外先导阀的作用面积也很小，所需的弹簧也不大，故先导式溢流阀的压力可以比较高。

先导式溢流阀还有一个 K 油口，称为远程控制口，如果将 K 油口用油管接到另一只远程调压阀，调节远程调压阀的弹簧压力，即可调节溢流阀主阀芯上端的压力，从而对溢流阀进行控制，但是远程阀的压力一定要低于先导阀的调节压力。当远程控制口 K 通过二位二通换向阀直接接通油箱时，主阀芯上端的压力接近于零，主阀芯上移到最高位置，油口 P 与 T 开得最大，可实现系统卸荷。

溢流阀对液压系统起定压或安全保护作用。

2. 减压阀

减压阀的作用是降低系统中某一回路压力，使用一个泵的供油系统中常会要求两种不同大小的压力输出。例如，系统中既有高压力的机构，又有低压力的夹紧或润滑要求的场合，就需要将夹紧结构或润滑系统的压力降低，通常在油路中串联一只减压阀来达到降低压力的目的。

减压阀的工作原理与溢流阀的工作原理相类似。图 3－18（a）所示为直动式减压阀，图 3－18（b）所示为先导式减压阀及其图形符号。P_1 为进油口，P_2 为出油口，阀不工作时，阀芯在弹簧力的作用下处于最下端位置，阀的进、出油口是相通的，即阀是动合的。若出口压力增大，使作用在阀芯下端的压力大于弹簧力时，阀芯上移，关小进、出油口，这时处于工作状态，使出油口的压力降低，基本稳定出油口压力。压力的大小由弹簧的预压紧力确定，这个压力称为调节压力。

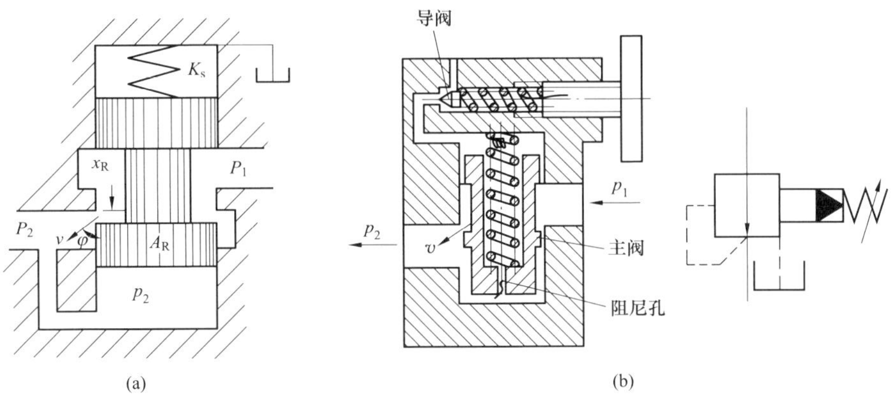

图 3－18　减压阀

当出油口压力降低时，阀芯下移，阀口开口量减小，阀口处阻力减小，压力降减小，使出油口压力回升到调节压力。当进油口压力小于这个调节压力时，阀芯下移至最下端，开大阀芯的进、出油口，阀口处阻力减小，出油口压力与进油口压力相同。图 3－18（b）所示的先导式减压阀的工作原理与先导式溢流阀类同，只是减压阀为动合，而溢流阀为动断。先导式减压阀用于中高压系统。

3. 顺序阀

顺序阀用来控制系统中各个执行元件动作的先后顺序。依控制压力的不同，顺序阀可分为内控式和外控式两种。前者用阀的进油口压力控制阀芯的启闭，后者用外来的控制压力油控制阀芯的启闭（也称为液控顺序阀）。顺序阀的结构也有直动式和先导式两种，前者用于低压系统，后者用于中高压系统。

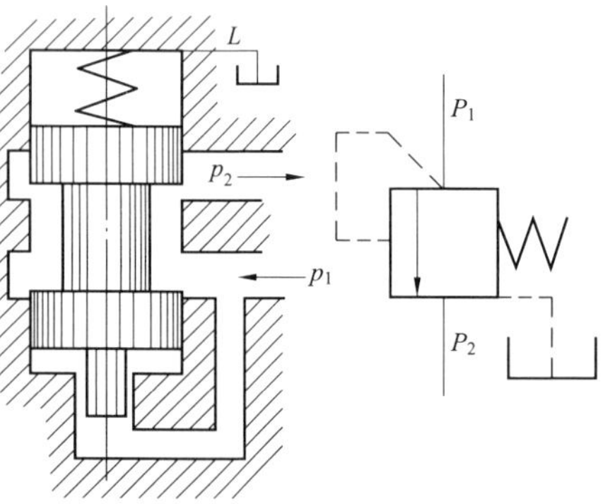

图 3－19 直动式顺序阀

图 3－19 所示为直动式顺序阀。当进油口压力 p_1 较低时，阀芯在弹簧力的作用下处于最下端位置，进、出油口不相通（即为动断）。当作用在阀芯下端的压力大于弹簧力时，阀芯向上移动，阀口打开，油液便可在出油口流出，从而操纵另一个执行元件动作。由图 3－19 可见，顺序阀和溢流阀的结构基本相似，不同的只是顺序阀的出油口通向系统的另一油路，而不是直接接回油箱，由于顺序阀进、出油口都有压力，泄漏油必须单独外接油箱。

三、流量控制阀的工作原理及作用

液压系统中执行元件运动速度的大小由输入执行元件的油液流量大小来决定。流量控制阀就是依靠阀口通流面积的大小或通流通道的长短来控制流量的液压阀。常用的流量控制阀有普通节流阀、调速阀、温度补偿调速阀、溢流节流阀、分流集流阀等。下面主要介绍普通节流阀和调速阀。

1. 普通节流阀

图 3－20 所示为一种普通节流阀。普通节流阀的节流通道呈轴向三角槽式。压力油从进油口 P_1 流入通道 a 或从阀芯 1 左端的三角槽进入孔道 b，再从出口 P_2 流出。调节手柄 3 可通过推杆 2 使阀芯轴向移动，改变节流口的通流面积来调节流量。阀芯在弹簧力的作用下始终贴紧在推杆上，这种节流阀的进出油口可互换。普通节流阀的结构简单，制造容易，体积

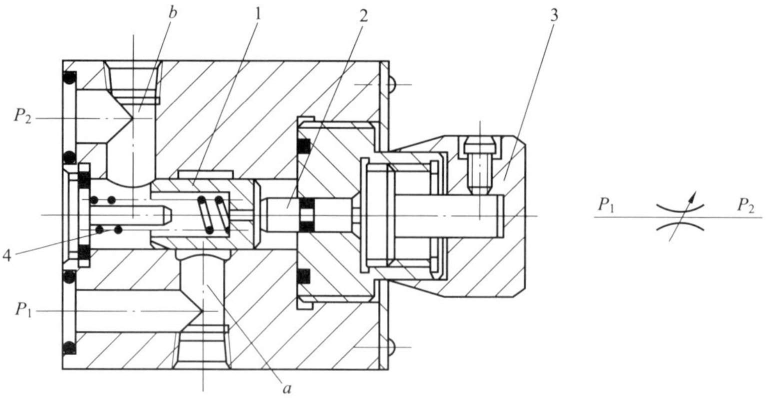

图 3－20 普通节流阀

1—阀芯；2—推杆；3—手柄；4—弹簧

小，但负载和温度的变化对流量稳定性的影响较大，因此只适用于负载和温度变化不大或速度稳定性要求较低的液压系统。

2. 调速阀

调速阀（见图 3－21）是在节流阀 2 前面串接一个定差减压阀 1 组合而成。液压泵的出口（即调速阀的进口）压力 p_1 由溢流阀调定，基本上保持恒定。调速阀出口处的压力 p_3 由液压缸负载 F 决定。油液先经减压阀产生一次压力降，将压力 p_2 降到节流阀的出口压力 p_3 又经反馈通道 a 作用到定差减压阀的上腔 b，当减压阀的阀芯在弹簧力 F_s、油液压力 p_2 和 p_3 作用下处于某一平衡位置时（忽略摩擦力和液动力等），则有

$$p_2A_1 + p_2A_2 = p_3A + F_s$$

式中　A、A_1、A_2——b 腔、c 腔和 d 腔内的压力油作用于阀芯的有效面积。

且有 $A = A_1 + A_2$，故

$$p_2 - p_3 = \Delta p = \frac{F_s}{A}$$

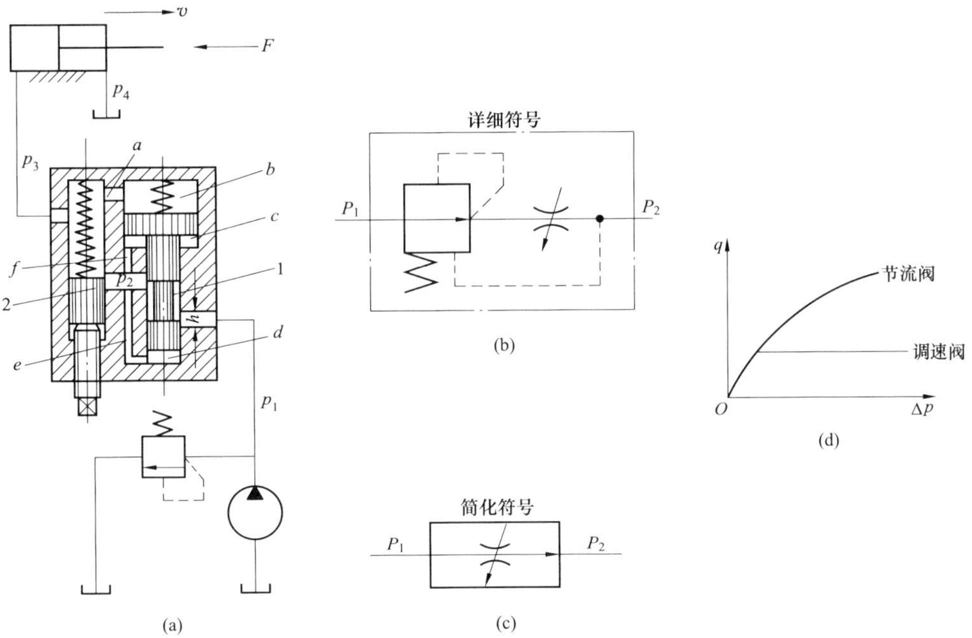

图 3－21　调速阀

1—减压阀；2—节流阀

因为弹簧刚度较低，且工作过程中定差减压阀的阀芯位移很小，可以认为 F_s 基本保持不变，故节流阀两端的压力差 $p_2 - p_3$ 也基本保持不变，这就保证了通过节流阀的流量稳定。

当调速阀的进、出口压力差 $\Delta p = p_1 - p_3$ 由于某种原因发生变化时，节流阀两端的压差 $p_2 - p_3$ 是如何保持不变呢？当调速阀的出口处的油液压力 p_3 由于负载增加而增加时，作用在减压阀阀芯上端的油液压力也随之增加，阀芯失去平衡而向下移动，于是开口 h 增大，液阻减小（即减压阀的减压作用减小），使 p_2 也增加，直到阀芯在新的位置上达到平衡为

止。故当 p_3 增加时，p_2 也增加，其差值基本保持不变；当负载减小时，情况相似。当调速阀进口压力 p_1 增大时，由于一开始减压阀阀芯来不及运动，减压阀的液阻没有变化，故 p_2 在这一瞬时也增加，减压阀 1 阀芯因失去平衡而向上移动，使开口 h 减小，液阻增加，又使 p_2 减小，故 $\Delta p=p_1-p_3$ 仍保持不变。总之无论调速阀的进口压力 p_1、出口压力 p_3 是否发生变化，由于定差减压阀的自动调节作用，节流阀前、后压差总能保持不变，从而保持流量稳定。由图 3－21（d）可以看出，节流阀的流量随压力差变化较大，而调速阀在压力差大于一定数值后，流量基本上保持恒定。当压力差很小时，由于减压阀阀芯被弹簧推至最下端，减压阀阀口全开，不起稳定节流阀前后压力差的作用，故这时调速阀的性能与节流阀相同，所以调速阀正常工作时，至少要求有 0.5MPa 以上的压力差，图 3－21（b）、（c）为其图形符号。

模块四　液压辅助元件

知识要求	技能要求
1. 掌握蓄能器、皮囊式蓄能器的工作原理与结构； 2. 掌握各种密封圈的密封原理与选用； 3. 了解压力计与压力开关； 4. 了解滤油器的工作原理与安装位置； 5. 了解扩口式和卡套式管接头的结构； 6. 了解油箱的结构与设计原则	1. 能正确选用和合理使用液压辅助元件，并能安装与调试； 2. 能分析并排除辅助元件的一般故障

液压辅助元件包括油管和管接头、密封件、滤油器、液压油箱、热交换器、蓄能器等，它们是液压系统不可缺少的部分。辅助元件对系统的工作稳定性、可靠性、寿命、噪声、温升甚至动态性能都有直接影响。其中，液压油箱一般根据系统的要求自行设计，其他辅助元件都有标准化产品供选用。

一、滤油器

1. 对滤油器的要求

液压油中往往含有颗粒状杂质，会造成液压元件相对运动表面的磨损、滑阀卡滞、节流孔口堵塞，使系统工作可靠性大为降低。在系统中安装一定精度的滤油器，是保证液压系统正常工作的必要手段。滤油器的过滤精度是指滤芯能够滤除的最小杂质颗粒的大小，以直径 d 作为公称尺寸表示，按精度可分为粗滤油器（$d<100\mu m$）、普通滤油器（$d<10\mu m$）、精滤油器（$d<5\mu m$）、特精滤油器（$d<1\mu m$）。一般对滤油器的基本要求如下：

（1）能满足液压系统对过滤精度的要求，即能阻挡一定尺寸的杂质进入系统。

（2）滤芯应有足够强度，不会因压力而损坏。

（3）通流能力大，压力损失小。

（4）易于清洗或更换滤芯。

各种液压系统的过滤精度要求见表 3－2。

表 3－2　各种液压系统的过滤精度要求

系统类别	润滑系统	传动系统			伺服系统
工作压力（MPa）	0～2.5	＜14	14～32	＞32	≤21
精度 d（μm）	≤100	25～50	≤25	≤10	≤5

2. 滤油器的类型及特点

按滤芯的材料和结构形式，滤油器可分为网式、线隙式、纸质滤芯式、烧结式、磁性滤油器等。按滤油器安放的位置不同，还可以分为吸滤器、压滤器和回油滤油器，考虑到泵的自吸性能，吸滤器多为粗滤器。

（1）网式滤油器。图 3－22 所示为网式滤油器，其滤芯以铜网为过滤材料，在周围开有很多孔的塑料或金属筒形骨架上包着一层或两层铜丝网，其过滤精度取决于铜网层数和网孔的大小。这种滤油器结构简单，通流能力大，清洗方便，但过滤精度低，一般用于液压泵的吸油口。

（2）线隙式滤油器。线隙式滤油器如图 3－23 所示，用钢线或铝线密绕在筒形骨架的外部来组成滤芯，依靠铜丝间的微小间隙滤除混入液体中的杂质，其结构简单，通流能力大，过滤精度比网式滤油器高，但不易清洗，多为回油滤油器。

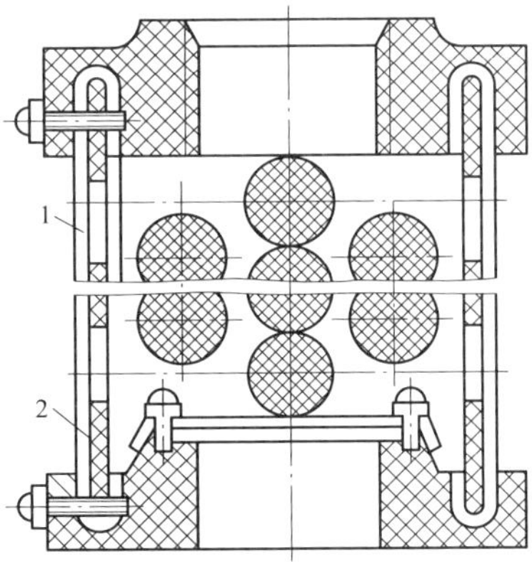

图 3－22　网式滤油器

1—骨架；2—钢丝网

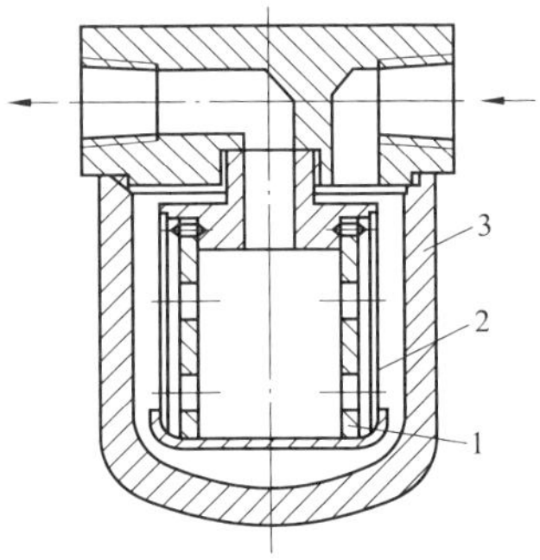

图 3－23　线隙式滤油器

1—滤网；2—骨架；3—外壳

（3）纸质滤芯式滤油器。纸质滤芯式滤油器如图 3－24 所示，其滤芯为平纹或波纹的酚醛树脂或木浆微孔滤纸制成的纸芯，将纸芯围绕在带孔的镀锡铁做成的骨架上，以增大强度。为增加过滤面积，纸芯一般做成折叠形；其过滤精度较高，一般用于油液的精过滤，但堵塞后无法清洗，须经常更换滤芯。

（4）烧结式滤油器。烧结式滤油器如图 3－25 所示，其滤芯用金属粉末烧结而成，利用颗粒间的微孔来挡住油液中的杂质通过。其滤芯能承受高压，耐腐蚀性好，过滤精度高，适用于要求精滤的高温、高压液压系统。

（5）磁性滤油器。磁性滤油器的工作原理就是利用磁铁吸附油液中的铁质微粒。但一般的磁性滤油器对其他非铁质污染物不起作用，通常用作回油过滤或被用作其他形式滤油器的一部分。

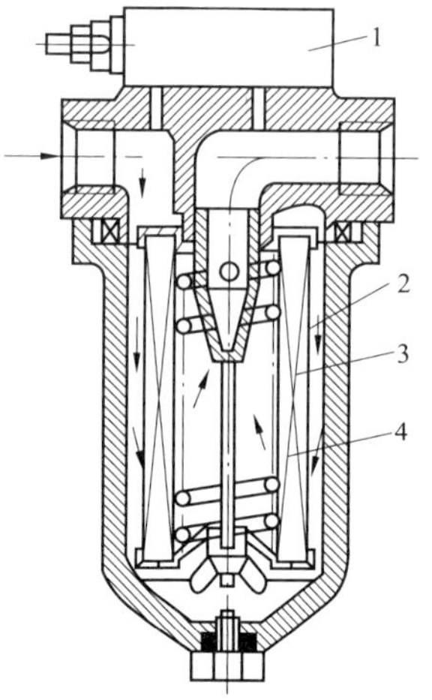

图 3－24 纸质滤芯式滤油器
1—压差报警器；2—粗眼钢板网；3—滤纸；4—金属丝网

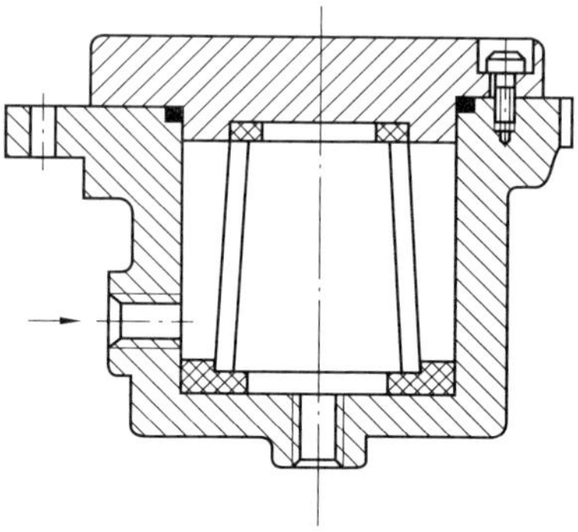

图 3－25 烧结式滤油器

3. 滤油器的安装

（1）泵入口的吸油粗滤器。泵入口的吸油粗滤器用来保护泵，使其不致吸入较大的机械杂质，根据泵的要求，可用粗的或普通精度的滤油器，为了不影响泵的吸油性能，防止发生气穴现象，滤油器的过滤能力应为泵流量的两倍以上，压力损失不得超过 0.01～0.035MPa。

（2）泵出口油路上的高压滤油器。这种安装主要用来滤除进入液压系统的污染杂质，一般采用过滤精度为 10～15 μm 的滤油器。它应能承受油路上的工作压力和冲击压力，其压力降应小于 0.35MPa，并应有溢流阀或堵塞状态发信装置，以防泵过载和滤芯损坏。

（3）系统回油路上的低压滤油器。这种安装可滤去油液流入油箱以前的污染物，为液压泵提供清洁的油液。因回油路压力很低，可采用滤芯强度不高的精滤油器，并允许滤油器有较大的压力降。

（4）安装在系统以外的旁路过滤系统。大型液压系统可专设一液压泵和滤油器构成的滤油子系统，滤除油液中的杂质，以保护主系统。

安装滤油器时应注意，一般滤油器只能单向使用，即进、出口不可互换。

二、蓄能器

1. 蓄能器的作用

蓄能器的作用是将液压系统中的压力油储存起来，在需要时重新放出。其主要作用表现在以下几个方面：

（1）作为辅助动力源。在间歇工作或实现周期性动作循环的液压系统中，蓄能器可以把液压泵输出的多余压力油储存起来，当系统需要时，由蓄能器释放出来，这样可以减小液压泵的额定流量，从而减小电动机的功率消耗，降低液压系统温升。

（2）系统保压或作紧急动力源。对于执行元件长时间不动作，而要保持恒定压力的系统，可用蓄能器来补偿泄漏，从而使压力恒定。对某些系统要求当泵发生故障或停电，执行元件应继续完成必要的动作时，需要有适当容量的蓄能器作为紧急动力源。

（3）吸收系统脉动，缓和液压冲击。蓄能器能吸收系统压力突变时的冲击，如液压泵突然起动或停止，液压阀突然关闭或开启，液压缸突然运动或停止；也能吸收液压泵工作时的流量脉动所引起的压力脉动，相当于油路中的平滑滤波（在泵的出口处并联一个反应灵敏而惯性小的蓄能器）。

2. 蓄能器的结构形式

如图 3-26 所示，蓄能器通常有重力式、弹簧式、充气式等几种。目前常用的是利用气体压缩和膨胀来储存、释放液压能的充气式蓄能器。

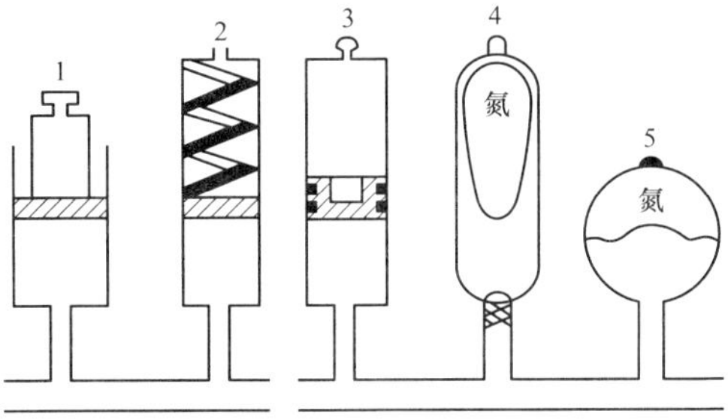

图 3-26　蓄能器的结构形式

(1) 活塞式蓄能器。活塞式蓄能器中的气体和油液由活塞隔开，其结构如图 3-27 所示。活塞 1 的上部为压缩空气，气体由阀 3 充入，其下部经油孔 a 通向液压系统，活塞 1 随下部压力油的储存和释放而在缸筒 2 内来回滑动。这种蓄能器结构简单、寿命长，主要用于大体积和大流量液压系统，但因活塞有一定的惯性和 O 形密封圈存在较大的摩擦力，所以反应不够灵敏。

(2) 皮囊式蓄能器。皮囊式蓄能器中的气体和油液用皮囊隔开，其结构如图 3-28 所示。皮囊用耐油橡胶制成，固定在耐高压的壳体的上部，皮囊内充入惰性气体，壳体下端的提升阀 A 由弹簧加菌形阀构成，压力油由此通入，并能在油液全部排出时，防止皮囊膨胀挤出油口。这种结构使气、液密封可靠，并且因皮囊惯性小而克服了活塞式蓄能器响应慢的弱点，因此，它的应用范围非常广泛，其弱点是工艺性较差。

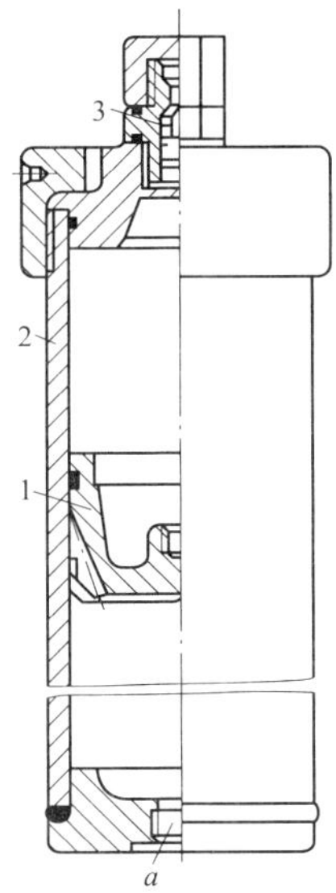

图 3-27　活塞式蓄能器

1—活塞；2—缸筒；3—阀

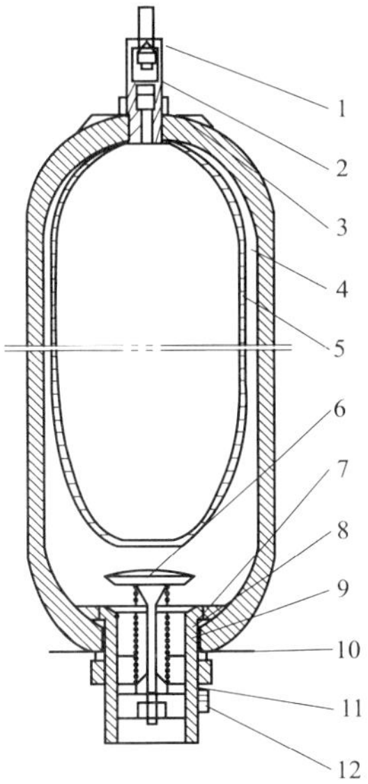

图 3-28　皮囊式蓄能器

1—阀防护罩；2—充气阀；3—止动螺母；4—壳体；5—胶囊；6—菌形阀；7—橡胶托环；8—支承环；9—密封环；10—压环；11—阀体座；12—螺堵

(3) 薄膜式蓄能器。薄膜式蓄能器利用薄膜的弹性来储存、释放压力能，主要用于体积和流量较小的情况，如用作减振器、缓冲器等。

（4）弹簧式蓄能器。弹簧式蓄能器利用弹簧的压缩和伸长来储存、释放压力能，它的结构简单，反应灵敏，但容量小，可用于小容量、低压回路起缓冲作用，不适用于高压或高频的工作场合。

（5）重力式蓄能器。重力式蓄能器主要利用冶金等大型液压系统的恒压供油，其缺点是反应慢，结构庞大，现在已很少使用。

3. 蓄能器的容量计算

容量是选用蓄能器的依据，其大小视用途而异，现以皮囊式蓄能器为例加以说明。

（1）作为辅助动力源时的容量计算。当蓄能器作为动力源时，蓄能器储存和释放的压力油容量和皮囊中气体体积的变化量相等，而气体状态的变化遵守波义耳定律，即

$$p_0V_0^n = p_1V_1^n = p_2V_2^n \tag{3-1}$$

式中 p_0——皮囊的充气压力；

V_0——皮囊充气的体积，由于此时皮囊充满壳体内腔，也称蓄能器容量；

p_1——系统最高工作压力，即泵对蓄能器充油结束时的压力；

V_1——皮囊被压缩后相应于 p_1 时的气体体积；

p_2——系统最低工作压力，即蓄能器向系统供油结束时的压力；

V_2——气体膨胀后相应于 p_2 时的气体体积。

体积差 $\Delta V = V_2 - V_1$ 为供给系统油液的有效体积，将它代入式（3－1），可求得蓄能器容量 V_0，即

$$V_0 = \left(\frac{p_2}{p_0}\right)^{1/n} V_2 = \left(\frac{p_2}{p_0}\right)^{1/n} (V_1 + \Delta V) = \left(\frac{p_2}{p_0}\right)^{1/n} \left[\left(\frac{p_2}{p_0}\right)^{1/n} V_0 + \Delta V\right]$$

得

$$V_0 = \frac{\Delta V\left(\frac{p_2}{p_0}\right)^{1/n}}{1 - \left(\frac{p_2}{p_1}\right)^{1/n}} \tag{3-2}$$

充气压力 p_0 在理论上可与 p_2 相等，但是为保证在 p_2 时蓄能器仍有能力补偿系统泄漏，应使 $p_0 < p_2$，一般取 $p_0 = (0.8 \sim 0.85)p_2$，若已知 V_0，也可反过来求出储能时的供油体积，即

$$\Delta V = V_0 p_0^{1/n} \left[\left(\frac{1}{p_2}\right)^{1/n} - \left(\frac{1}{p_1}\right)^{1/n}\right] \tag{3-3}$$

在式（3－1）～式（3－3）中，n 为与气体变化过程有关的指数。当蓄能器用于保压和补充泄漏时，气体压缩过程缓慢，与外界热交换得以充分进行，可认为是等温变化过程，这时取 $n=1$；而当蓄能器作为辅助或应急动力源时，释放液体的时间短，气体快速膨胀，热交换不充分，这时可视为绝热过程，取 $n=1.4$。在实际工作中，气体状态的变化在绝热过程和等温过程之间，因此，$n=1 \sim 1.4$。

（2）用来吸收冲击用时的容量计算。当蓄能器用于吸收冲击时，其容量的计算与管路布置、液体流态、阻尼及泄漏大小等因素有关，准确计算比较困难。一般按经验公式计算缓冲最大冲击力时所需要的蓄能器最小容量，即

$$V_0 = \frac{0.004qp_1 \times (0.0164L - t)}{p_1 - p_2} \tag{3-4}$$

式中　p_1——允许的最大冲击；

p_2——阀口关闭前管内压力；

V_0——用于冲击的蓄能器的最小容量，L；

L——发生冲击的管长，即压力油源到阀口的管道长度，m；

t——阀口关闭的时间，s，突然关闭时取 $t=0$。

三、油箱

1. 油箱的基本功能

油箱的基本功能是：储存工作介质，散发系统工作中产生的热量，分离油液中混入的空气，沉淀污染物及杂质。

按油面是否与大气相通，油箱可分为开式油箱与闭式油箱。开式油箱广泛用于一般的液压系统；闭式油箱用于水下和高空无稳定气压的场合。这里仅介绍开式油箱。

2. 油箱的容积与结构

油箱结构如图 3－29 所示。

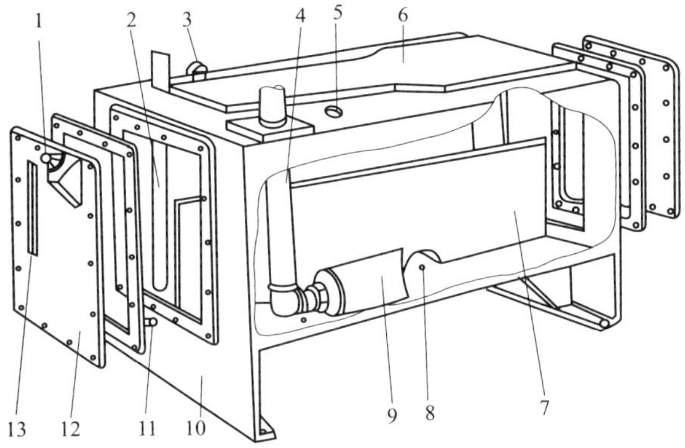

图 3－29　油箱结构示意

1—注油口；2—回油管；3—泄油管；4—吸油管；5—装空气滤清器的通孔；6—电动机底板；7—隔板；8—放油口；9—过滤器；10—箱体；11—泄油口；12—端盖；13—油位计

在初步设计时，油箱的有效容量可按下述经验公式确定：

$$V=mq_{\mathrm{p}} \tag{3-5}$$

式中　V——油箱的有效容量；

q_{p}——液压泵的流量；

m——经验系数，低压系统取 $m=2\sim4$，中压系统取 $m=5\sim7$，中高压或高压系统取 $m=6\sim12$。

对于功率较大且连续工作的液压系统，必要时还要进行热平衡计算，以此确定油箱容量。

下面根据图 3－29 所示的油箱结构示意分述设计要点。

（1）泵的吸油管与系统回油管之间的距离应尽可能远，管口应插于最低液面以下，但离油箱底要大于管径的 2～3 倍，以免吸空和飞溅起泡，吸油管端部所安装的过滤器离箱壁要有 3 倍管径的距离，以便四面进油。回油管口应截成 45°斜角，以增大回流截面，并使斜面对着箱壁，以利散热和沉淀杂质。

（2）在油箱中设置隔板，以便将吸、回油隔开，迫使油液循环流动，利于散热和沉淀。

（3）设置空气滤清器与液位计。空气滤清器的作用是使油箱与大气相通，保证泵的自吸能力，滤除空气中的灰尘杂物，有时兼作加油口，一般布置在顶盖上靠近油箱边缘处。

（4）设置放油口与清洗窗口。将油箱底面做成斜面，在最低处设放油口，平时用螺塞或放油阀堵住，换油时将其打开放走油污。为了便于换油时清洗油箱，大容量的油箱一般均在侧壁设清洗窗口。

（5）最高油面只允许达到油箱高度的 80%，油箱底脚高度应在 150mm 以上，以便散热、搬移和放油，油箱四周要有吊耳，以便起吊装运。

（6）油箱正常工作温度应为 15～66℃，必要时应安装温度控制系统，或设置加热器和冷却器。

四、管件

管件包括管道、管接头和法兰等，其作用是保证油路的连通，并便于拆卸、安装；根据工作压力、安装位置确定管件的连接结构；与泵、阀等连接的管件应由其接口尺寸决定管径。

1. 管道

管道的种类和适用场合见表 3-3。

表 3-3　管道的种类和适用场合

种类	特点和适用范围
钢管	价廉、耐油、耐腐蚀、刚性好，但装配不易弯曲成形，常在拆装方便处用作压力管道，中压以上用无缝钢管，低压用焊接钢管
紫铜管	价格高，抗振能力差，易使油液氧化，但易弯曲成形，用于仪表和装配不便处
尼龙管	半透明材料，可观察流动情况，加热后可任意弯曲成形和扩口，冷却后即定形，承压能力较低，一般为 2.8～8MPa
塑料管	耐油、价廉、装配方便，长期使用会老化，只用于压力低于 0.5MPa 的回油或泄油管路
橡胶管	用耐油橡胶和钢丝编织层制成，价格高，多用于高压管路。还有一种用耐油橡胶和帆布制成，用于回油管路

管道的内径 d 和壁厚 δ 可采用下式计算，并需圆整为标准数值，即

$$d=2\sqrt{\frac{q}{\pi[v]}} \tag{3-6}$$

$$\delta=\frac{pdn}{2[\sigma_b]} \tag{3-7}$$

式中 $[v]$——允许流速；

n——安全系数；

$[\sigma_b]$——管道材料的抗拉强度，可由材料手册查出。

其中，$[v]$ 推荐值：吸油管为 0.5～1.5m/s，回油管为 1.5～2m/s，压力油管为 2.5～5m/s，控制油管取 2～3m/s，橡胶软管应小于 4m/s。对于钢管，$p\leqslant 7$MPa 时，$n=8$；7MPa

$<p\leqslant 17.5\text{MPa}$ 时，$n=6$；$p>17.5\text{MPa}$ 时，$n=4$。

管道应尽量短，最好横平竖直，拐弯少，为避免管道皱折，减小压力损失，管道装配的弯曲半径要足够大，管道悬伸较长时要适当设置管夹。

管道尽量避免交叉，平行管距要大于 100mm，以防接触振动，并便于安装接头。

软管直线安装时要有 30％左右的余量，以适应油温变化、受拉和振动的需要。弯曲半径要大于 9 倍软管外径，弯曲处到接头的距离至少等于 6 倍外径。

2. 管接头

管接头是管道和管道、管道和其他元件（如泵、阀、集成块等）的可拆卸连接件。

管接头与其他元件之间可采用普通细牙螺纹连接或锥螺纹连接，如图 3－30 所示。

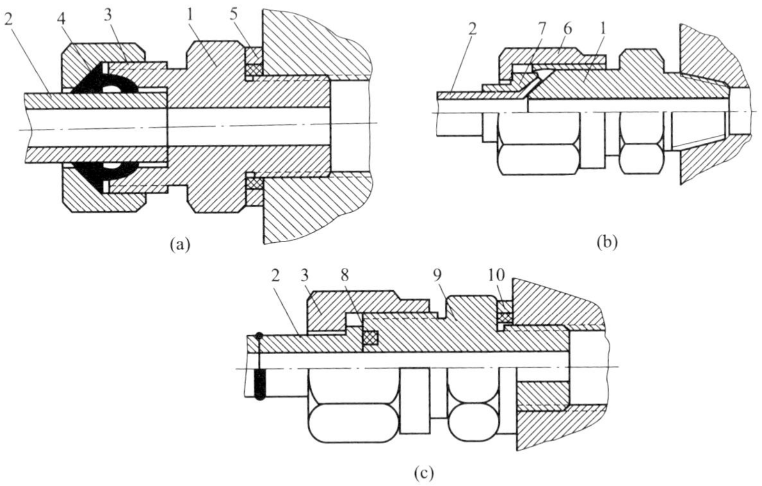

图 3－30　硬管接头的连接形式

（a）卡套式；（b）扩口式；（c）焊接式

1—接头体；2—接管；3—螺母；4—卡套；5—组合密封垫；6—接头螺母；

7—导套；8—O 形密封圈；9—接头体；10—组合垫圈

（1）硬管接头。按管接头和管道的连接方式分，硬管接头有扩口式、卡套式和焊接式三种。

扩口式硬管接头适用于纯铜管、薄钢管、尼龙管和塑料管等低压管道的连接，拧紧接头螺母，通过管套使管子压紧密封。对于卡套式硬管接头，拧紧接头螺母后，卡套发生弹性变形便将管子夹紧，它对轴向尺寸要求不严，装拆方便，但对连接用管道的尺寸精度要求较高。对于焊接式硬管接头，接管与接头体之间的密封方式有球面、锥面接触密封和平面加 O 形圈密封两种。前者有自位性，安装要求低，耐高温，但密封可靠性稍差，适用于工作压力不高的液压系统；后者密封性好，可用于高压系统。

另外还有二通、三通、四通、铰接等数种形式的管接头，供不同情况下选用，具体可查阅有关手册。

（2）胶管接头。胶管接头有扩口式和扣压式两种，随管径和所用胶管钢丝层数的不同，工作压力为 6～40MPa，图 3－31 所示为扣压式胶管接头，扩口式胶管接头与其类似，可参见《液压工程手册》。

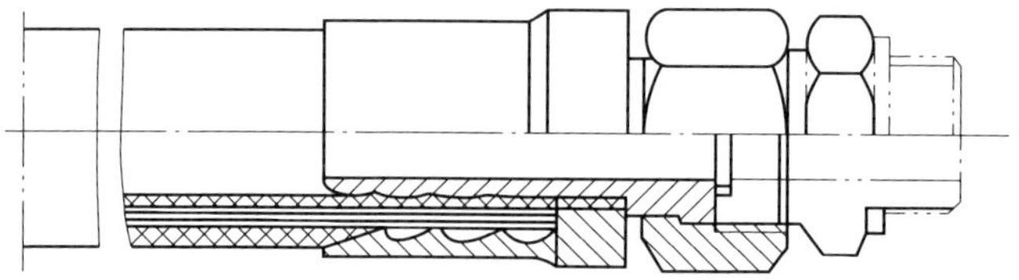

图 3-31 扣压式胶管接头

五、热交换器

液压系统的工作温度一般希望保持在 30～50℃的范围之内，最高不超过 65℃，最低不低于 15℃，如果液压系统靠自然冷却仍不能使油温控制在上述范围内，则须安装冷却器；反之，如环境温度太低，无法使液压泵起动或正常运转时，则须安装加热器。

1. 冷却器

液压系统中用得较多的冷却器是强制对流式多管头冷却器，如图 3-32 所示。油液从进油口 5 流入，从出油口 3 流出，冷却水从进水口 7 流入，通过多根水管后由出水口 1 流出，油液在水管外部流动时，它的行进路线因冷却器内设置了隔板而加长，因而增加了散热效果。近来出现一种翅片管式冷却器，水管外面增加了许多横向或纵向散热翅片，大大扩大了散热面积和热交换效果，其散热面积可达光滑管的 8～10 倍。

当液压系统散热量较大时，可使用化工行业中的水冷式板式换热器，可及时地将油液中的热量散发出去，其参数及使用方法见相应的产品样本。

一般冷却器的最高工作压力在 1.6MPa 以内，使用时应安装在回油管路或低压管路上，所造成的压降一般为 0.01～0.1MPa。

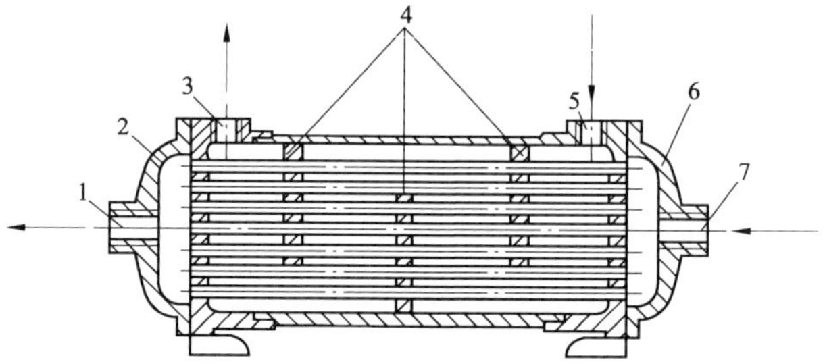

图 3-32 对流式多管头冷却器

1—出水口；2—亮油；3—出油口；4—隔板；5—进油口；6—散热管；7—进水口

2. 加热器

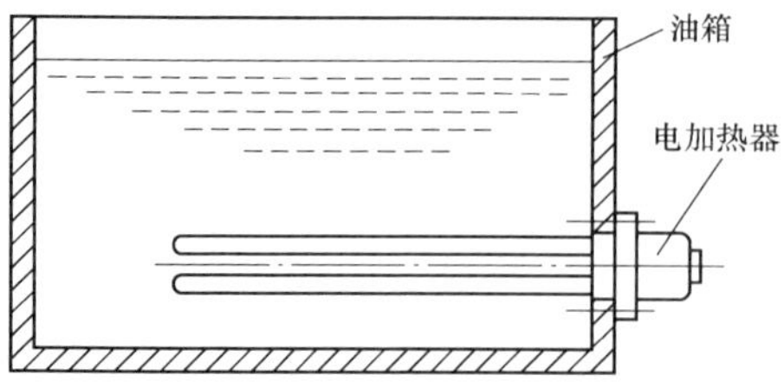

图 3-33 加热器的安装

液压系统的加热一般采用电加热器，这种加热器的安装方式如图 3-33 所示，它用法兰盘水平安装在油箱侧壁上，发热部分全部浸在油液内，加热器应安装在油液流动处，以利于热量的交换。由于油液是热的不良导体，单个加热器的功率容量不能太大，以免其周围油液的温度过高而发生变质现象。

思考与练习

3-1　何谓液压传动？其基本工作原理是怎样的？

3-2　液压传动系统主要由哪几部分组成？

3-3　液压系统中，当执行元件停止运动后，使泵卸荷有什么好处？

3-4　液压泵完成吸油和压油必须具备什么条件？

3-5　单作用叶片泵有什么特点？双作用叶片泵又有什么特点？

3-6　简要说明齿轮泵与叶片泵的特点。

3-7　液压缸按其结构形式分为哪几种？

3-8　活塞式液压缸根据其使用要求不同可分为哪几种？各有什么特点？

3-9　画出液控单向阀的图形符号，并根据图形符号简要说明其工作原理。

3-10　简述调速阀的工作原理。

3-11　低压齿轮泵泄漏的途径有哪几条？中高压齿轮泵常采用什么措施来提高工作压力？

3-12　现有两个压力阀，由于铭牌脱落，分不清哪个是溢流阀，哪个是减压阀，又不希望把阀拆开，如何根据其特点做出正确判断？

3-13　溢流阀的主要作用有哪些？

3-14　什么是液压泵的排量、流量？

3-15　什么是三位滑阀的中位机能，有什么用处？

3-16　简述滤油器的类型、特点及选用过滤器的主要原则。

3-17　简述油箱的功用及主要类型。

3-18　系统在什么情况下需要设置冷却器或加热器？

3-19　简述蓄能器的主要类型及其在系统中的作用。

3-20　在液压系统中常用的管接头有哪几类？

项目四　机电设备液压传动控制

液压传动的设备是由一些能够完成某种特定控制功能的基本回路组成的。基本回路种类很多，但按其在系统中的功能一般可分为三大类：①方向控制回路，即改变执行元件运动方向用的换向回路、平衡和锁紧回路、控制多个执行元件的顺序和同步回路等；②压力控制回路，即控制液压系统全部或局部压力而采用的调压回路、减压和增压回路等；③速度控制回路，即调节和变换执行元件的运动速度用的速度回路和速度换接回路等。

模块一　方向控制回路

知识要求	技能要求
1. 掌握液控单向阀锁紧回路的工作原理、结构与特点； 2. 了解各种换向阀构成的方向控制基本回路	1. 能绘制各种基本液压方向控制回路； 2. 能分析各类液压控制元件在回路中的作用

一、换向回路

运动部件的换向一般采用各种换向阀来实现，也可以利用双向变量泵控制液压油流动的方向来实现液压缸（或液压马达）的换向。对于液压缸的换向，应根据其换向性能的要求来选用各种不同控制方式的换向回路。

（1）电磁阀换向回路。用二位（或三位）四通（或五通）电磁阀来实现换向最为方便，但电磁阀动作快，换向时会有冲击。另外，电磁阀一般不宜做频繁切换。电磁阀换向回路应用最为广泛，尤其在自动化程度要求较高的组合机床液压系统中被普遍使用。

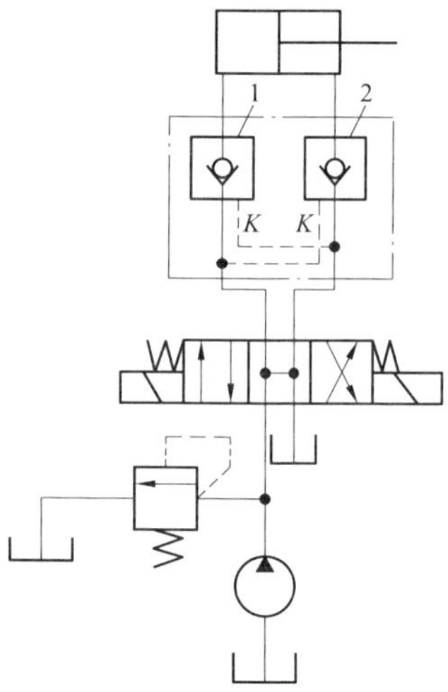

图 4－1　锁紧回路
1、2—单向阀

（2）机动换向阀换向回路。采用机动换向阀换向时可靠性好，因为在这种情况下，执行元件通过工作台上的挡块和杠杆直接使阀换向，不像电磁阀换向时那样需要通过微动开关、继电器、电磁铁等中间环节。但机动换向阀必须配置在执行元件附近，不如电磁阀灵活。

二、锁紧回路

锁紧回路的作用是使液压缸能在任意位置停留，且停留后不会因外力作用而移动位置的回路。图 4－1 所示为使用单向阀的锁紧回路。当换向阀处于左位时，压力油经单向阀 1 进入液压缸左腔，同时压力油进入单向阀 2 的控制油口 K，打开单向阀 2，使液压缸右腔的回油可经单向阀 2 及换向阀流回油箱，活塞向右运动。反之，活塞向左运动，到了需要停留的位置，只要使换向阀处于中位，因阀的中位为H型机能。所以单向阀1和单向阀2均为关闭，使活塞双向锁紧。在这个回路中，由于液控单向阀的阀座一般为锥阀式结构，因此其密封性好，泄漏极小，锁紧的精度主要取决于液压缸的泄漏。

三、顺序动作回路

顺序动作回路的作用是使多缸液压系统中的各个液压缸严格地按规定的顺序动作。按控制方式不同，顺序动作回路可分为行程控制和压力控制两大类。

（1）行程控制的顺序动作回路。图4-2所示为两个行程控制的顺序动作回路。

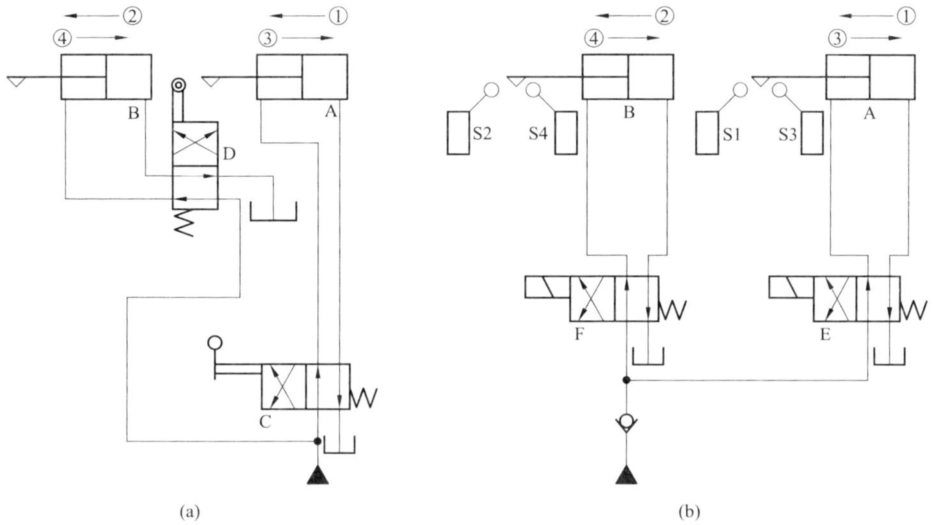

图4-2　行程控制的顺序动作回路

图4-2（a）所示为行程阀控制的顺序动作回路，在图示状态下，A、B两液压缸活塞均在右端。当推动手柄，使阀C左位工作，缸A左行，完成动作①；挡块压下行程阀D后，缸B左行，完成动作②；手动换向阀复位后，缸A先复位，实现动作③；随着挡块后移，阀D复位，缸B退回实现动作④。至此，顺序动作全部完成。这种回路工作可靠，但动作顺序一经确定，再改变就比较困难，同时管路长，布置较麻烦。

图4-2（b）所示为由行程序开关控制的顺序动作回路，当阀E得电换向时，缸A左行完成动作①后，触动行程开关S1使阀F得电换向，控制缸B左行完成动作②，当缸B左行至触动行程开关S2使阀E失电，缸A返回，实现动作③后，触动S3使F断电，缸B返回，完成动作④，最后触动S4使泵卸荷或引起其他动作，完成一个工作循环。这种回路的优点是控制灵活方便，但其可靠程度主要取决于电器元件的质量。

（2）压力控制的顺序动作回路。图4-3所示为使用顺序阀控制的顺序动作回路。当换向阀左位接入回路且顺序阀D的调定压力大于液压缸A的最大前进工作压力表时，压力油先进入液压缸A的左腔，实现动作①；当液压缸行至终点后，压力上升，压力油打开顺序阀D进入液压缸B的左腔，实现动作②；同样，当换向阀右位接入回路且顺序阀C的调定压力大于液压缸B的最大返回工作压力时，两个液压缸则按③和④的顺序返回。显然这种回路动作的可靠性取决于顺序阀的性能及其压力调定值，即它的调定压力应比前一个动作压力高出 0.8～1.0MPa，否则顺序阀易在系统压力脉动中造成误动作，由此可见，这种回路适用于液压缸数目不多、负载变化不大的场合。其优点是动作灵敏，安装连接较方便；缺点是可靠性不高，位置精度低。

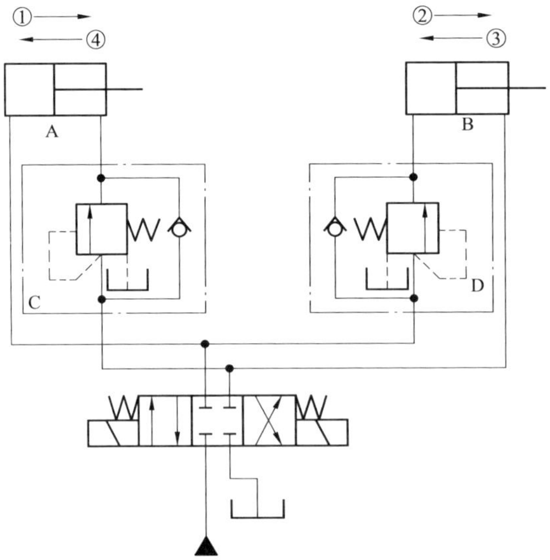

图 4-3 顺序阀控制的顺序动作回路

模块二 压力控制回路

知识要求	技能要求
掌握调压回路、减压回路的工作原理、结构与特点	1. 能绘制各种基本液压压力控制回路； 2. 能分析各类液压压力控制元件在回路中的作用

压力控制回路是利用压力控制阀来控制系统整体或某一部分的压力，以满足液压执行元件对力或转矩要求的回路，这类回路包括调压、减压、增压、卸荷、平衡等多种回路。

一、调压回路

调压回路的作用是使液压系统整体或部分的压力保持恒定或不超过某个数值。在定量泵系统中，液压泵的供油压力可以通过溢流阀来调节。在变量泵系统中，用安全阀来限定系统的最高压力，防止系统过载。若系统中需要两种以上的压力，则可采用多级调压回路。

（1）二级调压回路。图 4-4（a）所示为二级调压回路，可实现两种不同的系统压力控制。由先导型溢流阀 2 和直动式溢流阀 4 各调一级，当二位二通电磁阀 3 处于图示位置时，系统压力由阀 2 调定，当阀 3 得电后处于右位时，系统压力由阀 4 调定，但要注意：阀 4 的调定压力一定要小于阀 2 的调定压力，否则不能实现；当系统压力由阀 4 调定时，先导型溢流阀 2 的先导阀口关闭，但主阀开启，液压泵的溢流流量经主阀回油箱。

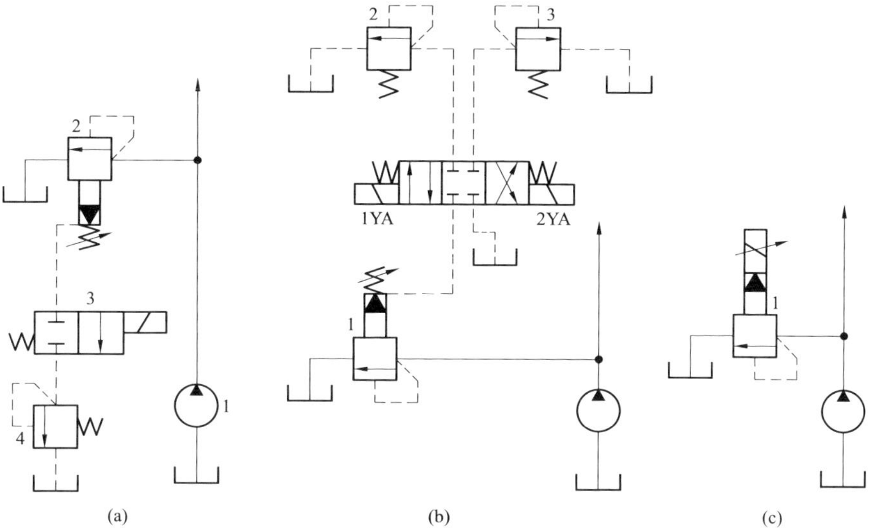

图 4-4　调压回路

1、2、3、4—溢流阀

(2) 多级调压回路。图 4-4 (b) 所示的调压回路由溢流阀 1、2、3 分别控制系统的压力，从而组成了三级调压回路。当两个电磁铁均不带电时，系统压力由阀 1 调定。当 1YA 得电时，系统压力由阀 2 调定。当 2YA 带电时，系统压力由阀 3 调定。但在这种调压回路中，阀 2 和阀 3 的调定压力要小于阀 1 的调定压力，而阀 2 和阀 3 的调定压力之间没有一定的关系。

(3) 连续、按比例进行压力调节的回路。如图 4-4 (c) 所示，调节先导型比例电磁溢流阀 1 的输入电流 I，即可实现系统压力的无级调节，这样不但回路结构简单，压力切换平稳，而且更容易使系统实现远距离控制或程控。

二、减压回路

减压回路的作用是使系统中的某一部分油路具有较低的稳定压力。最常见的减压回路通过定值减压阀与主油路相连，如图 4-5 (a) 所示。回路中的单向阀供主油路压力降低（低

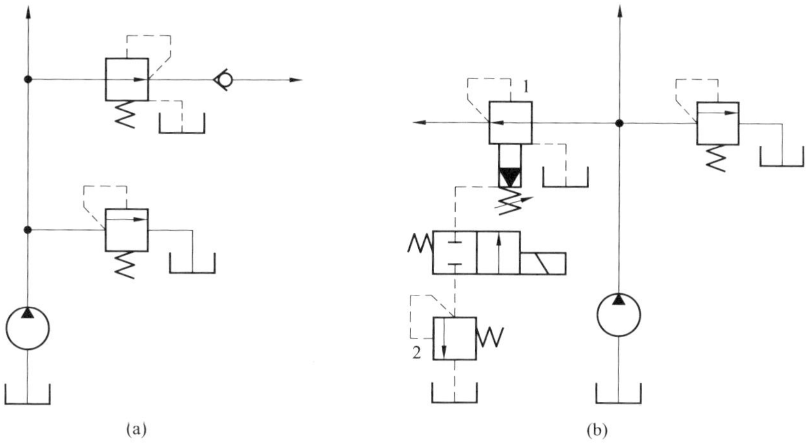

图 4-5　减压回路

1—减压阀；2—溢流阀

于减压阀调定压力）时可防止油液倒流，起短时保压的作用，减压回路中也可以采用类似两级调压的方法获得两级或多级减压。图 4－5（b）所示为利用先导型减压阀 1 的远控口接一远控溢流阀 2，则可由阀 1、阀 2 各调得一种低压。但要注意，阀 2 的调定压力值一定要低于阀 1 的调定压力值。

为了使减压回路工作可靠，减压阀的最低调定压力不应小于 0.5MPa，最高调定压力至少应比系统压力小 0.5MPa。当减压回路中的执行元件需要调速时，调速元件应放在减压阀的后面，以避免减压阀泄漏（指由减压阀泄油口流回油箱的油液）对执行元件的速度产生影响。

模块三　速度控制回路

知识要求	技能要求
1. 掌握调速阀的速度稳定原理、结构与特点； 2. 掌握进油路、回油路、旁油路三种节流调速方式的工作原理与特点； 3. 了解常用节流调速回路特点	1. 能绘制各种基本液压速度控制回路； 2. 能分析各类液压控制元件在回路中的作用

液压传动系统中的速度控制回路包括调节液压执行元件速度的调速回路、使之获得快速运动的快速运动回路、快速运动和工作进给速度及工作进给速度之间的速度换接回路。

一、调速回路

用定量泵和流量阀调速时，称为节流调速。用改变变量泵或变量液压马达的排量调速时，称为容积调速。用变量泵和流量阀达到调速目的时，称为容积节流调速。

1. 节流调速回路

节流调速的工作原理是通过改变回路中流量控制元件（节流阀和调速阀）通流面积的大小来控制流入执行元件或自执行元件流出的流量，以调节其运动速度。根据流量阀在回路中的位置不同，节流调速回路分为进油节流调速回路、回油节流调速回路和旁路节流调速回路，前两种调速回路由于在工作中回路的供油压力不随负载变化而变化，又被称为定压式节流调速回路。旁路节流调速回路由于回路的供油压力随负载的变化而变化，又被称为变压式节流调速回路。

（1）进油节流调速回路。如图 4－6（a）所示，节流阀串联在液压泵和液压缸之间。液压泵输出的油液一部分经节流阀进入液压缸工作腔，推动活塞运动，液压泵多余的油液经溢流阀排回油箱，这是进油中节流调速回路能够正常工作的必要条件。由于溢流阀有溢流作用，泵的出口压力 p_p 就是溢流阀的调定压力并基本保持恒定。调节节流阀的通流面积，即可调节通过节流阀的流量，从而调节液压缸的运动速度。油缸的运动速度 v 和节流阀通流面积 A_T 成正比。调节 A_T 可实现无级调速，这种回路的调速范围较大。当 A_T 调定后，速度随负载的增大而减小，故这种调速回路的稳定性较差。图 4－6（b）所示为选用不同的 A_T 值作 $v-F$ 坐标曲线图，可得一组曲线，即为回路的速度负载特性曲线，速度负载特性曲线表明液压缸运动速度随负载变化的规律，曲线越陡，说明负载的变化对速度影响较大，所以这种调速回路适用于低速轻载的场合。

（2）回油节流调速回路。如图 4－7 所示，把节流阀串联在液压缸的回油路上，借助于节流阀控制液压缸的排油量 q_2 来实现速度调节。由于进油液压缸的流量 q_1 受到回油路排出流量 q_2 的限制。因此用节流阀来调节液压缸的排油量 q_2，也就调节了进油量 q_1，定量泵多余的油液仍经溢流阀流回油箱，溢流阀的调定压力 p_p 基本稳定。回油节流调速回路的速度稳定性是比较差的。

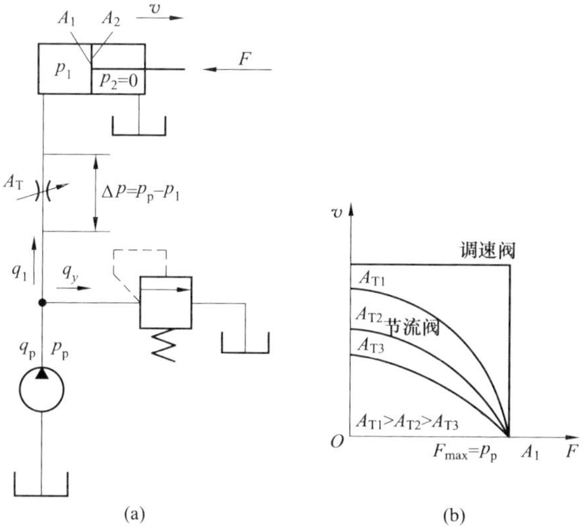

图 4－6　进油节流调速回路

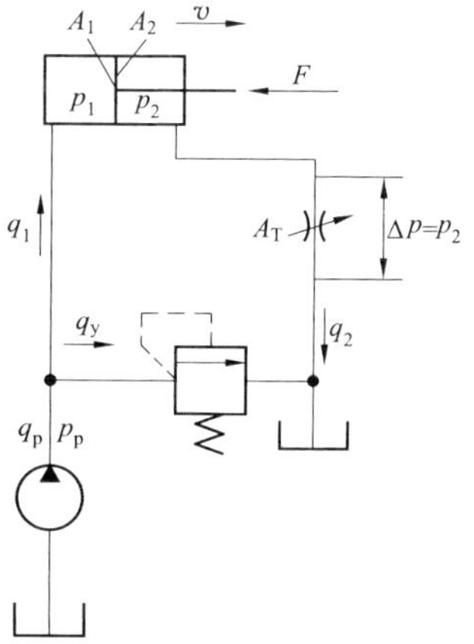

图 4－7　回油节流调速回路

进油节流调速回路与回油节流调速回路的不同之处有以下几点：

1）承受负值负载的能力。回油节流调速回路的节流阀使液压缸回油腔形成一定的背压，在负值负载时，背压能阻止工作部件的前冲，即能在负值的负载下工作，而进油节流调速由于回油腔没有背压力，因此不能在负值负载下工作。

2）停车后的起动性能。长期停车后，液压缸油腔内的油液会流回油箱，当液压泵重新向液压缸供油时，在回油节流调速回路中，由于进油路没有节流阀控制流量，会使活塞前冲。而在进油节流调速回路中，由于进油路有节流阀控制流量，故活塞前冲很小，甚至没有前冲。

3）实现压力控制的方便性。在进油节流调速回路中，进油腔的压力随负载而变化，当工作部件碰到止挡块而停止后，其压力将升到溢流阀的调定压力，利用这一压力的变化来实现压力控制是很方便的；但在回油节流调速回路中，只有回油腔的压力会随负载而变化，当工作部件碰到止挡块后，其压力将降至零，虽然也可以利用这一压力变化来实现压力控制，但可靠性差，一般均不采用。

4）发热及泄漏的影响。在进油节流调速回路中，经过节流阀发热后的液压油将直接进入液压缸的进油腔。而在回油节流调速中，经过节流阀发热后的液压油将直接流回油箱冷却。因此，发热和泄漏对进油节流调速的影响均大于对回油节流调速的影响。

5）运动平稳性。在回油节流调速回路中，由于有背压存在，它可以起到阻尼作用，同时空气也不易渗入，而在进油节流调速回路中没有背压存在，因此，可以认为回油节流调速回路的运动平稳性好一些；但是，从另一个方面讲，在使用单出杆液压缸的场合，无杆腔的进油量大于有杆腔的回油量，故在缸径、缸速均相同的情况下，进油节流调速回路的节流阀通流面积较大，低速时不易堵塞。因此，进油节流调速回路能获得更低的稳定速度。

为了提高回路的综合性能，一般常采用进油节流调速，并在回油路上加背压阀的回路，使其兼具两者的优点。

（3）采用调速阀的节流调速回路。使用节流阀的节流调速回路，速度负载特性比较“软”，变载荷下的运动平稳性比较差，为了克服这个缺点，回路中的节流阀可用调速阀来代替，由于调速阀本身能在负载变化的条件下保证节流阀进、出油口的压差基本不变，因而使用调速阀后，节流调速回路的速度负载特性将得到改善，如图 4－8（b）所示，调速阀的工作压差一般最小为 0.5MPa，高压调速阀需 1.0MPa 左右。

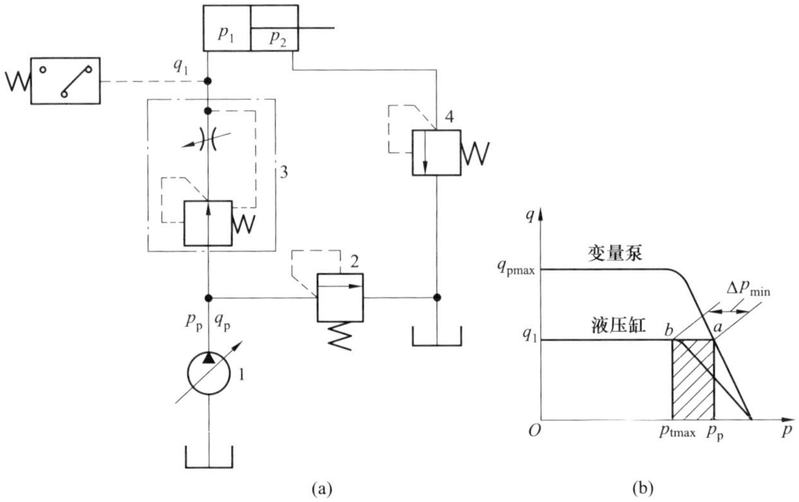

图 4－8　限压式变量泵和调速阀的容积节流调速成回路

2. 容积节流调速回路

容积节流调速回路的工作原理是采用压力补偿型变量泵供油，用流量控制阀调定进入液压缸或由液压缸流出的流量来调节液压缸的运动速度，并使变量泵的输油量自动地与液压缸所需的流量相适应，这种调速回路没有溢流损失，效率较高，速度稳定性也比单纯的容积调速回路好，常用在速度范围大、中小功率的场合。

3. 限压式变量泵和调速阀的容积节流调速回路

图 4－8（a）所示为由限压式变量泵和调速阀组成的容积节流调速回路，该系统由限压式变量泵 1 供油，压力油经调速阀 3 进入液压缸工作腔，回油经背压阀 4 返回油箱，液压缸运动速度由调速阀中的节流阀的通油面积 A_T 来控制。设泵的流量为 q_p，则稳态工作时 $q_p=q_1$。可是在关小调速阀的一瞬间，q_1 减小，此时液压泵的输油量还未来得及改变，于是出现了 $q_p>q_1$，因回路中没有溢流，多余的油液使泵和调速阀间的油路压力升高，从而使限压式变量泵的输出流量减小，直至 $q_p=q_1$；反之，开大调速阀的瞬间，将出现 $q_p<q_1$，从而使限压式变量泵的出口压力降低，输出流量自动增加，直至 $q_p=q_1$。由此可见，调速阀不仅能保证进入液压缸的流量稳定，而且可以使泵的供油量自动地和液压缸所需的流量相适应，因而也可使泵的供油压力基本恒定。这种回路中的调速阀也可装在回油路上，它的承载

能力、运动平稳性、速度刚性等与对应的节流调速回路相同。

二、快速运动回路

快速运动回路又称增速回路，其功能在于使液压执行元件获得所需的高速，以提高系统的工作效率或充分利用功率。液压缸差动连接回路（见图 4-9）是利用二位三通换向阀实现的回路，在这种回路中，当阀 1 和阀 3 在左位工作时，液压缸差动连接做快进运动，当阀 3 通电时，差动连接即被切除，液压缸回油经过调速阀，实现工进，阀 1 切换至右位后，缸快退。这种连接方式可在不增加液压泵流量的情况下提高液压执行元件的运动速度，但是泵的流量和有杆腔排出的流量合在一起流过的阀和管路应按合成流量来选择，否则会使压力损失过大，泵的供油压力过大，致使泵的部分压力油从溢流阀回油箱而达不到差动快进的目的。

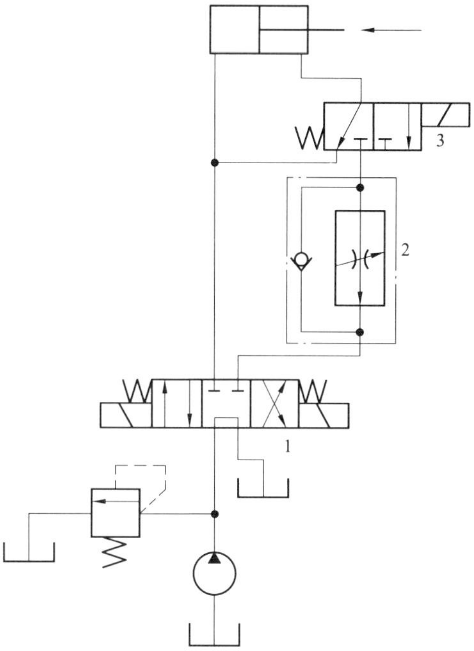

图 4-9　液压缸差动连接回路

思考与练习

4-1　按照系统功能分常见的液压基本回路有几类？各起什么作用？

4-2　液压运动部件的换向，一般采用什么阀来实现？分为哪几种？

4-3　锁紧回路和顺序控制回路的功用是什么？

4-4　简要说明行程控制的顺序动作回路工作原理。

4-5　什么是压力控制回路？减压回路的功用是什么？

4-6　简要说明节流调速回路工作原理。

4-7　进油路节流调速回路与回油路节流调速回路的不同之处？

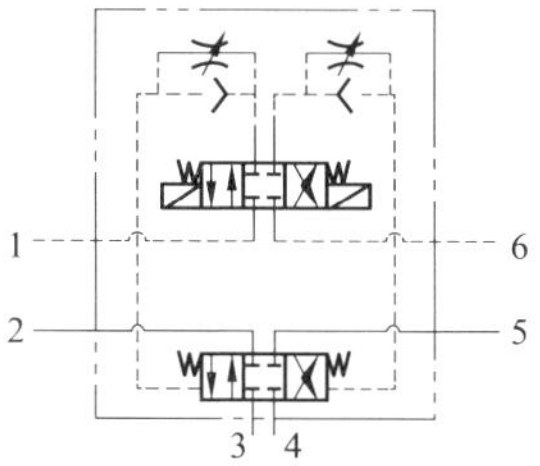

图 4-10　题 4-10 图

4-8　多缸液压系统中，如果要求以相同的位移或相同的速度运行时，应采用什么回路？这种回路通常有几种控制方法？哪种方法同步精度最高？

4-9　液压系统中为什么要设置快速运动回路？实现执行元件快速运行的方法有哪些？

4-10　写出如图 4-10 所示阀的名称，说明图中节流阀的作用并注明 1～6 各接何处。

项目五　常用机床电气控制电路

在掌握了电动机起动、制动、反向、调速等基本控制后，更为重要的在于应用，要能对生产机械的电气控制进行分析，掌握基本的分析方法。本项目将在前面学习的基础上，通过对典型生产机械电气控制的分析，培养读者阅读电气图的能力，进一步掌握分析电气图的方法，加深对生产机械中液压、机械、电气紧密配合的理解，学会从设备加工工艺出发，掌握各种典型设备的电气控制，为电气控制设备的安装、调试、运行与维修打下基础。

生产机械电气原理图阅读分析基本方法是先机后电、先主后辅、化整为零、集零为整、统观全局、总结特点。

（1）先机后电。首先应了解生产机械的基本结构、运行情况、工艺要求、操作方法，以期对生产机械的机械及其运行有一个总体的了解，进而明确对电力拖动自动控制的要求，为阅读和分析电路做好前期准备。

（2）先主后辅。先阅读主电路，看设备由几台电动机拖动、各台电动机的作用，结合加工工艺分析电动机的起动方法、有无正反转控制、采取何种制动方式、采用哪些电动机保护；然后分析控制电路；最后阅读辅助电路。

（3）化整为零。在分析控制电路时，从加工工艺出发，逐个环节地去阅读和分析各台电动机的控制电路，先把各台电动机的控制划分成若干个局部电路，每一台电动机的控制电路又按起动环节、制动环节、调整环节、反向环节来分析电路。然后分析辅助电路，辅助电路包括信号电路、检测电路、照明电路等，这部分电路具有相对的独立性，仅起辅助作用，不影响主要功能，但这部分电路大多是由控制电路中的元件来控制的，可结合控制电路一并分析。

（4）集零为整，统观全局。在逐个分析完局部电路之后，还应统观全部电路，看各局部电路之间的连锁关系、机电液的配合情况、电路中设有哪些保护环节等，以期对整个电路有清晰的理解，对电路中的每个电路、电器中的每一对触点的作用都了如指掌。

（5）总结特点。各种设备的电气控制虽然由各种基本控制环节组合而成，但其整机电气控制都有各自的特点，这也是各种设备电气控制区别之所在，应善于总结。只有这样，才能加深对电气设备电气控制的理解。

模块一　车床电气控制

知识要求	技能要求
1. 熟悉 CA6140 车床的主要结构及电气控制要求； 2. 熟悉车床电路的常见故障与维修方法； 3. 掌握机床电路的识读方法	1. 能识读 CA6140 车床的控制电路图，能说出电路的动作流程； 2. 能正确操作 CA6140 车床，能初步诊断电气控制电路的常见故障

卧式车床是一种应用极为广泛的金属切削机床，主要用来车削外圆、内圆、端面、螺纹和定型表面，并可以通过尾座进行钻孔、铰孔、攻螺纹等加工。

一、卧式车床的主要结构及运行情况

卧式车床主要由床身、主轴箱、进给箱、溜板箱、溜板与刀架、尾座、光杠、丝杠等部分组成，如图 5－1 所示。

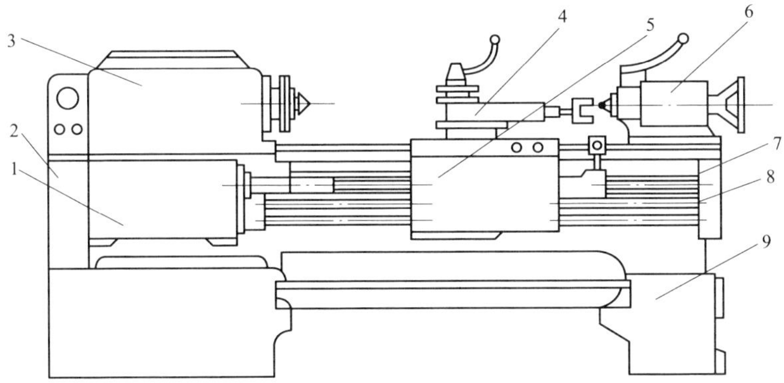

图 5－1　普通车床的结构示意

1—进给箱；2—挂轮箱；3—主轴箱；4—溜板与刀架；5—溜板箱；6—尾座；7—光杠；8—丝杠；9—床身

车床的主运动为工件的旋转运动，它是由主轴通过卡盘或顶尖带动工件旋转，其为车削加工时的主要切削功率。车削加工时，应根据加工工件、刀具种类、工件尺寸、工艺要求等来选择不同的切削速度，这就要求主轴能在相当大的范围内调速。卧式车床的调速范围一般大于 70。车削加工时，一般不要求反转，但在加工螺纹时，为避免乱扣，要反转退刀，再以正向进刀继续加工，这就要求主轴具有正、反转功能。

车床的进给运动是溜板带动刀架的横向或纵向直线运动。其运动方式有手动或机动两种。加工螺纹时，工件的切削速度与刀具的进给速度应有严格的比例关系。为此，车床溜板箱与主轴箱之间通过齿轮传动来连接，而主运动与进给运动由一台电动机拖动。

车床的辅助运动有刀架的快速移动、尾座的移动及工件的夹紧与放松等。

二、中小型车床对电气控制的要求

根据车床的运动情况和工艺要求，中小型车床对电气控制提出以下要求：

（1）主拖动电动机一般选用三相笼型异步电动机，并采用机械变速。

（2）为车削螺纹，主轴要求正反转。对于小型车床，主轴正反转由拖动电动机正反转来实现，当主轴拖动电动机容量较大时，主轴的正反转则靠摩擦离合器来实现，电动机只做单向旋转。

（3）一般中小型车床的主轴电动机构采用直接起动。停车时为实现快速停车，一般采用机械制动或电气制动。

（4）车削加工时，需用切削液对刀具和工件进行冷却。为此，设有一台冷却泵电动机，拖动冷却泵输出切削液。冷却泵电动机与主轴电动机有连锁关系，即冷却泵电动机应在主轴电动机起动后才可选择起动与否，而当主轴电动机停止时，冷却泵电动机便立即停止。

（5）为实现溜板箱的快速移动，由单独的快速移动电动机拖动，且采用点动控制。

（6）电路应有必要的保护环节和安全可靠的照明电路、信号电路。

三、CA6140型卧式车床的电气控制

1. 主电路分析

图5-2为CA6140型卧式车床电气原理图，M1为主轴电动机，拖动主轴旋转，并通过进给机构实现车床的进给运动。主轴电动机的运转和停止由接触器KM1的三个动合主触点的接通和断开来控制，电动机M1只需要正转。主轴的正反转是由摩擦离合器改变传动链来实现的。电动机M1的容量小于10kW，所以采用直接起动。

M2为冷却泵电动机，进行车削加工时，刀具的温度高，需用切削液进行冷却，由M2拖动冷却泵输出切削液。在主轴电动机起动之后，转动冷却泵开关SA1来控制接触器KM2，实现M2的起动与停止。由于SA1开关有定位作用，故不设自锁触点。

M3为溜板快速移动电动机，拖动溜板实现快速移动，由装在溜板箱上的快慢速进给手柄内的快速移动按钮SB3来控制接触器KM3，实现点动控制。操作时，先将快慢速进给手柄扳到所需移动方向，再按下SB3，即可实现该方向的快速移动。M2和M3的容量都很小，分别加装熔断器FU1和FU2做短路保护。热继电器FR1和FR2分别做M1和M2的过载保护，快速移动电动机M3是短时工作的，所以不需要过载保护。带钥匙的低压断路器QF是电源总开关。

2. 控制电路分析

控制电路的供电电压是110V，通过控制变压器TC将380V的电压降为110V得到。控制变压器的一次侧由FU3做短路保护，二次侧由FU6做短路保护。

（1）电源开关控制。电源开关是带有开关锁SA2的低压断路器QF，当要合上电源开关时，首先用开关钥匙将开关锁SA2右旋，再扳动断路器QF将其合上。若用开关钥匙将开关锁SA2左旋，其触点SA2（03—13）闭合，QF线圈通电，断路器QF将自动跳闸。若出现误操作，又将QF合上，QF将在0.1s内再次自动跳闸。由于机床的电源开关采用了钥匙开关，接通电源时要先用钥匙打开开关锁，再合断路器，增加了安全性，同时在机床控制配电盘的壁龛门上装有安全行程开关SQ2，当打开配电盘壁龛门时，行程开关的触点SQ2（03—13）闭合，QF的线圈通电，QF自动跳闸，切除机床的电源，以确保人身安全。

（2）主轴电动机M1的控制。SB2是红色蘑菇形的停止按钮，SB1是绿色的起动按钮。按一下起动按钮SB1，KM1线圈通电吸合并自锁，KM1的主触点闭合，主轴电动机M1起动运转。按一下SB2，接触器KM1断电释放，其主触点和自锁触点都断开，电动机M1断电，停止运行。

（3）冷却泵电动机M2的控制。当主轴电动机起动后，KM1动合触点KM1（9—11）闭合，这时若旋转转换开关SA1，使其闭合，则KM2线圈通电，其主触点闭合，冷却泵电动机M2起动，提供切削液。当主轴电动机M1停车时，KM2（9—11）断开，冷却泵电动机M2停止工作。M1、M2之间存在连锁关系。

（4）快速移动电动机M3的控制。快速移动电动机M3由接触器KM3进行点动控制。按下按钮SB3，接触器KM3线圈通电，其主触点闭合，电动机M3起动，拖动刀架快速移动。松开按钮SB3，M3停止工作。快速移动的方向通过装在溜板箱上的十字手柄扳到所需要的方向来控制。

（5）主轴的起动与停止。SQ1是机床床头的挂轮架皮带罩处的安全开关。当装好皮带罩时，SQ1（03—1）闭合，控制电路才有电，电动机M1、M2、M3才能起动。当打开机床床

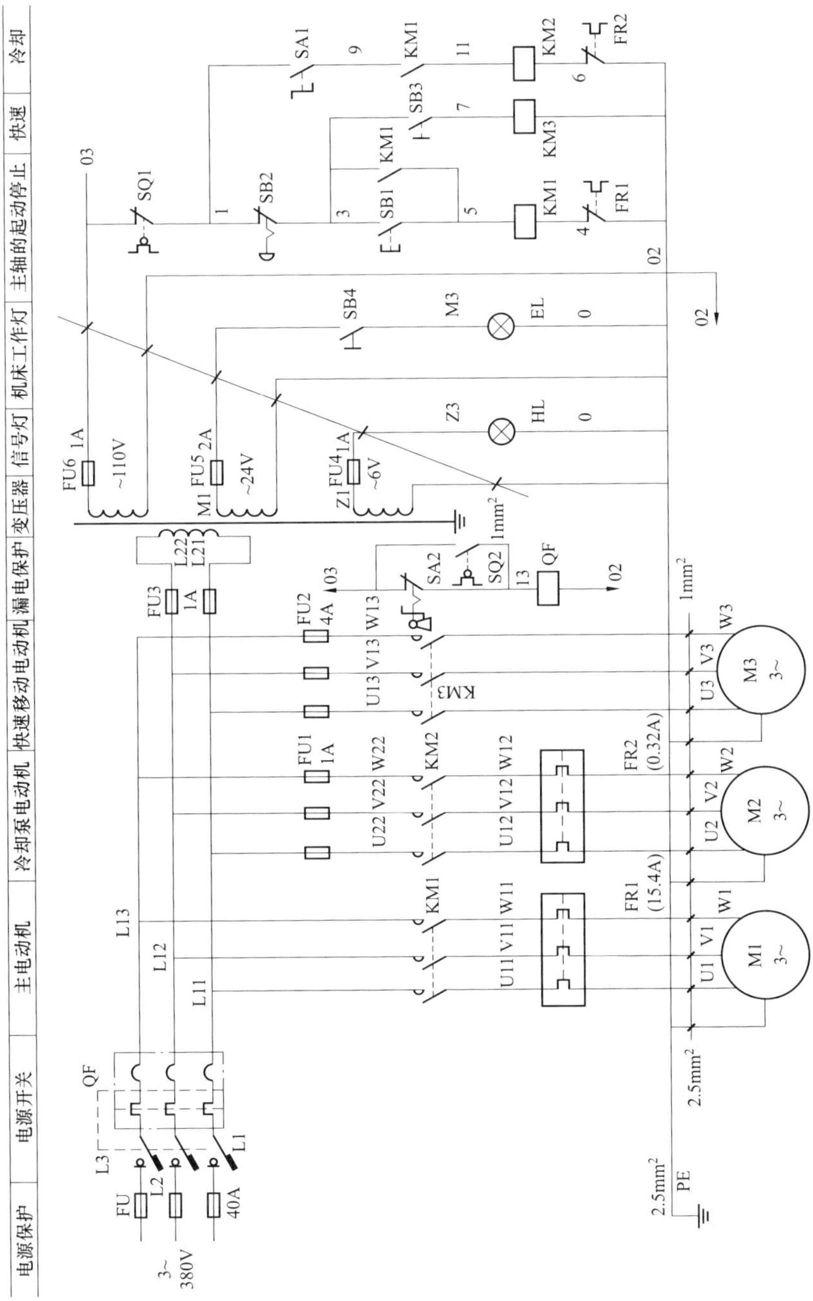

图 5－2　CA6140 型卧式车床电气原理图

头的皮带罩时，SQ1（03—1）断开，使接触器 KM1、KM2、KM3 断电释放，电动机全部停止转动，以确保人身安全。

3. 照明电路和信号电路分析

照明电路采用 24V 安全交流电压，信号回路采用 6V 交流电压，均由控制变压器二次侧提供。FU5 是照明电路的短路保护，照明灯 EL 的一端必须接地。FU4 是指示灯的短路保护，合上电源开关 QF，指示灯 HL 亮，表明控制电路有电。

四、电路的保护环节

CA6140 车床控制电路的保护环节主要有以下几个方面：

（1）电路电源开关采用带开关锁 SA2 的断路器 QF，机床接通电源时需用钥匙开关操作，再合上 QF，增加了电路的安全性。

（2）配电盘壁龛门上装有安全行程开关 SQ2，在打开机床控制配电盘壁龛门时自动切断机床电源，确保人身安全。

（3）机床床头皮带罩处设有安全开关 SQ1，当打开皮带罩时，安全开关触点 SQ1（03—1）断开，将接触器 KM1、KM2、KM3 线圈电路切断，以使在运行中的机床若打开皮带罩时，电动机将全部停止旋转，确保人身安全。

（4）为满足打开机床控制配电盘壁龛门进行带电检修的需要，可将 SQ2 安全开关传动杆拉出，使触点 SQ2（03—13）断开，此时 QF 线圈断电，QF 开关仍可合上。当带电检修完毕，关上壁龛门后，将 SQ2 开关传动杆复位，SQ2 保护照常起作用。

（5）电动机 M1、M2 由热继电器 FR1、FR2 实现电动机长期过载保护，断路器 QF 实现电路的过电流、欠电压保护，熔断器 FU、FU1～FU6 实现各部分电路的短路保护。

五、CA6140 型卧式车床常见的故障及排除方法

1. 主轴电动机不能起动

发生主轴电动机不能起动的故障时，首先检查故障是发生在主电路还是控制电路。若按下起动按钮，接触器 KM1 不吸合，则此故障发生在控制电路，主要应检查 FU6 是否熔断，过载保护 FR1 是否动作，接触器 KM1 的线圈接线端子是否松脱，按钮 SB1、SB2 的触点是否接触良好。若故障发生在主电路，应检查车间配电箱及主电路开关的熔断器的熔丝是否熔断，导线连接处是否有松脱现象，KM1 主触点的接触是否良好。

2. 主轴电动机起动后不能自锁

当按下起动按钮后，主轴电动机能起动运转，但松开起动按钮后，主轴电动机也随之停止。造成这种故障的原因是接触器 KM1 自锁触点的连接导线松脱或接触不良。

3. 主轴电动机不能停止

这种故障大多数为 KM1 的主触点发生熔焊或停止按钮击穿所致。

4. 电源总开关合不上

电源总开关合不上的原因有两个：一是电气箱子盖没有盖好，以致行程开关 SQ2（03—13）被压下；二是钥匙电源开关 SA2 没有右旋到 SA2（03—13）断开的位置。

5. 指示灯亮但各电动机均不能起动

造成这种故障的主要原因是 FU6 的熔体断开，或挂轮架的皮带罩没有罩好，行程开关 SQ1（03—1）处在断开状态。

6. 行程开关 SQ1、SQ2 故障

CA6140 车床在使用前首先应调整 SQ1 和 SQ2 的位置，使其动作正确，才能起到安全保护的作用。但是由于长期使用，可能出现开关松动移位，致使打开床头挂轮架的皮带罩时 SQ1（03—1）触点断不开或打开配电盘的壁龛门时 SQ2（03—13）不闭合，因而失去人身安全保护的作用。

7. 带钥匙开关 SA2 的断路器 QF 故障

带钥匙开关 SA2 的断路器 QF 的主要故障是开关锁 SA2 失灵，以致失去保护作用，因此在使用时应检验将开关锁 SA2 左旋时断路器 QF 能否自动跳闸，跳开后若又将 QF 合上，经过 0.1s，断路器能否自动跳开。

模块二　平面磨床电气控制

知识要求	技能要求
1. 熟悉 M7130 平面磨床的主要结构及电气控制要求； 2. 熟悉磨床电路的常见故障与维修方法	1. 能识读 M7130 磨床的控制电路图，能说出电路的动作流程； 2. 能正确操作平面磨床，能初步诊断电气控制电路的常见故障

磨床是用砂轮的周边或端面进行加工的精密机床。砂轮的旋转是主运动，工件或砂轮的往复运动为进给运动，砂轮架的快速移动及工作台的移动为辅助运动。磨床的种类很多，按其工作性质可分为外圆磨床、内圆磨床、平面磨床、工具磨床及一些专用磨床等。其中尤以平面磨床应用最为普遍，下面以 M7130 型平面磨床为例进行分析与讨论。

一、M7130 型平面磨床主要结构及运动情况

图 5-3 所示为卧轴矩台平面磨床外形图。在箱形床身 1 中装有液压传动装置，工作台 2

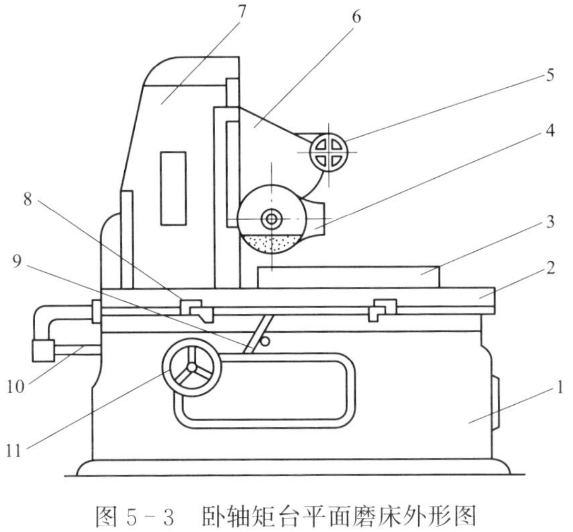

图 5-3　卧轴矩台平面磨床外形图

1—床身；2—工作台；3—电磁吸盘；4—砂轮箱；5—砂轮箱横向移动手柄；6—滑座；7—立柱；8—工作台换向撞块；9—工作台往复运动换向手柄；10—活塞杆；11—砂轮箱垂直进刀手轮

经活塞杆 10 由液压驱动在床身导轨上做往复运动。工作台表面有 T 形槽，用以安装电磁吸盘或直接安装大型工件。工作台往返运动的行程长度可通过调节装在工作台正面槽中的撞块的位置来改变。工作台换向撞块 8 是通过碰撞工作台往复运动换向手柄 9 来改变油路方向以实现工作台往复运动的。

在床身上固定有立柱 7，沿立柱 7 的导轨上装有滑座 6，砂轮箱 4 能沿滑座的水平导轨横向移动。砂轮轴由装入式砂轮电动机直接驱动，并通过沿座内部的液压传动机构实现砂轮箱的横向移动。

滑座可在立柱导轨上垂直移动，由垂直进刀手轮 11 操作。砂轮箱的水平轴向移动可由砂轮箱横向移动手轮 5 操作，也可由液压传动做连续或间断横向移动实现。其中，连续移动用于调节砂轮位置或整修砂轮，间断移动用于进给。

矩形工作台平面磨床工作图如图 5－4 所示。砂轮的旋转运动是主运动。进给运动包括：垂直进给，即滑座在立柱上的上下运动；横向进给，即砂轮箱在滑座上的水平运动；纵向进给，即工作台沿床身的往复运动。工作台每完成一次往复运动时，砂轮箱便做一次间断性的横向进给。当加工完整个平面后，砂轮箱做一次间断性的垂直送给。

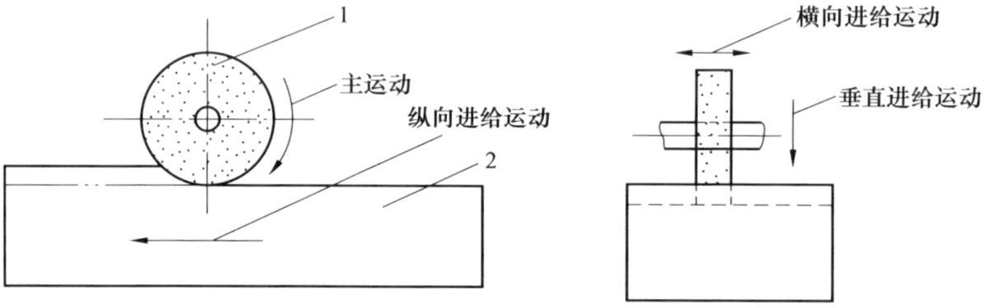

图 5－4　矩形工作台平面磨床工作图

1—砂轮；2—工作台

二、M7130 型平面磨床电力拖动特点及电气控制要求

1. 电力拖动特点

（1）M7130 型平面磨床采用多电动机拖动。其中，砂轮电动机拖动砂轮旋转；液压电动机拖动液压泵，供给压力油，经液压传动机构来实现工作台的纵向进给运动，并通过工作台的撞块操纵床身上的液压换向阀（开关），改变压力油的流向，实现工作台的换向和自动往复运动；冷却泵电动机拖动冷却泵，供给磨削加工时需要的切削液，从而使磨床具有最简单的机械传动机构。

（2）平面磨床是一种精密加工机床，为保证加工精度、机床运行平稳，确保工作台往复运动换向时惯性小、无冲击，采用液压传动。

（3）为保证磨削加工精度，要求砂轮有较高转速，通常采用两极笼型异步电动机拖动。为提高砂轮主轴的刚度，采用装入式电动机直接拖动，电动机与砂轮主轴同轴。

（4）为减小工件在磨削加工中的热变形，并在磨削加工时冲走磨屑和砂粒，以保证磨削精度，需使用切削液。

（5）平面磨床常用电磁吸盘，以便吸持小工件，同时便于工件在磨削加工中因发热变形得以自由伸缩，保证加工精度。

2. 电气控制要求

(1) 砂轮电动机、液压泵电动机、冷却泵电动机都只要求单方向旋转。

(2) 冷却泵电动机应在砂轮电动机起动后才可选择起动与否。

(3) 在正常磨削加工中，若电磁吸盘吸力不足或吸力消失时，砂轮电动机与液压泵电动机应立即停止工作，以防工件被砂轮打飞而发生人身和设备事故。当不加工时，即电磁吸盘不工作时，允许主轴电动机与液压泵电动机起动，以便机床做调整运动。

(4) 电磁吸盘应有吸牢工件的正向励磁、松开工件的断开励磁及抵消剩磁便于取下工件的反向励磁控制环节。

(5) 要具有完善的保护环节。各电路的短路保护，各电动机的长期过载保护，零电压与欠电压保护，电磁吸盘吸力不足的欠电流保护，以及电磁吸盘断开直流电源时，将产生高电压，危及电路中其他电器设备的过电压保护等。

(6) 机床安全照明与工件去磁环节。

三、M7130 型平面磨床电气控制电路

图 5-5 所示为 M7130 型平面磨床电气控制电路图。其电气设备主要安装在床身后部的壁龛盒内，控制按钮安装在床身前部的电气操纵盒上。电气控制电路可分为主电路、控制电路、电磁吸盘控制电路、机床照明电路等部分。

1. 主电路

主电路由砂轮电动机 M1、冷却泵电动机 M2 与液压泵电动机 M3 组成，三台电动机皆为单方向旋转。其中，M1、M2 由接触器 KM1 控制，需要切削液时，M2 再经插接器 X1 供电。电动机 M3 由接触器 KM2 控制。

三台电动机共用熔断器 FU1 做短路保护，M1、M2 由热继电器 FR1 做过载保护，M3 由热继电器 FR2 做过载保护。

2. 控制电路

电动机控制电路由按钮 SB1、SB2 与接触器 KM1 构成砂轮电动机 M1 单向旋转起动—停止控制电路，按钮 SB3、SB4 与接触器 KM2 构成液压泵电动机 M3 单向旋转起动—停止控制电路。但电动机的起动必须在下述条件之一成立时方可进行。

(1) 电磁吸盘 YH 工作，且欠电流继电器 KA 线圈通电吸合，表明电磁吸盘电流足够大，足以将工件吸牢时，其触点 KA (3—4) 闭合。

(2) 若电磁吸盘 YH 不工作，但转换开关 SA1 置于“去磁”位置，其触点 SA1 (3—4) 闭合。

3. 电磁吸盘控制电路

(1) 电磁吸盘构造与工作原理。电磁吸盘是用来吸持工件进行磨削加工的，整个电磁吸盘是钢制的箱体。电磁吸盘有长方形和圆形两种。M7130 型平面磨床采用长方形电磁吸盘，图 5-6 为电磁吸盘结构与原理示意图。在钢制吸盘体 1 的中部凸起的芯体 A 上绕有线圈 2，钢制盖板 3 被隔磁板 4 隔开。在线圈 2 中通入直流电流，产生磁场，磁力线经由盖板、工件、盖板、吸盘体、芯体形成回路，将工件 5 牢牢吸住。电磁吸盘的线圈不能通交流电，因为通过交流电会使工件产生振动并且使铁芯发热。钢制盖板中的隔磁层由非磁性材料制成，其作用是使磁力线通过工件再回到吸盘体，不致直接通过盖板闭合，以增加对工件的吸持力。电磁吸盘与机械夹紧装置相比，它的优点是不损伤工件，操作快速、简便，磨削中工件发

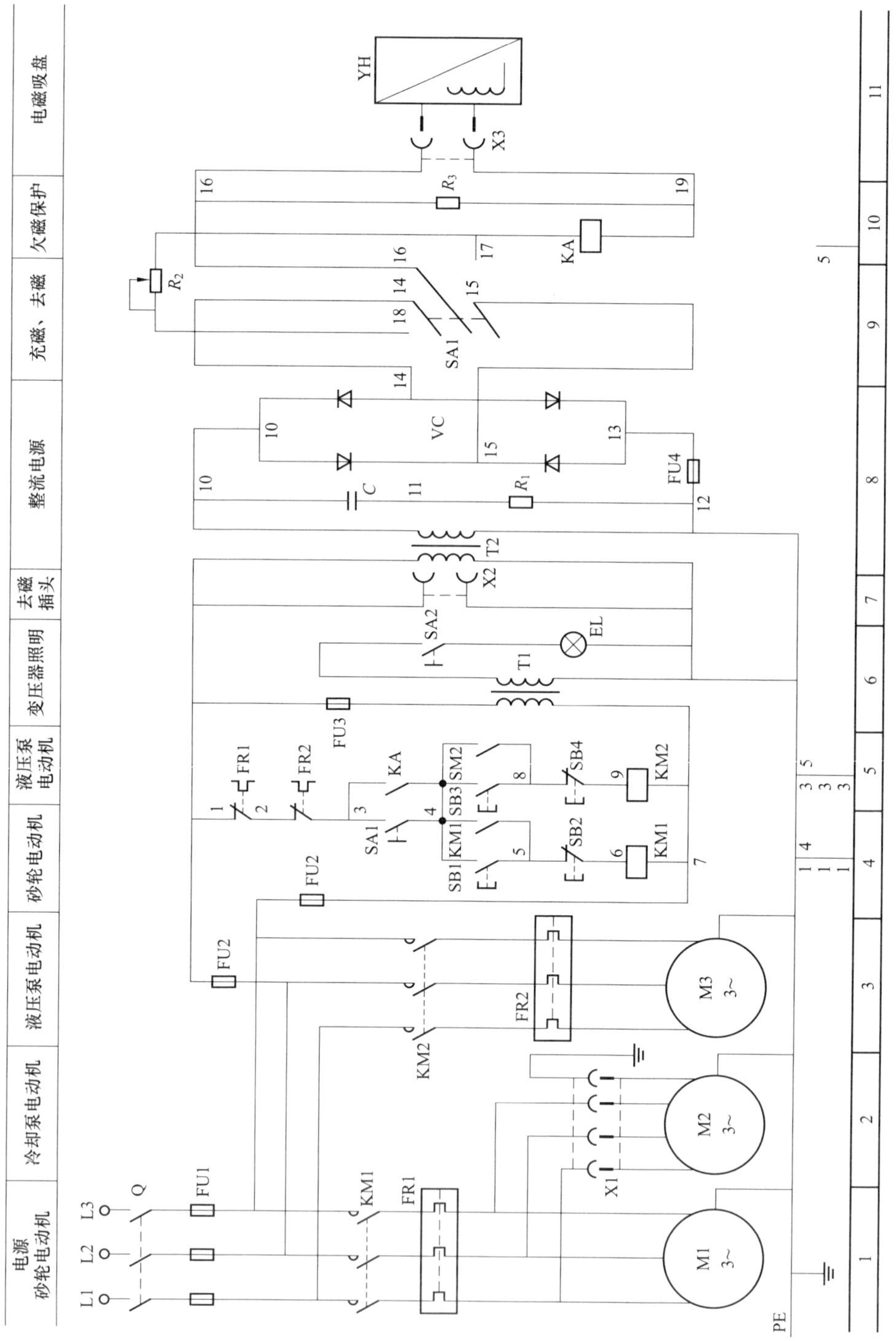

图 5－5 M7130 型平面磨床电气控制电路图

热可自由伸缩，不会变形等；缺点是只能吸持导磁材料的工件（如钢、铁等），不能吸持非导磁材料（如铝、铜等）。

（2）电磁吸盘控制电路。电磁吸盘控制电路由整流装置、控制装置、保护装置等部分组成。

电磁吸盘整流装置由整流变压器 T2 与桥式全波整流器 VC 组成，变压器将 220V 交流电降为 127V，经过桥式整流装置输出 110V 直流电压，对电磁吸盘 YH 供电。电阻 R_1 和电容 C 是用来限制过电压的，防止交流电网的瞬时过电压和直流回路的通断在 T2 的二次侧产生过电压，从而对桥式整流装置产生危害。

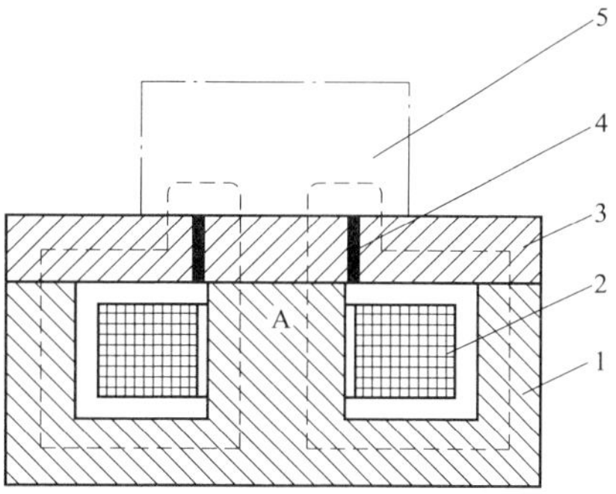

图 5-6　电磁吸盘结构与原理示意
1—钢制吸盘体；2—线圈；3—钢制盖板；4—隔磁板；5—工件

电磁吸盘由转换开关 SA1 控制。SA1 有三个位置：充磁、断电、去磁。当 SA1 处于“充磁”位置时，触点 SA1（14—16）与 SA1（15—17）接通；当开关置于“去磁”位置时，触点 SA1（14—18）、SA1（15—16）及 SA1（3—4）接通；当开关置于“断电”位置时，SA1 所有触点都断开。

1）加工。磨床在加工时，需将 SA1 置于“充磁”位置，此时电磁吸盘 YH 获得 110V 直流电压，其极性 19 号端子为正极，16 号端子为负极，同时欠电流继电器 KA 线圈与 YH 串联，当吸盘电流足够大时，KA 吸合，触点 KA（3—4）闭合，表明电磁吸盘吸力足以将工件吸牢，此时可分别操作按钮 SB1 与 SB3，起动 M1 与 M3 电动机进行磨削加工。当加工完成时，按下停止按钮 SB2 与 SB4，M1 与 M3 停止旋转。

2）取工件。将 SA1 置于“去磁”位置，此时电磁吸盘 YH 也获得 110V 直流电压，其极性 16 号端子为正极，19 号端子为负极，流过电磁吸盘 YH 的电流方向与“充磁”时正好相反。同时，可调电阻 R_2 串入了“去磁”电路，使“去磁”时的电流大小不及“充磁”时的电流，R_2 控制了“去磁”电流的大小。当工件松动时，应将 SA1 置于“断开”位置，否则“去磁”时间太长，易造成工件反向充磁，无法将工件取下。如果不需要起动电磁吸盘，应将 X3 的插头拔掉，同时将转换开关 SA1 置于“去磁”位置，这时触点 SA1（3—4）闭合，电动机 M1、M2、M3 可以正常工作。

3）工件去磁。若工件对去磁要求严格，在取下工件后，还可用交流去磁器进行去磁。使用时，将交流去磁器的插头插在床身的插座 X2 上，将工件放在去磁器上即可去磁。交流去磁器构造和工作原理如图 5-7 所示。由硅钢片制成铁芯，在其上套有线圈 2 并通以交流电，在铁芯柱上装有极靴 3，在由软钢制成的两个极靴之间隔有隔磁层 4。去磁时将工件在极靴平面上来回移动若干次，即可完成去磁。这是因为工件处于交变磁场下，其磁分子排列被打乱，当工件逐渐离开去磁器时剩磁也逐渐消失。

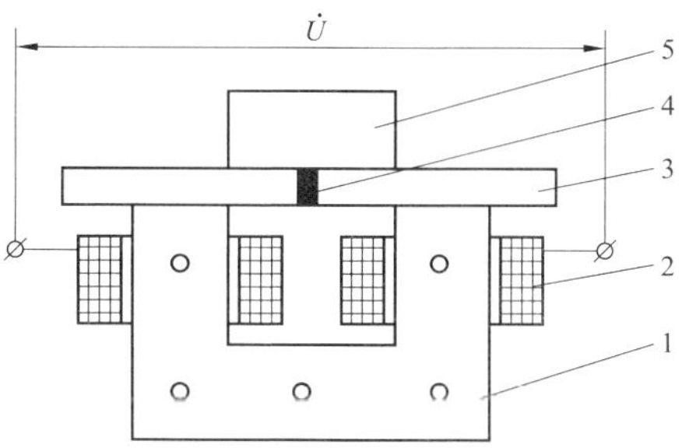

图 5-7　交流去磁器结构原理图
1—铁芯；2—线圈；3—极靴；4—隔磁层；5—工件

（3）电磁吸盘保护环节。电磁吸盘具有欠电流保护、过电压保护、短路保护等。

1）电磁吸盘的欠电流保护。为了防止在磨削过程中，电磁吸盘出现断电或线圈电流减小，引起电磁吸力消失或吸力不足，工件飞出时，造成人身与设备事故，故在电磁吸盘线圈电路中串入欠电流继电器 KA。当励磁电流正常，吸盘具有足够的电磁吸力时，KA 才吸合动作，触点 KA（3—4）闭合，为起动 M1、M3 电动机进行磨削加工做好准备，否则不能开动磨床进行加工，若在磨削过程中出现吸盘线圈电流减小或消失，则将使 KA 释放，触点 KA（3—4）断开，KM1、KM2 线圈断电，M1、M2、M3 电动机立即停止旋转，避免事故发生。

2）电磁吸盘的过电压保护。电磁吸盘线圈匝数多，电感量大，在通电工作时，线圈中储存着大量的磁场能量，当线圈断电时，由于电磁感应，在线圈两端产生很大的感应电动势，出现高电压，将使线圈绝缘及其他电器设备损坏。为此，在吸盘线圈两端并联了电阻 R_3，作为放电电阻，吸收吸盘线圈储存的能量，实现过电压保护。

3）电磁吸盘的短路保护。在整流变压器 T2 的二次侧或整流装置输出端装有熔断器 FU4 做短路保护。

4）整流装置的过电压保护。当交流电路出现过电压或直流侧电路通断时，都会在整流变压器 T2 的二次侧产生浪涌电压，该浪涌电压对整流装置 VC 的元件有害，为此在整流变压器 T2 的二次侧接 RC 阻容吸收装置，吸收浪涌电压，实现整流装置的过电压保护。

4. 机床照明电路

由照明变压器 T1 将交流 380V 降为 24V，并由开关 SA2 控制照明灯 EL。在照明变压器 T1 的一次侧接有熔断器 FU3 做短路保护。

四、M7130 平面磨床电气控制常见故障分析

1. 磨床中的电动机不能起动

首先检查电源是否有电，熔断器是否正常。在排除熔断器故障情况下应检查以下几个方面：

（1）欠电流继电器 KA 的触点（3—4）。若欠电流继电器 KA 触点（3—4）接触不良，接线松动脱落，将导致电动机的控制线路中的接触器不能通电吸合，电动机不能起动。将转换开关 SA1 置于“充磁”位置，检查继电器触点 KA（3—4）是否接通，不通则修理或更换触点，可排除故障。

（2）转换开关 SA1（3—4）。若转换开关 SA1（3—4）接触不良，接线松动脱落，也会导致电动机无法起动。可将转换开关 SA1 置于“去磁”位置，拔掉电磁吸盘的插头，检查触点 SA1（3—4）是否接通，不能则修理或更换转换开关。

2. 砂轮电动机的热继电器 FR1 动作

（1）砂轮电动机的前轴瓦磨损或砂轮进刀量太大，电动机发生堵转，产生很大的堵转电流，使得热继电器动作。前者应修理或更换轴瓦，后者应选择合适的进刀量。

（2）更换后的热继电器的规格和原来的不符或未调整，应根据砂轮电动机的额定电流选择和调整热继电器。

3. 电磁吸盘故障

（1）电磁吸盘没有吸力。首先应检查三相交流电源是否正常，然后检查 FU、FU2 与

FU 熔断器是否完好，接触是否正常，再检查插接器 X3 接触是否良好。如上述检查均未发现故障，则进一步检查电磁吸盘电路，包括欠电流继电器 KA 线圈是否断开，吸盘线圈是否断路等。

(2) 电磁吸盘吸力不足。常见的原因有交流电源电压低，导致整流直流电压相应下降以致吸力不足。若整流直流电压正常，电磁吸力仍不足，则有可能是 X3 插接器接触不良。

造成电磁吸力不足的另一原因是桥式整流电路的故障。例如，整流桥一臂发生开路，将使直流输出电压下降一半，吸力相应减小。若有一臂整流元件击穿形成短路则与它相邻的另一桥臂的整流元件会因过电流而损坏，此时 T2 也会因电路短路而造成过电流，致使吸力很小甚至无吸力。

(3) 电磁吸盘退磁效果差，造成工件难以取下。故障原因一可能是退磁电压过高，此时应调整电阻 R_2，使退磁电压降低。故障原因二可能是去磁回路断开，使工件没有退磁，此时应检查转换开关 SA1 接触是否良好，电阻 R_2 有无损坏。故障原因三可能是去磁时间掌握不好，不同材料的工件所需去磁时间不同，应掌握好去磁时间。

模块三　摇臂钻床电气控制

知识要求	技能要求
1. 熟悉 Z3040 摇臂钻床的主要结构及电气控制要求； 2. 熟悉钻床电路的常见故障与维修方法	1. 能识读 Z3040 摇臂钻床的控制电路图，能说出电路的动作流程； 2. 能正确操作摇臂钻床，能初步诊断电气控制电路的常见故障

钻床是一种用途广泛的万能机床，可以进行钻孔、扩孔、铰孔、攻螺纹、修刮端面等多种形式的加工。

钻床按结构形式可分为立式钻床、卧式钻床、摇臂钻床、深孔钻床、多轴钻床等。在各种钻床中，摇臂钻床操作方便、灵活，适用范围广，特别适用于单件或成批生产中带有多孔大型工件的孔加工，是机械加工中常用的机床设备，具有典型性。本章以 Z3040 型摇臂钻床为例，分析其电气控制。

一、摇臂钻床的主要结构及运动情况

摇臂钻床的结构及运动情况如图 5-8所示，它由底座、内立柱、外立柱、摇臂、主轴箱、工作台等部分组成。内立柱固定在底座的一端，外立柱套在内立柱上，并可绕内立柱回转

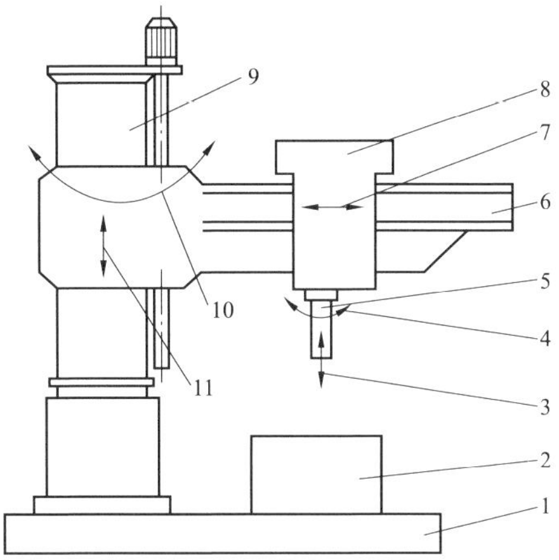

图 5-8　摇臂钻床的结构及运动情况示意

1—底座；2—工作台；3—主轴纵向进给；4—主轴旋转主运动；5—主轴；6—摇臂；7—主轴箱沿摇臂径向运动；8—主轴箱；9—内、外立柱；10—摇臂回转运动；11—摇臂垂直运动

360°。摇臂的一端为套筒，它套在外立柱上，借助于升降丝杠的正、反向旋转，可沿外立柱上下移动，由于升降丝杆与外立柱构成一体，而升降螺母固定在摇臂上，因此摇臂只能与外立柱一起绕内立柱回转。主轴箱是一个复合的部件，由主传动电动机、主轴和主轴传动机构、进给和变速机构及机床的操作机构等部分组成。主轴箱安装于摇臂的水平导轨上，通过手轮操作可使主轴箱沿摇臂水平导轨做径向运动。

钻削加工时，主轴旋转为主运动，主轴的纵向移动为进给运动，即钻头一面做旋转运动，同时做纵向进给运动。摇臂钻床的辅助运动有摇臂沿外立柱的垂直移动，通过操作手轮使主轴箱沿摇臂水平导轨做径向移动，摇臂与外立柱一起绕内立柱做回转运动。摇臂与外立柱一起绕内立柱的回转运动必须先将外立柱松开，然后用手推动摇臂进行。

工件不大时，将其压紧在工作台上加工；工件较大时，可以直接装在底座上加工。进行加工时，主轴箱应通过夹紧装置紧固在摇臂的水平导轨上，摇臂与外立柱也应通过夹紧装置紧固在内立柱上。外立柱的松紧和主轴箱的松紧是依靠液压推动松紧机构进行的。

二、摇臂钻床的电力拖动特点及控制要求

根据摇臂钻床结构及运动情况，对其电力拖动和控制提出以下要求：

（1）摇臂钻床运动部件较多，为简化传动装置，采用多电动机拖动。

（2）摇臂钻床的主运动与进给运动皆为主轴的运动，为此这两种运动由一台主轴电动机拖动，分别经主轴传动机构、进给传动机构实现主轴旋转和进给，所以主轴变速机构与进给变速机构都装在主轴箱内。

（3）为适应多种加工方式的需要，要求主轴及进给有较大的调整范围。一般采用机械变速，有时为简化变速箱的结构采用多速笼型异步电动机。

（4）加工螺纹时，要求主轴能正、反向旋转。摇臂钻床主轴正反转一般采用机械方法来实现，因此，主轴电动机只需单方向旋转。

（5）摇臂的升降由升降电动机拖动，要求电动机能正、反转。

（6）内外立柱的夹紧与放松、主轴箱与摇臂的夹紧与放松可采用手柄机械操作，通过电气-机械装置、电气-液压装置或电气-液压-机械装置等控制方法来实现。Z3040 型摇臂钻床采用液压泵电动机带动液压泵，通过夹紧机构来实现。其夹紧与松开是通过液压泵电动机的正反转输出不同流向的压力油，推动活塞、带动菱形块动作来实现的，因此液压泵电动机要求正、反向旋转。

（7）摇臂的移动严格按照摇臂松开→摇臂移动→摇臂夹紧的程序进行。因此，摇臂的夹紧放松与摇臂升降按自动控制进行。

（8）钻削加工时，应由冷却泵电动机拖动冷却泵，供给切削液进行冷却。

（9）具有必要的连锁与保护环节。

（10）具有机床安全照明电路与信号指示电路。

三、Z3040 型摇臂钻床的电气控制

Z3040 型摇臂钻床有两种形式，相应的电气控制也有两种形式。下面以沈阳中捷友谊厂生产的 Z3040 摇臂钻床为例进行分析。

1. 液压系统简介

该摇臂钻床具有两套液压控制系统：一套是由主轴电动机拖动齿轮泵送出压力油，通过操纵机构实现主轴正反转、停车制动、空挡、预选与变速的操纵机构液压系统；另一套是由

液压泵电动机拖动液压泵送出压力油来实现摇臂的夹紧与松开、主轴箱的夹紧与松开和立柱的夹紧与松开的夹紧机构液压系统（见图 5-9）。前者安装在主轴箱内，后者安装在摇臂电器盒下部，Z3040 型摇臂钻床的电器大多安装在摇臂后面的壁龛内，主轴电动机安装在主轴箱上，摇臂升降电动机安装在立柱上方，液压泵电动机安装在摇臂后面电气盒下部，冷却泵电动机安装在底座上，而所有操纵手柄均集中安放在便于操纵的部位，且操纵轻便。

（1）操纵机构液压系统。该系统压力油由主轴电动机拖动齿轮泵送出，借助主轴操作手柄来改变两个操纵阀的相互位置，使压力油做不同分配，获得不同的动作。操作手柄有五个位置：上、下、里、外和中间位置。其中，上为“空挡”，下为“变速”，里为“反转”，外为“正转”，中间位置为“停车”。主轴转速及主轴进给量各由一个旋钮预选，然后操作手柄。

起动主轴时，首先按下主轴电动机起动按钮，主轴电动机起动旋转，拖动齿轮泵，送出压力油，然后操纵手柄，扳至所需转向位置，于是两个操纵阀相互位置改变，使一股压力油将制动摩擦离合器松开，为主轴旋转创造条件；另一股压力油压紧正转（反转）摩擦离合器，接通主轴电动机到主轴的传动链，驱动主轴正转或反转。

在主轴正转或反转过程中，也可旋转变速旋钮，改变主轴转速或主轴进给量。

主轴停车时，将操作手柄扳回中间位置，这时主轴电动机仍拖动齿轮泵旋转，但此时整个液压系统为低压油，无法松开制动摩擦离合器，而在制动弹簧作用下将制动摩擦离合器压紧，使制动轴上的齿轮不能转动，主轴实现停车。所以，主轴停车时主轴电动机仍然旋转，只是不能将动力传递到主轴。

主轴变速与进给变速：将操作手柄扳至“变速”位置，于是改变两个操纵阀的相互位置，使齿轮泵送出的压力油进入主轴转速预选阀和主轴进给量预选阀，最后进入各变速油缸。在此同时，另一条油路系统推动拨叉缓慢移动，逐渐压紧主轴正转摩擦离合器，接通主轴电动机到主轴的传动链，使主轴缓慢转动，称为缓速。缓速的目的在于使滑移齿轮能比较顺利地进入啮合位置，避免出现顶齿现象。当变速完成时，松开操作手柄，此时将在弹簧的作用下由“变速”位置自动复位到主轴的“停车”位置，这时可操纵主轴正转或反转，主轴将在新的转速或进给下工作。

主轴空挡：将操作手柄扳至“空挡”位置，这时由于两个操纵阀相互位置改变，压力油使主轴传动系统中滑移齿轮处于中间脱开位置，此时可用手轻便地转动主轴。

（2）夹紧机构液压系统。夹紧机构液压系统如图 5-9 所示。主轴箱、立柱和摇臂的夹紧与松开是由液压泵电动机拖动液压泵送出压力油，推动活塞、菱形块来实现。其中主轴箱和立柱的夹紧与放松由一个油路控制，而摇臂的夹紧与松开因与摇臂升降构成自动循环，所以由另一个油路单独控制。这两个油路均由电磁阀

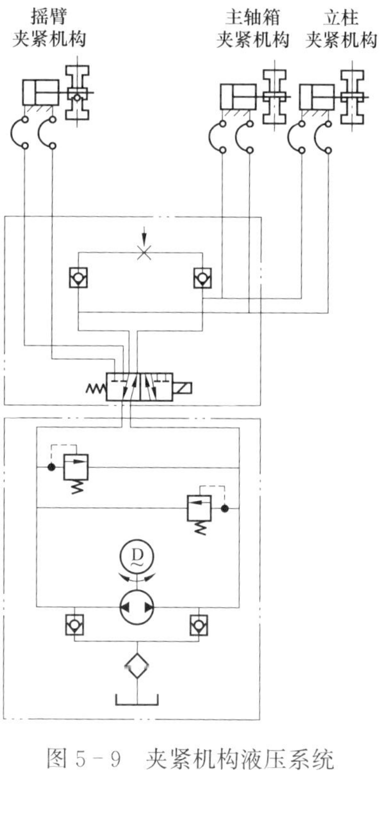

图 5-9　夹紧机构液压系统

操纵。

2. 机床操纵情况

（1）主轴起动、正反转、空挡、主轴变速及进给量变换的操纵。主轴起动、正反转、空挡、主轴变速及进给量变换皆由操纵手柄来实现。主轴起动时，先按下起动按钮，按钮中指示灯亮，再扳动手柄转至所需转向位置，主轴立即旋转。主轴空挡时，将手柄向上扳至“空挡”位置，此时即可轻便地用手转动主轴。主轴变速及进给量变换时，首先转动预选旋钮或使其上所需的转速及进给量的数值对准上部的箭头，然后将手柄向下压至“变速”位置，直到主轴开始转动后，即可松手，这时手柄复位，转速及进给量均已变换完毕。在机床切削过程中也可转动预选旋钮。

（2）主轴进给的操纵。本机床可进行机动进给、手动进给、微动进给、定程切削、攻螺纹等多种进给形式。

（3）主轴箱和立柱的夹紧或松开的操作。主轴箱和立柱的夹紧或松开是同时进行的。若要使主轴箱和立柱夹紧，则可按下夹紧按钮，该按钮中的指示灯亮了，表示夹紧动作已完成，即可松开按钮。若指示灯不亮，可断续按按钮，直至指示灯亮为止。若使主轴箱和立柱松开，则可按下松开按钮，此时按钮中的指示灯熄灭，按钮中的指示灯亮了，表示主轴箱和立柱已松开。

（4）摇臂升降的操作。按下升按钮，摇臂上升；按下降按钮，摇臂下降。上升或下降至所需位置时，松开按钮，升降运动立即停止，摇臂自动夹紧在外立柱上。摇臂回转时应注意，因机床没有汇流环装置，故在用手推动摇臂回转时，应切实注意，不能总是沿着一个方向连续回转。

3. 电气控制电路分析

图 5-10 所示为 Z3040 型摇臂钻床电气控制电路图。其中，M1 为主轴电动机，M2 为摇臂升降电动机，M3 为液压泵电动机，M4 为冷却泵电动机。

（1）主电路分析。M1 为单方向旋转，由接触器 KM1 控制，主轴的正反转由机床液压系统操纵机构配合正反转摩擦离合器实现，并由热继电器 FR1 做电动机长期过载保护。

M2 由正反转接触器 KM2、KM3 控制实现正反转。控制电路保证，在操纵摇臂升降时，首先使液压泵电动机起动旋转，送出压力油，经液压系统将摇臂松开，然后才使电动机 M2 起动，拖动摇臂上升或下降，当移动到位后，控制电路又保证 M2 先停下，再自动通过液压系统将摇臂夹紧，最后液压泵电动机才停转。M2 为短时工作，不用设长期过载保护。

M3 由接触器 KM4、KM5 实现正反转控制，并有热继电器 FR2 做长期过载保护。M4 电动机容量小，仅 0.125kW，由开关 SA 直接控制。

（2）控制电路分析。控制电路分主轴电动机的控制和摇臂升降的控制两部分。

1）主轴电动机的控制。主轴电动机由按钮 SB1、SB2 与 KM1 构成主轴电动机的单方向起动—停止控制电路，M1 起动后，指示灯 HL3 亮，表示主轴电动机在旋转。

2）摇臂升降的控制。摇臂升降由摇臂上升按钮 SB3、下降按钮 SB4 及正反转接触器 KM2、KM3 组成具有双重互锁的电动机正反转点动控制电路。摇臂的升降控制由于须与夹紧机构液压系统密切配合，因此与液压泵电动机的控制有密切关系。

液压泵电动机 M3 由正反转接触器 KM4、KM5 控制，实现电动机的正反转，拖动双向液压泵，送出压力油，经二位六通阀送至摇臂夹紧机构实现夹紧与松开。

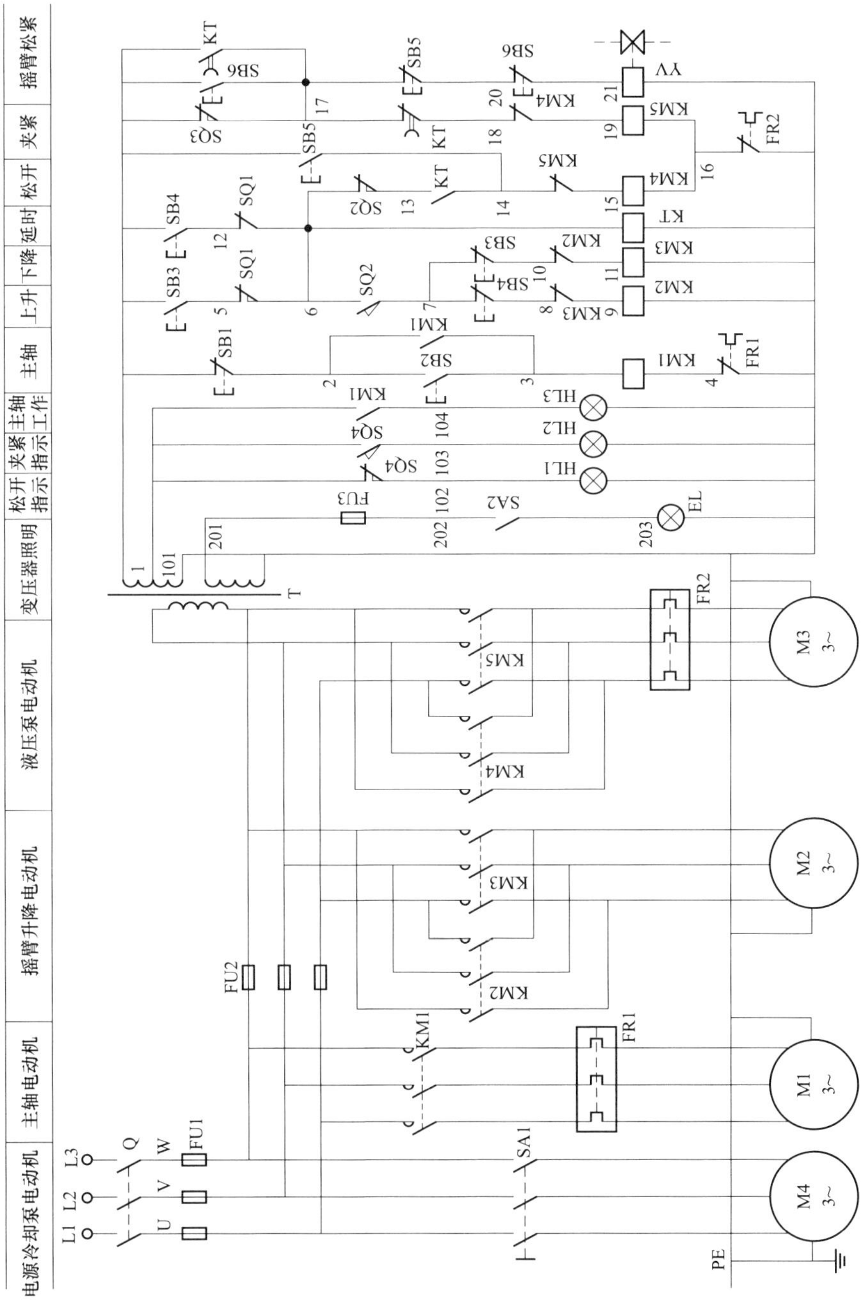

图 5－10　Z3040 型摇臂钻床电气控制电路图

下面以摇臂上升为例分析摇臂升降的控制。

按下摇臂上升点动按钮 SB3，时间继电器 KT 线圈通电，瞬动动合触点 KT（13—14）闭合，接触器 KM4 线圈通电，液压泵电动机 M3 起动旋转，拖动液压泵送出压力油，同时 KT 的断电延时断开触点 KT（1—17）闭合，电磁阀 YV 线圈通电。于是液压泵送出的压力油经二位六通阀进入摇臂夹紧机构的松开油腔，推动活塞和菱形块，摇臂松开。同时，活塞杆通过弹簧片压上行程开关 SQ2，发出摇臂松开信号，即触点 SQ2（6—13）断开，触点 SQ2（6—7）闭合，前者断开 KM4 线圈电路，液压泵电动机停止旋转，液压泵停止供油，摇臂维持在松开状态；后者接通 KM2 线圈电路，使 KM2 线圈通电，摇臂升降电动机 M2 起动旋转，拖动摇臂上升。所以行程开关 SQ2 是用来反映摇臂是否松开且发出松开信号的元件。

当摇臂上升到所需位置时，松开摇臂上升点动按钮 SB3，KM2 与 KT 线圈同时断电，M2 依惯性旋转，摇臂停止上升。而 KT 线圈断电，其断电延时闭合触点 KT（17—18）经延时 1～3s 后才闭合，断电延时断开触点 KT（1—17）经延时后才断开。在 KT 断电延时的 1～3s 时间内，KM5 线圈仍处于断电状态，电磁阀 YV 仍处于通电状态，这段延时就确保了摇臂升降电动机在断开电源后到完全停止运转才开始摇臂的夹紧动作。所以时间继电器 KT 延时长短是根据 M2 电动机切断电源到完全停止的惯性大小来调整的。

当时间继电器 KT 断电延时时间到，触点 KT（17—18）闭合，KM5 线圈通电吸合，液压泵电动机 M3 反向起动，拖动液压泵，供出压力油。同时触点 KT（1—17）断开，电磁阀 YV 线圈断电，这时压力油经二位六通阀进入摇臂夹紧油腔，反向推动活塞和菱形块，摇臂夹紧。同时，活塞杆通过弹簧片压下行程开关 SQ3，使触点 SQ3（1—17）断开，KM5 线圈断电，M3 停止旋转，摇臂夹紧完成。所以 SQ3 为摇臂夹紧信号开关。

摇臂升降的极限保护由组合开关 SQ1 来实现。SQ1 有两对动断触点，当摇臂上升或下降到极限位置时，相应触点断开，切断对应上升或下降接触器 KM2 与 KM3，使 M2 停止旋转，摇臂停止移动，实现极限位置的保护。

摇臂自动夹紧程度由行程开关 SQ3 控制。若夹紧机构液压系统出现故障不能夹紧，将使触点 SQ3（1—17）断不开，或者由于 SQ3 开关安装调整不当，摇臂夹紧后仍不能压下 SQ3，这时会使 M3 长期处于过载状态，易将电动机烧毁。为此，M3 主电路采用热继电器 FR2 做过载保护。

3）主轴箱、立柱松开与夹紧的控制。主轴箱和立柱的夹紧与松开是同时进行的。当按下松开按钮 SB5，接触器 KM4 线圈通电，液压泵电动机 M3 正转，拖动液压泵送出压力油，这时电磁阀 YV 线圈处于断电状态，压力油经二位六通阀进入主轴箱与立柱松开油腔，推动活塞和菱形块，主轴箱与立柱松开。而由于 YV 线圈断电，压力油不会进入摇臂松开油腔，摇臂仍处于夹紧状态。当主轴箱与立柱松开时，行程开关 SQ4 不受压，触点 SQ4（101—102）闭合，指示灯 HL1 亮，表示主轴箱与主柱确已松开。可以手动操作主轴箱在摇臂的水平导轨上移动，也可推动摇臂使外立柱绕内立柱做回转移动，当移动到位时，按下夹紧按钮 SB6，接触器 KM5 线圈通电，M3 反转，拖动液压泵送出压力油至夹紧油腔，主轴箱与立柱夹紧。当确已夹紧时，压下 SQ4，触点 SQ4（101—103）闭合，HL2 灯亮，而触点 SQ4（101—102）断开，HL1 灯灭，指示主轴箱与立柱已夹紧，可以进行钻削加工。

机床安装后，接通电源，利用主轴箱和立柱的夹紧、松开来检查电源相序，在电源相序正确后，再来调整电动机 M2 接线。

4）冷却泵电动机 M4 的控制。冷却泵电动机 M4 由开关 SA1 进行单向旋转的控制。

5）具有完善的连锁，保护环节。

a. SQ2 行程开关实现摇臂松开到位与开始升降的连锁，SQ3 行程开关实现摇臂完全夹紧与液压泵电动机 M3 停止旋转的连锁。

b. KT 时间继电器实现摇臂升降电动机 M1 断开电源待惯性旋转停止后再进行摇臂夹紧的连锁。

c. 摇臂升降电动机 M2 正反转具有双重互锁。

d. SB5 与 SB6 动断触点接入电磁阀 YV 线圈电路实现主轴箱与立柱夹紧、松开操作时，压力油不进入摇臂夹紧油腔的连锁。

e. 熔断器 FU1 作为总电路和电动机 M1、M4 的短路保护。熔断器 FU2 为电动机 M2、M3 及控制变压器 T 一次侧的短路保护。熔断器 FU3 为照明电路的短路保护。

f. FR1、FR2 热继电器为电动机 M1、M3 的长期过载保护。

g. SQ1 组合开关为摇臂上升、下降的极限位置保护。

h. 带自锁触点的起动按钮与相应接触器实现电动机的欠电压、失电压保护。

（3）照明与信号指示电路分析。HL1 为主轴箱、立柱松开指示灯，灯亮表示已松开，可以手动操作主轴箱沿摇臂移动或摇臂回转。HL2 为主轴箱、立柱夹紧指示灯，灯亮表示已夹紧，可以进行钻削加工。HL3 为主轴旋转工作指示灯。

照明灯 EL 由控制变压器 T 供给 36V 安全电压，经开关 SA2 操作实现钻床局部照明。

四、摇臂钻床电气控制常见故障分析

Z3040 型摇臂钻床摇臂的控制是机-电-液的联合控制，这也是该钻床电气控制的重要特点。下面仅以摇臂移动中的常见故障进行分析。

1. 摇臂不能上升

从摇臂上升的电气动作过程可知，摇臂移动的前提是摇臂完全松开，此时活塞杆通过弹簧片压下行程开关 SQ2，接触器 KM4 线圈断电，液压泵电动机 M3 停止旋转，而接触器 KM2 线圈通电吸合，摇臂升降电动机 M2 起动旋转，拖动摇臂上升。

下面以 SQ2 有无动作来分析摇臂不能移动的原因。若 SQ2 不动作，常见故障为 SQ2 安装位置不当或位置发生移动。这样，摇臂虽已松开，但活塞杆仍压不上 SQ2，致使摇臂不能移动。有时也会出现因液压系统发生故障，使摇臂没有完全松开，活塞杆压不上 SQ2。为此，应配合机械、液压系统调整好 SQ2 位置并安装牢固。有时电动机 M3 电源相序接反，此时按下摇臂上升按钮 SB3 时，电动机反转，使摇臂夹紧，更压不上 SQ2，摇臂也不会上升。所以，机床大修或安装完毕后，必须认真检查电源相序及电动机正反转是否正确。

2. 摇臂移动后夹不紧

摇臂移动到位后松开 SB3 或 SB4 按钮后，摇臂应自动夹紧，而夹紧动作的结束是由行程开关 SQ3 来控制的。若摇臂夹不紧，说明摇臂控制电路能动作，只是夹紧力不够，这是由于 SQ3 动作过早，使液压泵电动机 M3 在摇臂还未充分夹紧时就停止旋转，这往往是由于 SQ3 安装位置不当，过早地被活塞杆压上动作所致。

3. 液压系统的故障

有时电气控制系统工作正常，而电磁阀芯卡住或油路堵塞，造成液压控制系统失灵，也会造成摇臂无法移动。所以，在维修工作中应正确判断是电气控制系统还是液压系统的故障，而这两者之间又相互联系，为此应相互配合共同排除故障。

模块四　铣 床 电 气 控 制

知识要求	技能要求
1. 熟悉XA6132卧式铣床的主要结构及电气控制要求； 2. 熟悉铣床电路的常见故障与维修方法	1. 能识读X6132卧式铣床的控制电路图，能说出电路的动作流程； 2. 能正确操作铣床，能初步诊断电气控制电路的常见故障

铣床可用来加工平面、斜面、沟槽，装上分度头可以铣切直齿齿轮和螺旋面，装上圆工作台还可铣切凸轮和弧形槽，所以铣床在机械行业的机床设备中占有相当大的比例，在金属切削机床中使用数量仅次于车床。按结构形式和加工性能不同，铣床可分为卧式铣床、立式铣床、定梁龙门铣床、仿形铣床及各种专用铣床。XA6132型卧式万能铣床是应用广泛的铣床之一，本节以此为例进行分析。

一、卧式万能铣床主要结构及运动情况

XA6132型卧式万能铣床主要由底座、床身、悬梁、刀杆支架、工作台、溜板、升降台等部分组成，其外形如图5-11所示。箱形的床身13固定在底座1上，在床身内装有主轴传动机构及主轴变速机构，在床身的顶部有水平导轨，其上装着带有一个或两个刀杆支架的悬梁。刀杆支架用来支撑安装铣刀心轴的一端，而心轴另一端固定在主轴上。在床身的前方有垂直导轨，一端悬持的升降台可沿其做上下移动。在升降台上面的水平导轨上，装有可平行于主轴轴线方向移动（横向移动）的溜板5。工作台7可沿溜板上部转动部分6的导轨在垂直于主轴轴线的方向移动（纵向移动）。这样，安装在工作台上的工件可以在三个方向调

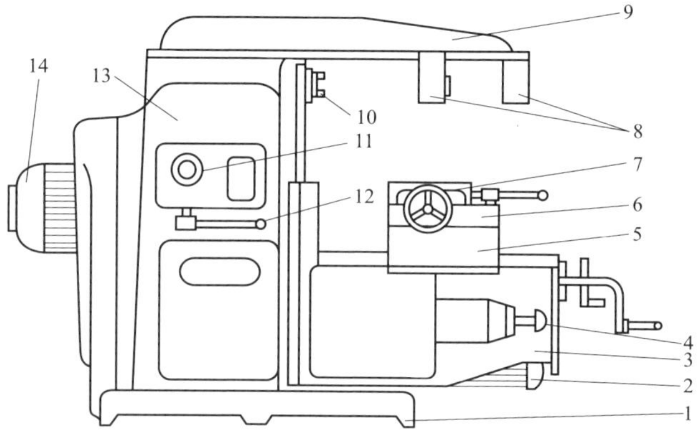

图5-11　卧式万能铣床外形图

1—底座；2—进给电动机；3—升降台；4—进给变速手柄及变速盘；5—溜板；6—转动部分；7—工作台；8—刀杆支架；9—悬梁；10—主轴；11—主轴变速盘；12—主轴变速手柄；13—床身；14—主轴电动机

整位置或完成进给运动。此外，由于转动部分对溜板 5 可绕垂直轴线转动一个角度（通常为 ±45°），这样工作台于水平面上除能平行或垂直于主轴轴线方向进给外，还能在倾斜方向进给，从而完成铣螺旋槽的加工。该铣床还可以安装圆工作台以扩大铣削能力。

由上分析可知，XA6132 型卧式万能铣床的运动形式有主运动、进给运动及辅助运动。主轴带动铣刀的旋转运动为主运动，加工中工作台带动工件的移动或圆工作台的旋转运动为进给运动，工作台带动工件在三个方向的快速移动为辅助运动。

二、卧式万能铣床的电力拖动特点与控制要求

XA6132 型卧式万能铣床的电力拖动特点与控制要求主要有以下几个方面：

（1）XA6132 型卧式万能铣床主轴传动系统在床身内部，进给系统在升降台内，而且主运动与进给运动之间没有速度比例协调的要求，故采用单独传动，即主轴和工作台分别由主轴电动机、进给电动机拖动。工作台工作进给与快速移动由进给电动机拖动，经电磁离合器传动来获得。

（2）主轴电动机处于空载下起动，为能进行顺铣和逆铣加工，要求主轴能够实现正反转，但旋转方向不需经常改变，仅在加工前预选主轴转动方向而在加工过程中不变换。

（3）铣削加工是多刀多刃不连续切削，负载波动。为减轻负载波动的影响，往往在主轴传动系统中加入飞轮，使转动惯量加大，但为实现主轴快速停车，主轴电动机应设有停车制动。同时，主轴在上刀时，也应使主轴制动。为此本铣床采用电磁离合器控制主轴停车制动和主轴上刀制动。

（4）工作台的垂直、横向和纵向三个方向的运动由一台进给电动机拖动，而三个方向的选择由操纵手柄改变传动链来实现。每个方向又有正反向的运动，这就要求进给电动机能正反转。而且，同一时间只允许工作台只有一个方向的移动，故应有连锁保护。

（5）使用圆工作台时，工作台不得移动，即圆工作台的旋转运动与工作台垂直、横向、纵向三个方向的运动之间要有连锁控制。

（6）为适应铣削加工需要，主轴转速与进给速度应有较宽的调节范围。XA6132 型卧式万能铣床采用机械变速，通过改变主速箱的传动比来实现。为保证变速时齿轮易于啮合，减少齿轮端面的冲击，要求变速时电动机有变速冲动控制。

（7）根据工艺要求，主轴旋转和工作台进给应有先后顺序，即进给运动要在铣刀旋转之后进行，加工结束必须在铣刀停转前停止进给运动。

（8）为供给铣削加工时的切削液，应由冷却泵电动机拖动冷却泵，供给切削液。

（9）为适应铣削加工时操作者的正面与侧面操作位置，机床应对主轴电动机的起动与停止及工作台的快速移动设两地控制。

（10）工作台上、下、左、右、前、后六个方向的运动应具有限位保护。

（11）应有局部照明电路。

三、电磁离合器

XA6132 型卧式万能铣床主轴电动机停车制动、主轴上刀制动及进给系统的工作进给和快速移动皆由电磁离合器来实现。电磁离合器又称电磁联轴节，它是利用表面摩擦和电磁感应原理，在两个做旋转运动的物体间传递转矩的执行电器。由于它便于远距离控制，控制能量小，动作迅速、可靠，结构简单，故广泛应用于机床的电气控制。铣床上采用的是摩擦片式电磁离合器。

摩擦片式电磁离合器按摩擦片的数量可分为单片式与多片式两种，机床上普遍采用多片式电磁离合器，其结构如图 5－12 所示。在主动轴 1 的花键轴端装有主动摩擦片 6，它可以沿轴向自由移动，但因系花键连接，故将随同主动轴一起转动。从动摩擦片 5 与主动摩擦片交替叠装，其外缘凸起部分卡在与从动齿轮 2 固定在一起的套筒 3 内，因而可以随从动齿轮转动，并在主动轴转动时可以不转。当线圈 8 通电后产生磁场，将摩擦片吸向铁芯 9，衔铁 4 也被吸住，紧紧压住各摩擦片。于是，依靠主动摩擦片与从动摩擦片之间的摩擦力，从动齿轮随主动轴转动，实现转矩的传递。当电磁离合器线圈电压达到额定值的 85%～105% 时，离合器就能可靠地工作。当线圈断电时，装在内外摩擦片之间的圈状弹簧使衔铁和摩擦片复原，离合器便失去传递转矩的作用。

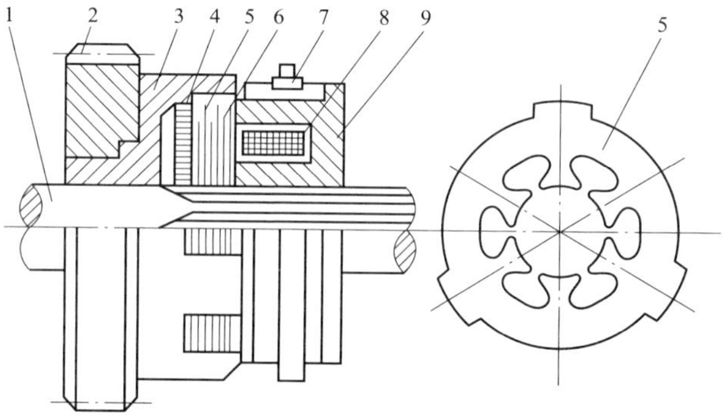

图 5－12　多片式摩擦电磁离合器结构简图

1—主动轴；2—从动齿轮；3—套筒；4—衔铁；5—从动摩擦片；6—主动摩擦片；7—电刷与滑环；8—线圈；9—铁芯

四、XA6132 型卧式万能铣床电气控制电路分析

图 5－13 所示为 XA6132 型卧式万能铣床电气控制原理图。其中，M1 为主轴电动机，M2 为工作台进给电动机，M3 为冷却泵电动机。该电路的一个特点是采用电磁摩擦离合器控制，另一个特点是机械操作和电气操作密切配合进行。因此，在分析电气控制原理图时，首先应对机械操作手柄与相应电器开关动作关系、各开关的作用及各指令开关状态都应一一弄清。例如，SQ1、SQ2 为与纵向机构操作手柄有机械联系的纵向进给行程开关，SQ3、SQ4 为与垂直、横向机构操作手柄有机械联系的垂直、横向进给行程开关，SQ5 为主轴变速冲动开关，SQ6 为进给变速冲动开关，SA3 为圆工作台转换开关，SA4 为主轴换向开关。然后分析电路。

1. 主拖动控制电路分析

（1）主轴电动机的起动控制。主轴电动机 M1 由正反转接触器 KM1、KM2 来实现正反转全压起动，而由主轴换向开关 SA4 来预选电动机的正反转。由停止按钮 SB1 或 SB2、起动按钮 SB3 或 SB4、KM1、KM2 构成主轴电动机正反转两地操作控制电路。起动时，应将电源引入开关 QS1 闭合，再把换向开关 SA4 拨到主轴所需的旋转方向，然后按下起动按钮 SB3 或 SB4，中间继电器 KA1 线圈通电并自锁，触点 KA1（12—13）闭合，使 KM1 或 KM2 线圈通电吸合，其主触点接通主轴电动机，M1 实现全压起动。而 KM1 或 KM2 的一对辅助触点 KM1（104—105）或 KM2（105—106）断开，主轴电动机制动电磁摩擦离合器线圈 YC1 电路断开。继电器的另一触点 KA1（20—12）闭合，为工作台的进给与快速移动做好准备。

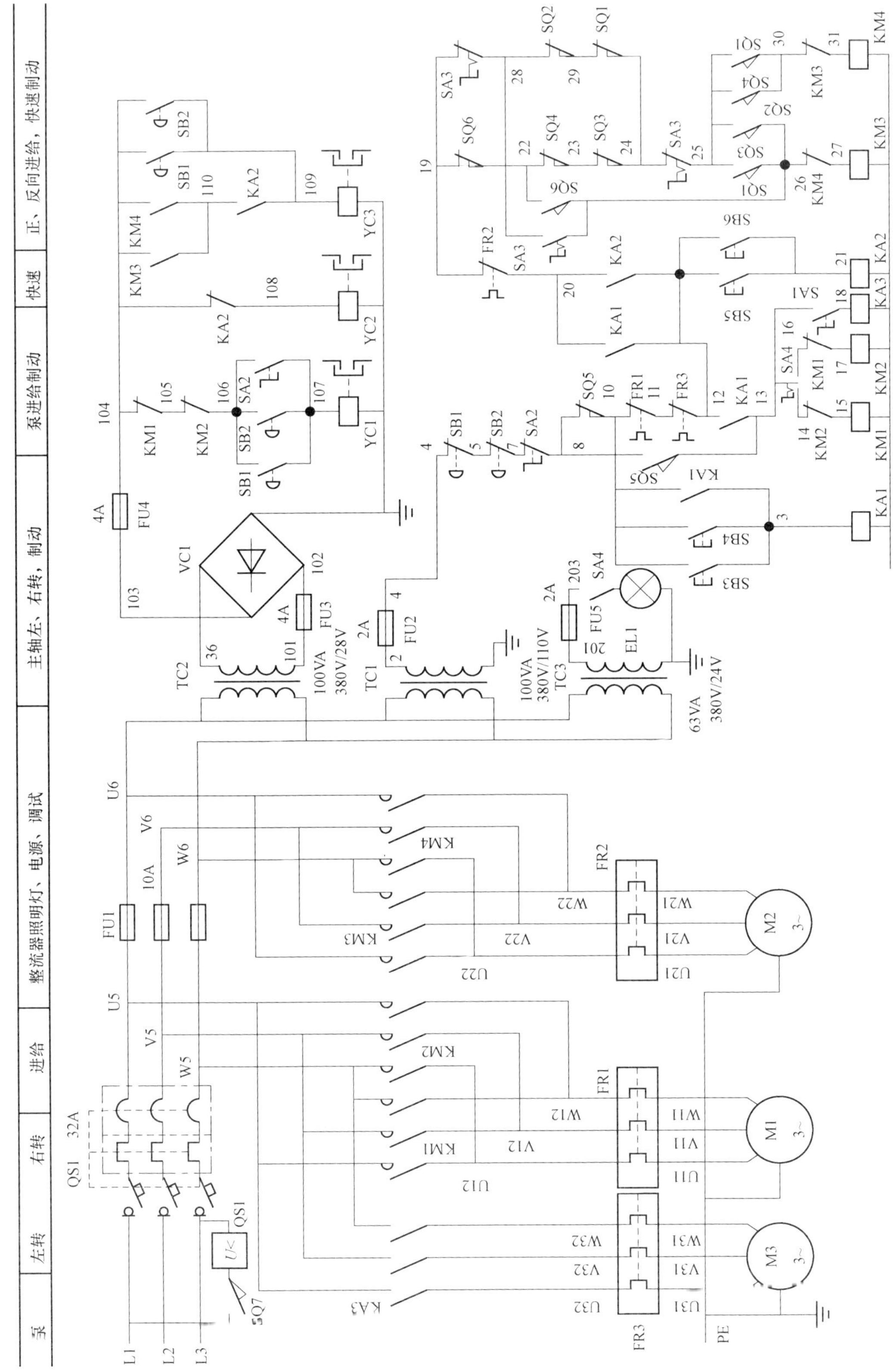

图 5－13　XA6132 型卧式万能铣床电气控制原理图

（2）主轴电动机的制动控制。由主轴停止按钮 SB1 或 SB2、正转接触器 KM1 或反转接触器 KM2 及主轴制动电磁摩擦离合器 YC1 构成主轴制动停车控制环节。电磁离合器 YC1 安装在主轴传动链中与主轴电动机相连的第一根传动轴上，主轴停车时，按下 SB1 或 SB2，KM1 或 KM2 线圈断电释放，主轴电动机 M1 断开三相交流电源。同时 YC1 线圈通电，产生磁场，在电磁吸力作用下将摩擦片压紧产生制动，使主轴迅速制动。当松开 SB1 或 SB2 时，YC1 线圈断电，摩擦片松开，制动结束。这种制动方式迅速、平稳，制动时间不超过 0.5s。

（3）主轴上刀换刀时的制动控制。在主轴上刀或更换铣刀时，主轴电动机不得旋转，否则将发生严重的人身事故。为此，电路设有主轴上刀制动环节，它由主轴上刀制动开关 SA2 控制。在主轴上刀换刀前，将 SA2 置于“接通”位置。触点 SA2（7—8）断开，使主轴起动控制电路断电，主轴电动机不能起动旋转。而另一触点 SA2（106—107）闭合，接通主轴制动电磁离合器 YC1 线圈，使主轴处于制动状态。上刀换刀结束后，再将 SA2 置于“断开”位置，触点 SA2（106—107）断开，解除主轴制动状态，同时，触点 SA2（7—8）闭合，为主电动机起动做准备。

（4）主轴变速冲动控制。主轴变速操纵箱装在床身左侧窗口上，变换主轴转速的操作顺序如下（见图 5-11）：①将主轴变速手柄 12 压下，使手柄的榫块自槽中滑出，然后拉动手柄，使榫块落到第二道槽内为止；②转动变速刻度盘 11，把所需转速对准指针；③把手柄推回原来位置，使榫块落进槽内。在将变速手柄推回原位置时，将瞬间压下主轴变速行程开关 SQ5，使触点 SQ5（8—13）闭合，触点 SQ5（8—10）断开。于是 KM1 线圈瞬间通电吸合，其主触点瞬间接通主轴电动机做瞬时点动，利于齿轮啮合。当变速手柄榫块落入槽内时，SQ5 不再受压，触点 SQ5（8—13）断开，切断主轴电动机瞬时点动电路，主轴变速冲动结束。

主轴变速行程开关 SQ5 的触点 SQ5（8—10）是为主轴旋转时进行变速而设的，此时无需按下主轴停止按钮，只需将主轴变速手柄拉出，压下 SQ5，使触点 SQ5（8—10）断开，就断开了主轴电动机的正转或反转接触器线圈电路，电动机自然停车。然后进行主轴变速操作，电动机进行变速冲动，完成变速。变速完成后尚需再次起动电动机，主轴将在新选择的转速下起动旋转。

2. 进给拖动控制电路分析

工作台进给方向的左右纵向运动、前后的横向运动和上下的垂直运动都是由进给电动机 M2 的正反转来实现的。而正反转接触器 KM3、KM4 是由行程开关 SQ1、SQ3 与 SQ2、SQ4 来控制的，行程开关又由两个机械操作手柄控制。这两个机械操作手柄，一个是纵向机械操作手柄，另一个是垂直与横向操作手柄。扳动机械操作手柄，在完成相应的机械挂挡的同时，压合相应的行程开关，从而接通接触器，起动进给电动机，拖动工作台按预定方向运动。在工作进给时，由于快速移动继电器 KA2 线圈处于断电状态，而进给移动电磁离合器 YC2 线圈通电，工作台的运动是工作进给。

纵向机械操作手柄有左、中、右三个位置，垂直与横向机械操作手柄有上、下、前、后、中五个位置。当这两个机械操作手柄处于中间位置时，SQ1～SQ4 均处在未被压下的原始状态，当扳动机械操作手柄时，将压下相应的行程开关。

SA3 为圆工作台转换开关，其有“接通”与“断开”两个位置，三对触点。当不需要圆工作台工作时，SA3 置于“断开”位置，此时触点 SA3（24—25）、SA3（19—28）闭合，SA3（26—28）断开。当使用圆工作台时，SA3 置于“接通”位置，此时触点 SA3（24—25）、SA3（19—28）断开，SA3（26—28）闭合。

在起动进给电动机之前，应先起动主轴电动机，即合上电源开关 Q1，按下主轴起动按钮 SB3 或 SB4，中间继电器 KA1 线圈通电并自锁，其触点 KA1（20—12）闭合，为起动进给电动机做准备。

（1）工作台纵向进给运动的控制。若需工作台向右工作进给，将纵向进给操作手柄扳向右侧，在机械上通过联动机构接通纵向进给离合器，在电气上压下行程开关 SQ1，触点 SQ1（25—26）闭合，SQ1（29—24）断开，后者切断通往 KM3、KM4 的另一条通路，前者使进给电动机 M2 的接触器 KM3 线圈通电吸合，M2 正向起动旋转，拖动工作台向右工作进给。向右工作进给结束，将纵向进给操作手柄由右位扳到中间位置，行程开关 SQ1 不再受压，触点 SQ1（25—26）断开，KM3 线圈断电释放，M2 停转，工作台向右进给停止。

工作台向左进给的电路与向右进给时相仿。将纵向进给操作手柄扳向左侧，在机械挂挡的同时，在电气上压下行程开关 SQ2，反转接触器 KM4 线圈通电，进给电动机反转，拖动工作台向左进给，当将纵向操作手柄由左侧扳回中间位置时，向左进给结束。

（2）工作台向前与向下进给运动的控制。将垂直与横向进给操作手柄置于“向前”位置，在机械上接通了横向进给离合器，在电气上压下行程开关 SQ3，触点 SQ3（25—26）闭合，SQ3（23—24）断开，正转接触器 KM3 线圈通电吸合，进给电动机 M2 正向转动，拖动工作台向前进给。向前进给结束，将垂直与横向进给操作手柄扳回中间传置，SQ3 不再受压，KM3 线圈断电释放，M2 停止旋转，工作台向前进给停止。

工作台向下进给电路工作情况与向前时完全相同，只是将垂直与横向操作手柄置于“向下”位置，在机械上接通垂直进给离合器，在电气上仍压下行程开关 SQ3，KM3 线圈通电吸合，M2 正转，拖动工作台向下进给。

（3）工作台向后与向上进给的控制。电路情况与向前和向下进给运动的控制相仿，只是将垂直与横向操作手柄置于“向后”或“向上”位置，在机械上接通垂直或横向进给离合器，在电气上都是压下行程开关 SQ4，反向接触器 KM4 线圈通电吸合，进给电动机 M2 反向起动旋转，拖动工作台实现向后或向上的进给运动。当操作手柄扳回中间位置时，进给结束。

（4）进给变速冲动的控制。进给变速冲动只有在主轴起动后，纵向进给操作手柄、垂直与横向操作手柄均置于中间位置时才可进行。进给变速箱是一个独立部件，装在升降台的左边，进给速度的变换是由进给操纵箱来控制，进给操纵箱位于进给变速箱前方。进给变速的操作顺序是：①将蘑菇形手柄拉出；②转动手柄，把刻度盘上所需的进给速度值对准指针；③把蘑菇形手柄向前拉到极限位置，此时借变速孔盘推压行程开关 SQ6；④将蘑菇形手柄推回原位，此时 SQ6 不再受压。在蘑菇形手柄向前拉到极限位置，在反向推回之前，压下 SQ6，触点 SQ6（22—26）闭合，SQ6（19—22）断开。此时，正向接触器 KM3 线圈瞬时通电吸合，进给电动机瞬时正向旋转，获得变速冲动。如果一次瞬间点动时齿轮仍未进入啮合状态，此时变速手柄不能复原，可再次拉出手柄并再次推回，直到齿轮啮合为止。

（5）进给方向快速移动的控制。进给方向的快速移动是由电磁离合器改变传动链来获得的。先起动主轴，将进给操作手柄扳到所需移动方向对应位置，则工作台按操作手柄选择的方向以选定的进给速度做工作进给。此时如按下快速移动按钮 SB5 或 SB6，接通快速移动继电器 KA2 电路，KA2 线圈通电吸合，触点 KA2（104—108）断开，切断工作进给电磁离合器 YC2 线圈电路，而触点 KA2（110—109）闭合，快速移动电磁离合器 YC3 线圈通电，工作台按原运动方向快速移动。松开 SB5 或 SB6，快速移动立即停止，仍以原进给速度继续进给。所以，快速移动为点动控制。

3. 圆工作台的控制

圆工作台的回转运动是由进给电动机经传动机构驱动的，使用圆工作台时，首先把圆工作台转换开关 SA3 置于“接通”位置。按下主轴起动按钮 SB3 或 SB4，KA1、KM1 或 KM2 线圈通电吸合，主轴电动机起动旋转。接触器 KM3 线圈经 SQ1～SQ4 行程开关动断触点和 SA3（28—26）触点通电吸合，进给电动机起动旋转，拖动圆工作台单向回转。此时工作台两个进给机械操作手柄均处于中间位置，工作台不动，只拖动圆工作台回转。

4. 冷却泵和机床照明的控制

冷却泵电动机 M3 通常在铣削加工时由冷却泵转换开关 SA1 控制，当 SA1 置于“接通”位置时，冷却泵起动继电器 KA3 线圈通电吸合，M3 起动旋转，并由热继电器 FR3 做长期过载保护。

机床照明由照明变压器 TC3 供给 24V 安全电压，并由控制开关 SA4 控制照明灯 EL1。

5. 控制电路的连锁与保护

XA6132 型万能铣床运动较多，电气控制线路较为复杂。为安全、可靠地工作，电路具有完善的连锁与保护。

（1）主运动与进给运动的顺序连锁。进给电气控制电路接在中间继电器 KA1 触点 KA1（20—12）之后，这就保证了只有在起动主轴电动机之后才可起动进给电动机，而当主轴电动机停止时，进给电动机也立即停止。

（2）工作台六个运动方向的连锁。铣床工作时，只允许工作台一个方向运动。为此，工作台上、下、左、右、前、后六个方向之间都有连锁。其中，工作台纵向操作手柄实现工作台左、右两个方向的连锁；垂直与横向操作手柄实现上、下、前、后四个方向的连锁，但关键在于如何实现这两个操作手柄之间的连锁，对此电路设计成：接线点 22～24 之间由 SQ3、SQ4 常闭触点串联组成，28～24 之间由 SQ1、SQ2 动断触点串联组成，然后在 24 接线点并接后串于 KM3、KM4 线圈电路中，以控制进给电动机正反转。这样，当扳动纵向操作手柄时，SQ1 或 SQ2 行程开关压下，断开 28—24 支路，但 KM3 或 KM4 仍可经 22—24 支路供电。若此时再扳动垂直与横向操作手柄，又将 SQ3 或 SQ4 行程开关压下，断开 22—24 支路，使 KM3 或 KM4 电路断开，进给电动机无法起动，从而实现了工作台六个方向之间的连锁。

（3）长工作台与圆工作台的连锁。圆工作台的运动必须与长工作台六个方向的运动有可靠的连锁，否则将造成刀具与机床的损坏。这里由选择开关 SA3 来实现其相互间的连锁。当使用圆工作台时，选择开关 SA3 置于“接通”位置，此时触点 SA3（24—25）、SA3（19—28）断开，SA3（28—26）闭合。进给电动机起动接触器 KM3 经由 SQ1～SQ4 动断触点串联电路接通，若此时又操纵纵向或垂直与横向进给操作手柄，将压下 SQ1～SQ6 行程开关的某一个，于是断开 KM3 线圈电路，进给电动机立即停止，圆工作台也停止。若长工作台正在运动，扳动圆工作台选择开关 SA3 于“接通”位置，此时触点 SA3（24—25）

断开，于是断开了 KM3 或 KM4 线圈电路，进给电动机也立即停止。

（4）工作台工作进给与快速移动的连锁。工作台工作进给与快速移动分别由电磁摩擦离合器 YC2 与 YC3 传动，而 YC2 与 YC3 是由快速进给继电器 KA2 控制，利用 KA2 的动合触点与动断触点实现工作台工作进给与快速移动的连锁。

（5）具有完善的保护。

1）熔断器 FU1、FU2、FU3、FU4、FU5 实现相应电路的短路保护。

2）热继电器 FR1、FR2、FR3 实现相应电动机的长期过载保护。

3）断路器 Q1 实现整个电路的过电流、欠电压等保护。

4）工作台六个运动方向的限位保护采用机械与电气相配合的方法来实现，当工作台左、右运动到预定位置时，安装在工作台前方的挡铁将撞动纵向操作手柄，使其从左位或右位返回到中间位置，使工作台停止，实现工作台左、右运动的限位保护。在铣床床身导轨旁设置了上、下两块挡铁，当升降台上、下运动到一定位置时，挡铁撞动垂直与横向操作手柄，使其回到中间位置，实现工作台垂直运动的限位保护。工作台横向运动的限位保护由安装在工作台左侧底部的挡铁来撞动垂直与横向操作手柄，使其回到中间位置，实现工作台垂直运动的限位保护。

5）打开电气控制箱门断电的保护。在机床左壁龛上安装了行程开关 SQ7，SQ7 动合触点与断路器 Q1 失电压线圈串联。当打开控制箱门时，SQ7 触点断开，使断路器 Q1 失电压线圈断电，Q1 跳闸，达到开门断电目的。

6. XA6132 型卧式万能铣床电气控制特点及常见故障分析

（1）XA6132 型卧式万能铣床电气控制特点。

1）采用电磁摩擦离合器的传动装置，实现主轴电动机的停车制动和主轴上刀时的制动，以及对工作台工作进给和快速进给的控制。

2）主轴变速与进给变速均设有变速冲动环节。

3）进给电动机的控制采用机械挂挡-电气开关联动的手柄操作，而且操作手柄扳动方向与工作台运动方向一致，具有运动方向的直观性。

4）工作台上、下、左、右、前、后六个方向的运动具有连锁保护。

（2）常见故障分析。

1）主轴电动机不能起动。主轴电动机不能起动的原因可能是以下几种：控制电路熔断器 FU1 或 FU2 熔丝熔断；主轴换向开关 SA4 在停止位置；按钮 SB1、SB2、SB3、SB4 的触点接触不良；热继电器 FR1、FR3 已经动作，没有复位。

2）主轴停车制动效果不明显或无制动。从工作原理分析，当主轴电动机 M1 起动时，因 KM1 或 KM2 接触器通电吸合，使电磁摩擦离合器 YC1 线圈处于断电状态。当主轴停车时，KM1 或 KM2 线圈断电释放，主轴电动机断开电源，同时 YC1 线圈经停止按钮 SB1 或 SB2 动合触点接通而接通直流电源，产生磁场，在电磁吸力作用下将摩擦片压紧，产生制动效果。主轴制动效果不明显通常是按下停止按钮时间太短，松手过早之故。若主轴无制动，有可能没将停止按钮按到底，致使 YC1 线圈无法通电，而无制动；若并非此原因，则可能是整流后直流输出电压偏低，磁场弱，制动力小引起制动效果差，也可能由 YC1 线圈断线而造成。

3）主轴变速与进给变速时无变速冲动。出现这种故障，多因操作变速手柄时压合不上主轴变速开关 SQ5 或压合不上进给变速开关 SQ6 之故，造成的原因主要是开关松动或开关移位所致，做相应的处理即可。

4）按下停止按钮后主轴不停。主轴不停有可能是KM1或KM2主触点熔焊。

5）工作台控制电路的故障。这部分电路故障较多，如工作台能向左、右运动，但无垂直与横向运动，这表明进给电动机M2与KM3、KM4接触器运行正常。但操作垂直与横向手柄无运动，这可能是由于手柄扳动后压合不上行程开关SQ3或SQ4，也可能是SQ1或SQ2在纵向操作手柄扳回中间位置时不能复原。有时，进给变速冲动开关SQ6损坏，其动断触点SQ6（19—22）闭合不上，也会出现上述故障。

至于其他故障，在此不一一列举。只要电路工作原理清晰，操作手柄与开关相互关系清楚，各电器元件安装位置明确，分析思路正确，根据故障现象不难分析出故障原因，借助有关仪表及测试手段也易找出故障点并加以排除。

模块五 镗床电气控制

知识要求	技能要求
1. 熟悉T68镗床的主要结构及电气控制要求； 2. 熟悉镗床电路的常见故障与维修方法	1. 能识读T68镗床的控制电路图，能说出电路的动作流程； 2. 能正确操作镗床，能初步诊断电气控制电路的常见故障

镗床是一种精密加工机床，主要用于加工精确度高的孔，以及各孔间距离要求较为精确的零件，如主轴箱、变速箱等。由于镗床刚性好，其可动部分在导轨上活动间隙小，还可附加支承，故能满足上述要求。

镗床除镗孔外，在万能镗床上还可以钻孔、绞孔、扩孔；用镗轴或平旋盘铣削平面；加工车螺纹附件后，还可以车削螺纹；装上平旋盘刀架还可加工大的孔径、端面和外圆。因此，镗床加工范围广，调速范围大，运动部件多。

按用途不同，镗床可分为卧式镗床、立式镗床、坐标镗床、金刚镗床、专门化镗床等。本节以常用的卧式镗床为例进行分析。

一、卧式镗床的主要结构和运动形式

图5-14所示为卧式镗床外形图。卧式镗床主要由床身、前立柱、镗头架、后立柱、尾座、下溜板、上溜板和工作台等部分组成。床身是一个整体的铸件，在它的一端固定有前立柱，在前立柱的垂直导轨上装有镗头架，并由悬挂在前立柱空心部分内的对重来平衡，镗头架可沿导轨垂直移动。镗头架上装有主轴部件、主轴箱、进给箱与操纵机构等部件。切削刀具固定在镗轴前端的锥形孔中，或装在平旋盘上的刀具溜板上。在镗削加工时，镗轴一边旋转，一边沿轴向做进给运动。平旋盘只能旋转，装在其上的刀具溜板做径向进给运动。平旋盘主轴为空心轴，镗轴穿过其中空部分，经由各自的传动链传动。因此镗轴和平旋盘可独自旋转，也可以不同转速同时旋转。但一般情况大多使用镗轴，只有用车刀切削端面时才使用平旋盘。在床身的另一端装有后立柱，后立柱可沿床身导轨在镗轴轴线方向调整位置。在后立柱导轨上安放有尾座，用来支撑镗轴的末端，尾座与镗头架同时升降，保证两者的轴心在

同一水平线上。安装工件的工作台安放在床身中部的导轨上，它由下溜板、上溜板与可转动的工作台组成，下溜板可沿床身导轨做纵向运动，上溜板可沿下溜板的导轨做横向运动，工作台相对于上溜板可做回转运动。

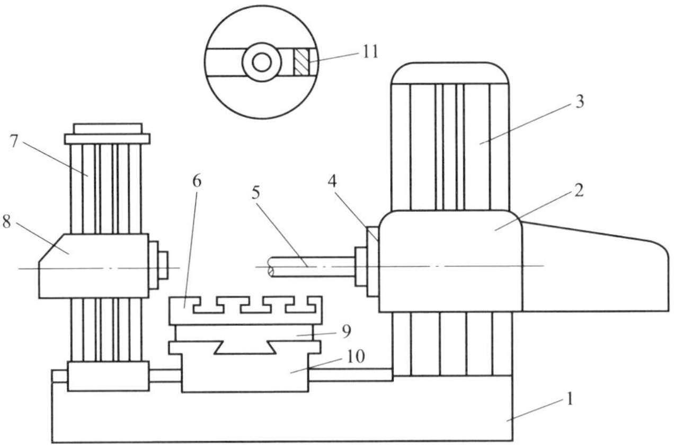

图 5-14　卧式镗床外形图

1—床身；2—镗头架；3—前立柱；4—平旋盘；5—镗轴；6—工作台；7—后立柱；8—尾座；9—上溜板；10—下溜板；11—刀具溜板

由上可知，卧式镗床的主运动为镗轴和平旋盘的旋转运动。进给运动为镗轴的轴向进给、平旋盘刀具溜板的径向进给、镗头架的垂直进给、工作台的纵向进给和横向进给。辅助运动为工作台的回转、后立柱的轴向移动、尾座的垂直移动及各部分的快速移动等。

二、卧式镗床的电力拖动方式和控制要求

镗床加工范围广，运动部件多，调速范围广。进给运动直接影响切削量，切削量又与主轴转速、刀具、工件材料、加工精度等有关，所以一般卧式镗床的主运动与进给运动由一台主轴电动机拖动，由各自传动链传动。为缩短辅助时间，镗头架、工作台除工作进给外，还应有快速移动，为此由另一台快速电动机拖动。

T68 型卧式镗床控制要求如下：

（1）主轴旋转与进给量有较大的调速范围，主运动与进给运动由一台电动机拖动，为简化传动机构采用双速笼型异步电动机拖动。

（2）由于各种进给运动需正反不同方向的运转，因此要求主电动机能正反转。

（3）为满足加工过程中调整工作的需要，主电动机应能实现正反转的点动控制。

（4）要求主轴停车迅速、准确，主电动机应有停车制动环节，本机床采用电磁铁控制的机械制动装置。

（5）主轴变速和进给变速在主电动机运转时进行。为便于变速时齿轮啮合，应有变速冲动环节。

（6）为缩短辅助时间，各进给方向均能快速移动，要有专用快速移动电动机且采用正反转的点动控制方式。

（7）由于卧式镗床运动部件多，应有必要的连锁和保护环节。

三、T68 型卧式镗床电气控制电路分析

图 5-15 所示为 T68 型卧式镗床电气控制原理图。

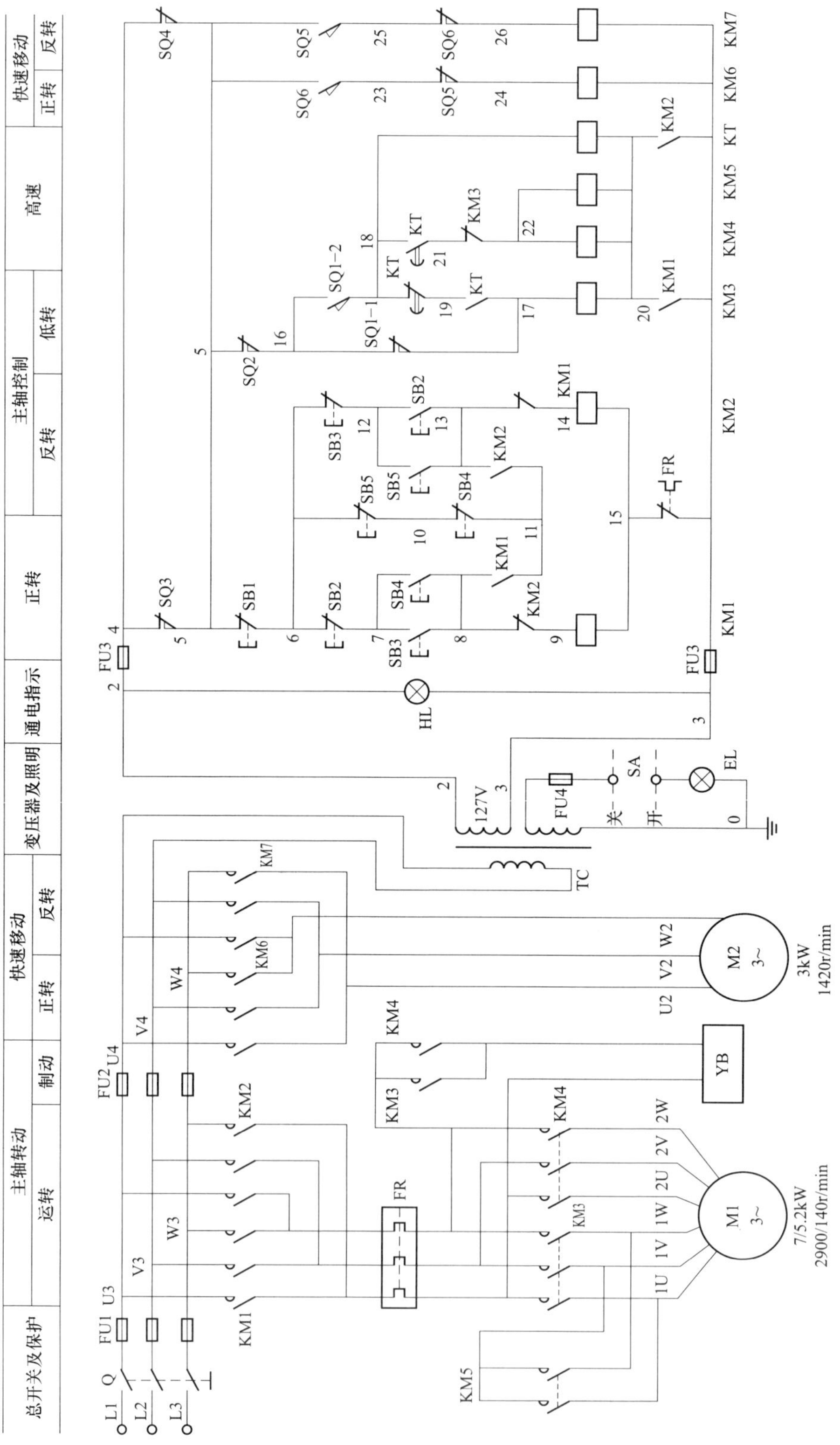

图 5－15　T68 型卧式镗床电气控制原理图

1. 主电路分析

机床电源由隔离开关 Q 控制。M1 为主电动机，由接触器 KM1、KM2 主触点控制其正反转。KM3 主触点控制 M1 的低速运转（定子绕组连接成三角形，为 4 极），KM4、KM5 主触点控制 M1 的高速运转（定子绕组连接成双星形，为 2 极）。YB 为主轴制动电磁铁线圈，由 KM3 和 KM4 辅助触点控制。M2 为快速移动电动机，由 KM6、KM7 主触点控制其正反转。FR 为 M1 长期过载保护的热继电器。M2 为短时点动，不需过载保护。

2. 控制电路分析

由控制变压器 TC 供给 127V 控制电源。

（1）主轴点动控制。由主轴正反转接触器 KM1 与 KM2、正反转点动按钮 SB4 与 SB5 组成主电动机 M1 正反转点动控制电路。点动时，主电动机三相绕组连接成三角形实现低速点动，由点动复合按钮 SB4 或 SB5 的动断触点切断 KM1 或 KM2 自锁电路而实现正向或反向点动。以正向点动为例，合上电源开关 QS，按下正向点动按钮 SB4，KM1、KM3、YB 线圈相继通电，M1 定子绕组连接成三角形接入三相交流电源，电磁抱闸松开，低速起动运转。当松开 SB4 按钮，KM1、KM3、YB 相继断电，电磁抱闸制动，电动机 M1 立即停止旋转。

（2）主电动机起动控制。主电动机起动控制分低速起动控制和高速起动控制。

1）低速起动控制。由正反转起动按钮 SB2、SB3 和正、反转接触器 KM1、KM2 构成主电动机正反转起动电路。当主电动机低速运转时，应将主轴速度选择手柄置于“低速”挡位，此时经速度选择手柄联动机构使高低速行程开关 SQ1 处于释放状态，其触点 SQ1—1（16—17）闭合，SQ1—2（16—18）断开。当主轴变速和进给变速手柄置于推合位置时，变速行程开关 SQ2 不受压，其触点（5—16）处于闭合状态。此时若按下 SB3 或 SB2，接触器 KM1 或 KM2 线圈通电并自锁，KM3、YB 线圈相继通电吸合，主电动机定子绕组连接成三角形，电磁抱闸松开，在全压下起动获得低速运转。

2）高速起动控制。将主轴速度选择手柄置于“高速”挡位，此时高低速行程开关 SQ1 压合，其触点 SQ1—1（16—17）断开，SQ1—2（16—18）闭合。变速手柄处于推合位置，变速行程开关 SQ2 不受压，触点 SQ2（5—16）仍处于闭合状态。此时若按下正转起动按钮 SB3，KM1 线圈通电并自锁，时间继电器 KT 线圈通电，触点 KT（19—17）立即闭合，KM3、YB 线圈相继通电，主电动机定子绕组连接成三角形，电磁抱闸松开，M1 低速起动。当 KT 延时到，其延时触点 KT（18—19）延时打开，KT（18—21）延时闭合，前者使 KM3 线圈断电，后者使 KM4、KM5 线圈通电吸合，主电动机定子绕组改接成双星形，YB 电磁铁线圈仍保持通电，主电动机完成两级起动进入高速旋转。

（3）主轴的停车与制动。T68 型卧式镗床主电动机采用电磁操作的机械制动装置，在主电动机正转或反转时，制动电磁铁线圈 YB 均通电吸合，松开电动机轴上的制动轮，电动机即自由起动旋转。当 YB 线圈断电时，在强力弹簧作用下，杠杆将制动带紧箍在制动轮上，使电动机迅速停止转动。停车制动时，按下停止按钮 SB1，KM1、KM4、KM5 与 YB 线圈相继断电，电动机三相电源切除，在电磁抱闸作用下，电动机制动停车。

（4）主轴变速与进给变速的控制。主轴变速和进给变速在主电动机 M1 运转时进行。

1）变速操作过程。变速时将变速操纵盘上的操纵手柄拉出，然后转动变速盘，选好速度后，再将变速手柄推回，在拉出与推回变速手柄时，变速开关 SQ2 相应动作，手柄拉出时 SQ2 压下，手柄推回时 SQ2 不受压。

2）主电动机在运行中进行变速时的自动控制。主轴变速时，将主轴变速手柄拉出，变速开关 SQ2 压下，其触点 SQ2（5—16）断开，接触器 KM3 或 KM4、KM5 与 YB1 线圈都断电，使主电动机 M1 迅速制动停车。转动变速盘，当主轴转速选择好了后，将变速手柄推回，则变速开关不再受压，其触点 SQ2（5—16）恢复闭合状态，主电动机又自动起动工作，使主轴在新的转速下旋转。

当需进给变速时，拉出进给变速手柄，变速开关 SQ2 压下，触点 SQ2（5—16）断开，主电动机制动停车。选好合适进给量后，将进给变速手柄推回，SQ2 不再受压，触点 SQ2（5—16）恢复原来接通状态，电动机 M1 又自动起动工作。当变速手柄推不上时，可来回推动几次，使手柄通过弹簧装置作用于变速开关 SQ2，SQ2 便反复断开、接通几次，使主电动机 M1 产生低速冲动，带动齿轮组冲动，以便于齿轮啮合，直到变速手柄推上为止，变速完成。

（5）快速移动的控制。为缩短辅助时间，加快调整进度，机床各移动部件均可快速移动。快速移动由快速移动操作手柄控制，由快速移动电动机 M2 拖动。运动部件及其运动方向的选择由装设在工作台前方的手柄操纵，快速移动操作手柄有正向、反向、停止三个位置，在正向或反向位置时，将压下行程开关 SQ5 或 SQ6，使其动合触点闭合，快速移动接触器 KM6 或 KM7 线圈通电吸合，快速电动机 M2 正转或反转起动并通过相应的传动机构，使预选的运动部件按选定方向快速移动。当快速移动到位时，将快速移动操作手柄置于“停止”位置，快速移动开关 SQ5 或 SQ6 不受压，其触点 SQ5（5—25）或 SQ6（5—23）断开，KM7 或 KM6 线圈断电释放，M2 断电，快速移动结束。

（6）连锁、保护环节分析。

1）主轴进给与工作台进给的连锁。为防止机床或刀具损坏，电路应保证主轴进给与工作台进给不能同时进行，为此设置了两个连锁行程开关 SQ3 与 SQ4。其中，SQ3 是与主轴及平旋盘进给操作手柄联动的行程开关，当操作手柄处于“进给”位置时，压下 SQ3，其动断触点 SQ3（4—5）断开。SQ4 是与工作台及主轴箱进给手柄相联动的行程开关，当操作手柄处于“进给”位置时，压下 SQ4，其动断触点 SQ4（4—5）断开。将这两个行程开关动断触点并联后串接在控制电路中，当这两个进给操作手柄中的任一个手柄在“进给”位置时，电动机 M1 和 M2 都可以起动。但若两个进给操作手柄同时处于“进给”位置，则连锁行程开关 SQ3、SQ4 的动断触点都断开，控制电路断电，电动机 M1、M2 无法起动，避免了误操作而造成事故。

2）其他连锁环节。主电动机 M1 正反转控制电路、高速与低速控制电路、快速电动机 M2 正反转控制电路均设有互锁控制环节，防止误操作造成事故。

3）保护环节。熔断器 FU1 对主电路进行短路保护，FU2 对 M2 及控制变压器进行短路保护，FU3 对控制电路进行短路保护，FU4 对局部照明电路进行短路保护。热继电器 FR 对主电动机 M1 进行长期过载保护。控制电路采用按钮与接触器控制，具有零电压、欠电压保护功能。

3．辅助电路分析

因控制电路使用电器较多，所以采用一台控制变压器 TC 供电，控制电路电压为 127V，并有 36V 安全电压给局部照明灯 EL 供电，由 SA 照明开关控制。

电路还有电源接通指示灯 HL，接在 TC 输出的 127V 电压上。

四、T68 型卧式镗床电气控制特点及常见故障分析

1. 电气控制特点

（1）主轴与进给电动机 M1 为双速笼型异步电动机，由接触器 KM3 和 KM4、KM5 控制，定子绕组由三角形连接换成双星形连接，进行低高速转换。低速为直接起动，高速时，先低速起动，而后自动转换成高速运行，以减小起动电流。

（2）双速主电动机 M1 能正反转运行，并可正反向点动，制动时采用电磁操作的机械制动装置。

（3）主轴变速与进给变速均在运行中进行，变速时有低速冲动，利于齿轮啮合。只要进行变速，主电动机便断电制动停车，再进行低速冲动，变速完成后又恢复运行。

（4）主轴箱、工作台与主轴进给等部分均有快速移动，且由单独快速移动电动机 M2 拖动，快速移动与工作进给之间有机械和电气的连锁保护。

2. 常见电气故障分析

T68 型卧式镗床主电动机为双速笼型异步电动机，机械和电气连锁配合较多，现侧重这方面分析其常见电气故障。

（1）主轴实际转速比主轴变速盘指示转速成倍提高或下降。T68 镗床是依靠电气机械变速来获得 18 种转速的，主电动机高低速的转换是由高低速行程开关 SQ1 控制的，低速挡 SQ1 不受压，高速挡应压下 SQ1。在安装时，应使 SQ1 的动作与变速盘指示转速相对应。若 SQ1 动作恰恰相反，将出现主轴实际转速比变速盘指示转速成倍提高或下降的情况。

（2）主电动机只有低速挡而无高速挡。常见的故障是时间继电器 KT 不动作所致。

（3）主轴（进给）变速手柄拉出后，主轴电动机不能制动。若变速手柄拉出后，主轴电动机仍然以原来的转速和转向旋转，可能是 SQ2 安装位置不牢固或发生位置偏移，使得主轴（进给）变速手柄拉出时没有压住 SQ2。

（4）在机床安装接线后进行调试时产生双速电动机的电源进线错误。常见的错误之一是将三相电源在高速运行和低速运行时，都接成同相序，造成电动机在高速运行时的转向和低速运行时的转向相反。常见的错误之二是电动机在三角形接法时，三相电源从 2U、2V、2W 接入；双星形接法时，电源从 1U、1V、1W 接入，这样将导致电动机不能起动，发出嗡嗡声并将熔体熔断。

模块六　组合机床电气控制

知识要求	技能要求
1. 掌握机械动力头动作过程与电路工作原理； 2. 掌握机械动力滑台动作过程与电路工作原理； 3. 掌握液压动力滑台动作过程与电路工作原理	1. 能识读组合机床通用部件电路图； 2. 能说出电路的动作流程； 3. 能初步诊断通用部件电气控制电路的常见故障并提出维修方案

前面所述的金属切削机床均为通用机床，在通用机床上不易实现多刀、多面同时加工，而只能一道工序一道工序地进行，所以生产效率低，加工质量不稳定，操作频繁，工人劳动强度大。为改善生产条件，适应专业化生产的需要，后来制造出各类专用机床。专用机床往往是为完成工件某道工序或几道工序的加工而设计制造的，一般采用多刀加工，具有自动化程度、生产效率高、加工精度稳定、机床结构简单、操作方便等优点。但当工件结构与尺寸改变时，需重新调整机床或重新设计制造，不能适应产品更新换代的加工需要。为克服专用机床的弊端，进一步发展出了一种新型的加工机床——组合机床。

组合机床是由通用部件和专用部件组成的工序集中的高效率专用机床，能采用多刀、多面、多工序、多工位同时加工。组合机床的通用部件一般是由专门工厂设计制造的成套设备，并配有相应的电气控制电路。在动力部件中，能同时完成刀具切削运动及进给运动的部件称为动力头，而只能完成进给运动的动力部件称为动力滑台。回转分度工作台是多工位组合机床和自动线中不可缺少的输送部件。

其通用部件有动力部件（如动力头和动力滑台）、支承部件（如滑座、床身、立柱）、输送部件（如回转分度工作台、回转鼓轮、自动线工作回转台及零件输送装置）、控制部件（如液压元件、控制板、按钮台及电气挡铁）、其他部件（如机械扳手）、排屑装置和润滑装置等。这些通用部件均已标准化、系列化和通用化。

组合机床的控制系统大多采用机械、液压或气动、电气相结合的控制方式。其中电气控制又起着中枢连接作用。因此，应注意分析组合机床电气控制系统与机械、液压或气动部分的相互关系。组合机床电气控制系统的基本电路由通用部件的典型控制电路和一些基本控制环节组成，再根据加工、操作要求和自动循环过程综合而成。本节主要介绍几个组合机床控制电路的基本控制环节和通用部件的控制电路。

一、组合机床控制电路的基本控制环节

1. 两台动力头电动机同时起动，同时或分别停机的控制电路

（1）两台动力头电动机同时起动、同时停止的控制电路。图 5－16 所示为两台动力头电动机同时起动、同时停止的控制电路。KM1、KM2 分别为控制甲、乙电动机线路的接触器，KA 为中间继电器，SQ1、SQ3 为甲动力头在原位压下的原位行程开关，SQ2、SQ4 为乙动力头在原位压下的原位行程开关，SA1、SA2 为单独调整开关，FR1、FR2 为保护甲、乙电动机的热继电器，SB1 为停止按钮，SB2 为起动按钮。

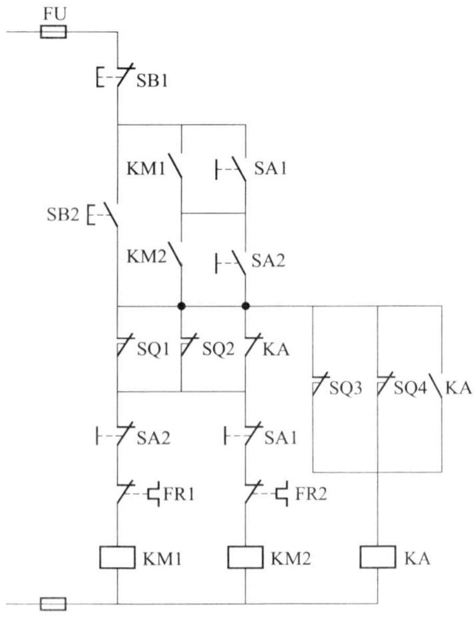

图 5－16　两台动力头电动机同时起动、同时停止的控制电路

起动时，按下起动按钮 SB2，接触器 KM1、KM2 线圈经 KA 动断触点通电吸合并自锁，甲、乙电动机同时起动旋转，拖动甲、乙动力头移动。当动力头离开原位后，原位行程开关 SQ1～SQ4 全部复位，中间继电器 KA 线圈通电并自锁，其动断触点断开，但 KM1、KM2 线圈仍通过 SQ1、

SQ2 动断触点通电，电动机拖动动力头继续运动。当甲、乙动力头加工结束，按下停止按钮 SB1，KM1、KM2、KA 断电释放，电动机同时停止。也可通过机械传动使动力头在加工结束后返回原位，分别压下原位行程开关 SQ1～SQ4，使 KM1、KM2 线圈断电释放，也能达到同时停机目的。与此同时，KA 断电释放，为下次起动做准备。

操作 SA1 与 SA2 可实现单台动力头的调整工作。

(2) 两台动力头电动机同时起动、分别停止的控制电路。图 5－17 所示为两台动力头电动机同时起动、分别停止的控制电路。图中各元件的作用与图 5－16 所示电路大体相同，所不同的是采用了复合按钮 SB2 来实现两台电动机的同时起动，而利用中间继电器 KA 两对动断触点来实现分别停止的控制。工作原理请读者自行分析。

2. 主轴不转时引入和退出的控制电路

组合机床在加工中有时要求进给电动机拖动的动力部件，在主轴不旋转的状态下向前运动，当运动到接近工件的加工部位时，主轴才起动旋转，进行切削加工。当加工结束，动力头退离工件时，主轴立即停转，而进给电动机在拖动动力部件返回原位后才停止。并且在加工过程中，主轴电动机与进给电动机之间应互锁，以保护刀具、工件和设备安全。

图 5－18 所示为主轴不转时引入和退出的控制电路。KM1、KM2 分别为控制主轴电动机与进给电动机线路的接触器，SQ1 为动力部件接近工件加工部位压下的行程开关，SQ2 为动力部件到达工件加工部位压下的行程开关，在整个加工过程中 SQ1、SQ2 一直由长挡铁压合。SA1、SA2 分别为进给电动机、主轴电动机单独工作的调整开关。

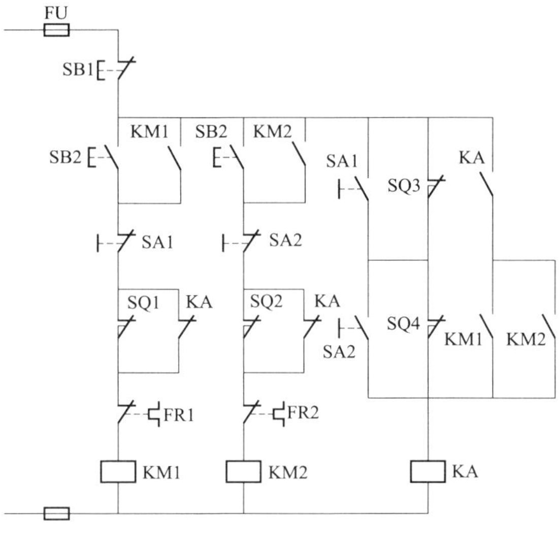

图 5－17　两台动力头电动机同时起动、分别停止的控制电路

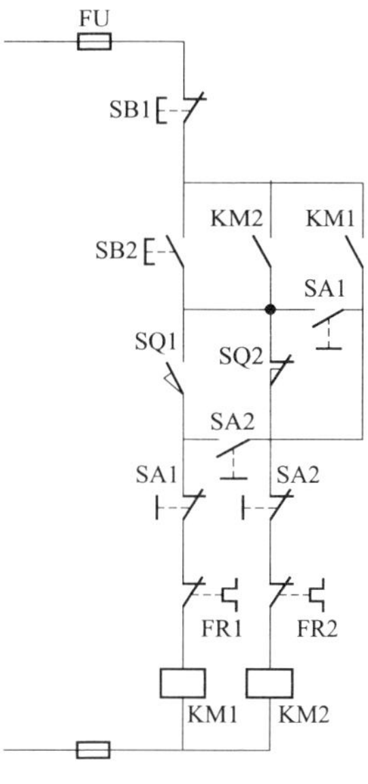

图 5－18　主轴不转时引入和退出的控制电路

起动时，按下起动按钮 SB2，KM2 经 SQ2 动断触点通电吸合并自锁，进给电动机起动旋转，拖动动力部件移动。当动力部件移动到主轴接近工件加工部位时，长挡铁压下 SQ1，KM1 线圈通电吸合，主轴电动机起动旋转。此时辅助触点同时为 KM1、KM2 线圈通电提

供自锁电路。当动力部件继续移动一小段距离时，长挡铁压下 SQ2，开始加工。而 KM1 线圈通过 KM2 已闭合的动合触点、KM2 线圈通过 KM1 已闭合的动合触点维持通电吸合状态。由于 SQ1、SQ2 在整个加工过程中一直被长挡铁压下，这就保证了在整个加工过程中进给运动与主轴旋转互为依存的关系。

加工结束，动力部件退回，当长挡铁退出放开 SQ2 时，KM1 动合辅助触点与 KM2 动合辅助触点并联后供电给 KM1、KM2 线圈，动力部件继续退回。当长挡铁放开 SQ1 时，KM1 线圈断电释放，主轴电动机停止旋转，但 KM2 仍自锁，动力头继续退回，实现了主轴不转时的退出，直到动力部件退至原位为止，按下停止按钮 SB1，进给电动机停转，整个加工过程结束。

SA1 为进给电动机单独工作开关，SA2 为主轴电动机单独工作开关，操作相应开关实现调整工作。

3. 危险区自动切断电动机的控制电路

组合机床加工工件时，往往从几个加工面采用多把刀具同时进行加工，此时就有可能在工件内部发生刀具相撞的危险，这个可能发生刀具相撞的区域称为危险区。图 5－19 标示出了在加工交叉孔零件时，用两把钻头从工件相互垂直方向同时进行钻削加工时，当钻头加工至两孔相连接的位置时，有可能出现两钻头相撞事故。为此，在两钻头进入危险区前，应使其中一台动力头暂停进给，另一台动力头继续加工，直至加工结束退离危险区后再起动暂停进给的那一台动力头继续加工，直至全部加工完成。其自动控制电路如图 5－20 所示。

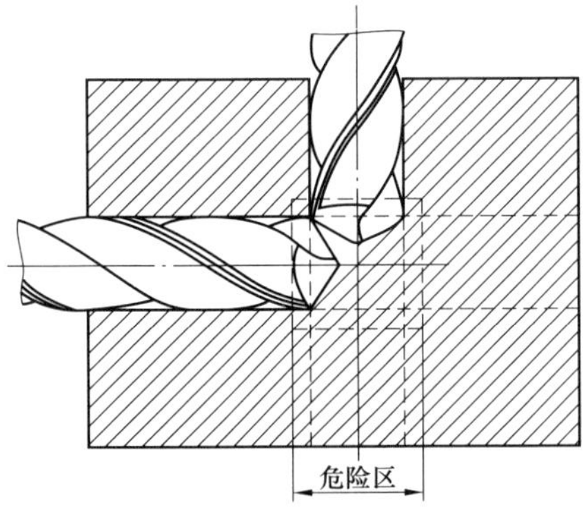

图 5－19 危险区示意

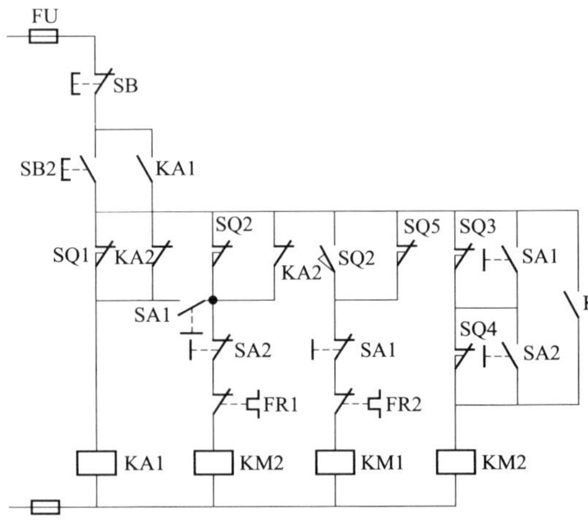

图 5－20 危险区自动切断电动机的控制电路

在图 5－20 所示电路中，KM1、KM2 为甲、乙动力头线路的接触器，KA1、KA2 为中间继电器，SQ1、SQ3 为甲动力头原位行程开关，SQ2、SQ4 为乙动力头原位行程开关，SQ5 为危险区行程开关，SA1、SA2 为甲、乙动力头单独调整开关。

当甲、乙动力头均处于原位时，按下起动按钮 SB2，KA1 通电吸合并自锁，同时 KM1、KM2 通电吸合，甲、乙动力头同时起动运行。当动力头离开原位，SQ1～SQ4 开关全部复位，KA2 通电吸合并自锁，KA2 动断辅助触点断开，为加工结束停机做准备。此时 KM1、KM2 分别经 SQ5、SQ2 动断触点继续通电吸合。当动力头加工进入危险区，甲动力头压下危险开关 SQ5，KM1 断电释放，甲动力头停止进给。乙动力头仍继续进给加工，直至加工结束，退回原位并压下 SQ2、SQ4，KM2 才断电释放，乙动力头停在原位。此时 KM1 因 SQ2 动合触点闭合，再次通电吸合，甲动力头重新起动继续进给，直至加工结束，退回原位并压下 SQ1、SQ3，此时 KA1、KM1、KA2 断电释放，整个加工过程结束。

单独调整动力头时，可分别操作 SA1、SA2 开关。如需单独调整甲动力头，可操作开关 SA2，使其动合触点闭合，动断触点断开。此时 KM2 无法通电吸合，乙动力头处于原位，将 SQ2、SQ4 开关压下，此时按下起动按钮 SB2，KA1、KA2 相继通电吸合并自锁。同时 KM1 通电吸合，拖动甲动力头进给，进入危险区。由于 SQ5 动断触点已被压下的 SQ2 动合触点短接，KM1 继续通电吸合，甲动力头仍继续进给，直至加工结束，退回原位，压下 SQ1、SQ3，KA1、KA2、KM1 断电释放，甲动力头单独工作结束。

当乙动力头单独工作时，可操作开关 SA1，使其动断触点断开，动合触点闭合，电路工作情况与甲动力头单独工作时基本相同，此处不再赘述。此时在 KA1 和 KM2 线圈电路之间设置了 SA1 动合触点，当乙动力头单独工作时，该触点已闭合。其作用是：当乙动力头单独工作并离开原位时，不会因 KA2 动断触点断开而使 KA1 线圈断电释放，从而使乙动力头完成加工直至返回原位压下 SQ2、SQ4，KM1、KM2 断电释放，保证调整工作结束。

图 5－20 所示电路采用在加工过程中暂停进给以避免相撞，但将形成断续加工，影响加工质量。图 5－21 所示为两台动力头前后起动，从而使一台动力头从危险区加工完成开始退回时，另一台动力头才进入危险区加工，这样不仅避免了在危险区发生刀具相撞，而且可实现连续加工从而提高加工质量。图中各元件及作用与图 5－20 相同，电路工作情况请读者自行分析。

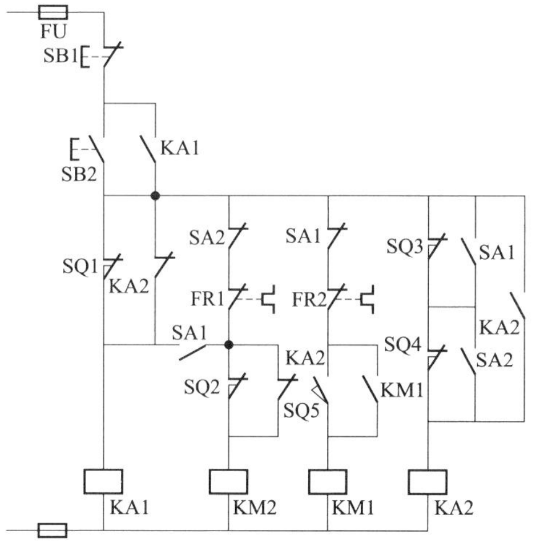

图 5－21　两台动力头分别起动连续加工电路

二、通用部件的控制电路

通用部件大多是由机械、液压、电气结合来实现自动控制的。值得注意的是，组合机床的通用部件不是一成不变的，而是随着生产的发展而不断更新的，因此与其相适应的电气控制电路也随着更新。

1. 箱体移动式机械动力头控制电路

箱体移动式机械动力头安装在滑座上，上面装有两台电动机，一台为主电动机，另一台为快速电动机。前者拖动主轴旋转，并通过电磁离合器与进给机构带动装有螺母的套筒实现箱体的一次或二次工作进给，后者通过丝杠进给装置实现箱体的快速前进或后退移动。图 5－22所示为箱体移动式机械动力头传动系统。

（1）箱体移动式机械动力头传动原理。主电动机 M1 通过变速齿轮 z_E、z_F 带动主轴旋转。箱体的进给运动由主轴上的蜗杆 z_1、蜗轮 z_2，经过电磁离合器，再经过一对变换齿轮 z_A、z_B（一次进给）或 z_C、z_D（二次进给），传递给第二对蜗杆 z_3、蜗轮 z_4，带动装有螺母的套筒回转，由于丝杠被快速电动机 M2 端部的制动电磁铁 YB 抱住不转，因此套筒回转实现了箱体（或主轴）的一次（或二次）进给。

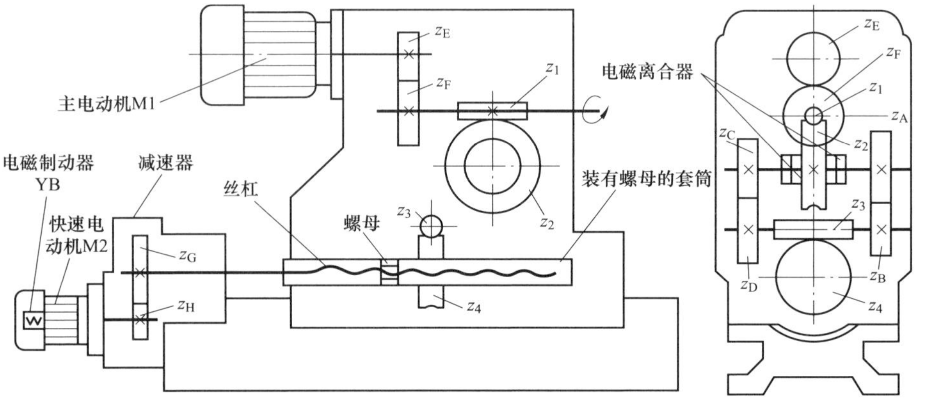

图 5-22　箱体移动式机械动力头传动系统示意

动力头的快速进给由快速电动机 M2 经减速齿轮 z_G、z_H 带动丝杠旋转，这时装有螺母的套筒不旋转，丝杠驱动箱体实现快速进给，而制动电磁铁是松开的。

主轴电动机与快速电动机配合，能完成图 5-23 所示的工作循环。

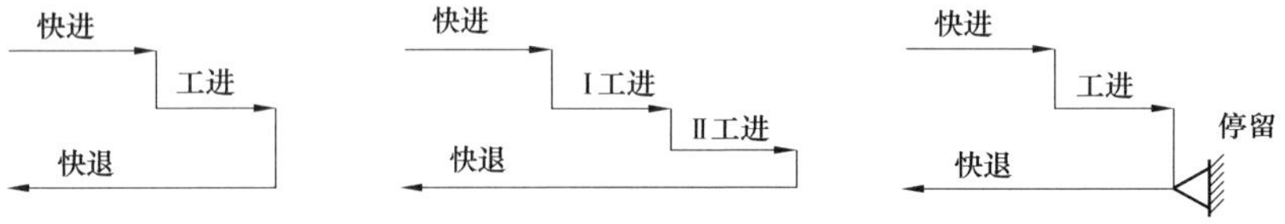

图 5-23　箱体移动式机械动力头工作循环图

（2）具有二次进给的电气控制电路。图 5-24 所示为具有二次工作进给的控制电路。KM1、KM2 为快速电动机正反转接触器，KM3 为主轴电动机接触器，KA 为中间继电器，SQ1 为原位开关，SQ2 为接近工件快进转工进开关，SQ3 为Ⅰ工进转Ⅱ工进开关，SQ4 为加工结束快速返回开关，YB 为快速电动机制动电磁铁，YC1 为一次工进电磁离合器，YC2 为二次工进电磁离合器。

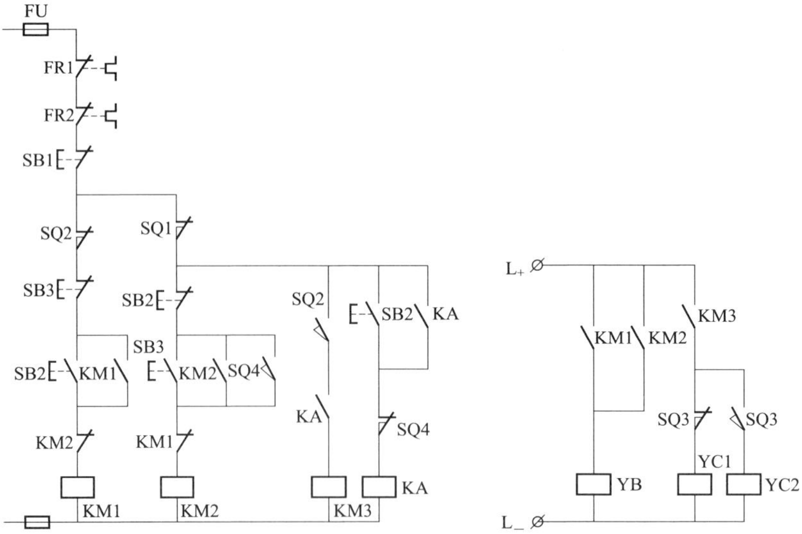

图 5-24　箱体移动式机械动力头二次进给控制电路

按下起动复合按钮 SB2，KM1 通电吸合并自锁，YB 通电，快速电动机起动旋转，箱体动力头向前快速移动。同时 KA 通电吸合并自锁，为主轴电动机通电做准备。当动力头快速移动到接近工件时，压下 SQ2，KM1 断电释放，KM3 通电吸合，前者使快速电动机断电并制动，后者使主轴电动机起动，主轴旋转，同时接通一次工进电磁离合器 YC1，动力头按一次工进速度进行加工，当加工到压下 SQ3，YC1 断电，YC2 通电，动力头转为按二次工进速度进行加工，直至加工结束，压下 SQ4。此时，KA、KM3 相继断电，主轴电动机停止旋转，同时 KM2 通电吸合并自锁，箱体动力头快速电动机反转，并使 YB 通电，拖动箱体动力头快速返回，直至压下原位开关 SQ1，KM2 断电释放，YB 断电，快速电动机停转并制动，动力头停在原位，工作循环结束。

电路特点如下：①按下起动按钮 SB2，在延续至动力头离开原位后才可松开，否则 KA 无法通电，KM3 也无法通电工作；②原位行程开关 SQ1 触点设置在退回电路上，节省了中间继电器；③中间继电器 KA 除作为加工完成信号外，在电路上还起着失电压、欠电压保护作用；④动力头快速引进和快速退回时，主轴电动机均不工作。

箱体移动式机械动力头的进给控制电路有多种，上述仅为一例。

2. 机械动力滑台控制电路

机械动力滑台是只完成进给运动的动力部件。在机械动力滑台上可配置各种切削头，用来进行钻、扩、铰、镗、铣、攻螺纹等加工，也可作为工作台使用。因此，机械动力滑台具有很大灵活性。

（1）机械动力滑台。机械动力滑台由动力滑台、机械滑座、电动机及传动装置等组成，由快速电动机和工作进给电动机分别拖动滑台实现快速移动和工作进给。图 5－25 所示为机械动力滑台传动系统示意。

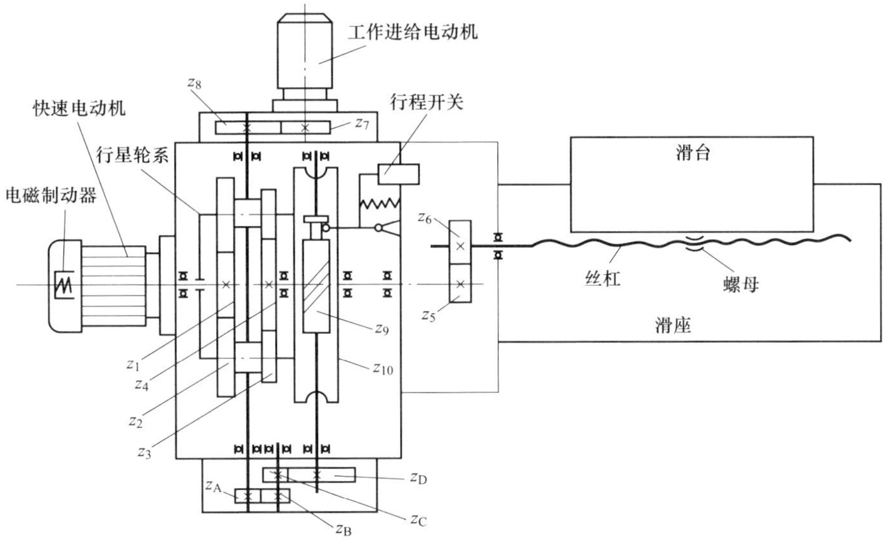

图 5－25　机械动力滑台传动系统示意

滑台的快速移动由快速电动机经齿轮 $z_1 \sim z_4$ 及 $z_5 \sim z_6$ 带动丝杠快速旋转，并由螺母带动滑台实现。快速电动机正、反向旋转，可实现滑台的快进与快退。

滑台的工作进给由工作进给电动机经齿轮 $z_7 \sim z_8$，配换齿轮 $z_A \sim z_D$、蜗杆 z_9、蜗轮

z_{10}（蜗轮系空套在轴上）、行星齿轮 $z_1 \sim z_4$（快速电动机被制动，z_1 齿轮不转，z_2 齿轮除绕 z_1 旋转外，又绕其本身的轴旋转，z_2 与 z_3 是双联齿轮，于是通过 z_3 又带动 z_4 旋转），再经齿轮 $z_5 \sim z_6$ 带动丝杆做慢速旋转，推动滑台实现工作进给。

滑台在工作中顶上死挡铁或发生故障不能继续前进时，丝杠、蜗轮不能转动，而工作进给电动机仍继续旋转。由于蜗轮不动，蜗杆的转动将使蜗杆沿轴线窜动，通过杠杆机构压下行程开关，发出快退信号，于是快速电动机反向旋转，滑台退回原位。

机械动力滑台根据不同加工工艺要求，可实现图 5－26 所示的工作循环。

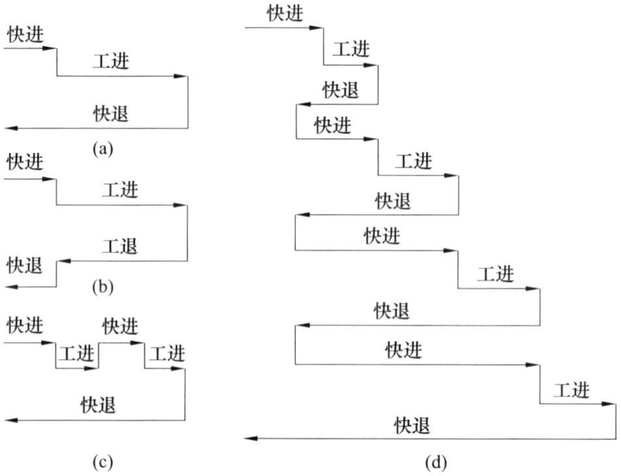

图 5－26 机械动力滑台工作循环图

(2) 机械动力滑台的电气控制电路。下面以 JT4522、4532、4542 及 4552 系列机械动力滑台控制电路为例，分析其自动工作循环过程。

图 5－27 所示为具有一次工作进给的机械动力滑台控制电路，KM 为主轴电动机接触器

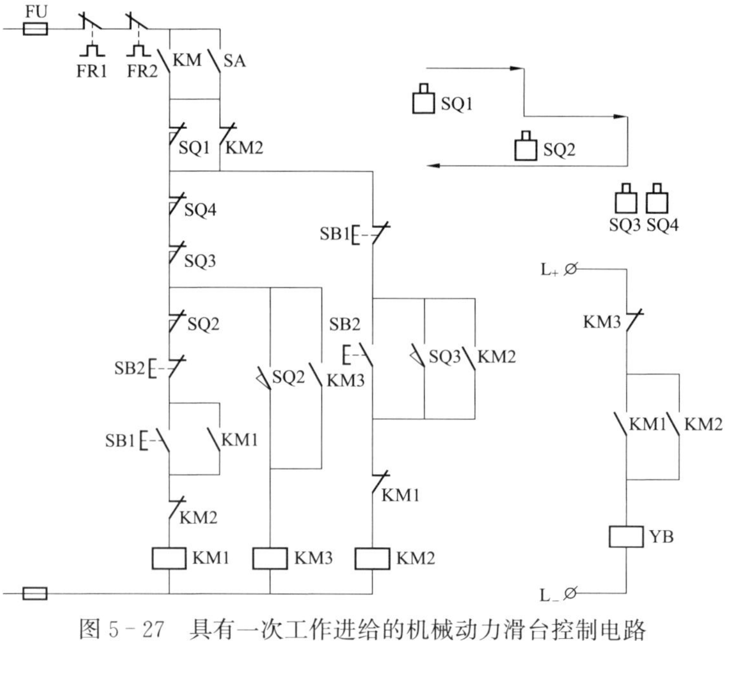

图 5－27 具有一次工作进给的机械动力滑台控制电路

动合触点，KM1、KM2 为快速电动机正反转接触器，KM3 为进给电动机接触器，YB 为快速电动机制动器线圈，SQ1 为原位开关，SQ2 为快进转工进开关，SQ3 为终点限位开关，SQ4 为超行程保护开关，SA 为单独调整滑台开关。

下面介绍电路工作情况。在主轴电动机起动旋转，KM 接触器通电吸合及动力滑台处在原位情况下，按下动力滑台向前快速移动按钮 SB1，KM1 线圈通电吸合并自锁，YB 通电，快速电动机松闸，快速电动机正向起动，拖动滑台快速向前移动，松开原位开关，SQ1 触点复位。当挡铁压下 SQ2 时，KM1、YB 相继断电释放，快速电动机停转并制动。同时 KM3 通电并自锁，进给电动机起动，滑台以工进速度继续向前。进给加工至终点，挡铁压下 SQ3，KM3 断电释放，进给电动机停转。同时 KM2 通电吸合并自锁，KM2 动断触点断开，一方面对 KM1 起互锁作用，另一方面为滑台退回原位、压下 SQ1、切断电源做准备。KM2 动合触点闭合，YB 通电，快速进给电动机电磁制动松闸，快速进给电动机反向起动，拖动滑台快速退回。当退至原位，挡铁压下原位开关 SQ1，KM2、YB 相继断电释放，快速进给电动机停转并制动，滑台停在原位，完成一个工作循环。

KM 动合触点的作用是保证在主轴电动机起动后，滑台才可进行工作循环。SA 是为方便滑台调整而设置的开关，SQ4 为超行程保护开关，当滑台向前越位时，SQ4 被压下，切断滑台进给电路而停车，并可设报警装置，通知操作者及时处理。SB2 为快退按钮，在滑台进给过程中或因超行程而停止在终点位置时，按下 SB2，滑台便快退，回到原位自动停止。本电路由热继电器 FR1、FR2 实现两台电动机的长期过载保护。

3. *液压动力滑台的电气控制电路*

液压动力滑台的进给运动是借助压力油通入液压缸的前腔和后腔来实现的。液压动力滑台由滑台、滑座和液压缸三部分组成。液压缸驱动滑台在滑座上移动，由于它自身不带液压泵、油箱等装置，需单独设置专门的液压站与其配套，它是由电动机拖动液压泵送出压力油，经电气、液压元件的控制，推动液压缸中的活塞来驱动滑台工作的。液压滑台也具有前面所述机械滑台的典型工作循环，它是通过控制液压系统来实现的，滑台的工作速度通过调节节流阀进行无级调速。电气控制一般采用行程原则、时间原则及压力控制方式。

（1）液压动力滑台系统工作分析。图 5－28 所示为液压动力滑台二次进给液压系统图。该液压系统由液压泵Ⅰ，液压缸Ⅱ，三位五通液压阀Ⅲ，三位五通电磁阀Ⅳ，调速阀Ⅴ、Ⅵ，二位二通电磁阀Ⅶ，二位二通行程阀Ⅷ，单向阀Ⅸ、ⅩⅢ、ⅩⅣ、ⅩⅤ、ⅩⅥ，压力继电器Ⅹ，顺序阀Ⅺ，背压阀Ⅻ等组成。

滑台在各个工作顺序时，液压系统工作情况如下：

1）快速趋近。液压泵电动机起动后，压力油沿着管 1、辅助油路 11，进入三位五通电磁阀Ⅳ、管 7、单向阀ⅩⅤ、管 8、三位五通液压阀Ⅲ的左腔，把三位五通液压阀推向右端，右端的回油沿管 10、节流阀ⅩⅥ、管 9、阀Ⅳ流回油箱。于是，接通工作油路，液压泵的压力油经单向阀ⅩⅣ、阀Ⅲ、管 2、行程阀Ⅷ、管 3 进入液压缸的左腔，液压缸带动滑台向右运动。液压缸右腔的回油经管 5、阀Ⅲ、管 6、单向阀ⅩⅢ（因快速趋近时负载小，油压低，顺序阀Ⅺ不通）、管 2、管 3 又进入液压缸的左腔。同时，由于快速趋近油压低，液压泵的输出流量最大，滑台获得最大速度快速趋近。

2）一次工作进给。当快速趋近终了时，滑台上的挡铁压下行程阀Ⅷ，切断管 2 与管 3

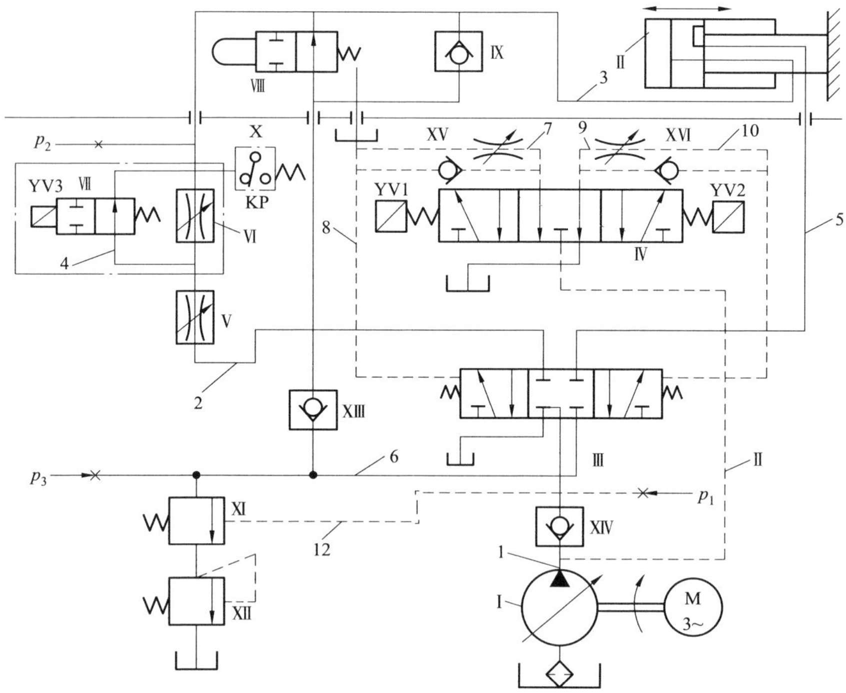

图 5－28　液压动力滑台二次进给液压系统图

之间的通道，来自液压泵的压力油经管 1、单向阀ⅩⅣ、管 2、调速阀Ⅴ、管 4、阀Ⅲ、管 3 进入液压缸的左腔，滑台由快速趋近转入一次工作进给，进给速度由阀Ⅴ来控制。液压缸右腔的回油经管 5、阀Ⅲ、顺序阀Ⅺ（因工作进给时负载大，油压升高，顺序阀被打开）和背压阀Ⅻ流回油箱。

3）二次工作进给。当滑台一次工作进给终了，挡铁压下行程开关 SQ2，电磁阀 YV3 通电，将管 4 和管 3 之间的通道切断，液压泵的压力油由调速阀Ⅴ、Ⅵ和管 3 进入液压缸的左腔，滑台由一次工作进给转为二次工作进给。因调速阀Ⅵ的通油截面比阀Ⅴ小，所以二次工作进给速度较一次工作进给速度慢。

4）死挡铁停留。当工作进给终了时，滑台碰上死挡铁，停止前进，油路的工作状态与二次工作进给时相同。于是，管 3 和油压升高，压力继电器 KP 动作，但阀Ⅲ、阀Ⅴ仍保持原来位置，即进给状态。所谓“死挡铁停留”，就是当加工至终点时，原动力（压力油）继续作用在运动部件上，即压力油继续注入前进油腔中，此时，滑台或动力头在死挡铁的限制下停止前进，经过一定的延时（用压力继电器或时间继电器控制）后，再退回原位，以实现某些加工工艺要求的工作状态，如镗孔后削平端面的加工。

5）快速退回。滑台死挡铁停留一段时间后，管 3 的压力升高，压力继电器 KP 动作，发出信号使阀Ⅳ、阀Ⅲ均改变状态。此时，液压泵的压力油从管 1、单向阀ⅩⅣ、阀Ⅲ、管 5 进入液压缸右腔，液压缸带动滑台向左移动。液压缸左腔的油经单向阀Ⅸ、管 2、阀Ⅲ流回油箱。这个过程由于进油管路、回油管路均未经过调速阀，且滑台退回时负载小，油压低，液压泵输出流量最大，因此滑台得以快速退回。

6）原位停止。滑台快速退回原位时，挡铁压下原位开关 SQ1，阀Ⅳ的电磁铁断电，在其两边弹簧力平衡状态下，回到中间位置。同时，阀Ⅲ两端失去油压作用，也回到中间位置。其他阀均回复到工作前的状态。这时液压泵的油流不出去，油压升高，便自动地使液压泵偏心调节到零，流量降至零，液压泵卸荷，滑台停在原位。

由上分析可知，液压动力滑台实现其工作循环，必须有相应的电气控制电路与之配合。

（2）液压动力滑台电液配合的控制电路。具有一次工作进给及死挡铁停留的工作循环是组合机床比较常用的工作循环之一，其液压系统见图 5－28 去掉虚线部分，下面仅以此为例来分析其工作情况。

液压系统工作时，各种元件动作见表 5－1，控制电路如图 5－29 所示。SQ 为原位开关，YV1、YV2 为三位五通电磁换向阀控制线圈，SB1 为向前按钮，SB2 为后退按钮，KP 为压力继电器，KA1、KA2 为中间继电器。

表 5－1　　元件动作表

元件 工步	YV1	YV2	KP
原位	－	－	－
快进	＋	－	－
工进	＋	－	－
死挡铁停留	＋	－	－/＋
快退	－	＋	－

注　“＋”表示受外力作用而动作，“－”表示无外力作用。

电路工作情况如下：液压动力滑台处于原位时，SQ 压下，在液压泵电动机起动旋转后，按下向前按钮 SB1，KA1 通电吸合并自锁，同时电磁阀 YV1 通电，液压控制阀Ⅲ动作，压力油进入进给液压缸左腔，滑台实现快速趋近，同时 SQ 复位。

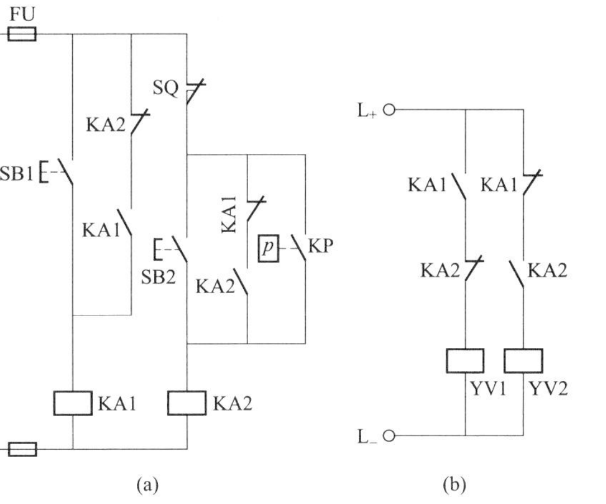

图 5－29　一次工作进给死挡铁停留的控制电路

当滑台快速趋近到压下行程阀Ⅷ时，快速趋近转为一次工作进给。当工作进给终了时，滑台被死挡铁挡住，进给油路压力升高，使压力继电器 KP 动作，发出滑台快退信号，KM2 通电并自锁，同时 KA1、YV1 断电，YV2 通电。阀Ⅳ、阀Ⅲ改变工作状态，使压力油进入液压缸右腔，滑台快速退回。

当滑台快速退回原位时，压下 SQ，KA2、YV2 断电，滑台停在原位，滑台工作循环结束。

思考与练习

5－1　简述普通车库的主要结构和运动形式。

5－2　CA6140型卧式车床电气控制具有哪些保护环节？它们是通过什么电器元件来实现的？

5－3　CA6140型卧式车床常见的故障有哪些？

5－4　叙述平面磨床的主要结构及运动形式，并分析M7130型平面磨床的控制电路。

5－5　在平面磨床的控制中，用电磁吸盘吸持工件有何好处？电磁吸盘的文字符号是什么？

5－6　电磁吸盘的控制回路由哪几部分组成？R_2、R_3的作用是什么？

5－7　电磁吸盘没有吸力的原因有哪些？吸力不足的原因有哪些？

5－8　电磁吸盘去磁效果差，去磁后工件难以取下的原因是什么？

5－9　在M7130型平面磨床中，电磁吸盘线圈为何要用直流供电而不能用交流供电？

5－10　M7130型平面磨床电路中具有哪些保护环节？

5－11　试叙述将工件从吸盘上取下时的操作步骤及电路工作情况。

5－12　简述摇臂钻床的主要结构和运动形式。

5－13　分析Z3040型摇臂钻床电气线路的摇臂控制过程。

5－14　在Z3040型摇臂钻床电路中，试分析时间继电器KT与电磁阀YV在什么时候动作，YV动作时间比KT长还是短？YV什么时候不动作？

5－15　在Z3040型摇臂钻床电气控制电路中，行程开关SQ1～SQ4的作用各是什么？

5－16　在Z3040型摇臂钻床电气控制电路中，设有哪些连锁与保护？

5－17　简述XA6132型卧式万能铣床的主要结构及运动形式。

5－18　简述XA6132型卧式万能铣床停车制动的控制过程。

5－19　什么叫上刀制动？铣床的上刀制动是如何实现的？

5－20　什么是冲动控制？其作用是什么？叙述XA6132型卧式万能铣床的冲动控制过程。若主轴不能变速冲动，原因是什么？

5－21　XA6132型卧式万能铣床的工作台有几个方向的进给？工作台各方向之间是如何实现连锁保护的？

5－22　在XA6132型卧式万能铣床电气控制电路中，电磁离合器YC1、YC2、YC3的作用各是什么？

5－23　在XA6132型卧式万能铣床电气控制电路中，行程开关SQ1～SQ6的作用各是什么？

5－24　XA6132型卧式万能铣床电气控制具有哪些连锁与保护？它们是如何实现的？

5－25　XA6132型卧式万能铣床进给变速能否在运行中进行？为什么？

5－26　简述T68型卧式镗床的主要结构与运动形式。

5－27　要使T68型卧式镗床高速运行，该如何操作？电路是如何工作的？

5－28　如何保证T68型卧式镗床在高低速转换后主轴电动机的转向不变？

5－29　简述主轴电动机主轴变速与进给变速的冲动控制，分析主轴变速手柄拉出后，主轴电动机不能产生冲动的原因。

5－30　试分析T68型卧式镗床主轴电动机M1高速起动时的操作过程和电路工作原理。

5－31　在T68型卧式镗床电气控制电路中，行程开关SQ1～SQ6的作用各是什么？它们分别由哪些操作手柄控制？

5-32　试分析图5-17所示两台动力头电动机同时起动、分别停止的控制电路的工作原理。

5-33　在图5-18所示主轴不转时引入和退出的控制电路中，SQ1、SQ2均改为短挡铁操作时，电路应如何更改？

5-34　试分析图5-21所示两台动力头分别起动连续加工电路的工作原理。

5-35　试设计一台镗孔专机控制电路，镗削动力头放在机械滑台上对工作进行加工，能满足以下控制要求：①滑台快进到一定位置转工进，同时主轴电动机起动加工；②加工到终点进给停止，主轴电动机停转，主轴定位；③滑台能自行退向原位，到原位后能自行停止。

项目六　起重机械电气控制电路

起重机是具有起重吊钩或其他取物装置（如抓斗、电磁吸铁、集装箱吊具等），在空间内可实现重物垂直升降和水平移动的机械设备。本项目主要介绍桥式起重机和电动葫芦，它们广泛应用于工厂企业、港口车站、仓库料场、建筑安装等国民经济各部门。

模块一　桥式起重机电气控制

知识要求	技能要求
1. 掌握桥式起重机的结构和运动情况； 2. 掌握凸轮控制器控制电路； 3. 掌握主令控制器控制电路； 4. 掌握起重机的电路，理解起重机控制方案，掌握桥式起重机电路分析方法	1. 能识读凸轮控制器触点表示方法图； 2. 能说出桥式起重机各种动作时电路的工作过程； 3. 能识读桥式起重机整机控制电路； 4. 能初步诊断桥式起重机电气控制电路的常见故障并提出维修方案

起重机是用来在空间垂直升降和水平运移重物的机械设备，广泛用于工厂企业、港口、车站、仓库料场、建筑安装、电站等国民经济各部门。它对减轻工人劳动强度、提高劳动生产率、促进生产过程机械化起重要作用，是现代化生产中不可缺少的工具。

一、桥式起重机的结构及运动情况

桥式起重机由桥架（又称大车）、大车移行机构、小车及小车移行机构、提升机构及驾驶室等部分组成，其结构如图 6－1 所示。

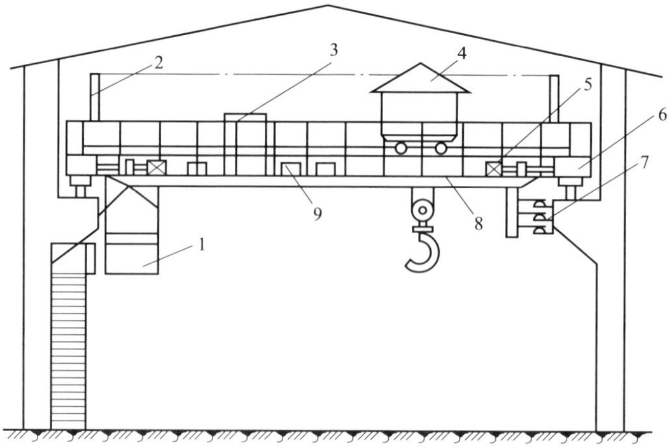

图 6－1　桥式起重机结构示意
1—驾驶室；2—辅助滑线架；3—控制盘；4—小车；5—大车电动机；
6—大车端梁；7—主滑线；8—大车主梁；9—电阻箱

1. 桥架

桥架由主梁、端梁、走台等部分组成。主梁跨架在跨间的上空，其两端有端梁，而主梁外侧设有走台，并附有安全栏杆。在主梁一端的下方为驾驶室，在驾驶室一侧的走台上装有大车移行机构，在另一侧走台上装有辅助滑线，以便向小车电气设备供电，在主梁上方铺有导轨供小车在其上移动。整个桥式起重机在大车移行机构拖动下，沿车间长度方向的导轨移动。

2. 大车移行机构

大车移行机构由大车拖动电动机、制动器、传动轴、减速器、车轮等部分组成，采用两台电动机分别拖动两个主动轮，驱动整个起重机沿车间长度方向移动。

3. 小车

小车安装在桥架导轨上，可沿车间宽度方向移动，主要由小车架、小车移行机构、提升机构等组成。小车架由钢板焊成，其上装有小车移行机构、提升机构、护栏及提升限位开关。小车移行机构由小车电动机、制动器、减速器、车轮等组成，小车主动轮相距较近，由一台小车电动机拖动。提升机构由提升电动机、减速器、卷筒、制动器等组成，提升电动机经联轴器、制动轮与减速器连接。减速器的输出轴与缠绕钢丝绳的卷筒相连接，钢丝绳的另一端装有吊钩，当卷筒转动时，吊钩随钢丝绳在卷筒上的缠绕或放开而提升或下放。

由上述分析可知，重物在吊钩上随着卷筒的旋转获得上下运动，随着小车在车间宽度方向的移动获得左右运动，随着大车在车间长度方向的移动获得前后运动，这样可将重物移至车间任一位置，完成起重运输任务。每种运动都应有极限位置保护。

4. 驾驶室

驾驶室是控制起重机的吊舱，其内装有大、小车移行机构的控制装置，提升机构的控制装置和起重机的保护装置等。驾驶室固定在主梁一端的下方，也有安装在小车下方随小车移动的。驾驶室上方开有通向走台的窗口，供检修人员上下用。

二、桥式起重机对电力拖动和电气控制的要求

桥式起重机的工作性质为重复短时工作制，拖动电动机经常处于起动、制动、调速、反转工作状态。起重机负载很不规律，经常承受大的过载和机械冲击，所处工作环境差，如粉尘多、温度高、湿度大。为此，专门设计制造了 YZR 系列起重及冶金用三相异步电动机。

为提高起重机的生产率与安全性，对起重机提升机构的电力拖动自动控制提出了较高要求，而对大车移行机构与小车移行机构的要求比较低，要求有一定的调速范围、分几挡控制及适当的保护等。起重机对提升机构电力拖动自动控制的主要要求如下：

（1）具有合理的升降速度，空钩能实现快速下降，轻载时的提升速度大于重载时的提升速度。

（2）具有一定的调速范围，普通起重机的调速范围为 2～3。

（3）提升的第 1 挡作为预备挡，用以消除传动系统中的齿间隙，将钢丝绳张紧，避免过大的机械冲击，该级起动转矩一般限制在额定转矩的一半以下。

（4）下放重物时，依据负载大小，提升电动机可运行在电动状态（强力下放）、倒拉反接制动状态、再生发电制动状态，以满足不同下降速度的要求。

（5）为确保安全，提升电动机应设有机械抱闸并配有电气制动。

由于起重机使用广泛，因此其控制设备均已标准化。根据拖动电动机容量大小，常用的

控制方式有采用凸轮控制器直接控制电动机的起动、停止、正反转、调速和制动，这种控制方式受控制器触点容量的限制，只适用于小容量起重电动机的控制。另一种是采用主令控制器与控制盘配合的控制方式，适用于容量较大、调速要求较高的起重机和工作十分繁重的起重机。对于15t以上的桥式起重机，一般同时采用两种控制方式，主提升机构采用主令控制器与控制盘配合控制方式，而大、小车移行机构和副提升机构采用凸轮控制器控制方式。

三、起重机电动机工作状态的分析

对于移行机构拖动电动机，其负载为摩擦转矩，它始终为反抗转矩。移行机构来回移动时，拖动电动机工作在正向电动状态或反向电动状态。

提升机构电动机则不然，其负载转矩除摩擦转矩外，主要是由重物产生的重力转矩，当提升重物时，重力转矩为阻转矩，而下放重物时，重力转矩成为原动转矩。在空钩或轻载下放时，还可能出现重力转矩小于摩擦转矩，需要强迫下放。所以，视重力负载大小不同、提升与下放不同，提升机构电动机将运行在不同的运行状态。

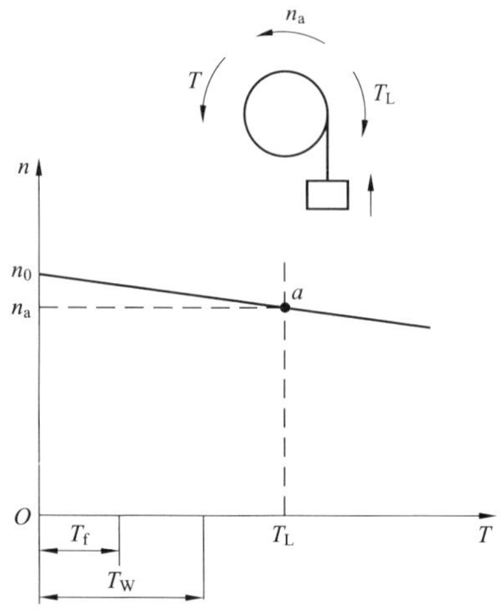

图6－2　提升重物时电动机工作状态

1. 提升重物时电动机的工作状态

提升重物时，电动机负载转矩 T_L 由重力转矩 T_W 及提升机构摩擦阻转矩 T_f 两部分组成。当电动机电磁转矩 T 克服这两个阻转矩时，重物将被提升。当 $T=T_L+T_f$ 时，电动机稳定工作在机械特性的 a 点，以 n_a 转速提升重物，如图6－2所示。电动机工作在正向电动状态，在起动时，为获得较大的起动转矩，减小起动电流，往往在绕线转子异步电动机的转子电路中串入电阻，然后依次切除，使提升速度逐渐提高，最后达到预定提升速度。

2. 下降重物时电动机的工作状态

(1) 反转电动状态。当空钩或轻载下放时，由于重力转矩 T_W 小于提升机构摩擦阻转矩 T_f，此时依靠重物自身重量不能下降。为此电动机必须向着重物下降方向产生电磁转矩 T，并与重力转矩 T_W 一起共同克服摩擦阻转矩 T_f，强迫空钩或轻载下放，这在起重机中称为强迫下放。电动机工作在反转电动状态，如图6－3（a）所示，电动机运行在 $-n_a$ 转速下，以 n_a 转速强迫下放。

(2) 再生发电制动状态。在中载或重载长距离下降重物时，可将提升电动机按反转相序接电源，产生下降方向的电磁转矩 T，此时电动机电磁转矩 T 方向与重力转矩 T_W 方向一致，使电动机很快加速并超过电动机的同步转速。此时，电动机转子绕组内感应电动势与电流均改变方向，产生阻止重物下降的电磁转矩，当 $T=T_W-T_f$ 时，电动机以高于同步转速的转速稳定运行，如图6－3（b）所示，电动机工作在再生发电制动状态，以高于同步转速的 n_b 下放重物。

(3) 倒拉反接制动状态。在下放重物时，为获得低速下降，常采用倒拉反接制动。此时电动机定子按正转提升相序接电源，但在电动机转子电路中串接较大电阻，这时电动机起动转矩 T 小于负载转矩 T_L，电动机在重力负荷作用下，迫使电动机反转。反转以后电动机转差率 S 加大，直至 $T=T_L$，其机械特性如图6－3（c）所示，在 c 点稳定运行，以 n_c 转速低速下放重物。这时如用于轻载下放，且重力转矩小于 T'_W，将会出现不但不下降反而会上升之后果，如图 6－3（c）所示，在 d 点稳定运动，以转速 n_d 上升。

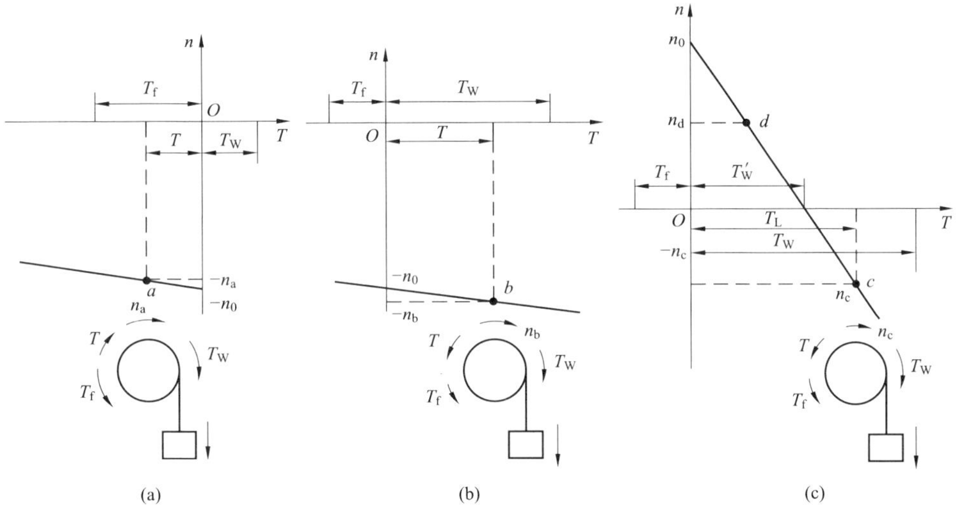

图 6－3　下放重物时电动机的工作状态

（a）反转电动状态；（b）再生发电制动状态；（c）倒拉反接制动状态

四、桥式起重机控制电路分析

（一）凸轮控制器控制电路分析

1. 凸轮控制器

凸轮控制器是一种大型手动电器，是起重机上主要的电气操作设备之一。它由机械结构、电气结构和防护结构三部分组成。其中，手柄、转轴、凸轮、杠杆、弹簧、定位棘轮为机械部分，触点、接线柱、连接板等为电气部分，上下盖板、外罩及灭弧罩为防护部分。

图 6－4 所示为凸轮控制器工作原理图。当转轴在手柄扳动下转动时，固定在轴上的凸轮同时转动，当凸轮的凸起部位顶住滚子时，由于杠杆作用，动触点和静触点分开。当凸轮凹处与滚子相接触时，在弹簧作用下，动触点和静触点闭合，实现触点接通与断开的控制。

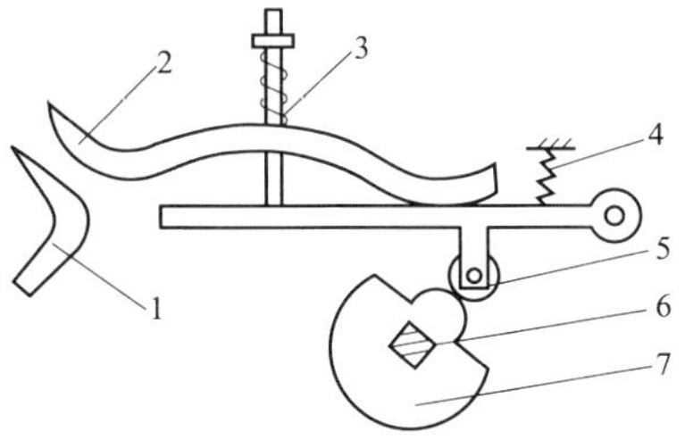

图 6－4　凸轮控制器工作原理图

1—静触点；2—动触点；3—触点弹簧；4—复位弹簧；5—滚子；6—绝缘方轴；7—凸轮

在方轴上可以叠装不同形状的凸轮块，以使一系列的触点按预先设计好的顺序接通与断开，将这些触点接于电动机电路中，便可实现控制电动机的目的。

起重机常用的凸轮控制器有 KT10、KT14、KT15 等系列。

凸轮控制器在电路图中是以圆柱表面的展开图来表示的。竖虚线为工作位置，横虚线为触点位置，在横、竖两条虚线交点处若用黑圆点标注，则表明控制器转至该位置时，该触点闭合接通；若无黑圆点标注，则表明该触点在该位置是断开的，如图 6－5 所示。

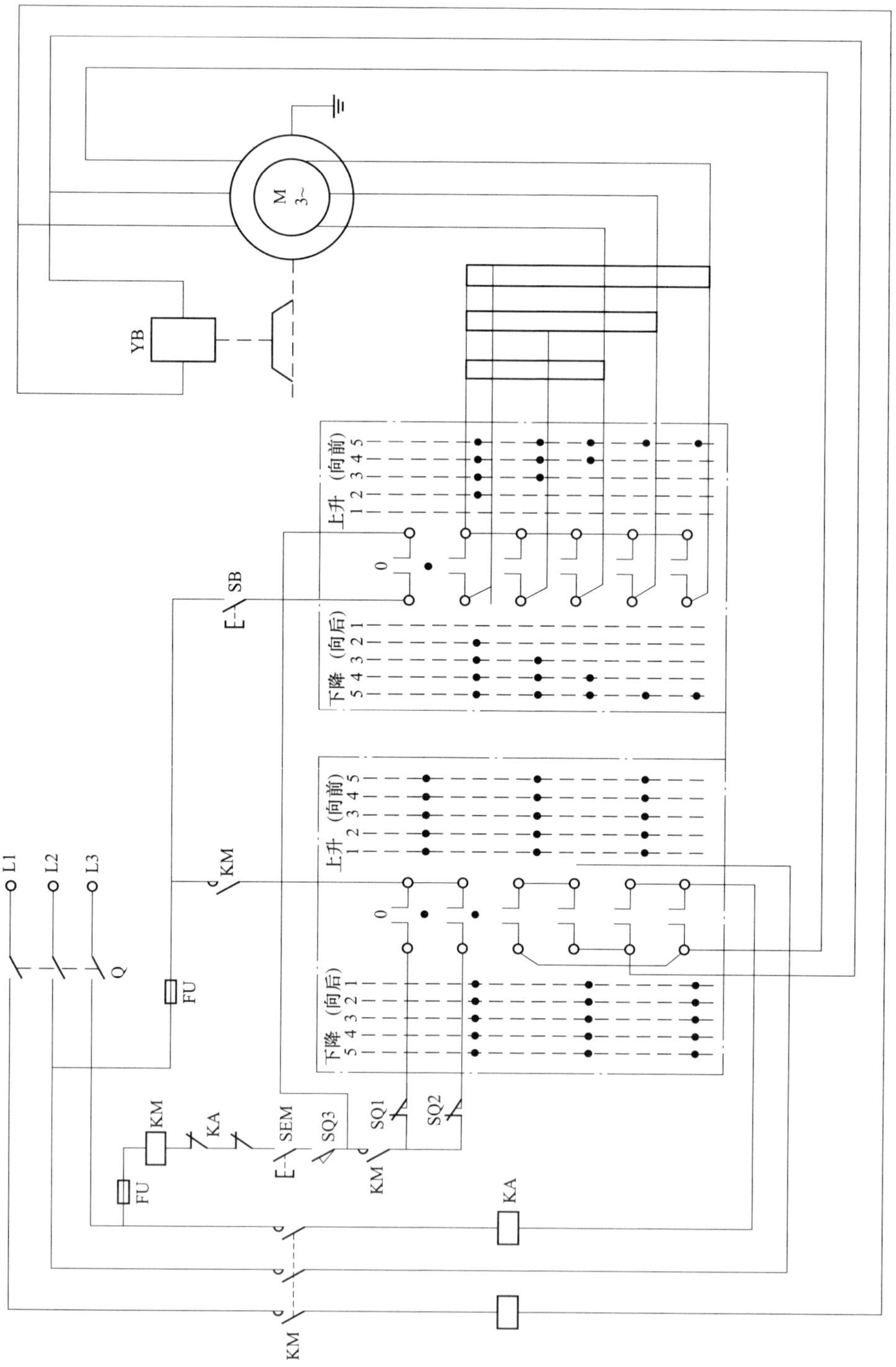

图 6-5　KT14-25J/1 型凸轮控制器控制提升电动机控制电路图

2. 凸轮控制器控制电路

图 6－5 所示为采用 KT14－25J/1 与 KT14－60J/1 型凸轮控制器直接控制起重机平移机构或提升机构的电气控制电路图。

(1) 电路特点。

1) 可逆对称电路。通过凸轮控制器触点来换接电动机定子电源相序实现电动机正反转，以及改变电动机转子外接电阻，在控制器提升、下降对应挡位，电动机运行情况完全相同。

2) 由于凸轮控制器触点数量有限，为获得尽可能多的调速等级，电动机转子串接不对称电阻。

3) 当用于控制提升机构电动机时，提升与下放重物，电动机处于不同工作状态。

提升重型负载时，控制器的第 1 挡为预备级，用于张紧钢丝绳，在第 2、3、4、5 挡时，提升速度逐渐提高。下放重型负载时，电动机工作在再生发电制动状态。提升轻载时，第 1 挡为起动级，第 2、3、4、5 挡提升速度逐渐提高，但提升速度变化不大。下降空钩或轻载时，若不足以克服摩擦转矩，则电动机工作在强迫下降状态。

由上述分析可知，该控制电路不能获得重载或轻载的低速下降。在下降过程中需要准确定位时，可采用点动操作方式，即控制器手柄扳至下降 1 位后立即扳回零位，经多次点动，配合电磁抱闸便能实现准确定位的控制。

(2) 电路分析。由图 6－5 可知，凸轮控制器左、右各有 5 个工作位置，共有 9 对动合主触点、3 对动断触点，采用对称接法。其中 4 对动合主触点接于电动机定子电路实现换相控制，用以实现电动机的正反转。另 5 对主触点接于电动机转子电路，实现转子电阻的接入和切除。由于转子电阻采用不对称接法，在凸轮控制器提升或下放的 5 个位置，由于逐级切除转子电阻，获得图 6－6 所示的机械特性，从而得到不同提升与下降速度。其余 3 对动断触点，其中 1 对用以实现零位保护，另外 2 对动断触点与上升限位开关 SQ1、下降限位开关 SQ2 共同实现限位保护。

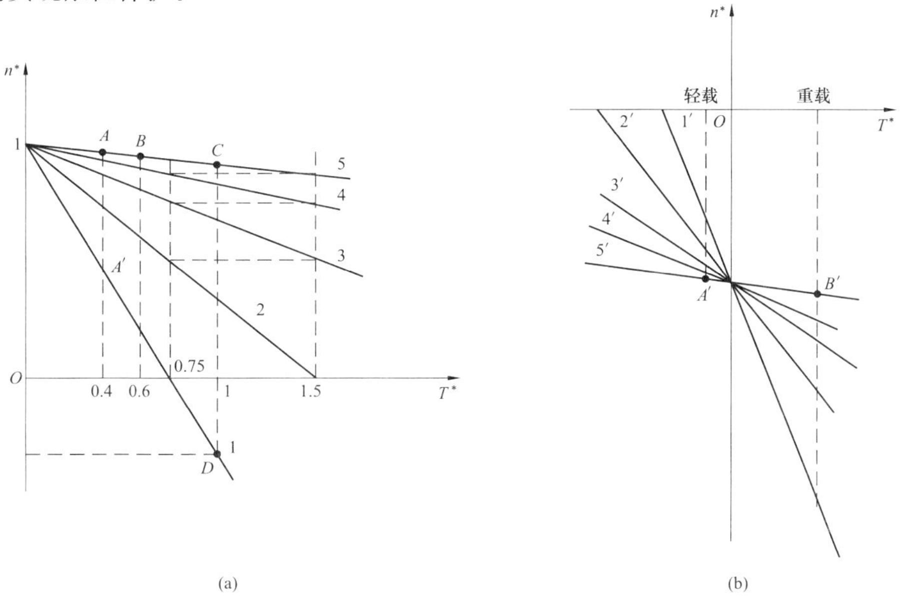

图 6－6　提升与下放重物时电动机机械特性

(a) 提升时；(b) 下放时

此外，在凸轮控制器控制电路中，KA 为过电流继电器，实现过载与短路保护；SEM 为紧急开关，用于事故情况下的紧急停车；SQ3 为驾驶室顶舱口门上安装的舱口门安全开关，防止人在桥架上开车造成人身事故；YB 为电动机机械制动电磁抱闸线圈；由接触器 KM 线圈和零位触点串联实现失电压保护，操作中一旦断电，接触器 KM 释放，必须将操作手柄扳回零位，并重新按下起动按钮才能工作；FU 为控制电路短路保护。

（3）凸轮控制器操作分析。

1）轻载时的提升操作。当提升机构起吊负载较轻时，如 $T_L^*=0.4$ 时，扳动凸轮控制器手柄由“0”位依次经由“1”“2”“3”“4”直至“5”位，此时，电动机稳定运行在图 6－6（a）中 A 点对应的转速 n_A^*。该转速已接近电动机的同步转速，故可获得此负载下的最大提升速度，这对加快吊运进度，提高生产率无疑是有利的，但在实际操作中应注意以下几点：

a. 严禁采用快速推挡操作，只允许逐步加速。此时物体虽然较轻，但电动机从 $n=0$ 增速至 $n_A \approx n_0$，若加速时间太短，会产生过大的加速度，给提升机构和桥架主梁造成强烈的冲击。为此，应逐级推挡，且每挡停留 1s 为宜。

b. 一般不允许控制器手柄长时间置于提升第 1 挡提升物体。因在此挡位，电动机起动转矩 $T_{st}^*=0.75$，电动机稳定转速 $n_A^* \approx 0.5$，提升速度较低，对于提升距离较长时，采用该挡位工作极不经济。

c. 当物件已提至所需高度应制动停车，此时将控制器手柄逐级扳转回至“0”位，此时每挡也应有 1s 左右的停留时间，使电动机逐级减速，最后制动停车。

2）中型负载的提升操作。当起吊物件负载转矩 $T_L^*=0.5 \sim 0.6$ 时，由于物件较重，为避免电动机转速增加过快对起重机的冲击，控制器手柄可在“1”位停留 2s 左右，然后逐级加速，最后电动机稳定运行在图 6－6（a）中 B 点对应的转速。

3）重载负载的提升操作。当起吊物件负载转矩 $T_L^*=1$ 时，控制器手柄由“0”位推至提升“1”位，此时电动机起动转矩 $T_{st}^*=0.75<T_L$，故电动机不能起动旋转。这时，应将手柄迅速通过提升“1”位而置于提升“2”位，然后逐级加速，直至提升“5”位，在此负载下，电动机稳定运行在图 6－6（a）中的 C 点对应的转速。

在提升重载时，无论在提升过程，还是为使已提升的重物停留在空中，在将控制器手柄扳回“0”位的操作时，手柄不允许在提升“1”位有所停留，不然重物不但不上升，反而以倒拉反接制动状态下降，即负载转矩拖动电动机以 $n^* \approx 0.33$ 的转速下放重物运转，稳定工作在图 6－6（a）的 D 点对应的转速，于是发生重物下降的误动作，或重物在空中停不住的危险事故。所以，由提升“5”位扳回“0”位的正确操作是：在扳回每一挡位时应有适当的停留，一般为 1s。在提升“2”位时应停留时间稍长点，使速度减下来后再迅速扳至“0”位，制动停车。

无论是重载还是轻载提升工作时，在平稳起动后都应把控制器手柄推至提升“5”位，而不允许在其他挡位长时间提升重物，一方面由于其他挡位提升速度低，生产效率低，另一方面由于电动机转子长时间串入电阻运行，电能损耗大，不经济。

4）轻型负载下放操作。当轻型负载下放时，可将控制器手柄扳到下放“1”位，从图 6－6（b）中可知，电动机在反转电动机状态运转。

5）重型负载下放操作。当下放重型负载时，电动机工作在再生发电制动状态，这时，应将控制器手柄从“0”位迅速扳至下放“5”位，使被吊物件以稍高于同步转速下放，并以

图 6－6（b）中的 B′点对应的转速运行。

（二）主令控制器控制电路分析

1. 主令控制器

主令控制器是用以频繁切换复杂的多回路控制电路的主令电器，主要用于起重机、轧钢机的主令控制。主令控制器的结构与凸轮控制器相同，也是利用凸轮来控制触点的闭合的。图 6－7 所示为主令控制器某一层的结构示意图，在方轴上安装不同形状的凸轮块 1 与 8，当转动方轴时，凸轮块随之转动，当凸轮块的凸起部分转到与小轮 7 接触时，则推动支杆 5 向外张开，使动触点 2 离开静触点 3。当凸轮的凹陷部分与小轮 7 接触时，支杆 5 在反力弹簧作用下复位，使动静触点闭合，这样安装一串不同形状的凸轮，可使触点按一定顺序闭合与断开，以获得按一定顺序进行控制的电路。

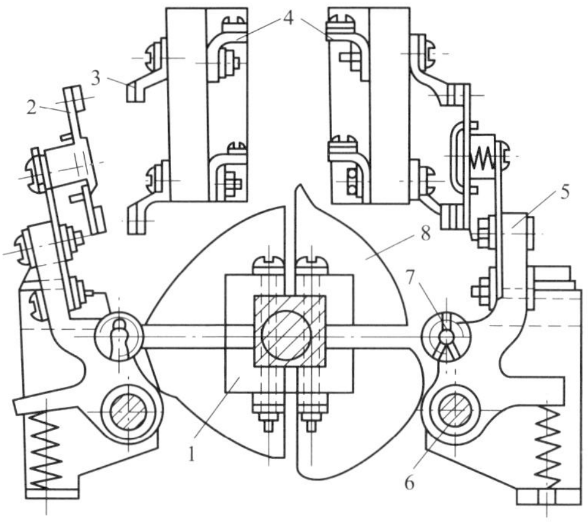

图 6－7　主令控制器结构示意

1、8—凸轮块；2—动触点；3—静触点；4—接线柱；5—支杆；6—转动轴；7—小轮

常用的主令控制器有 LK14、LK15、LK16、LK17 系列。LK14 系列主令控制器的额定电压为 380V，额定电流为 10A，控制电路数为 12 个。

2. 主令控制器控制电路

由凸轮控制器控制的起重机电路具有线路简单、操作维护方便、经济等优点，但存在着触点容量限制和触点数的限制，调速性能不好。因此，在下列情况下采用主令控制器发出指令，再控制相应的接触器动作，实现换接电路，进而控制提升电动机的控制方式。

1）电动机容量大，凸轮控制器触点容量不够。

2）操作频繁，每小时通断次数接近或超过 600 次。

3）起重机工作繁重，要求电气设备具有较高寿命。

4）要求有较好的调速性能。

图 6－8 所示为提升机构 PQR10B 主令控制器电路。主令控制器有 12 对触点，在提升与下放时各有 6 个工作位置，通过控制器手柄置于不同工作位置，使 12 对触点相应闭合与断开，进而控制电动机定子电路与转子电路接触器，实现电动机工作状态的改变，使重物获得上升与下降的不同速度。由于主令控制器为手动操作，因此电动机工作状态的变换由操作者掌握。

KM1、KM2 为电动机正反向接触器，用于变换电动机相序，实现电动机正反转。KM3 为制动接触器，用于控制电动机三相制动器线圈 YB。在电动机转子电路中接有 7 段对称接法的转子电阻，其中前两段 R_1、R_2 为反接制动电阻，分别由反接制动接触器 KM4、KM5 控制；后四段 R_3～R_6 为起动加速调速电阻，由加速接触器 KM6～KM9 控制；最后一段 R_7 为固定接入的软化特性电阻。当主令控制器手柄置于不同控制挡位时，可获得图 6－9 所示的机械特性。

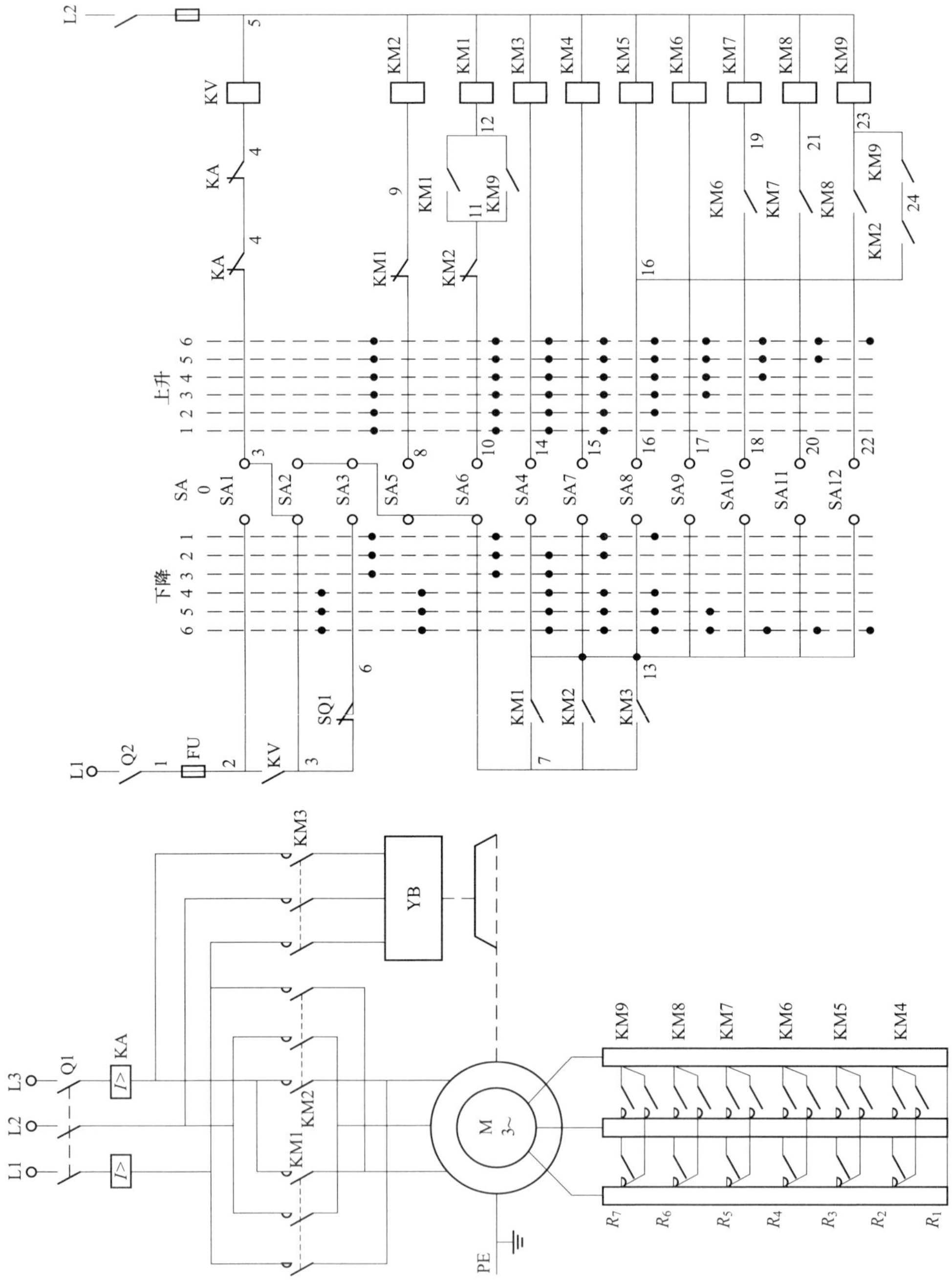

图 6－8 提升机构 PQR10B 主令控制器电路

电路的工作过程是：合上电源开关，当主令控制器手柄置于“0”位时，SA1 闭合，电压继电器 KV 线圈通电并自锁，为起动做准备。当控制器手柄离开零位，处于其他工作位置时，虽然触点 SA1 断开，但不影响 KV 的吸合状态。但当电源断电后，必须将控制器手柄返回零位后才能再次起动，这就是零电压和零位保护作用。

（1）提升重物的控制。控制器提升控制共有 6 个挡位，在提升各挡位上，控制器触点 SA3、SA4、SA6 与 SA7 都闭合，于是接入上升行程开关 SQ1，起提升限位保护作用，接触器 KM3、KM1、KM4 始终通电吸合，电磁抱闸松开，短接 R_1 电阻，电动机按提升相序接通电源，产生提升方向电磁转矩，在提升“1”位时，由于起动转矩小，一般吊不起重物，只做张紧钢丝绳和消除齿轮间隙的预备起动级。

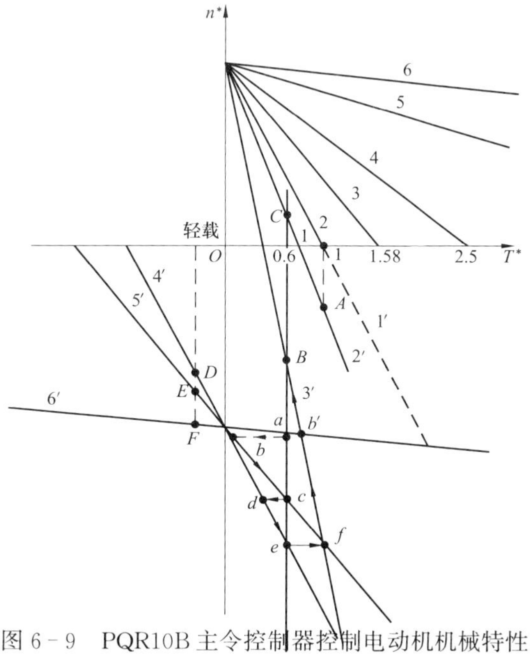

图 6－9　PQR10B 主令控制器控制电动机机械特性

当主令控制器手柄依次扳到上升“2”至上升“6”位时，控制器触点 SA8～SA12 依次闭合，接触器 KM5～KM9 线圈依次通电吸合，将 R_2～R_6 各段转子电阻逐级短接。于是获得图 6－9 中第 1～第 6 条机械特性，可根据负载大小选择适当挡位进行提升操作，可获得五种提升速度。

（2）下放重物的控制。主令控制器在下放重物时也有 6 个挡位，但在前 3 个挡位，正转接触器 KM1 通电吸合，电动机仍以提升相序接线，产生向上的电磁转矩，只有在下降的后 3 个挡位，反转接触器 KM2 才通电吸合，电动机产生向下的电磁转矩。所以，前 3 个挡位为倒拉反接制动下放，而后 3 个挡位为强力下放。

1）下降“1”位为预备挡。此时控制器触点 SA4 断开，KM3 断电释放，制动器未松开，触点 SA6、SA7、SA8 闭合，接触器 KM4、KM5、KM1 通电吸合，电动机转子电阻 R_1、R_2 被短接，定子按提升相序接通三相交流电源。但此时由于制动器未打开，故电动机并不旋转。该挡位是为适应提升机构由提升变换到下放重物，消除因机械传动间隙产生冲击而设的。所以此挡不能停留，必须迅速通过该挡下放至其他挡位，以防电动机在堵转状态下时间过长而烧毁电动机。该挡位转子电阻与提升“2”位相同，故该挡位机械特性为上升特性 2 在第四象限的延伸。

2）下放“2”位是为重载低速下放而设的。此时控制器触点 SA6、SA4、SA7 闭合，接触器 KM1、KM3、KM4、YB 线圈通电吸合，制动器打开，电动机转子串入 R_2～R_7 电阻，定子按提升相序接线，在重载时获得倒拉反接制动低速下放。在图 6－9 中，当 $T_L^*=1$ 时，电动机起动转矩 $T_{st}^*=0.67$。所以，控制器手柄在该挡位时，电动机将稳定运行在 A 点对应的转速低速下放重物。

3）下放“3”位是为中型载荷低速下放而设的。在该挡位时，控制器触点 SA6、SA4 闭合，接触器 KM1、KM3、YB 线圈通电吸合，制动器打开，电动机转子串入全部电阻，定子按提升相序接通三相交流电源，但由于电动机起动转矩 $T_{st}^{*}=0.33$，当 $T_{L}^{*}=0.6$ 时，在中型载荷作用下电动机按下放重物方向运转，获得倒拉反接制动下降。在图 6－9 中，电动机稳定工作在 B 点对应的转速。

在上述制动下降的 3 个挡位，控制器触点 SA3 始终闭合，接入提升限位开关 SQ1，其目的在于当对吊物重量估计不准，如将中型载荷误估为重型载荷而将控制器手柄置于下放“2”位时，将会发生重物不但不下降反而上升，并以图 6－9 中的 C 点对应的转速 n_{C}^{*} 提升，此时 SQ1 起上升限位作用。

另外，在下放“2”与“3”位还应注意，对于负载转矩 $T_{L}^{*}\leqslant 0.3$ 时，不得将控制器手柄在这两挡位停留，因此时电动机起动转矩 $T_{st}^{*}>T_{L}^{*}$，同样会出现轻载不但不下降反而上升的现象。

4）控制手柄在下放“4”“5”“6”位时为强力下放。此时，控制器触点 SA2、SA5、SA4、SA7 与 SA8 始终闭合，接触器 KM2、KM3、KM4、KM5、YB 线圈通电吸合，制动器打开，电动机定子按下放重物相序接线，转子电阻逐级短接，提升机构在电动机下放电磁转矩和重力矩共同作用下，使重物下放。

在下放“4”位时，转子短接两段电阻 R_1、R_2 起动旋转，电动机工作在反转状态，轻载时工作于 D 点。当控制手柄扳至下放“5”位时，控制器触点 SA9 闭合，接触器 KM6 线圈通电吸合，短接转子电阻 R_3，电动机转速升高，轻载时工作于 E 点。当控制器手柄扳至下放“6”位时，控制器触点 SA10、SA11、SA12 闭合，接触器 KM7、KM8、KM9 线圈通电吸合，电动机转子只串入一段常串电阻 R_7 运行，轻载时工作于 F 点，以低于同步转速的下放速度下放重物。

（3）电路的连锁与保护。

1）由强力下放过渡到反接制动下放，避免重载时高速下放的保护。对于轻型载荷，控制器可置于下放“4”“5”“6”位进行强力下放。若此时重物并非轻载，而判断错误，将控制器手柄扳至下放“6”位，此时电动机在重物重力转矩和电动机下放电磁转矩共同作用下，将运行于再生发电制动状态，如图 6－9 所示，当 $T_{L}^{*}=0.6$ 时，电动机工作在 a 点。这时应将控制器手柄从下放“6”位扳回下放“3”位。在此过程中势必要经过下放“5”位与下放“4”位，在这个过程中，工作点将由 $a\rightarrow b\rightarrow c\rightarrow d\rightarrow e\rightarrow f\rightarrow\cdots$，最终在 B 点以低速稳定下放。为避免这中间的高速，控制器手柄在由下放“6”位扳回至下放“3”位时，应避开下放“5”位与下放“4”位对应的下放 5、下放 4 两条机械特性。为此，在控制电路中，触点 KM2（16—24）、KM9（24—23）串联后接在控制器 SA8 与接触器 KM9 线圈之间。这样，当控制器手柄由下放“6”位扳回至下放“3”或“2”位时，接触器 KM9 仍保持通电吸合状态，转子始终串入 R_7 常串电阻，使电动机仍运行在下放 6 机械特性上，由 a 点经 b' 点平稳过渡到 B 点，不致发生高速下放。

在该环节中串入触点 KM2（16—24）的作用是当提升电动机正转接线时，该触点断开，使 KM9 不能构成自锁电路，从而使该保护环节在提升重物时不起作用。

2）确保反接制动电阻串入情况下进行制动下放的环节。当控制器手柄由下放“4”位扳至下放“3”位时，控制器触点 SA5 断开，SA6 闭合。接触器 KM2 断电释放，而 KM1 通电吸合，电动机处于反接制动状态。为避免反接时产生过大的冲击电流，应使接触器 KM9

断电释放，接入反接电阻，且只有在 KM9 断电释放后才允许 KM1 通电吸合。为此，一方面在控制器触点闭合顺序上保证在 SA8 断开后，SA6 才闭合；另一方面增设了 KM1（11—12）与 KM9（11—12）动断触点相并联的连锁触点，这就保证了在 KM9 断电释放后，KM1 才能通电并自锁。此环节还可防止由于 KM9 主触点因电流过大而发生熔焊使触点分不开，将转子电阻 R_1～R_6 短接，只剩下常串电阻 R_7，此时若将控制器手柄扳于提升挡位，将造成转子只串入 R_7，发生直接起动事故。

3）制动下放挡位与强力下放挡位相互转换时切断机械制动的保护环节。在控制器手柄下放“3”位与下放“4”位转换时，接触器 KM1、KM2 之间设有电气互锁，这样在换接过程中必有一瞬间，这两个接触器均处于断电状态，这将使制动接触器 KM3 断电释放，造成电动机在高速下进行机械制动，引起强烈振动而损坏设备和发生人身事故。为此，在 KM3 线圈电路中设有 KM1、KM2、KM3 三对动合触点并联电路。这样，由 KM3 实现自锁，确保 KM1、KM2 换接过程中 KM3 线圈始终通电吸合，避免上述情况发生。

4）顺序连锁保护环节。在加速接触器 KM6、KM7、KM8、KM9 线圈电路中串接了前一级加速接触器的动合辅助触点，确保转子电阻 R_3～R_6 按顺序依次短接，实现机械特性平滑过渡，电动机转速逐级提高。

5）完善的保护。由过电流继电器 KA 实现过电流保护，电压继电器 KV 与主令控制器 SA 实现零电压保护与零位保护，行程开关 SQ1 实现上升的限位保护等。

五、移行机构的电气控制

大车移行机构与小车移行机构在工作中要求有一定的调速范围，能获得几挡运行速度。它安有制动器与限位行程开关，设有能吸收车体运动动能的缓冲器，其电气控制有凸轮控制器控制电路与 PQY 系列主令控制器控制电路。

小车移行机构采用 KT14－25J/1 型凸轮控制器，其电气原理图与电动机机械特性曲线如图 6－5 和图 6－6 所示。大车移行机构采用 KT14－25J/2 型凸轮控制器，其电路工作情况此处不再重复。

1. PQY 型主令控制器控制电路分类

PQY 系列运行机构控制电路按控制电动机台数和线路特征分为四种：PQY1 型（控制 1 台电动机）、PQY2 型（控制 2 台电动机）、PQY3 型（控制 3 台电动机，允许 1 台电动机单独运转）、PQY4 型（控制 4 台电动机，分成两组，允许每组电动机单独运转）。

2. PQY2 型主令控制器控制电路

PQY2 型主令控制器控制电路是用来控制两台电动机的运行机构，图 6－10 所示为 PQY2 型主令控制电路图，该电路的特点是：

（1）电路可逆对称。

（2）主令控制器挡数为 3—0—3，6 个回路。

（3）电动机转子串接起动与调速电阻级数（不包括软化级）按电动机功率分为两种：100kW 及以下时为 4 级，第一、二级由主令控制器手动控制，后两级由继电器接触器控制自动切除，其延时继电器延时整定为 3s、1.5s 或 2s、1s。电动机功率为 125kW 及以上时为 5 级，第一、二级系手动切除，其余各级为自动切除，其延时整定值为 3s、1.5s、0.75s 或 2s、1s、0.5s。对应机械特性如图 6－11 所示，当 $T^*=1.25$、0.5 时，对应的 $R^*=0.8$、2。

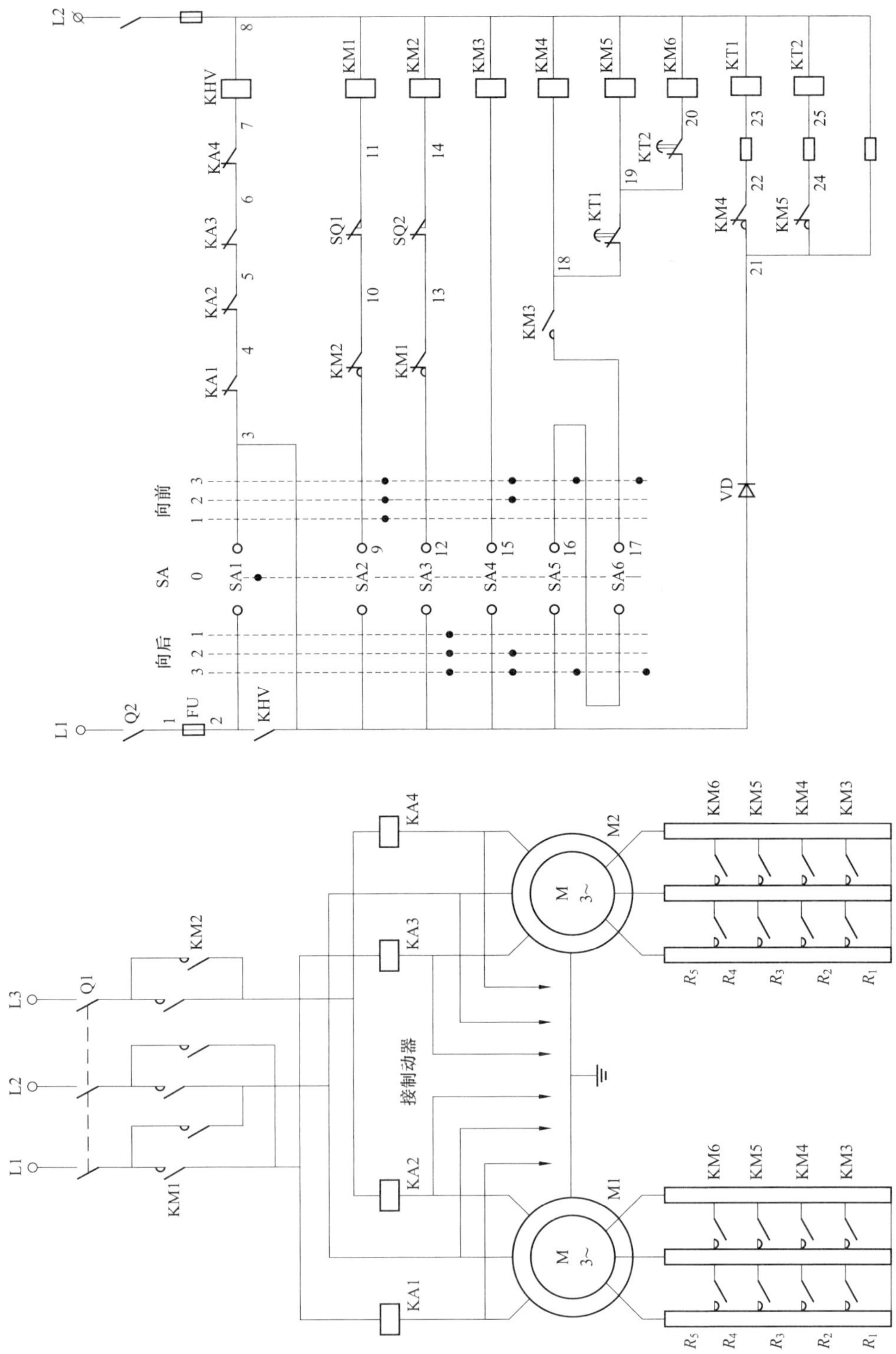

图 6－10 PQY2 型主令控制器控制电路

(4) 制动器驱动元件没有专门接触器控制，而是由电动机正反转接触器 KM1、KM2 主触点控制，它与电动机同时接通与断电。

关于图 6－10 和图 6－11 的工作原理，读者可根据前面凸轮控制器控制电路和主令控制器控制电路自行分析。其中主令控制器反向第 1 挡为反接制动停车。若要快速停车，可将手柄由正转第 1 位推向反转第 1 位。这时，在转子回路中串入全部电阻，因此电流不会超过允许值。由图 6－11 可见，当电动机转速由 a 点过渡到反接制动特性 b 点，转速快接近零时，迅速将手柄扳回到"0"位，即 c 点。图中 SQ1、SQ2 为正反向限位开关。

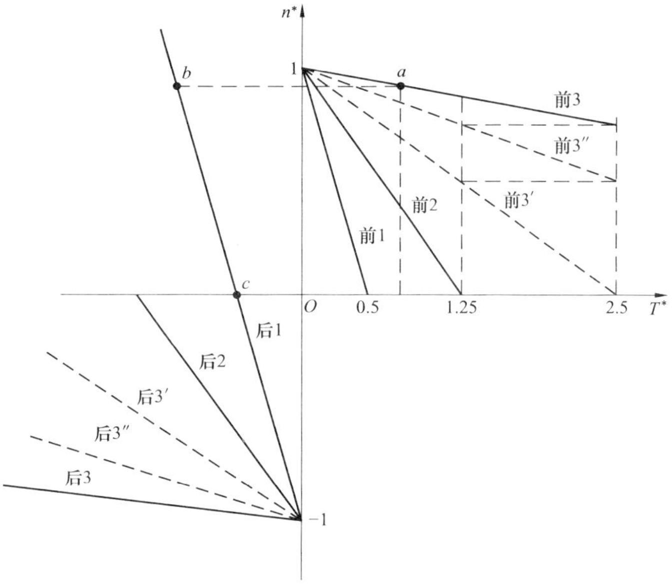

图 6－11　PQY2 主令控制器控制电路中电动机机械特性

六、起重机电气控制中的保护设备

起重机在使用中应安全、可靠，因此，各种起重机电气控制系统中设置了自动保护和连锁环节，主要有电动机过电流保护、短路保护、零电压保护、控制器的零位保护，各运动方向的行程限位保护，舱盖、栏杆安全开关及紧急断电保护，必要的警报及指示信号等。由于起重机使用广泛，因此其控制设备（包括保护装置）均已标准化，并有系列产品，常用的保护配电柜有 GQX6100 系列和 XQB1 系列等，可根据被控电动机台数及电动机容量来选择。

（一）XQB1 系列交流起重机保护箱介绍

该保护箱是为对采用凸轮控制器操作的控制系统进行保护而设置的。它由刀开关、接触器、过流继电器、熔断器等电器元件组成，图 6－12 所示为 XQB1 型保护箱主电路图，由它来实现用凸轮控制器控制的大车、小车和副卷扬电动机的保护。Q 为总电源开关，KM 为线路接触器，KA0 为凸轮控制器操作的各机构拖动电动机的总过电流继电器，KA1～KA4 为各机构拖动电动机的过电流继电器。

图 6－13 所示为 XQB1 型保护箱控制电路图。HL 为电源指示灯，QS 为紧急开关，用作事故情况下紧急断开电源，SQ6～SQ8 为舱口门开关与横梁门开关，KA0～KA4 为过电流继电器触点，2SA、3SA、4SA 分别为副卷扬、小车与大车凸轮控制器触点，SQ1、SQ2 为大车移行机构行程开关，SQ3、SQ4 为小车移行机构行程开关，SQ5 为副卷扬提升行程开关。依靠上述电器开关与电路，实现起重机各种保护。

XQB1A 型保护箱照明及信号电路如图 6－14 所示。EL1 为操纵室照明灯，EL2、EL3、EL4 为桥下方的照明灯，另外还有供插接手提检修灯和电扇用的插座 XS1～XS3 及音响装置 HA。除桥下方照明灯为 220V 外，其余均为安全电压 36V。

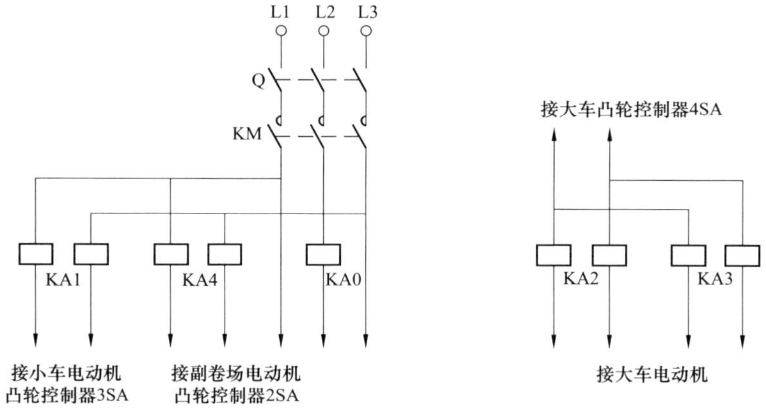

图 6-12　XQB1 型保护箱主电路图

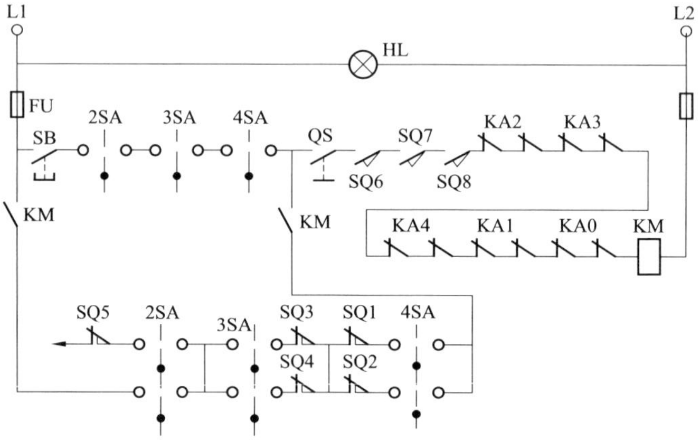

图 6-13　XQB1 型保护箱控制电路图

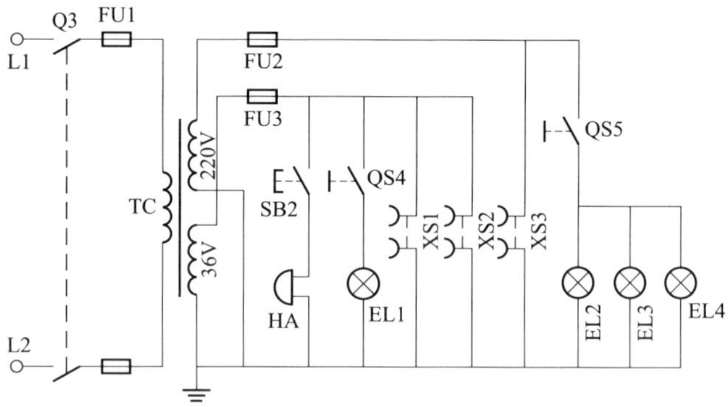

图 6-14　XQB1 型保护箱照明与信号电路图

（二）制动保护环节

1. 行程开关

行程开关在起重机中用来限制各移行机构的行程，以实现限位保护。在桥式起重机中应用较多的是 LX7、LX10 与 LX6Q 系列行程开关。LX7 系列与 LX10-31 型行程开关用于提升机构，LX10、LX11 型行程开关一般用于移行机构。LX6Q 系列行程开关主要用于舱口盖上作为舱口开关。LX8 系列用作紧急开关。

对于提升机械行程开关，LX7 系列行程开关安装在提升机械的卷筒轴上，当吊钩上升时，卷筒转动，通过蜗轮、蜗杆在吊钩升到允许高度时，将 LX7 行程开关触点断开。LX10－31 型行程开关的安装方法如图 6－15 所示，当吊钩上升到允许高度时，吊挂装置上的托板将托起重锤，而在另一重锤作用下，转轴旋转，断开开关触点。

除上述行程开关外同，现已生产出 LX22 系列新型行程开关，其中，LX22－1 型为自动复位式，LX22－2 型为非自复式，均用于平移机构，而 LX22－3 型用于提升机构。

2. 制动电磁铁与制动器

制动器在起重机中既是工作装置又是安全装置。根据制动器的构造，制动器可分为块式、带式、盘式、多盘式、圆锥式制动器等；根据操作情况，可分为动断式、动合式与综合式。起重机一般多采用动断式制动器，特别在提升机构上，必须采用动断式制动器，以确保安全。起重机上广泛使用块式制动器。根据松闸杠杆系统的不同，块式制动器又有长行程与短行程之分。

(1) 短行程电磁块式制动器。如图 6－16 所示，制动器借助主弹簧，通过框形拉板使左、右制动臂上的制动瓦块压在制动轮上，借助制动轮和制动瓦块之间的摩擦力来实现制动。

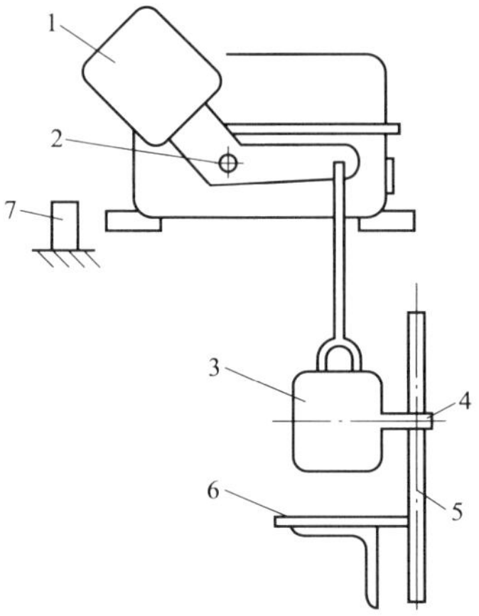

图 6－15　LX10－31 型行程开关使用简图

1、3—重锤；2—转轴；4—套环；5—钢丝；6—托板；7—支柱

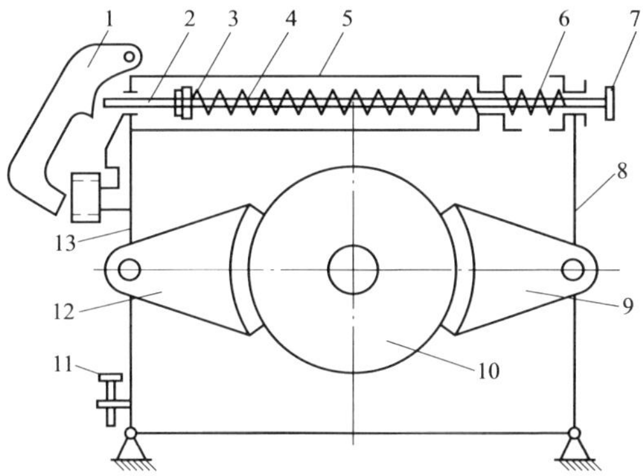

图 6－16　短行程电磁瓦块式制动器工作原理图

1—电磁铁；2—顶杆；3—锁紧弹簧；4—主弹簧；5—框形拉板；6—副弹簧；7、11—调整螺母；8—右制动臂；9—右制动瓦块；10—制动轮；12—左制动瓦块；13—左制动臂

制动器松闸操作借助电磁铁来实现，当线圈通电后，衔铁吸合，将顶杆向右推动，制动臂带动制动瓦块同时离开制动轮，实现松闸。为防止制动臂倾斜过大，可用调整螺钉来调整制动臂的倾斜量，以保证左、右制动瓦块离开制动轮的间隙相等。副弹簧的作用是把右制动臂推向右边，防止在松闸时，整个制动器左倾，而造成右制动块离不开制动轮。

锁紧螺母由三个螺母组成，可调整主弹簧的长度并将其锁紧。

短行程电磁块式制动器上闸、松闸动作迅速、结构紧凑、自重小。由于制动瓦块与制动臂铰接，制动瓦与制动轮接触均匀，磨损也均匀。但由于短行程电磁块式制动器的松闸力小，故只适用于小型制动器（制动轮直径一般不大于 0.3m）。

（2）长行程电磁块式制动器。当机构要求有较大制动力矩时，可采用长行程电磁块式制动器，图 6－17 所示为其工作原理图。它通过杠杆系统来增加上闸力。松闸操作是借助电磁铁通过杠杆系统实现的，上闸操作是借助于弹簧力实现的。当电磁铁通电时，水平杠杆抬起，带动螺杆 4 向上运动，使杠杆板绕轴沿逆时针方向转动，压缩制动弹簧，在螺杆 2 与杠杆板 3 作用下，两个制动臂分别左、右运动，使制动瓦块松开闸轮。当电磁铁断电时，靠制动弹簧的张力使制动瓦块闸住制动轮。

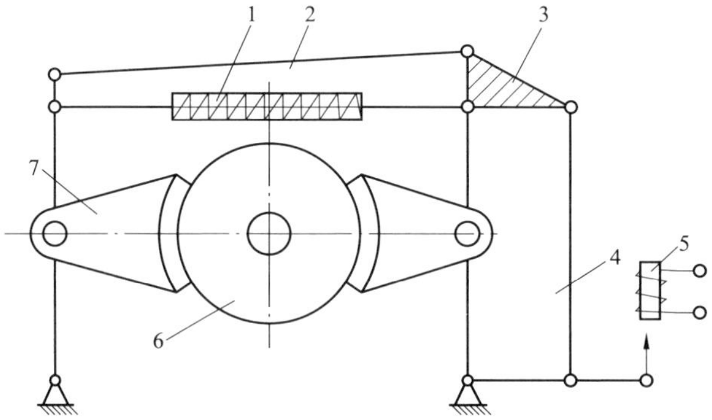

图 6－17　长行程电磁块式制动器工作原理图

1—制动弹簧；2、4—螺杆；3—杠杆板；5—电磁铁；6—制动轮；7—制动瓦块

上述两种电磁块式制动器结构简单，能与被控的电动机操纵电路连锁。当电动机停止工作或发生事故断电时，电磁铁自动断电，制动器上闸，保证了安全工作。但电磁铁在吸合时冲击大，有噪声，且机构需经常起、制动，电磁铁易损坏，寿命短。

短行程电磁铁通常采用单相电源，制动力矩小，吸合时的冲击力直接作用在整个制动机构中，诱发制动器螺钉松动，甚至整个起重机桥架也会产生剧烈振动，对提升钢丝绳的寿命也有影响，因此不宜用于提升机构上。常用的短行程电磁块式制动器为 MZD1 系列。

长行程电磁铁使用三相交流电源，制动力矩较大，工作较平稳可靠，制动时没有自振。其电气连接方式与电动机定子绕组相同，有三角形连接与星形连接。一般起重机上多使用长行程电磁铁制动器。常用的长行程电磁块式制动器为 MZS1 系列。

为克服电磁铁制动器的缺点，目前广泛采用一种新型电磁铁，即液压电磁铁。其实质也是一个直流长行程电磁铁，但其铁芯动作是通过液压传到松闸推杆的，所以动作平稳，无噪声，寿命长，能自动补偿瓦块磨损，但价格相对较贵。

此外，还有一种由驱动电动机与离心泵组成的电动推杆块式制动器，允许动作次数多（可达 600 次/h 以上），推动恒定，可与电动机联合进行调速，但上闸缓慢，若用于提升机械，则其制动行程长，且不适用于低温环境中。

七、桥式起重机整机控制电路分析

1. 起重机的供电特点

交流起重机电源由公共的交流电网供电，由于起重机是经常移动的，因此其与电源之间不能采用固定连接方式。小型起重机采用输电线供电，随着大车或小车的移动，供电电线随之伸展与叠卷。一般桥式起重机常用滑线和电刷供电。三相交流电源接到沿车间长度方向架设的三根主滑线上，再通过电刷引到起重机的电气设备上，首先进入驾驶室中的保护盘上的总电源开关，然后向起重机各电气设备供电。小车及其上的提升机构等电气设备则经桥架另一侧的辅助滑线来供电。

滑线通常用角钢、圆钢、V 形钢或钢轨制成，当电流值很大或滑线太长时，为减少滑线压差，常将角钢与铝排逐段并联，以减少电阻值。

在交流系统中，圆钢滑线因趋肤效应的影响，只适用于短线路或小电流的供电线路。

2. 15/3t（中级）通用吊钩桥式起重机电气控制电路

如图 6－18 所示，该起重机有两个卷扬机构，主钩起重量为 15t，副钩起重量为 3t，由电动机 M1、M2 拖动，用 KT14－60J/1 型的 1SA 与 KT14－25J/1 型的 2SA 凸轮控制器操纵。大车移行机构由两台电动机 M4、M5 分别拖动，同由一台 KT14－25J/2 型的 4SA 凸轮控制器控制。小车移行机构由电动机 M3 拖动，由 KT14－25J/1 型的 3SA 凸轮控制器控制。整个起重机用 GQR6－GECPO 型保护盘保护 5 台电动机。

该控制电路共设有 3 根主滑线、18 根辅助滑线，全部采用凸轮控制器控制。控制电路简单，各部分工作原理如图 6－18 所示。

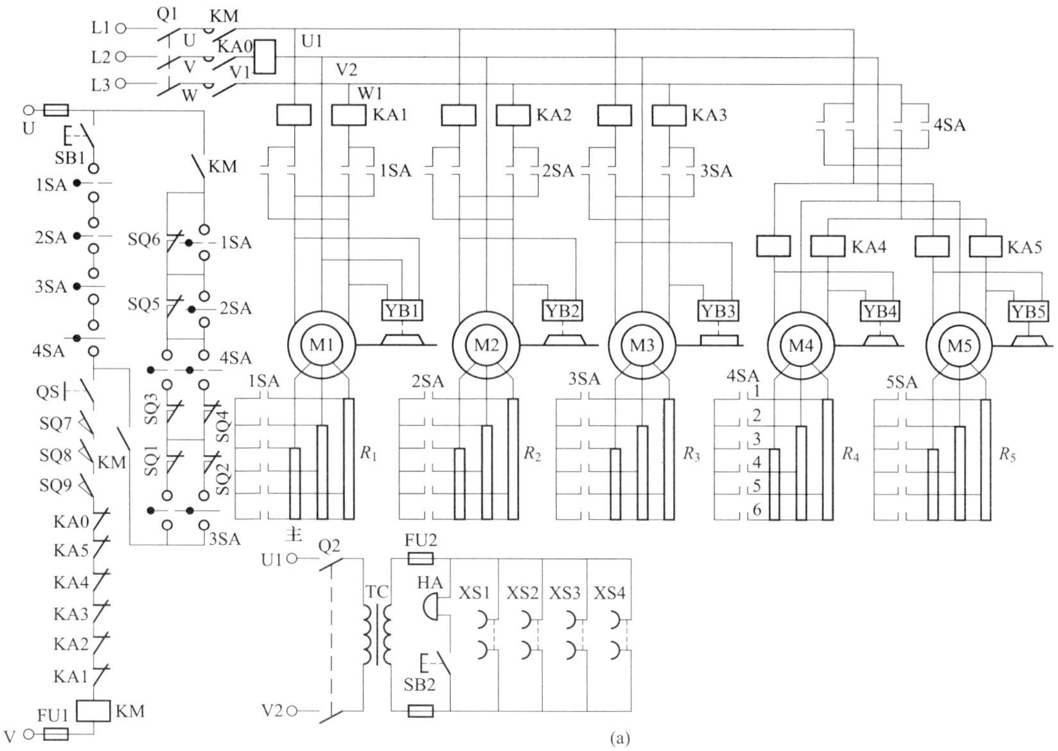

图 6－18　15/3t（中级）通用吊钩桥式起重机电气控制电路图（一）

（a）整机电路图

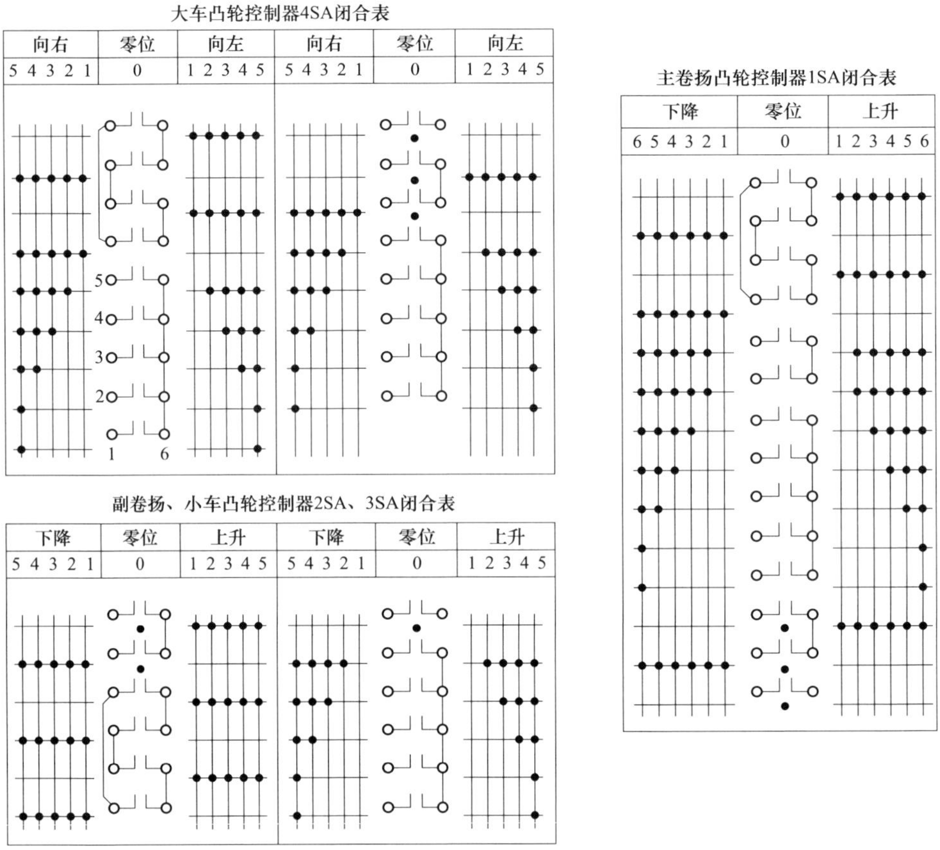

(b)

图 6－18　15/3t（中级）通用吊钩桥式起重机电气控制电路图（二）

(b) 控制器触点闭合状态表

3. 15/3t（重级）通用吊钩桥式起重机电气控制电路

如图 6－19 所示，M1 为主卷扬电动机，由主令控制器 1SA 控制；M2 为副卷扬电动机，M3 为小车电动机，M4、M5 为大车电动机，它们皆由各自的凸轮控制器控制。各机构电气控制原理如前所述。

控制器 1SA、2SA、3SA、4SA，交流保护盘，紧急开关等电气设备安装在驾驶室中。电动机转子各电阻 $R_1 \sim R_5$，电动机 M4、M5，大车制动器 YB5、YB6，大车行程开关 SQ1、SQ2，主钩电动机交流控制盘等放在大车桥架一侧。在桥架另一侧，装设了 21 根辅助滑线（其接线情况见图 6－20）及小车行程开关 SQ3、SQ4。在小车上装有主卷扬、副卷扬和小车电动机，各自的制动电磁铁 YB1～YB4，主提升行程开关 SQ 与副提升行程开关 SQ5。了解与掌握这些电气设备的安装与位置对维修电气设备是十分必要的。

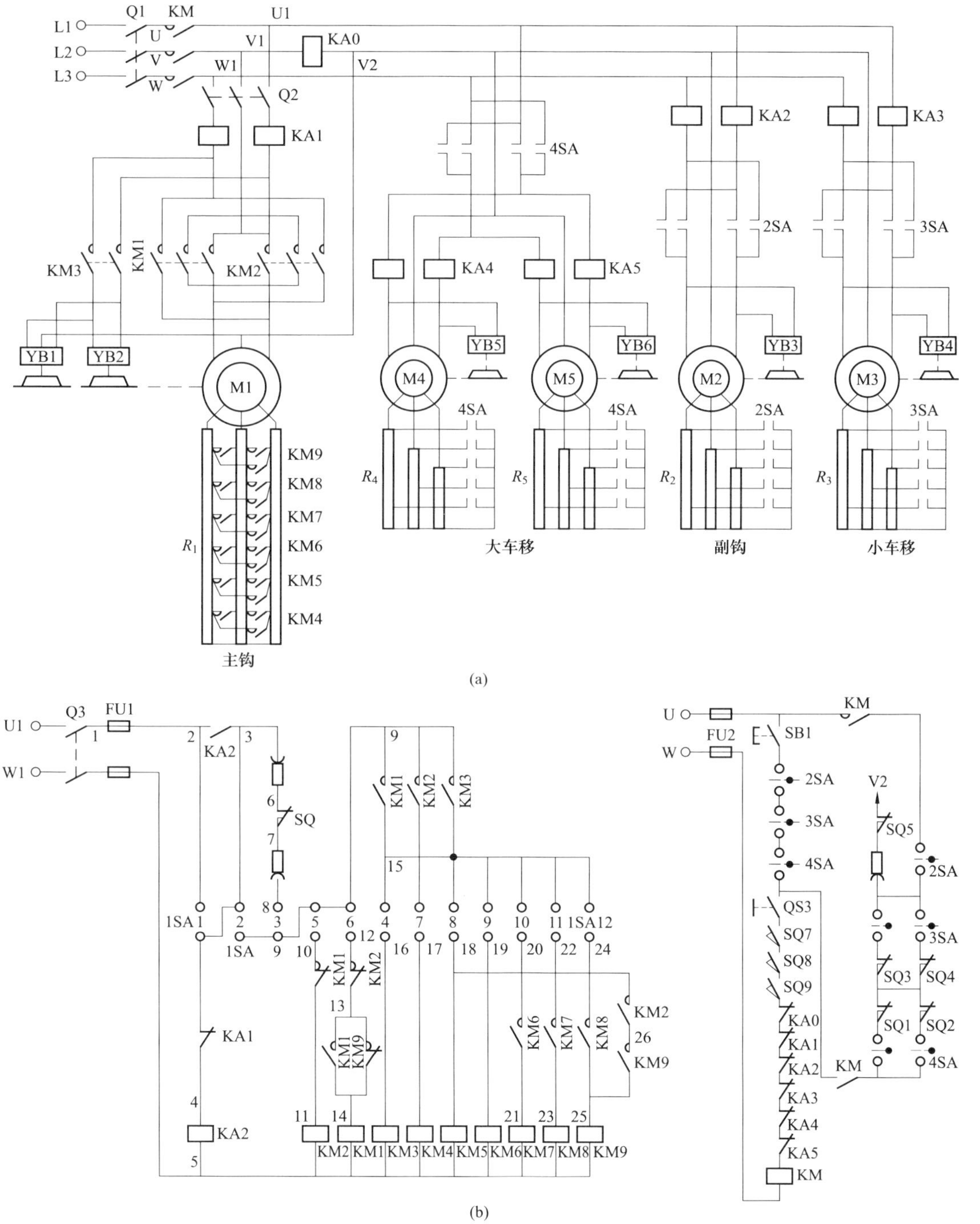

图 6-19 15/3t（重级）桥式起重机电气控制电路图

（a）主电路；（b）控制电路

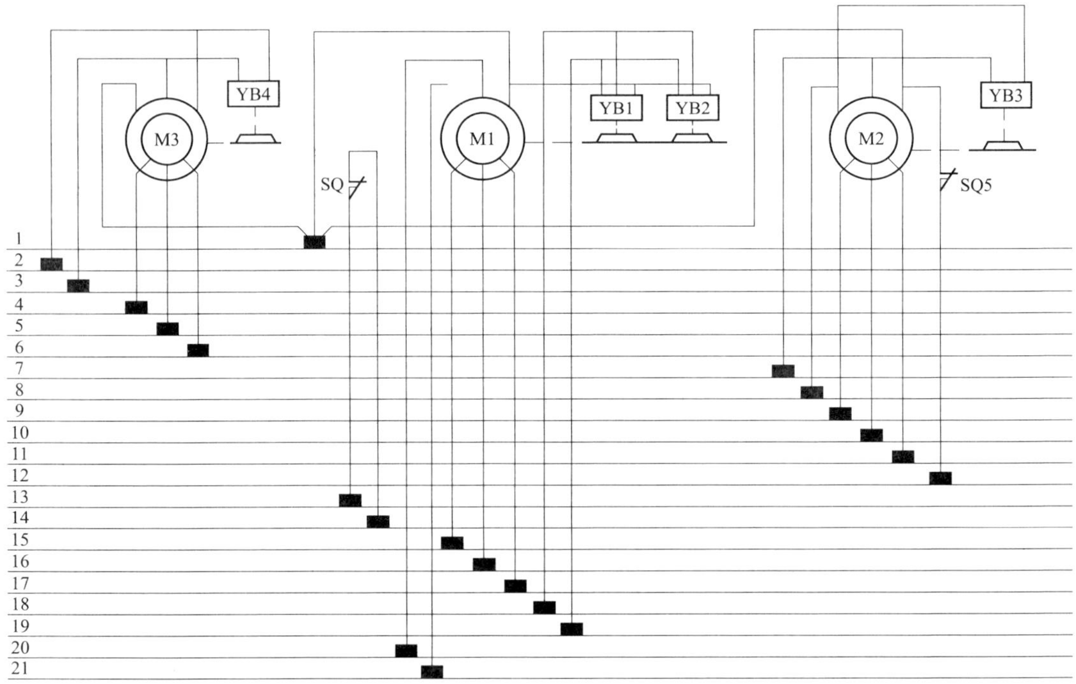

图 6－20 15/3t（重级）通用吊钩桥式起重机辅助滑线接线图

1 接电源与大车电动机定子；2、3 接 3SA；4～6 接 R_3；7、8 接 2SA；9～11 接 R_2；12 接 2SA；13、14 接 1SA；15～17 接 R_1；18～21 接主钩磁力控制盘

模块二 电动葫芦和梁式起重机电气控制

知识要求	技能要求
1. 熟悉电动葫芦的工作原理； 2. 了解梁式起重机的工作原理	1. 能识读组合机床的控制电路图，能说出电路的动作流程； 2. 能初步诊断电气控制电路的常见故障

电动葫芦是将电动机、减速器、卷筒、制动器、运动小车等紧凑地合为一体的起重机械。由于它轻巧、灵活、成本较低，广泛用于中小型物件的起重吊装中。它可以是固定的，也可以通过小车和桥架组成电动单梁桥式起重机、简易双梁桥式起重机和简易龙门起重机等。

电动葫芦根据电动机、制动器、卷筒等主要部件布置的不同，可分为 TV 型、CD 型、DH 型和 MD 型，其结构形式如图 6－21 所示。电动葫芦按用途可分为通用电动葫芦和专用电动葫芦两种。通用电动葫芦可在－20～＋35℃温度范围内使用，不适用于易爆易燃、有酸碱的、粉尘严重的场所。专用电动葫芦具有防爆、防腐蚀、防温热等性能，适用于环境较为恶劣的场所。

1. TV 型电动葫芦

TV 型电动葫芦的起重量为 0.25t，起升高度为 6～30m，提升速度为 4.5～10m/min，共有 23 种规格，另外有 1t、4t、10t 非标准电动葫芦。

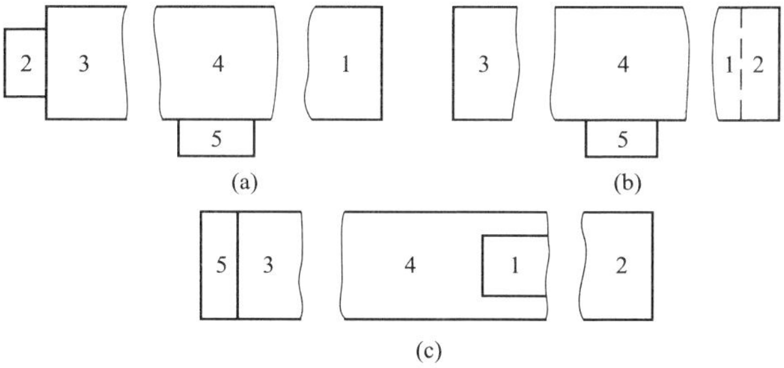

图 6-21　电动葫芦结构形式

(a) TV 型；(b) CD 型；(c) DH 型

1—电动机；2—制动器；3—减速器；4—卷筒；5—电器

图 6-22 所示为 TV 型电动葫芦提升机构图。电磁盘式制动器直接装在电动机轴上，依靠压缩弹簧实现制动。当制动器电磁铁线圈通电时，电磁铁吸力压紧弹簧，使制动片松脱，释放制动，电动机自由转动。制动力矩大小可由调节螺钉来实现。起重量为 1t 以上的电动葫芦还装有一个载荷自制式制动器，与电磁盘式制动器联合制动。

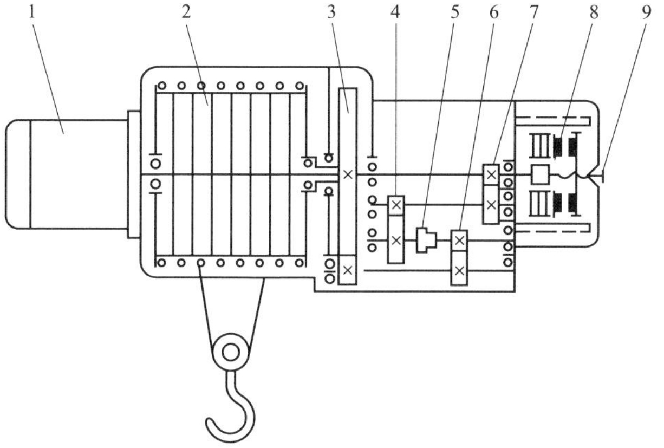

图 6-22　TV 型电动葫芦提升机构图

1—电动机；2—卷筒；3—第 4 级减速齿轮；4—第 2 级减速齿轮；5—载荷自制式制动器；6—第 3 级减速齿轮；7—第 1 级减速齿轮；8—电磁盘式制动器；9—调节螺钉

TV 型电动葫芦结构简单，制造、检修方便，采用较多通用部件，互换性好，但体积大，自重大，起动猛烈，运行欠稳，与单梁桥式起重机配套使用时，起、制动不便。

2. CD 型电动葫芦

CD 型电动葫芦是我国自行设计的新产品，具有自重轻、体积小、结构简单等优点。它有 8 种起重量、10 种结构形式，其中 CD 型为锥形转子电动机单速电动葫芦。

CD 型电动葫芦的提升机构由锥形转子电动机、制动器、卷筒、减速器等部件组成，采用 JZZ、ZD、ZDY 系列锥形转子制动异步电动机。

当电动机接通电源时，在电动机转子上作用一个电磁力 F，如图 6-23 所示。该力作用方向垂直于锥形转子表面，它在轴线方向的分力 $F\sin\alpha$ 使电动机转子沿轴线往右移动，进而压缩弹簧，同时与锥形转子同轴的风扇制动轮也随着右移，使风扇制动轮与电动机后端盖脱开，制动器处于松闸状态。制动时，依靠弹簧张力，风扇制动轮和后盖刹紧借助锥形制动圈的摩擦力实现制动。

3. 电动葫芦的电气控制

常用的 CD 型电动葫芦由结构上相互联系的提升机构和移动装置组成。它们都由各自的电动机拖动，其提升机构前已叙述。电动葫芦的移动是借导轮的作用在工字梁上进行的，导轮由另一台电动机经圆柱形减速箱驱动。

图 6-24 所示为电动葫芦电气控制电路图。提升电动机 M1 由上升、下降接触器 KM1、KM2 控制，移行电动机 M2 由向前、向后接触器 KM3、KM4 控制。它们都由电动葫芦悬挂按钮站上的四个复式按钮 SB1～SB4 实现点动控制，SQ 为提升限位开关。

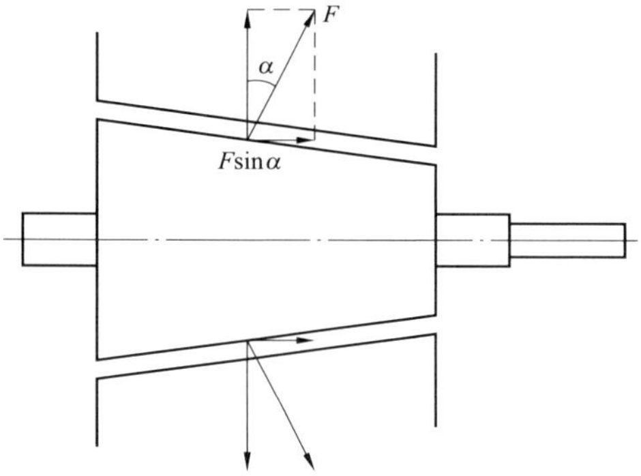

图 6－23　锥形转子受力分析图

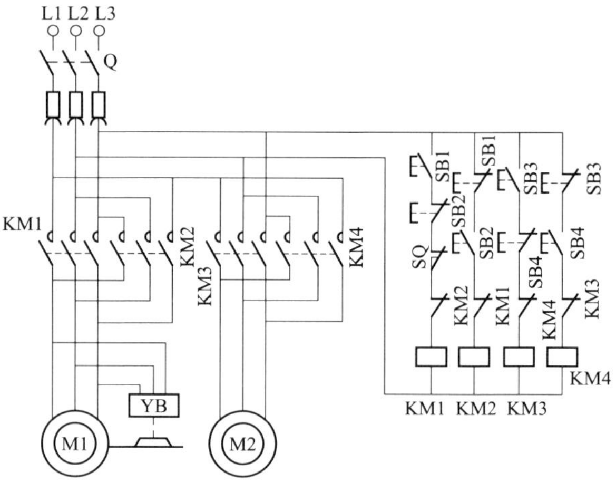

图 6－24　电动葫芦电气控制电路图

4. 梁式起重机

LD 型电动机单梁起重机和 DDQ 型电动单梁起重机都是将 CD 型电动葫芦安装于可沿厂房来回移动的梁架上，以实现重物上、下、左、右、前、后六个方向的移动。在梁式起重机中，梁架的移动可由笼型或绕线转子异步电动机拖动，由悬挂按钮站或控制器操作。后者常用于设有驾驶室的梁式起重机中，且由绕线转子异步电动机拖动。

思考与练习

6－1　简述桥式起重机的主要结构与运动形式。

6－2　桥式起重机电气控制有哪些特点？

6－3　提升重物与下降重物时提升机构电动机各处于何种工作状态？它们是如何实现的？

6－4　说明图 6－5 所示电路中凸轮控制器各触点的作用，为何电动机转子电阻采用不对称接法。

6－5　图 6－5 所示电路用于提升机构在操作时应注意什么？为什么？

6－6　图 6－8 所示主令控制器电路有什么特点？操作时应注意什么？

6－7　图 6－8 所示电路设有哪些连锁环节？它们是怎样实现的？

6－8　起重机上电动机为什么不采用熔断器和热继电器做保护？

6－9　图 6－8 所示电路工作在空钩或重载下，手柄置于下放“1”“2”位时，电动机处于什么运转状态？

6－10　当吊车正在起吊，大车向前、小车向左运动时，当小车碰到终端开关时，将会影响哪些运动？要想将小车退出终端开关，应如何操作？

项目七　数控机床电气控制

电气控制技术对现代机床的发展有着非常重要的作用。从广义上说，现代机床电气控制技术的重要标志是自动调节技术、电子技术、检测技术、计算机技术、综合控制技术应用于机床中。尽管现代机床的种类、功能和加工范围有所不同，但它们都离不开电气控制设备，离不开电气控制技术。电气控制装置的配备情况是现代机床自动化水平的重要标志。

模块一　计算机数控系统

知识要求	技能要求
1. 了解计算机数控系统的工作原理； 2. 熟悉计算机数控系统的组成与分类	1. 能识别各类计算机数控系统； 2. 能初步选择数控系统

在传统的机械加工设备已经不能满足现代工业制造需求的情况下，数控机床成为目前机械加工的主体，它在提高生产效率和产品质量、减轻操作人员的体力劳动等方面起到了极其重要的作用。数控机床集机械、液压、气动、伺服驱动、精密测量、电气自动控制、现代控制、计算机控制和网络通信等技术于一体，是一种高效率、高精度、能保证加工质量、解决工艺难题和具有柔性加工特点的生产设备，它正逐步取代普通机床。

一、计算机数控系统

1. 数控技术

GB/T 8129—1997 将"数控"定义为用数字化信息对机床运动及其加工过程进行控制的一种方法。数控技术简称数控（numerical control，NC），是现代制造技术的核心。由于现代数控均采用计算机进行控制，因此也可以称其为计算机数控（computer numerical control，CNC）。数控系统（numerical control system）是指利用数控技术实现自动控制的硬件和软件的整体。数控系统的核心是数控装置（numerical controller）。

2. 数控机床

国际信息处理联合会 IFIP 将数控机床（NC machine tools）定义如下：一个装有程序控制系统的机床，机床的运动和动作按照这种程序系统发出的特定代码和符号编码组成的指令进行，其技术综合了微电子技术、计算机技术、机械制造技术、信息处理与传输技术、自动控制技术、伺服驱动技术、传感器技术、软件技术等多个领域的先进技术，是典型的机电一体化产品。数控机床如图 7－1 所示，数控装置如图 7－2 所示。

数控机床基本控制过程是根据数控加工程序实现对机床工作过程的自动控制，如图 7－3 所示。

图 7-1　数控机床

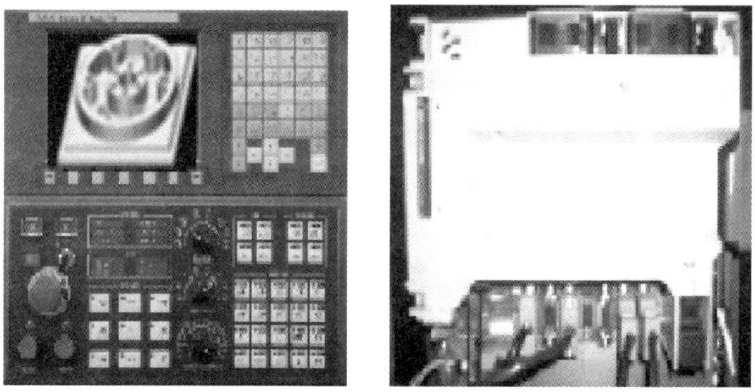

图 7-2　数控装置

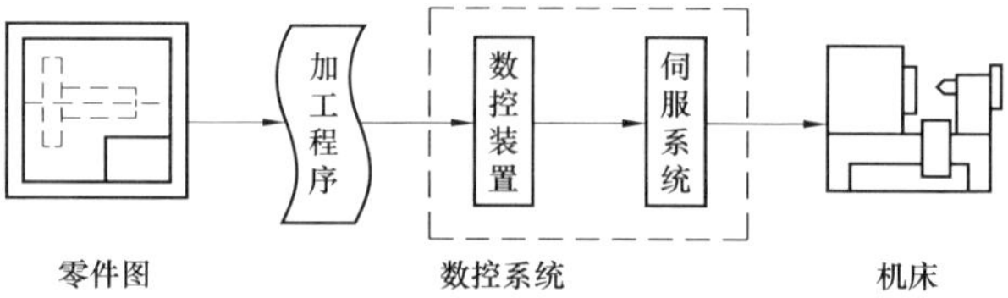

图 7-3　数控机床基本控制过程

（1）被加工零件的图样与工艺方案用规定的代码和程序格式表示，将刀具的移动轨迹、加工工艺过程、工艺参数、切削用量等编写成数控系统能够识别的指令形式，即编写加工程序。

（2）将所编写的加工程序输入数控装置。

（3）数控装置对输入的程序进行译码、运算处理，并向各坐标轴的伺服系统发出相应的控制信号，以控制机床各部件的运动，同时系统需要随时检测机床的坐标轴位置，并与程序的要求相比较，以决定下一步动作，直到加工出合格的零件为止。

二、数控机床的组成

数控机床由控制介质、人机交互设备、计算机数控装置、进给伺服驱动系统、主轴驱动系统、辅助控制装置、可编程控制器、反馈系统、自适应控制装置等部分组成，如图 7-4 所示。

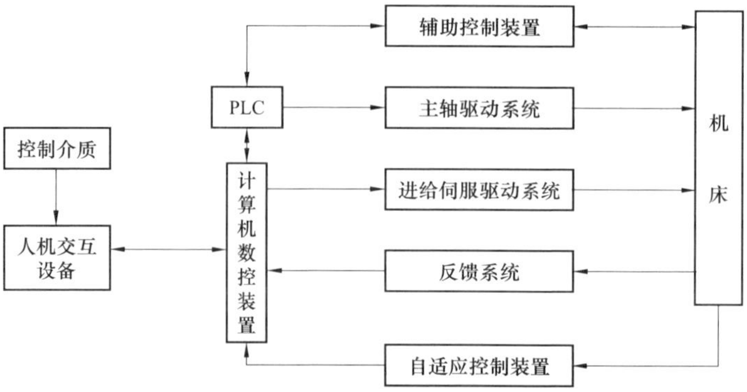

图 7-4　数控机床组成

1. 控制介质

要对数控机床进行控制，就必须在人与数控机床之间建立某种联系，这种联系的中间媒介就是控制介质，又称为信息载体或程序。机床加工之前，先要根据零件图上规定的尺寸、形状和技术条件编制工件的加工程序，将加工工件时刀具相对于工件的位置和机床的全部动作顺序，按照规定的格式和代码记录在控制介质上。需要在数控机床上加工该工件时，把控制介质上存放的信息（即工件加工程序）输入计算机控制装置。常用的程序输入方式是用操作面板上的键盘直接输入加工程序。在 CAD/CAM 集成软件系统生成数控加工代码后，需将 G 代码传送到数控机床。目前广泛采用 RS－232 串行通信方式或 DNC 网络通信方式进行程序输入，新的数控设备甚至配备了可连入企业局域网的通信网卡，从而实现了 CAD/CAM 系统和数控机床的直接集成。

2. 人机交互设备

数控机床在加工运行时，通常需要操作人员对数控系统进行状态干预和插入控制介质存放的加工程序，对输入的加工程序进行编辑、修改和调试，同时数控系统要显示数控机床运行状态等，也就是数控机床要具有人机联系的功能。具有人机联系功能的设备统称人机交互设备。

键盘和显示器是数控系统不可缺少的人机交互设备。操作人员可通过键盘和显示器输入简单的加工程序，编辑、修改程序和发送操作命令，即进行手工数据输入（manual data input，MDI），因而键盘是交互设备中最重要的输入设备。数控系统通过显示器提供必要的信息，根据数控系统所处的状态和操作命令的不同，显示的信息可以是正在编辑的程序，或是机床的加工信息。简单的显示器是由若干个数码管构成的，能显示的信息有限。高级的数控系统一般配有 CRT 显示器或点阵式液晶显示器，显示信息丰富。低档的 CRT 显示器或液晶显示器只能显示字符，高档的显示器还能显示加工轨迹图形。

3. 计算机数控装置

数控装置是数控机床的中枢，目前绝大部分数控机床采用微型计算机控制。数控装置由硬件和软件组成，没有软件，计算机数控装置就无法工作；没有硬件，软件也无法运行。数控装置的硬件结构由运算器、控制器（运算器和控制器构成 CPU）、存储器、输入接口、输出接口等组成。

4. 进给伺服驱动系统

进给伺服驱动系统由伺服控制电路、功率放大电路和伺服电动机组成。进给伺服驱动系统的性能是决定数控机床加工精度和生产效率的主要因素之一。

伺服驱动的作用是把来自数控装置的位置控制移动指令转变成机床工作部件的运动，使工作台按规定轨迹移动或精确定位，加工出符合图样要求的工件。因为进给伺服驱动系统是数控装置和机床本体之间的联系环节，所以它必须把数控装置送来的微弱指令信号放大成能驱动伺动电动机的大功率信号。常用的伺服电动机有步进电动机、直流伺服电动机和交流伺服电动机。根据接收指令的不同，伺服驱动有脉冲式和模拟式，而模拟式伺服驱动方式按驱动电动机的电源种类，可分为直流伺服驱动和交流伺服驱动。步进电动机采用脉冲驱动方式，交、直流伺服电动机采用模拟式驱动方式。

进给伺服驱动系统是控制数控机床工作台或移动刀架的位置控制系统。为了保证数控机床的加工精度，一般要求定位精度为 0.01～0.001mm，精密数控机床要求达到 0.0001mm；

要求响应要快，稳定性要好，为保证系统的跟踪精度，要求动态过程在200ms甚至几十毫秒以内，同时要求超调量要小；要求进给速度在0～24m/min能正常工作，高性能数控机床要求在0～240m/min时可以连续调整，在低速进给时输出较大的转矩。

脉冲当量是衡量数控机床精度的重要参数。数控装置输出一个脉冲信号（一个移位节拍指令）使机床工作台移动的位移量称为脉冲当量，用δ表示。进给伺服驱动系统定位精度越高，脉冲当量越小，常用脉冲当量有0.01mm/P、0.05mm/P、0.001mm/P，精密数控机床要求达到0.0001mm/P。

5. 主轴驱动系统

机床的主轴驱动系统和进给伺服驱动系统差别很大，机床主轴的运动是旋转运动，机床进给运动主要是直线运动。早期的数控机床一般采用三相感应同步电动机配上多级变速箱作为主轴驱动的主要方式。现代数控机床对主轴驱动提出了更高的要求，要求主轴具有高的转速（液压冷却静压主轴可以在20 000r/min的高速下连续运行）和宽的无级调速范围，能在1∶1000～1∶100内进行恒转矩调整和在1∶30～1∶10内进行恒功率调整；主传动电动机应具有2.2～250kW的功率，既要能输出大的功率，又要求主轴结构简单，同时，数控机床的主轴驱动系统在主轴的正反方向都可以实现转动和加减速。

为了使数控车床进行螺纹车削加工，要求主轴和进给驱动实现同步控制；在加工中心上为了能自动换刀，还要求主轴能实现正反方向和加速、减速控制；在加工中心上为了保证每次自动换刀时刀柄上的键槽对准主轴上的端面键，以及精镗孔后退刀时不会划伤已加工表面，要求主轴能进行高精度的准停控制；为了保证端面加工质量，要求主轴具有恒线速度切削功能；有的数控机床还要求具有角度分度控制功能。现代数控机床绝大部分采用交流主轴驱动系统，由可编程控制器进行控制。

6. 辅助控制装置

辅助控制装置的主要作用是接收数控装置输出的开关量指令信号，经过编译、逻辑判别和运动，再经功率放大后驱动相应的电器，带动机床的机械、液压、气动等辅助装置完成指令规定的开关量动作。这些控制包括主轴运动部件的变速、换向和起停指令，刀具的选择和交换指令，冷却、润滑装置的起动停止，工件和机床部件的松开、夹紧，分度工作台转位分度等开关辅助动作。由于可编程逻辑控制器（PLC）具有响应快，性能可靠，易于使用、编程和修改程序并可直接起动机床开关等特点，现已广泛用作数控机床的辅助控制装置。

7. 可编程控制器

可编程控制器的作用是对数控机床进行辅助控制，把计算机送来的辅助控制指令，经可编程控制器处理和辅助接口电路转换成强电信号，用来控制数控机床的顺序动作、定时计数、主轴电动机的起停、主轴转速调整、冷却泵起停、转位换刀等动作。可编程控制器本身可以接收实时控制信息，同数控装置共同完成对数控机床的控制。

可编程控制器是一种以微处理器为核心的通用型工业控制装置，能在使用条件较差的工业环境下应用。由于最初研制这种装置的目的是解决机械设备的逻辑及开关量控制，所以把它称为可编程逻辑控制器（programmable logic controller，PLC）。当PLC用于控制机床顺序动作时，也可称为可编程机床控制器（programmable machine controller，PMC）。现在通常用PLC表示可编程控制器，而用PC表示个人计算机（personal computer）。

PLC 采用存放在程序存储器中的编程程序进行工作，编程程序包括逻辑运算、顺序控制、定时计数和算术运算等操作指令，并通过输出数字量或模拟量形式控制机械设备的生产过程。

在 PLC 出现之前，机床的动作顺序控制是以机床当前运行状态为依据的，控制机床按规定好的动作依次有序地工作，实现动作顺序控制的手段是传统的继电器逻辑电路（relay logic circuit，RLC）。这种电路是将继电器、接触器、开关、按钮等电气分立元件用导线连接而成的控制回路，由于继电器逻辑电路存在体积大、耗电量多、寿命短、可靠性差、动作迟缓、柔性低、不易扩展等许多缺点，逐渐被 PLC 组成的顺序控制系统所取代。现在 PLC 已成为数控机床不可缺少的控制装置。

CNC 和 PLC 协调配合共同完成数控机床的控制，其中，CNC 主要完成数字运算和管理有关的功能，如工件程序的编辑、插补运算、译码、位置伺服控制等；PLC 主要完成与逻辑运算有关的动作，如工件装夹、刀具的更换、切削液的开停等辅助动作。它还接受机床操作面板的控制信息，一方面直接控制机床的动作，另一方面将一部分指令送往 CNC 用于加工过程的控制。

数控机床上使用的 PLC 可以分成两类：一类是 CNC 生产厂家为实现数控机床的顺序动作控制，而将 CNC 和 PLC 综合起来设计，称为内装型 PLC，内装型 PC 是 CNC 装置的一部分；另一种是以独立专业化的 PLC 生产厂家的产品实现数控机床的顺序控制功能，称独立型 PLC。

内装型 PLC 与 CNC 之间的信息传送在 CNC 内部进行，PLC 与机床之间的信息传送通过 CNC 的输入/输出接口电路实现。这种类型的 PLC 不能独立工作，只是 CNC 向 PLC 功能的扩展，两者不能分离。内装型 PLC 可与 CNC 共用一个 CPU，如西门子的 SINUMERIK 810、820 等数控系统，也可以单独使用一个 CPU，如 FANUC 的 0 系统和 15 系统，美国 A・B 公司 8400、8600 等。由于 CNC 功能和 PLC 功能在设计时一同考虑，因此这种类型的数控系统在硬件和软件整体结构上合理、实用，性能价格比高，适用于同类型或类型变化不大的数控机床。由于 PLC 和 CNC 之间没有多余的连线，并且 PLC 上的信息能通过 CNC 显示器显示，PLC 的编程更为方便，而且故障诊断功能和系统的可靠性也有所提高。

数控机床生产厂家也可选用独立型 PLC，特别是当数控机床的功能扩展和变更时，如向 FMC、CIMS 发展时，不至于使原数控系统做很大的变动。独立型 PLC 与 CPU 之间通过输入/输出接口连接。

目前国内引进的 PLC 产品有百种之多，著名的有西门子公司的 SIMATI－C 系列。日本立石公司的 OMRON－SYS－MAC 系列，以及日本 FANUC 公司的 PMC 系列。

8. 反馈系统

反馈系统的作用是通过测量装置将机床移动的实际位置、速度参数检测出来，转换成电信号，并反馈到 CNC 装置中，使 CNC 能随时判断机床的实际位置，速度是否与指令一致，并发出相应指令，纠正所产生的误差。

测量装置安装在数控机床的工作台或丝杠上，相当于普通机床的刻度盘和人的眼睛。按有无检测装置，CNC 系统可分为开环数控系统与闭环数控系统，而按测量装置安装的位置不同又可分为闭环数控系统与半闭环数控系统。开环数控系统的控制精度取决于步进电动机和丝杠的精度，闭环数控系统的精度取决于测量装置的精度。因此，检测装置是高性能数控机床的重要组成部分。

9. 适应控制装置

数控机床工作台的位移量、速度等过程参数可在编写程序时用指令确定，但是有一些因素在编写程序时是无法预测，例如加工材料机械特性的变化引起切削力变化、加工现场的温度等，这些随机变化的因素也会影响数控机床的加工精度和生产效率。适应控制（adaptive control，AC）的目的就是企图把加工时出现的随机因素对加工的影响减到最小。

适应控制是采用各种传感器测出加工过程中的温度、转矩、振动、摩擦、切削力等因素的变化，与最佳参数比较，若有误差及时补偿，以期提高加工精度或生产率。目前，适应控制仅用于高效率和加工精度高的数控机床，一般数控机床很少采用。

10. 机床

数控机床是高精度和高生产率的自动化加工机床，与普通机床相比，应具有更好的抗振性和刚度，要求相对运动面的摩擦因数要小，进给传动部分之间的间隙要小。所以其设计要求比通用机床更严格，加工制造要求精密，并采用加强刚性、减小热变形、提高精度的设计措施。

三、数控系统的分类

1. 按被控数控机床运动轨迹分类

（1）点位控制数控系统。数控机床点位控制又称为点到点控制。该类数控机床的数控装置控制的刀具从某一位置向另一位置移动时，不管中间的轨迹如何，只要求精确地控制刀具能正确到达目标位置。点位控制数控系统多用于多孔加工的数控机床，如数控钻床、数控坐标镗床、数控剪床等。

（2）直线切削数控系统。直线切削数控机床的数控装置不仅要控制点与点的精确位置，而且要求控制两点之间的刀具移动轨迹是一条直线，且在移动中刀具能以给定的进给速度进行加工。其辅助功能要求也比点位控制数控系统多，如它可能被要求具有主轴转速控制、进给速度控制和刀具自动交换等功能。直线切削数控系统的应用主要有简易数控车床、数控镗铣床等。

（3）连续切削数控系统。连续切削轨迹控制又称为轮廓控制，采用连续切削数控系统的机床可以实现复杂廓形的工件加工。该类机床的数控装置能够对两个或两个以上坐标方向进行严格控制，即不仅控制每个坐标的行程位置，而且控制每个坐标的运动速度。各坐标的运动按规定的比例关系相互配合，精确地协调起来连续进行加工，以形成所需要的直线、斜线或曲线、曲面。连续切削数控系统主要应用于数控车床、铣床、加工中心、电加工机床、特种加工机床等。

2. 按控制方式分类

（1）开环控制数控系统。该类数控系统不带检测装置，也无反馈电路，以步进电动机为驱动元件，如图 7－5 所示。CNC 装置输出的指令进给脉冲经驱动电路进行功率放大，转换为控制步进电动机各定子绕组依次通电、断电的电脉冲信号，驱动步进电动机转动，再经机床传动机构（齿轮箱、丝杠等）带动工作台移动。这种方式控制简单，价格比较低廉，被广泛应用于经济型数控机床中。

（2）半闭环控制数控系统。该类数控系统的位置检测元件被安装在电动机轴端或丝杠轴

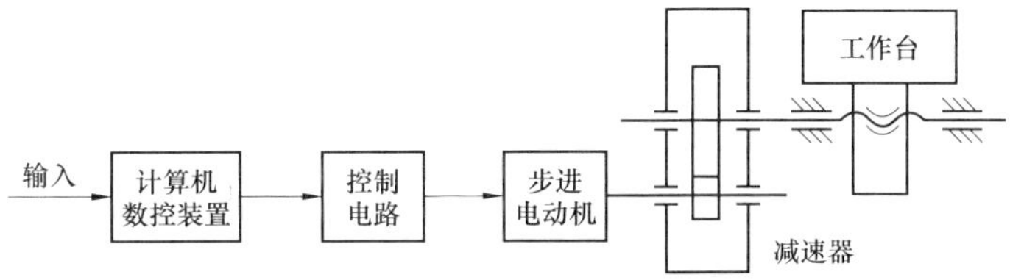

图 7-5 开环控制数控系统控制框图

端，通过角位移的测量间接计算出机床工作台的实际运行位置（直线位移），并将其与 CNC 装置计算出的指令位置（或位移）相比较，用差值进行控制，如图 7-6 所示。由于闭环的环路内不包括丝杠、螺母及机床工作台这些大惯性环节，因此由这些环节造成的误差不能由环路矫正，其控制精度不如全闭环控制数控系统，但其调试方便，可以获得比较稳定的控制特性，因此在实际应用中，这种方式被广泛采用。

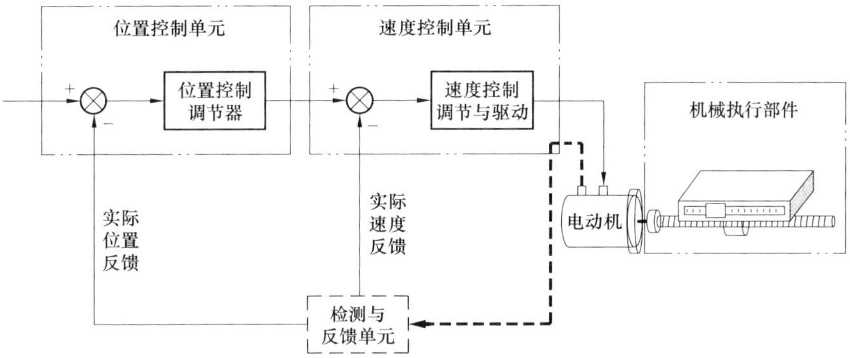

图 7-6 半闭环控制数控系统控制框图

（3）全闭环控制数控系统。如图 7-7 所示，该类数控系统的位置检测装置安装在机床工作台上，用以检测机床工作台的实际运行位置（直线位移），并将其与 CNC 装置计算出的指令位置（或位移）相比较，用差值进行控制。这类控制方式的位置控制精度很高。

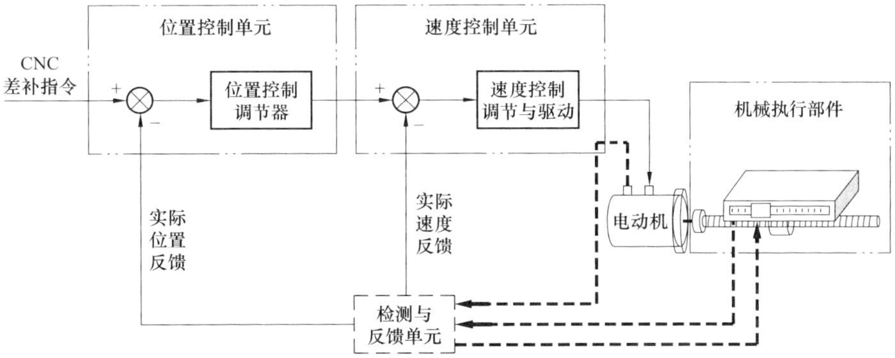

图 7-7 全闭环控制数控系统控制框图

3. 按功能水平分类

按照功能水平，数控系统可分为经济型、普及型和高档型三类。

（1）经济型数控系统。经济型数控系统又称简易数控系统，通常仅能满足一般精度要求的加工，能加工形状较简单的直线、斜线、圆弧及带螺纹类的零件，采用的微机系统为单板机或单片机系统，如经济型数控线切割机床、数控钻床、数控车床、数控铣床及数控磨床等。

（2）普及型数控系统。普及型数控系统通常称为全功能数控系统，这类数控系统功能较多，但不追求过多，以实用为准。

（3）高档型数控系统。高档型数控系统一般指加工复杂形状工件的多轴控制数控系统，且其工序集中、自动化程度高、功能强、具有高度柔性，用于具有 5 轴以上的数控铣床大中型数控机床、五轴加工中心、车削中心、柔性加工单元等。

四、数控系统的发展趋势

数控技术是 20 世纪 40 年代后期为适应复杂外形零件的加工而发展起来的一种自动化技术，其研究起源于飞机制造业。1949 年，美国帕森公司（Parsons Co）接受美国空军委托，研制一种计算控制装置，用来实现飞机、火箭等复杂零部件的自动化加工。于是，该公司提出了用数字信息来控制机床自动加工外形复杂零件的设想，并与美国麻省理工学院（MIT）伺服机构研究所合作，于 1952 年研制成功了世界上第一台数控机床——三坐标立式数控铣床，可控制铣刀进行连续的空间曲面加工，由此拉开了数控技术研究的序幕。

目前，随着生产技术的发展，对产品的性能要求越来越高，产品改型频繁，采用多品种小批量生产方式的企业越来越多，这就要求数控机床向着高速化、高精度化、复合化、系统化、智能化、环保化方向发展。

1. 高速化和高精度化

目前，数控机床正朝着高速化和高精度化方向发展，主轴转速可达 10 000～40 000r/min，进给速度可达 30m/min，快速移动可达 100m/min，加速度可达 1g，换刀时间可达 1.5s，加工中心的定位精度约为±5μm，有的可达到±1μm。日本开发的超精密非球面加工机砂轮轴转速为 40 000r/min，采用系统控制，C 轴分度为 0.0001，X、Y、Z 轴控制的分辨率可达 1nm。北京机床研究所研制的纳米超精车床采用气浮主轴轴承，可加工的最大直径为 800mm，长度为 400mm，采用纳米级光栅尺全闭环控制，分辨率为 5nm，加工零件的圆度为 0.1μm，面形精度为 0.2μm/ϕ50mm，表面粗糙度 Ra 值为 0.008μm（铅材、无氧铜）。要达到这样的速度和精度，数控系统、伺服系统必须采取措施使其具有相适应的速度和控制精度。

2. 智能化、信息化

由于微电子技术、超大规模集成电路等各种技术的发展，数控系统实现智能化变为可能。智能化的数控系统可以解决数控机床的故障诊断并提出排除的方法，也可以更广泛地深入解决加工中的技术问题。信息技术（information technology，IT）成为 21 世纪的重要发展潮流，数控机床广泛地应用 IT 实现控制、监视、诊断、补偿、调整等功能，提高机床无人化、智能化、集成化水平；利用 IT 网络将机床与工段、车间、工厂、外界数据库等进行联系，进一步实现制造、管理、经营、销售、服务等方面之间的网络化，也即向计算机集成制造系统方向发展。

3. 高可靠性

数控系统比较贵重，用户期望发挥投资效益，要求设备可靠。特别是对于要用在长时间无人操作环境下运行的数控系统，可靠性成为人们最为关注的问题。提高可靠性通常可采取如下措施。

(1) 提高线路集成度，采用大规模或超大规模的集成电路、专用芯片及混合式集成电路，以减少元器件的数量，精简外部连线和降低功耗。

(2) 建立由设计、试制到生产的一整套质量保证体系。例如，采取防电源干扰、输入/输出光电隔离；使数控系统模块化、通用化及标准化，以便于组织批量生产及维修；在安装制造时注意严格筛选元器件；对系统可靠性进行全面的检查、考核等。通过这些手段保证产品质量。

(3) 故障自诊断功能和保护功能数控系统可能由于元器件失效、编程及人为操作错误等原因出现故障。数控系统一般具有故障自诊断功能，能够对硬件和软件进行故障诊断，自动显示故障的部位及类型，以便快速排除故障。新型数控系统具有故障预报和自恢复功能。此外，还要注意增强监控与保护功能，例如，有的系统设有刀具破损检测、行程范围保护、断电保护等功能，以避免损坏机床和报废工件。由于采取了各种有效的可靠性措施，现代数控系统的平均无故障时间（MTBF）可达到10 000～36 000h。

模块二　伺服驱动系统

知识要求	技能要求
1. 了解伺候驱动系统的工作原理； 2. 熟悉各类驱动器及相关电动机的工作原理、分类及特点	1. 能识别各类驱动器及电动机； 2. 能初步安装、调试各类驱动系统

伺服驱动系统的任务是控制机床执行部件运动的位移、方向和速度。它由机械传动机构、执行部件及电气自动控制两大部分组成。前者包括工作台（或刀架）、导轨副、滚珠丝杠、传动齿轮等；后者包括伺服电动机、驱动控制装置、功率放大装置、检测反馈装置、控制调节器等。按照有无位置检测和反馈环节及位置检测元件的安装位置来分类，伺服系统可分为开环、半闭环和闭环三种类型。在半闭环系统和闭环系统中，随着科学技术的不断发展，在电路组成与控制方法上又展现出了多种不同的基本方案，如全硬件型系统、软件硬件混合型系统以及全数字（软件）型系统等。

一、基本概念

伺服驱动系统（feed servo system）简称伺服系统，是CNC装置和机床的联系环节。伺服系统是指以机械位置或角度和速度作为控制对象的自动控制系统。由于伺服系统不仅可以和数控装置配套使用，而且构成独立的位置随动系统，故也可称为随动系统。

数控机床的伺服系统包括进给伺服系统和主轴伺服系统。数控机床的伺服系统通常是指各坐标轴的进给伺服系统，控制对象通常是机床坐标轴的位移，包括速度控制、方向控制和位置控制，用于保证加工轮廓。主轴伺服系统以速度控制为主，提供切削过程中需要的转矩和功率。主轴驱动控制一般只要满足主轴调速及正反转功能即可，但当要求机床有螺纹加工、准停和恒线速加工等功能时，对主轴提出了相应的位置控制要求。此时，主轴驱动控制系统可称为主轴伺服系统。本部分主要介绍进给伺服系统及其位置检测装置的基本原理。

伺服系统硬件通常由伺服驱动装置、伺服电动机、位置检测装置、机械传动机构等部分组成。伺服系统中对输入指令信号进行控制和功率放大的是伺服放大器（或称驱动器）、伺服单元等，实际位移量的检测通过检测装置进行。

二、伺服驱动系统的组成

图 7-8 所示为闭环伺服驱动系统结构原理图，结合全闭环数控系统的控制及自动控制原理理论，闭环伺服驱动系统主要由以下几个部分组成：

（1）位置指令比较器。位置指令比较器一般位于数控装置内，能够接收输入的加工程序和反馈信号，经过系统软件运行后，由 I/O 接口输出指令信号。

（2）驱动电路。驱动电路主要接收微机发出的指令，并将输入信号转换成电压信号，经过功率放大后，驱动电动机旋转。转速的大小由指令控制。现代数控机床主要指伺服驱动器。

（3）执行元件。这里执行元件主要指直流电动机、交流电动机，也可以是步进电动机。

（4）传动装置。传动装置主要包括减速器、滚珠丝杠、工作台等机械部件等。

（5）速度和位置检测元件及反馈电路。速度检测元件早期使用旋转变压器、感应同步器等，现代数控机床主要使用编码器。位置检测元件早期包括直线感应同步器、光栅、磁尺等，现代数控机床主要使用光栅。

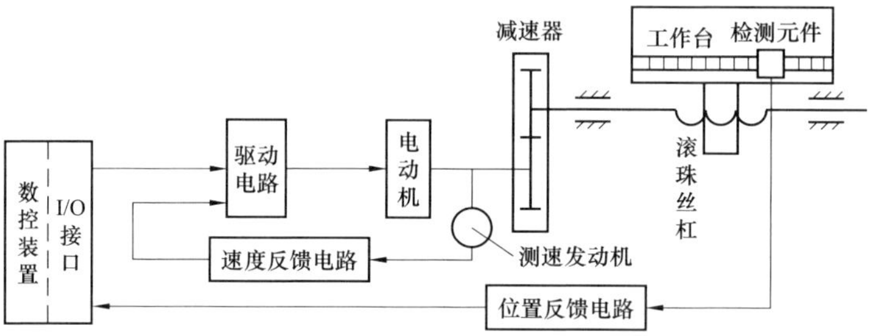

图 7-8　伺服驱动系统结构原理图

三、伺服驱动系统的工作过程

数控机床的位置控制过程：安装在工作台上的位置检测元件把检测到的实际机械位移量变成位置数字量进行反馈，与数控装置中的位置指令信号进行比较，将两者的差值进行位置调节，变换成速度控制信号，控制驱动装置驱动伺服电动机以给定的速度向着消除偏差的方向运动，直到指令位置与反馈的实际位置的差值等于零为止，此时电动机停止转动，工作台移动到指令所指定的位置。

四、伺服系统的基本性能

1．高精度

伺服系统的精度指输出量能够复现输入量的精确程度。由于数控机床执行机构的运动是由伺服电动机直接驱动的，为了保证移动部件的定位精度和零件轮廓的加工精度，要求伺服系统应具有足够高的定位精度和联动坐标的协调一致精度。一般的数控机床要求的定位精度为0.01～0.001mm，高档设备的定位精度要求达到0.1μm以上。在速度控制中，要求高的调速精度和比较强的抗负载扰动能力，即伺服系统应具有比较好的动、静态精度。

2. 良好的稳定性

稳定性是指系统在给定输入作用下，经过短时间的调节后达到新的平衡状态；或在外界干扰作用下，经过短时间的调节后重新恢复到原有平衡状态的能力。稳定性直接影响数控加工的精度和表面粗糙度。为了保证切削加工的稳定均匀，数控机床的伺服系统应具有良好的抗干扰能力，以保证进给速度的均匀、平稳。

3. 动态响应速度快

动态响应速度是伺服系统动态品质的重要指标，反映了系统的跟踪精度。目前数控机床的插补时间一般在20ms以下，在如此短的时间内，伺服系统要快速跟踪指令信号，要求伺服电动机能够迅速加减速，以实现执行部件的加减速控制，并且要求很小的超调量。

4. 调速范围要宽，低速时能输出大转矩

机床的调速范围 R_N 是指机床要求电动机能够提供的最高转速 n_{max} 和最低转速 n_{min} 之比，即

$$R_N = \frac{n_{max}}{n_{min}}$$

式中 n_{max}、n_{min}——额定负载时的电动机最高转速和最低转速，对于小负载的机械也可以是实际负载时最高转速和最低转速。

一般的数控机床进给伺服系统的调速范围 R_N 为1∶24 000，代表当前先进水平的速度控制单元的技术已可达到1∶10 000时，要求速度均匀、稳定、无爬行，且速降要小。在平均速度很低的情况下（1mm/min以下），要求有一定的瞬时速度。零速度时，要求伺服电动机处于锁紧状态，以维持定位精度。

机床的加工特点是低速时进行重切削，因此要求伺服系统应具有低速时输出大转矩的特性，以适应低速重切削的加工实际要求，同时具有较宽的调速范围以简化机械传动链，进而增加系统刚度，提高转动精度。一般情况下，进给系统的伺服控制属于恒转矩控制，而主轴坐标的伺服控制在低速时为恒转矩控制，高速时为恒功率控制。

车床的主轴伺服系统一般是速度控制系统，除了一般要求之外，还要求主轴和伺服驱动可以实现同步控制，以实现螺纹切削的加工要求。有的车床要求主轴具有恒线速功能。

5. 高性能电动机

伺服电动机是伺服系统的重要组成部分，为使伺服系统具有良好的性能，伺服电动机也应具有高精度、快响应、宽调速和大转矩的性能。具体表现在以下方面：

（1）电动机在调速范围内能够平滑运转，转矩波动要小，尤其是在低速时要无爬行现象。

（2）电动机应具有大的、长时间的过载能力，一般要求数分钟内过载4～6倍而不烧毁。

（3）满足快速响应的要求，即随着控制信号的变化，电动机应能在较短的时间内达到规定的速度。

（4）电动机应能承受频繁的起动、制动和反转。

五、伺服交流电动机的工作原理

1. 交流进给伺服电动机的基本结构和类型

交流伺服电动机的内部结构比起步进电动机结构要复杂很多，交流伺服电动机的基本结构如图 7－9 所示，定子上放置了三相相对称绕组，而转子是永磁体，一般采用稀土磁钢制成，故称为稀土永磁体电动机。我们可以这样来理解：交流进给伺服电动机与直流进给伺服电动机相比较不过是将定子与转子的位置进行互换，直流电动机的永磁定子变为交流电动机的永磁转子，而直流电动机的转子绕组变成了交流电动机的定子绕组。这样互换的结果是省去了机械换向器和电刷，代之以电子换向器或逆变器。

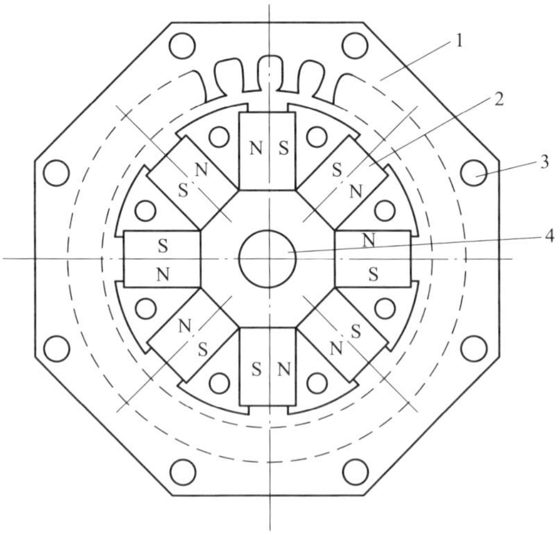

图 7－9 交流伺服电动机的基本结构

1—定子；2—永久磁铁；3—转向通风口；4—转轴

按气隙磁场分布方式的不同，交流进给伺服电动机可分为两种，即无刷直流电动机（BDCM）和永磁同步电动机（PMSM）。无刷直流电动机其实也是交流电动机，它的气隙磁场是按方波分布的，而永磁同步电动机的气隙磁场是按正弦波分布的。

2. 交流伺服电动机的转速控制

交流伺服电动机有以下三种转速控制方式：

（1）幅值控制：控制电流与励磁电流的相位差保持 90°不变，改变控制电压的大小。

（2）相位控制：控制电压与励磁电压的大小，保持额定值不变，改变控制电压的相位。

（3）幅值-相位控制：同时改变控制电压幅值和相位。交流伺服电动机转轴的转向随控制电压相位的反相而改变。

3. 伺服电动机的分类

为使说明有针对性，下面以 FANUC 伺服电动机为对象，说明伺服电动机的分类。

（1）同步电动机与异步电动机。FANUC 驱动主要采用的控制电动机形式有直流电动机（20 世纪 80 年代初期）、交流感应电动机（主轴驱动）、交流同步电动机（伺服驱动）。这三种电动机的差异如图 7－10 所示。

由于 FANUC 目前已不再使用直流电动机，而图 7－10（b）、（c）虽然均是交流电动机，但一个是感应（异步）电动机，另一个是（永磁）同步电动机，在数控机床应用中，适用场合不尽相同。下面重点讨论这两种电动机在数控机床中的应用。

交流感应电动机的控制与交流同步电动机的控制在拖动原理上既有相同之处，又有不同之处，从图 7－10 可以清楚看到，两者均通过定子磁场的旋转，带动转子旋转（两种电动机结构的转子不同）。而对于控制定子磁场旋转的驱动电路，感应电动机与同步电动机在原理上是大同小异，区别不大，大多采用脉宽调制（ PWM ）处理。所以 FANUC 驱动模块不区分所带负载是同步电动机还是异步电动机，但是在反馈电路处理和位置环控制上，感应电动机和同步电动机就不同了。感应电动机通过有效的控制可以使电动机在额定转速范围工作，使额定转差率取值在一定范围内，从而使电动机的输出功率能够维持在一个相对稳定的

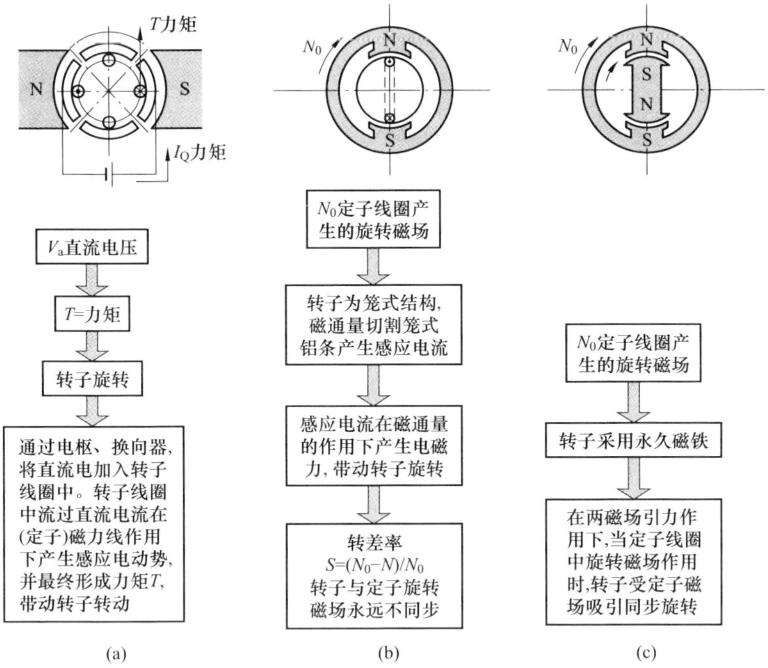

图 7－10　同步电动机与异步电动机

（a）直流电动机；（b）交流感应电动机；（c）交流同步电动机

范围，所以额定速度范围内的恒功率输出是感应电动机的特性。在数控机床中，这一特性用于主轴驱动（刀具切削时稳定的功率输出）。而同步电动机转子采用永磁体，加之高分辨率编码器，配有格雷码跟踪电动机转子实时旋转角度，并反馈给数控系统，通过位置环、速度环、电流环控制，保证转子的高精度同步定位，实现了低速大转矩及高精度同步旋转的特性，这一特性在数控机床中被用于伺服电动机驱动。

（2）αi 系列交流伺服电动机。αi 伺服放大器系列具有模块结构简单、节省空间、发热少等优点，是节能型放大器。包含伺服放大器模块、主轴放大器模块和电源模块。αi 伺服放大器的所有模块均采用低损耗的智能功率电子器件 IPM，智能模块和高效能的散热器减小了伺服放大器散热片的大小。

αi 系列交流伺服电动机采用稀土金属和铁氧体两种磁性材料，其中的 αiS 系列交流伺服电动机采用最新的稀土磁性材料敏因铁−硼，这种铁磁材料具有高的磁能积，磁路经过有限元分析以达到最佳设计。转子采用 IPM 结构，即把磁铁嵌在转子的磁轭里面。与以前的 α 系列比较，其速度和出力增加了 30%，或者说，同样的出力、同样的法兰尺寸，电动机的长短缩小了 20%。转子的结构不但具有力学的特征，如鲁棒性、高度平衡及适宜于高速运转等，另外由于减小电动机的电枢反应，优化了磁路的磁饱和，因此减小了电动机的尺寸，更适应高速、高加速度的要求。图 7－11 所示为 αi 系列交流伺服电动机。

（3）βi 系列交流伺服电动机。βi 系列交流伺服电动机同样具有模块结构简单、节省空间、发热少等优点，同样是节能型放大器。但是由于电动机磁性材料采用经济型的稀土磁性材料，因此其属于经济型驱动电动机，主要配置于 FANUC Mate 系列的数控系统上，如

图 7-11　αi 系列交流伺服电动机

FS Oi-Mate MC/TC 数控系统，并且伺服电动机一般不超过 22N · m。这种 βi 系列交流伺服电动机及驱动也适于 PMC 轴的控制（由于通过 I/O Link 线连接，也称 Link 轴），用于刀库、齿牙盘转台、机械手的定位控制。

（4）直线电动机。LiS 系列直线伺服电动机在机械结构中省去滚珠丝杠，不带磨损件，是可以直线移动的电动机。其伺服系统具有高刚度，因而可以实现高增益、高精度。其机构很少需要维修，最大速度可达 4m/s，并且最大加速度超过 3g，对于旋转电动机，这是很难实现的。嵌入到发热线圈绕组的冷却管把热量有效地带走，这个冷却机构最小限度地把热量从电动机传递到机床，因而也提高了精度。反馈测量用直线传感器，可实现分辨率为 0.01μm、高速达到 4m/s 的运行。LiS 系列直线伺服电动机的最大推力范围为 300～17 000N。图 7-12 所示为 FANUC LiS 系列直线伺服电动机。

图 7-12　FANUC LiS 直线电动机

（5）FANUC 电动机的命名。对于 FANUC 驱动产品，一般主轴电动机规格以功率表示，而伺服电动机规格以转矩表示，例如，FANUC αi 系列主轴电动机标牌为 αi22，表明该主轴电动机功率为 22kW，而 FANUC αi 系列伺服电动机标牌为 αi22，表明该伺服电动机转矩为 22N · m。

转矩与功率的换算关系为

$$N = 9950 \frac{P}{n}$$

式中　N——转矩，N · m；

P——功率，kW；

n——转速，r/min。

例如，FANUC αi22/3000（额定转矩为 22N·m，最高转速为 3000r/min）的伺服电动机，通过上式换算，在最高转速 3000r/min 时，输出功率约为 6.9kW；在 1000r/min 时，输出功率约为 2.3kW。

六、伺服系统的分类

1. 按照调节理论分类

伺服系统可以分为开环伺服系统、闭环伺服系统和半闭环伺服系统。开环伺服系统与闭环伺服系统如前所述。半闭环伺服系统与闭环伺服系统的结构一致，只是位置检测元件不直接安装在最终运动部件上（工作台），而是安装在传动装置的一个环节上（如丝杠或传动轴上），由于传动链有一部分在位置环以外，在位置环以外的传动精度得不到系统的补偿，因此其控制精度低于闭环伺服系统。对于闭环伺服系统，由于受机械变形、温度变化、振动及其他因素的影响，系统的稳定性较差。同时由于半闭环伺服系统的反馈量测量方便等特点，半闭环伺服系统得到广泛应用。

（1）步进电动机开环伺服系统。步进电动机开环伺服系统一般构成典型的开环伺服系统，其基本结构如图 7－5 所示。在这种开环伺服系统中，执行元件是步进电动机。步进电动机是一种可将电脉冲转换为机械角位移的控制电动机，并通过丝杠带动工作台移动。通常该系统中无位置、速度检测环节，其精度主要取决于步进电动机的步距角和与之相连传动链的精度。步进电动机的最高转速通常均比直流伺服电动机和交流伺服电动机低，且在低速时容易产生振动，影响加工精度。但步进电动机开环伺服系统的制造与控制比较容易，在速度和精度要求不太高的场合有一定的使用价值，同时步进电动机细分技术的应用，使步进电动机开环伺服系统的定位精度显著提高，并可有效地降低步进电动机的低速振动，从而使步进电动机开环伺服系统得到更加广泛的应用，特别适合于中、低精度的经济型数控机床和普通机床的数控化改造。

步进电动机开环伺服系统主要应用于开环位置控制中，由环形分配器、步进电动机、驱动电源等部分组成。这种系统简单，容易控制，维修方便且为全数字化控制，比较适应当前计算机技术发展的趋势。

（2）脉冲比较进给伺服系统。脉冲比较进给伺服系统的结构如图 7－13 所示，整个系统按功能模块大致可分为三部分：采用光电脉冲编码器产生位置反馈脉冲 P_f；实现指令脉冲 P_c 与反馈脉冲 P_f 的比较，以取得位置偏差信号 e；以位置偏差信号 e 作为速度调节系统。

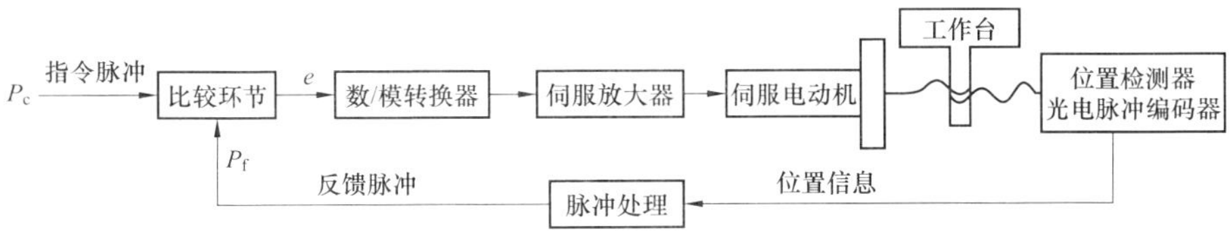

图 7－13　脉冲比较进给伺服系统的结构

众所周知，光电脉冲编码器与伺服电动机的转轴连接后，随着电动机的转动产生脉冲序列输出，其脉冲的频率将随着转速的快慢而升降。

现设指令脉冲 $P_c=0$，且工作台原来处于静止状态。这时反馈脉冲 P_f 也为 0，经比较环节可知偏差 $e=P_c-P_f=0$，则伺服电动机的速度给定为零，工作台继续保持静止不动。

当有指令脉冲加入，$P_c \neq 0$，但在工作台尚没有移动之前反馈脉冲 P_f 仍为零时，经比较判别后可知偏差 $e \neq 0$。若设 $P_c > 0$，则 $e = P_c - P_f = 0$，应由调速系统驱动工作台向正向进给。随着电动机的运转，由光电脉冲编码器输出的反馈脉冲 P_f 进入比较环节。该脉冲比较环节可以看成对两路脉冲序列的脉冲数进行比较。按负反馈原理，只有当指令脉冲 P_c 和反馈脉冲 P_f 的脉冲个数相等时，偏差 $e = 0$，工作台才能稳定在指令所规定的位置上。其实偏差 e 仍是数字量，若后续调速系统是一个模拟调节系统，则 e 要经数/模转换后才能成为模拟给定电压。将此偏差电压值加到速度控制单元的输入端，由速度控制单元向伺服电动机输送电压信号，驱动伺服电动机和执行部件向着消除位置误差的方向运转，以完成某一方向上的一定速度和位移量的运动。

（3）全数字进给伺服系统。随着高速数字信号处理器、单片机、大规模集成电路的出现，以及可用逻辑电平控制其通断的电力半导体器件——功率晶体管、功率场效应管的商品化，高精度、多功能的全数字进给伺服系统从设想变成现实，并将逐渐成为进给伺服系统的主流。

全数字进给伺服系统的结构如图 7－14 所示，由脉宽调制（PWM）调速的直流伺服电动机驱动，同样有位置控制。速度控制和电流控制等控制环节。电流控制器向 PWM 功率放大器输送逻辑电平型脉冲调宽控制信号，脉冲编码器 PG 提供位置与速度反馈信号，电流检测器发送电流反馈信号，PWM 功率放大器输出可调直流电压驱动直流伺服电动机完成位置伺服控制任务。

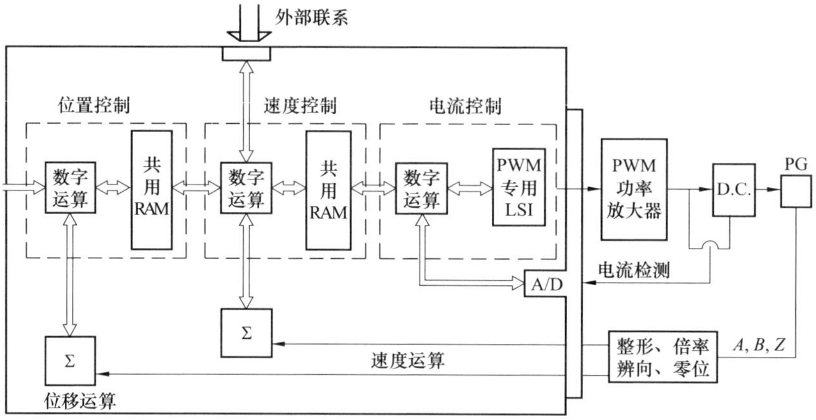

图 7－14　全数字进给伺服系统

位置控制、速度控制和电流控制环节的数字（软件）运算均由单片机的 CPU 来完成，与 CNC 系统的计算机有双向通信联系。在系统内部各个环节之间使用同一 RAM 实行高速通信处理。各环节可以采用不同的控制调节策略，通过软件可以设定、改变其结构与参数。系统最后输出逻辑电平型的脉宽调制信号，直接送至 PWM 功率放大器模块，该模块上也可以有电动机的电流检测和脉冲编码器的中继传送等电路。

2. 按使用的驱动元件分类

伺服系统可以分为电液伺服系统和电气伺服系统。电液伺服系统的执行元件是电液脉冲马达和电液伺服马达。但由于该系统存在噪声、漏油等问题，逐渐被电气伺服系统所取代。

电气伺服系统全部采用电子元件和电动机部件，操作方便，可靠性高。目前，电气伺服系统的驱动元件主要有步进电动机、直流伺服电动机和交流伺服电动机。

3. 按反馈比较控制方式分类

（1）脉冲、数字比较伺服系统。该系统是闭环伺服系统中的一种控制方式，它将数控装置发出的数字（或脉冲）指令信号与检测装置测得的数字（或脉冲）形式的反馈信号直接进行比较，以产生位置误差，实现闭环控制。该系统结构简单，容易实现，整机工作稳定，因此得到广泛应用。

（2）相位比较伺服系统。该系统中的位置检测元件采用相位工作方式，指令信号与反馈信号都变成某个载波的相位，通过相位比较来获得实际位置与指令位置的偏差，实现闭环控制。

该系统适应于感应式检测元件（如旋转变压器、感应同步器）的工作状态，同时由于载波频率高、响应快，抗干扰能力强，因此特别适于连续控制的伺服系统。

（3）幅值比较伺服系统。该系统以位置检测信号的幅值来反映机械位移的数值，并以此信号作为位置反馈信号，与指令信号进行比较获得位置偏差信号，实现闭环控制。

在上述三种伺服系统中，相位比较伺服系统和幅值比较伺服系统的结构与安装都比较复杂，因此一般情况下选用脉冲、数字比较伺服系统，同时相位比较伺服系统比幅值比较伺服系统应用得广泛一些。

模块三　典型数控机床电气控制系统

知识要求	技能要求
1. 了解数控车床电气控制工作原理； 2. 熟悉整个机床电气部分的组成	1. 能识读数控机床的控制电路图，能说出电路的动作流程； 2. 能初步诊断电气控制电路的常见故障

一、机床电气控制电路

数控机床电气控制电路一般由主回路、控制回路、安全电路、PMC输入/输出接口电路、控制柜、操纵台等部分组成，涉及低压电器元件、机床电气控制技术、数控系统接口等内容。

机床主电路主要用来实现电能的分配和短路保护、欠电压保护、过载保护等功能。数控机床的主电路与普通机床的主电路控制原则基本一致，所不同的是要考虑数控系统、伺服系统的抗干扰和安全问题。在控制要求较高的数控机床总电源回路中，为了保证数控系统的可靠运行，一般要通过隔离变压器供电；对于电网电压波动较大的应用场合，还要在总电源回路中加装稳压器；对于主回路中容量较大、频繁通/断的交流电动机电源回路，为了防止其对数控系统产生干扰，一般要设置阻容吸收电路。

机床控制电路主要用来实现对机床的液压、冷却、润滑、照明等进行控制，该电路的控制原则与普通机床相同，但有些开关信号来自数控系统，而且在交流接触器、继电器线圈的两端要加阻容吸收。

数控系统接口电路用来完成信号的变换和连接。由于数控系统内部是直流弱电信号，而机床电气控制电路是交流强电信号，为防止电磁场干扰或工频电压串入计算机数控系统中，一般采用光电耦合器进行隔离。

二、机床电气原理图的分析方法与步骤

在了解数控机床电气控制系统的总体结构、电动机和电器元件的分布状况及控制要求等内容之后，便可以分析电气原理图。

1. 分析主回路

从主回路入手，要求根据伺服电动机、辅助机构电动机和电磁阀执行电气的控制要求，分析它们的内容，控制内容包括起动、方向控制、调速和制动。

2. 分析控制电路

根据主回路中进给伺服电动机、辅助机构电动机、电磁阀等执行电气的控制要求，逐一找出控制电路中的控制环节，按功能不同划分成若干个局部控制线路来进行分析。分析控制电路的基本方法是查线阅读法。

3. 分析辅助电路

辅助电路包括电源显示、工作状态显示、照明、故障报警等部分，它们大多由控制电路中的元件来控制，所以在分析时，还要对照控制电路进行分析。

4. 分析互锁与保护环节

机床对安全性和可靠性有很高的要求，为了实现这些要求，除了合理地选择元件和控制方案以外，在控制线路中还设置了一系列电气保护和必要的电气互锁。

5. 总体检查

在逐步分析了每一个局部电路的工作原理及各部分之间的控制关系之后，还必须检查整个控制电路，特别要从整体的角度去进一步检查和理解各控制环节之间的联系，理解电路中每个元件所起的作用。

图 7－15　CK6140 数控车床

三、机床控制电路分析

如图 7－15 所示，以市场常见的 CK6140 数控车床为例，该机床两轴联动，配有四工位刀架，可满足不同需要的加工，具有可开闭的半防护门，以确保操作人员的安全。机床适于多品种、中小批量的加工，对复杂、高精度零件更具有优越性。

1. 主回路分析

图 7－16 所示为 CK6140 数控车床电气控制中的 380V 强电回路。QF1 为电源总开关。QF3、QF2、QF4、QF5 分别为主轴强电、伺服强电、冷却电动机、刀架电动机的空气开关，它们的作用是接通电源及短路、过电流时起保护作用。其中，QF4、QF5 带辅助触点，该触点输入到 PLC，作为 QF4、QF5 的状态信号，并且这两个空气开关的保护电流可调，可根据电动机的额定电流来调节空气开关的设定值，起到过电流保护作用。KM3、KM1、KM6 分别为主轴电动机、伺服电动机，冷却电动机交流接触器，由它们的主触点控制相应电动机。KM4、KM5 为控制刀架正反转交流接触器，用于控制刀架的正反转。TC1 为三相伺服变压器，将交流 380V 变为交流 200V，供给伺服电源模块。RC1、RC3、RC4 为阻容吸收，当相应的电路断开后，吸收伺服电源模块、冷却电动机、刀架电动机的能量，避免产生过电压而损坏器件。

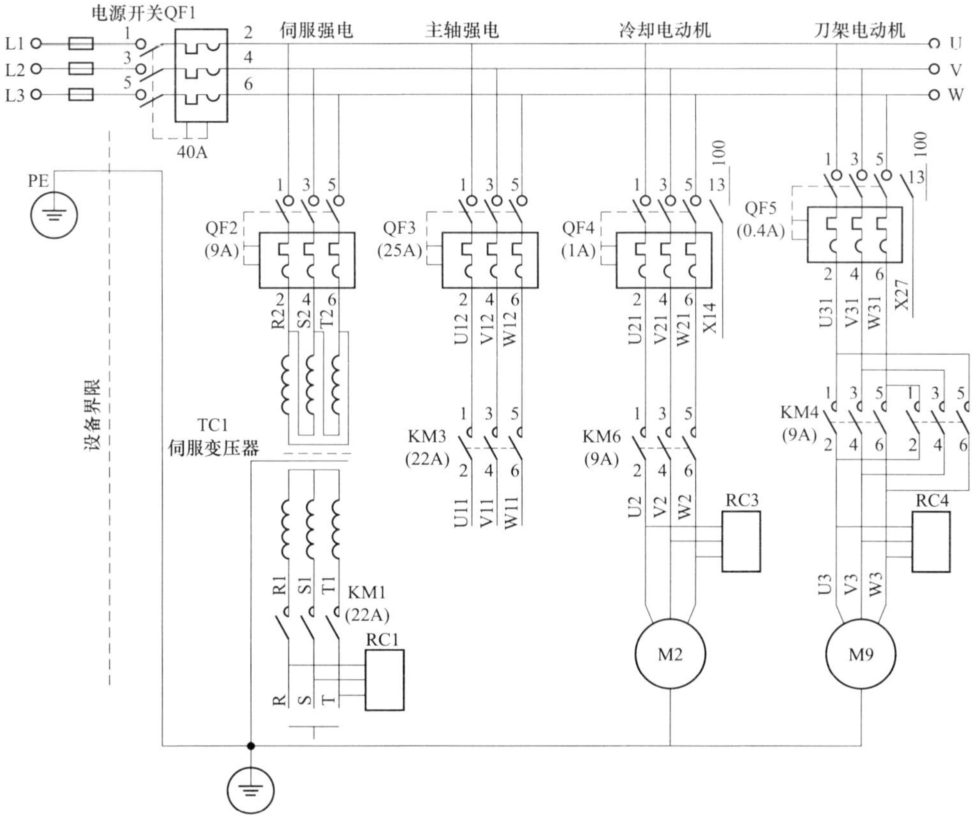

图 7-16 强电回路

2. 电源电路分析

图 7-17 所示为 CK6140 数控车床电气控制中的电源回路。TC2 为控制变压器，初级输入电压为 AC 380V，次级输出电压为 AC 110V、AC 220V、AC 24V，其中 AC 110V 给交流接触器线圈和强电柜风扇提供电源；AC 24V 给电柜门指示灯、工作灯提供电源；AC 220V 通过低通滤波器给滤波伺服模块、电源模块、DC 24V 电源提供电源；VC1 为 24V 电源，将 AC 220V 转换为 DC 24V 电源，给数控系统、PLC 输入/输出、24V 继电器线圈、伺服模块、电源模块、吊挂风扇提供电源；QF6、QF7、QF8、QF9、QF10 空气开关为电路提供短路保护。

3. 控制电路分析

(1) 主轴电动机的控制。图 7-18 和图 7-19 所示分别为交流控制回路图和直流控制回路图。在图 7-16 中，先合上 QF2、QF3 空气开关，在图 7-19 中，当机床未压限位开关、伺服未报警、急停未压下、主轴未报警时，KA2、KA3 继电器线圈通电，继电器触点吸合，并且 PLC 输去点 Y00 发出伺服允许信号，KA1 继电器线圈通电，继电器触点吸合，在图 7-18 中，KA1 交流接触器线圈通电，交流接触器触点吸合，KM3 主轴交流接触器线圈通电，在图 7-19 中，交流接触器主触点吸合，主轴变频器加上 AC 380V 电压；若有主轴正转或主轴反转及主轴转速指令时（手动或自动），在图 7-19 中，PLC 输出主轴正转 Y10 或主轴反转 Y11 有效、主轴转速指令输出对应于主轴转速的直流电压值（0～10V）至主轴变频器上，主轴按指令值的转速正转或反转；当主轴速度到达指令值时，主轴变频器输出主轴速度到达信号给 PLC，主轴转动指令完成。

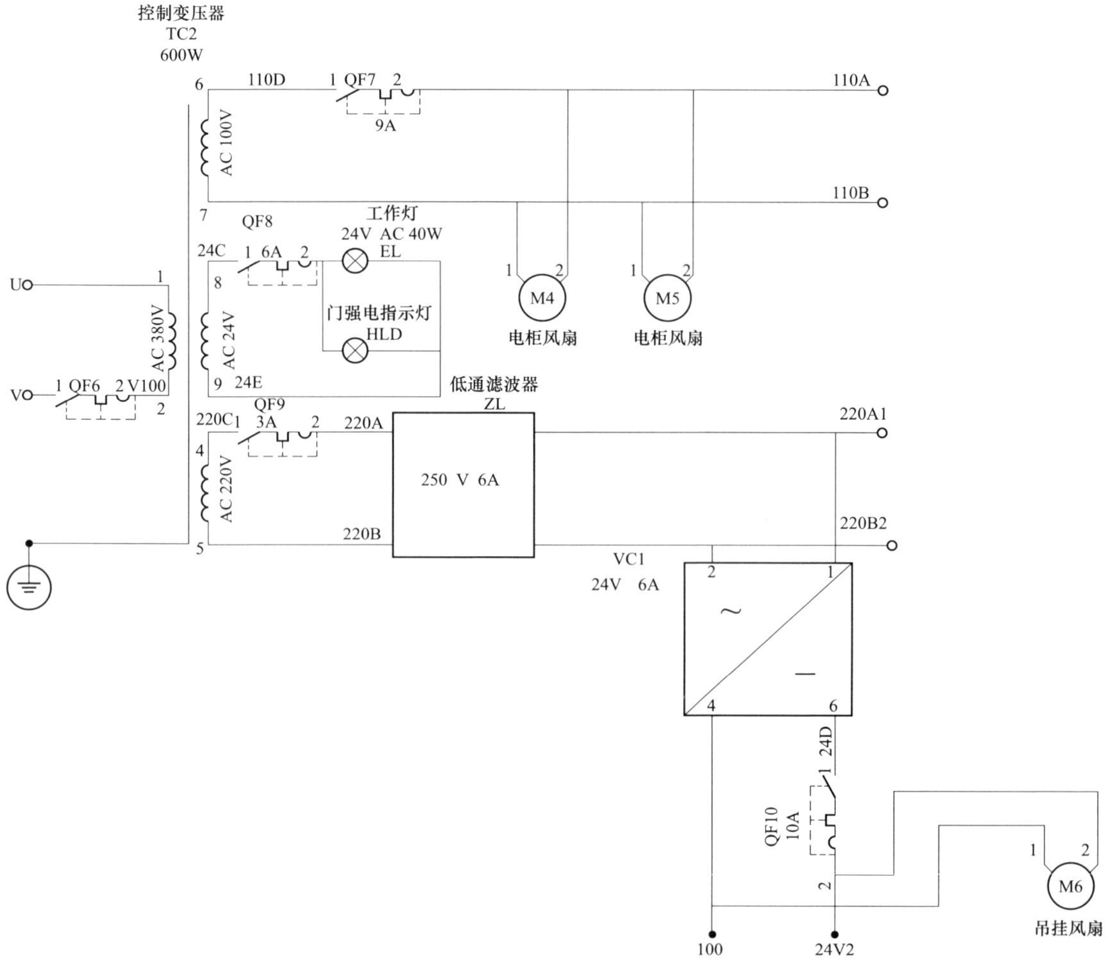

图 7－17 电源电路

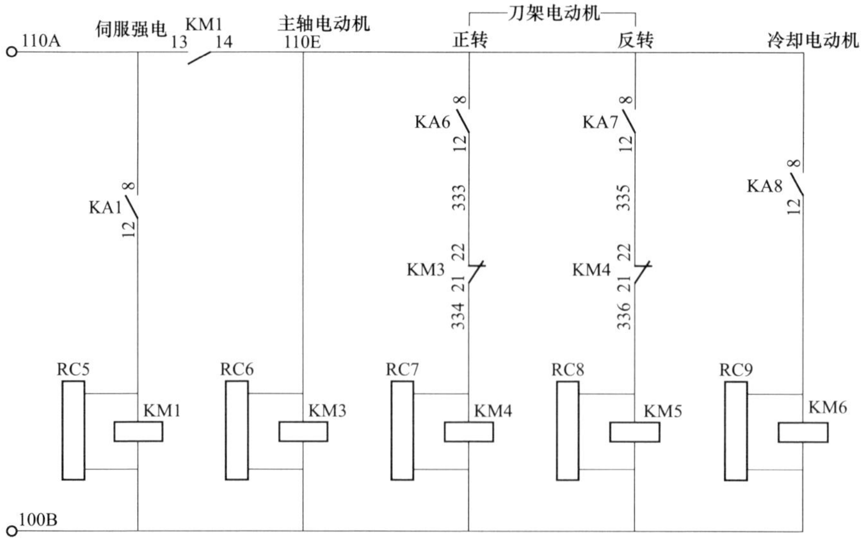

图 7－18 交流控制回路图

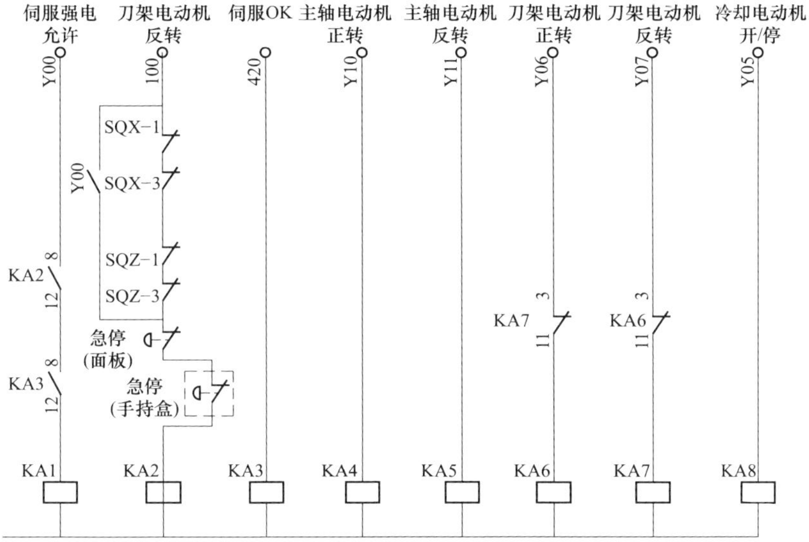

图 7-19　交流控制回路

主轴的起动时间、制动时间由主轴变频器内部参数设定。

(2) 刀架电动机的控制。当有手动换刀或自动换刀指令时，经过系统处理转变为刀位信号，这时在图 7-19 中，PLC 输出 Y06 有效，KA6 继电器线圈通电，继电器触点闭合。在图 7-18 中，KM4 交流接触器线圈通电，交流接触器主触点吸合，刀架电动机正转；当 PLC 输入点检测到指令刀具所对应的刀位信号时，PLC 输出 Y06 有效撤销，刀架电动机正转停止；接着 PLC 输出 Y07 有效，KA7 继电器线圈通电，继电器触点闭合。在图 7-18 中，KM5 交流接触器线圈通电，交流接触器主触点吸合，刀架电动机反转，延时一定时间后（该时间由参数设定，并根据现场情况做调整），PLC 输出 Y07 有效撤销，KM5 交流接触器主触点断开，刀架电动机反转停止，换刀过程完成。为了防止电源短路和电气互锁，在刀架电动机正转继电器线圈、接触器线圈回路中串入了反转继电器、接触器动断触点，在反转继电器、接触器线圈回路中串入了正转继电器、接触器动断触点，见图 7-18 和图 7-19。请注意，刀架转位选刀只能一个方向转动，取刀架电动机正转。刀架电动机反转时，刀架锁紧定位。

(3) 冷却电动机控制。当有手动或自动冷却指令时，这时在图 7-19 中，PLC 输出 Y05 有效，KA8 继电器线圈通电，继电器触点闭合，在图 7-18 中，KM6 交流接触器线圈通电，交流接触器主触点吸合，冷却电动机旋转，带动冷却泵工作。

伺服电动机的控制需结合伺服驱动器接口电路，此处不做说明。

思考与练习

7-1　什么是数控技术？什么是数控系统？什么是数控机床？

7-2　数控机床由哪几部分组成？各有什么作用？

7-3　数控系统按数控机床运动轨迹分类有哪些类型？各有什么特点？

7-4　什么是开环控制数控系统？它有哪些优缺点？适用于什么场合？

7－5 什么是闭环控制数控系统？它有哪些优缺点？适用于什么场合？

7－6 常见的数控系统产品有哪几种？

7－7 什么是伺服驱动系统？闭环伺服驱动系统由几部分组成？

7－8 伺服驱动的主要作用是什么？

7－9 数控机床对进给伺服系统的要求有哪些？

7－10 简述数控机床的位置控制过程。

7－11 步进电动机开环伺服系统由哪几部分组成？简述其工作原理。

7－12 以 FANUC 电动机为例，说明交流伺服电动机有哪些。

7－13 简述数控机床电气控制电路硬件设计与绘制的基本内容有哪些。

7－14 简述数控机床电气控制电路主回路绘制的主要内容。

7－15 简述数控机床电气控制电路控制回路绘制的主要内容。

7－16 简述数控机床电气原理图分析的方法与步骤。

项目八　机电一体化系统案例分析

本项目从典型的机电一体化系统打印机、洗衣机、工业机器人出发，介绍和分析了机电一体化系统的结构、组成、工作原理、特性等内容，通过举一反三，掌握常规机电一体化系统的分析和选用方法。

模块一　打印机工作原理及电路分析

知识要求	技能要求
1. 了解打印机的种类和结构； 2. 熟悉喷墨打印机的工作原理； 3. 熟悉激光打印机的工作原理	1. 认识打印机各组成部件； 2. 能根据打印机故障现象提出维修意见

随着技术的发展，计算机外部设备的种类越来越多，除了数码照相机、扫描仪等基本设备外，投影机、力反馈游戏操纵杆等也成为计算机外部设备的必要补充。其中，应用最普遍也最基本的外部设备当属打印机。无论是在家庭还是在办公室，人们都可以看到打印机的身影，打印机已经完全融入了人们的生活。

一、打印机的种类和特点

打印机种类繁多，根据输出方式可以分为串行式打印机、行式打印机和页式打印机；根据最终输出效果可以分为单色打印机和彩色打印机；根据功能可以分为普通打印机和专业打印机；根据价格可以分为低档打印机、中档打印机和高档打印机。

但是，通常人们习惯依据打印机打印方式的不同，将其分为击打式打印机和非击打式打印机两大类。常见的针式打印机属于典型的击打式打印机，而目前家庭使用最多的喷墨打印机和激光打印机则都属于非击打式打印机。

1. 击打式打印机

击打式打印机通过直接与纸面接触，由点击产生字符，其原理类似于打字机，即每敲击一次键盘，就会有一个相应的字符通过色带打印到纸上。最早的击打式打印机采用的打印头有轮式和球式两种，通过转动打印头得到要打印的字符，然后通过色带将字符打印到纸上。因此，也有人将这种早期的打印机称为电动打字机。图 8－1 和图 8－2 所示分别为球式打印机和轮式打印机。

击打式打印机由于打印头及自身工作方式的限制，只能用来打印文本，且打印速度慢、噪声大，这些缺点都不同程度地制约了它的发展。

图 8－1 球式打印机

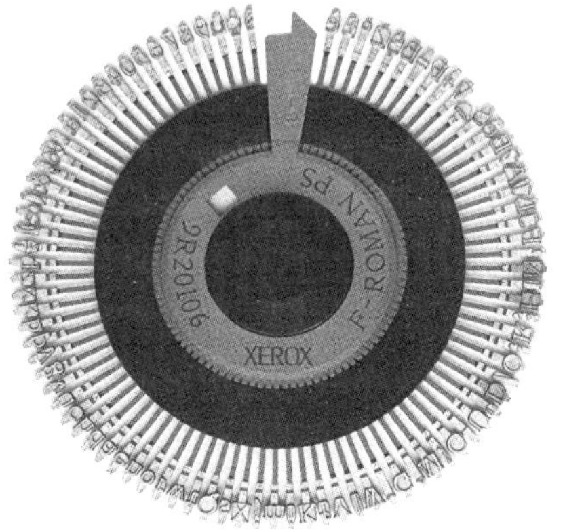

图 8－2 轮式打印机

点阵式打印机就是在电动打印机的基础上出现的，它也是通过点击的方式形成字符。点阵式打印机与先前的轮式打印机和球式打印机相比在结构上复杂了许多，且自带微处理芯片。点阵式打印机的打印头由许多细小的“针”垂直排列组成，每一针都可以单独地点击纸面，形成单个墨点。针式打印机根据打印头针数的不同还可以细分为 9 针、18 针、24 针打印机等。

2. 非击打式打印机

非击打式打印机品种较多，如喷墨打印机、激光打印机、热转印式打印机、离子式打印机、发光二极管（LED）式打印机等。

（1）喷墨打印机。喷墨打印机是目前流行的打印机之一，其原理与击打式打印机相比要复杂得多。根据喷墨技术的不同，喷墨打印机可以分为连续式和随机式两种。连续式喷墨打印机又可分为电荷控制型、电场控制型、喷涂型和喷雾型四种，而随机式喷墨打印机也可分为气泡式、压电式和喷射式三种，如图 8－3 所示。

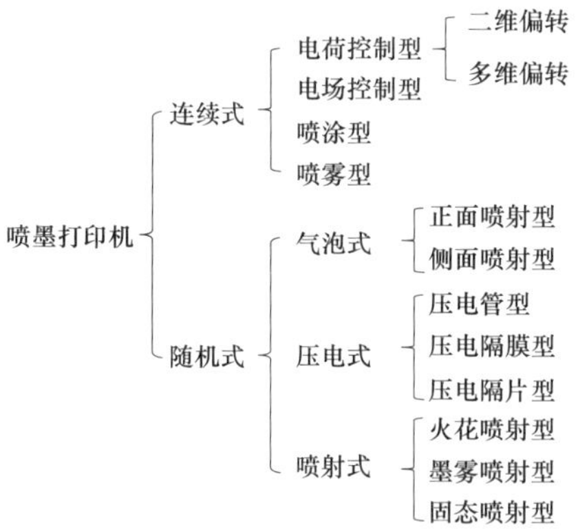

图 8－3 喷墨打印机的分类

（2）激光打印机。激光打印机与喷墨打印机不同，激光打印机使用的是墨粉而不是墨水。打印时，要打印的信息以数据序列的形式传输到激光打印机自带的打印内存中，然后经过充电、曝光、显影、转印、定影、清除残像等过程，完成最终的打印输出。长期以来，激光打印机以其打印效率高，应用拓展性强及使用方便、灵活等特点在打印机市场中占据着重要地位。

（3）热转印式打印机。热转印式打印机的打印头是一种带有发热电阻的薄膜头，它是利用半导体集成电路技术制造而成的。发热电阻是热转印式打印机中非常关键的部件，一般由高密度的特殊薄膜材料制成，具有耐高功率、耐高温的特点。热转印式打印机在打印时，由具有热敏性能的油墨涂在涤纶基膜上构成热转印色带，然后通过脉冲信号驱动打印头，打印头中的发热电阻发热将色带上的油墨熔化而转印到打印纸上，最终形成打印字符或图像，其工作过程图 8－4 所示。

（4）热升华式打印机。热升华式打印机一般采用直接将染料传递到纸上的方法，其原理是将染料升华为气态，然后直接在纸上固化。热升华式打印机的工作过程如图 8－5 所示。在喷墨打印机的技术还没有成熟时，热升华式打印机主要用于高档图像的打印输出。但是，打印速度过慢和维护费用高是热升华式打印机最大的缺点。

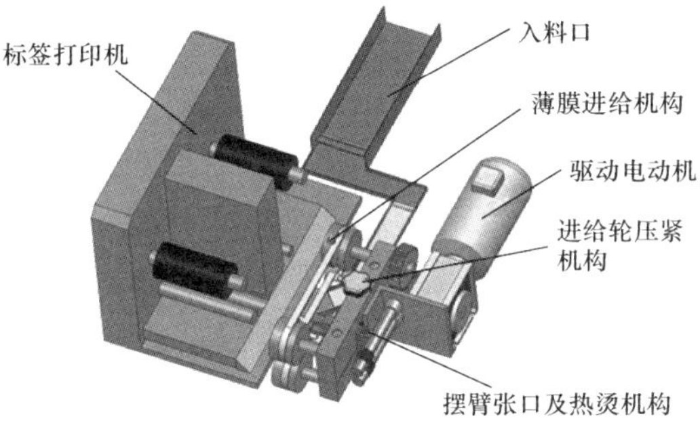

图 8－4　热转印式打印机

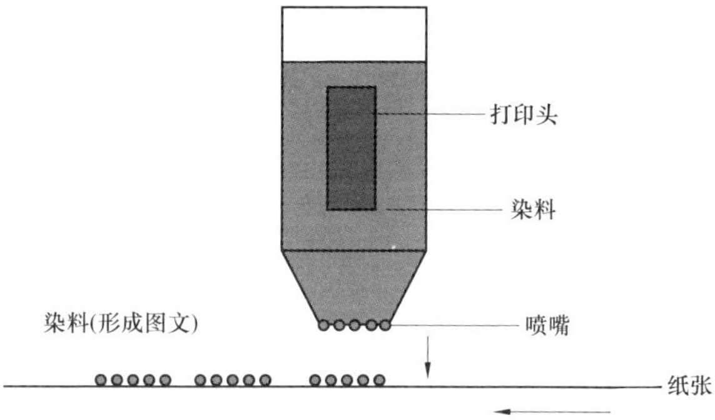

图 8－5　热升华式打印机工作过程

（5）发光二极管式打印机。发光二极管式打印机的工作过程与激光打印机十分相似，都是采用电子照相技术。但是激光式打印机采用的光源是激光管，而发光二极管式打印机采用的是发光二极管。

（6）液晶式打印机。液晶式打印机与发光二极管式打印机和激光式打印机相似，都是采用电子照相技术，其区别也在光源部分，液晶式打印机的光源采用荧光灯或卤化灯。

另外，以荧光灯阵列为光源并采用固定光源并行扫描方式的打印机称为荧光式打印机。

（7）离子式打印机。离子式打印机的离子投影盒中装有数千个离子发生器，离子式打印机在打印时通过离子投影沉积，在离子鼓上形成记录潜像，然后经过转印和固定等过程，将图像最终呈现在打印纸上。

（8）磁式打印机。磁式打印机利用磁记录阵列原理，使磁性墨粉着色后转印到打印纸上，然后经过固定处理，最终形成字符或图像效果。

二、喷墨打印机的基本结构和工作原理

（一）喷墨打印机的基本结构

图 8－6 所示为喷墨打印机的外形，其结构主要分为机械和电路两部分。其中，电路部分主要包括主控电路、驱动电路、电源电路、I/O 接口电路、操作面板电路和传感器电路六部分。

主控电路是喷墨打印机的核心部分，由主控微处理器（MPU）、打印机控制器、只读存储器（ROM）、随机存储器（RAM）、I/O 总线及接口电路组成。只读存储器中固化了打印机监控程序和打印字库。随机存储器主要用来暂存主机传输来的打印数据。打印机通过接口电路与主机相连，当打印机开机或接收到打印指令后，传感器电路会对打印机进行检测以确定当前打印机是否具备打印条件，然后在主控电路的控制下，打印机控制驱动电路工作，实现最终打印过程。图 8－7 所示为打印机电路的基本逻辑框图。

喷墨打印机的机械部分主要包括喷墨头、墨盒、字车机构、清洁机构、走纸机构和传感器系统六部分。

图 8 - 6　喷墨打印机的外形

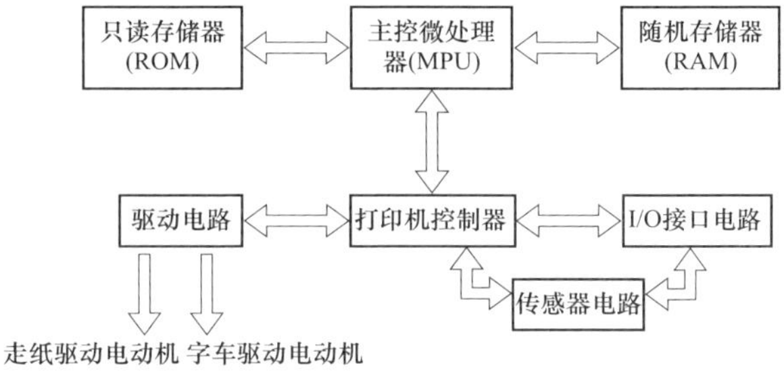

图 8 - 7　喷墨打印机电路的基本逻辑框图

1. 喷墨头

喷墨头是喷墨打印机的关键部件之一，其质量优劣在很大程度上决定了打印分辨率的高低。喷墨头的外形如图 8 - 8 所示。

由于喷墨打印机采用的喷墨方式不同，因此喷墨头的结构也有区别。图 8 - 9 所示为气泡式喷嘴结构。气泡式喷嘴的喷墨头主要由基板、硅板、墨水过滤器、加热器、热敏电阻、驱动器 IC、玻璃基座、支撑架、喷嘴等部分组成。气泡式喷嘴的彩色打印效果良好，且容易实现高精度打印，Canon、HP 等公司的许多产品都采用该喷嘴结构。

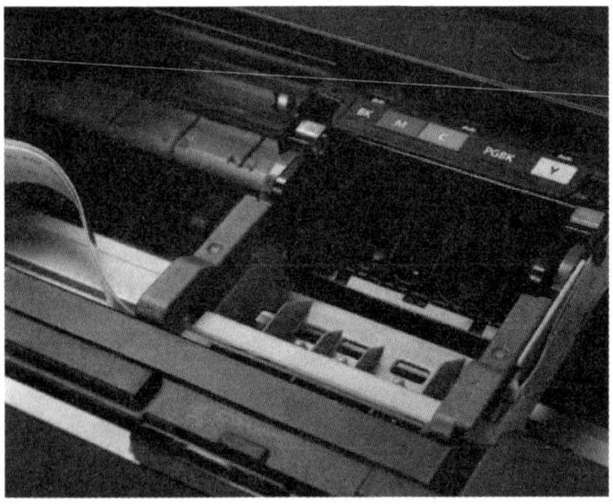

图 8 - 8　喷墨头的外形图

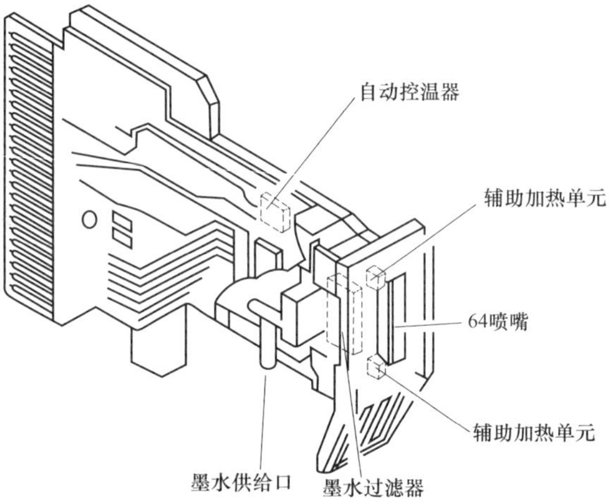

图 8 - 9　喷嘴结构示意图

2. 墨盒

喷墨打印机的墨盒如图 8 - 10 所示。墨盒用来存放打印墨水，与喷墨头称为喷墨打印机的核心部件，直接影响喷墨打印机的打印速度和质量。

喷墨打印机按喷墨头与墨头是否为一体可以分为两种结构类型，一种是将喷墨头和墨盒做成一体，称为一体化结构；另一种是将喷墨头与墨盒分开，称为分离式结构。图 8 - 11 和图 8 - 12 所示分别为一体化墨盒和分离式墨盒。

一体化墨盒结构设计相对简单，具有体积小、质量小等优点，但由于喷墨头与墨盒连为一体，当墨水用完需要更换时，就必须连同喷墨头一同更换，造成不必要的浪费。

分离式墨盒将喷墨头与墨盒分离，这种结构虽然要比一体化结构复杂。但在一定程度上降低了打印耗材的使用成本。喷墨头由于长期使用而容易黏附打印纸上的杂质和细小纤维，造成喷墨头堵塞，从而影响打印质量。图 8－13 所示为四色墨盒的实物解剖图。

图 8－10　喷墨打印机的墨盒

图 8－11　一体化墨盒

图 8－12　分离式墨盒

图 8－13　黑色墨盒的实物解剖图

彩色喷墨打印机由于打印时黑色用量相对较大，且难以通过颜色混合形成纯正黑色，因此彩色喷墨打印机通常都带有两个墨盒，一个为单色黑墨盒，另一个为彩色墨盒。

3. 字车机构

喷墨打印机的字车结构如图 8－14 所示。字车结构由打印驱动电动机、传动带、滑动导轨、墨盒托架等部分组成。

图 8－14　喷墨打印机的字车结构

喷墨打印机的墨盒和喷墨头都设置于墨盒托架上，并由墨盒盖加以保护。打印时，打印驱动电动机驱动传动带，从而带动墨盒托架沿滑动导轨做左右往复运动。

由于打印工作和喷墨头的清洁工作都需

要打印驱动电动机的驱动，因此打印驱动电动机通常存在两种工作模式，一种是步进电动机工作模式，另一种是直流电动机工作模式。步进电动机工作模式是通过脉冲控制电动机工作的，这种模式的电路结构相对复杂，能够实现准确的控制。打印机执行清洁操作时，打印驱动电动机使用这种工作模式。直流电动机工作模式则是通过直流电控制电动机工作的，这种模式的电路结构简单，且噪声小。在打印时，打印驱动电动机采用此工作模式可以有效地降低噪声。

4. 清洁机构

由于喷墨打印机的喷墨头容易黏附打印纸上的杂质及细小纤维而造成堵塞，因此喷墨打印机上普遍都设有清洁机构。如图 8－15 所示，清洁机构通常位于墨盒托架初始位置旁边，主要由清洁泵、吸墨装置、帽单元、泵单元、清洁传动齿轮、废墨回收器等部分组成。清洁结构在进行清洁操作时主要分两大步，即擦拭操作和吸墨操作。为了保证喷墨打印机的高质量打印，通常在打印机起动时，打印机自动进入清洁工作状态，墨盒托架在打印驱动电动机的驱动下移至清洁位置。

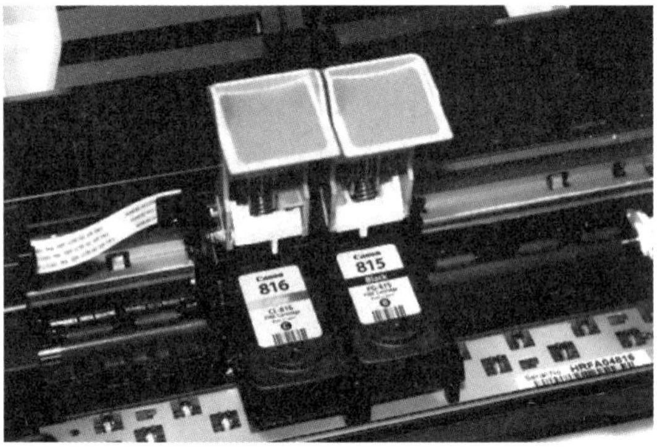

图 8－15 喷墨打印机的清洁机构

在清洁过程中，墨盒托架水平地在帽单元处来回往复移动，以便将喷墨头表面的纸纤维和残留墨迹擦去。吸墨操作则通过与吸墨头相连的泵单元的抽吸，将喷墨头中的墨水吸到泵中。这种做法的主要目的是吸取打印机喷墨头中含有杂质的旧墨水，保证在打印前喷墨头中总有新墨水以使墨水流畅，从而保证打印质量。

另外，清洁机构除对打印机喷墨头有清洁作用外，帽单元提供的“盖帽”功能还对喷墨头起到很好的保养作用。该机构主要由橡皮帽和帽驱动臂组成。如果喷墨打印机在一定时间内（各打印机自行设定的待机保护时间）无任何打印操作，则清洁机构执行盖帽操作，即带有橡皮帽的帽驱动臂在与墨盒托架同时移动时为喷墨头盖上橡皮帽，以防止喷墨头表面的墨水因长时间不用而干涸或泄漏。

5. 走纸机构

喷墨打印机的走纸机构主要由走纸驱动电动机、输纸辊、压纸辊、纸释放杆、托纸架、放纸导轨、出纸器等部分组成。图 8－16 所示为走纸通道示意图。喷墨打印机的送纸方式主要分为手动送纸和自动送纸两种。送纸机构在同步信号的控制下，与字车机构同步工作，完成整张纸的打印操作。

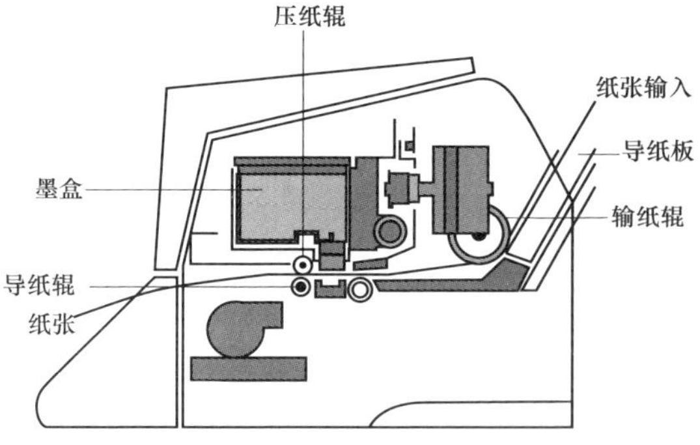

图 8－16 喷墨打印机走纸通道示意

6. 传感器系统

喷墨打印机的传感器系统主要包括纸宽传感器、纸尽传感器、字车初始位置传感器、墨盒传感器、墨水传感器、喷墨头温度传感器等。这些不同作用、不同功能的传感器主要用于检测打印机各部件的工作状态，以保证打印工作顺利、自动地进行。

(1) 纸宽传感器：属于光电传感器，安装于喷墨头处，主要用于测定打印纸的宽度。

(2) 纸尽传感器：用于检测当前打印机中是否装有打印纸或打印纸是否用完。它也是一种光电传感器。如果检测到打印纸张已经用完，纸张检测传感器即会将信号发送给处理器，打印机便提示当前处于缺纸状态。

(3) 字车初始位置传感器：属于光电传感器，在开始打印或接收到打印信号后，用于检测字车是否处于初始状态，以使墨盒托架回复到初始位置。

(4) 墨盒传感器：属于光电传感器，主要用于检测墨盒安装是否正确。在每次接通打印机电源时，此传感器都会通过触碰墨盒检测标签部分来检测墨盒是否存在。

(5) 墨水传感器：它是一个带有薄膜开关的压力传感器，与墨盒设计在一起，用于检测墨盒中墨水的数量。当墨盒中的墨水较少时，墨水深度变浅，墨水管中的压力随之下降，墨水传感器即会据此检测到墨水情况。当墨水不足时，缺墨信息即传输给打印机微处理器，停止打印操作，并在操作面板上显示缺墨信息，提示用户更换墨盒。

(6) 喷墨头温度传感器：属于温度传感器，用于检测喷墨头的温度，以保证喷墨头温度维持一个恒定值。

(二) 喷墨打印机的工作原理

喷墨打印机的工作原理比较简单。当打印纸通过喷墨头时，主控电路在打印信号的驱动下，通过强磁场加速，使墨水以极高的速度喷射到打印纸上以实现喷墨打印。其过程与针式打印机相似，不同之处在于：将色带变成更加直接的墨水并以液体形式存放于墨盒中，另外用一列列微小的墨水喷嘴取代打印针，墨水通过喷嘴从喷墨头中均匀地喷出，并极其规则地附在打印纸上，形成高质量的打印效果，如图 8-17 所示。

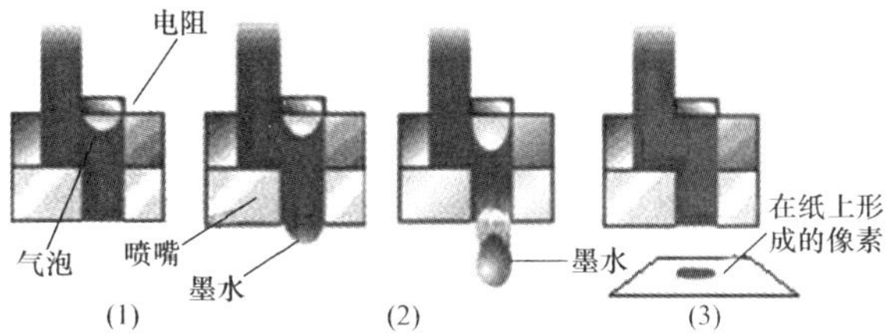

图 8-17　喷墨打印机的喷墨示意

喷墨打印机根据喷墨方式的不同可以分为连续式喷墨和随机式喷墨两种。

1. 连续式喷墨技术

采用连续式喷墨技术的打印机以电荷控制型喷墨打印机为代表。这种喷墨技术在 20 世纪 90 年代之前被普遍采用。如图 8-18 所示，连续式喷墨打印机只有一个喷嘴，在喷头前有一个充电电极、一个偏转电极和一个墨水回收器。打印时，墨水泵对墨水施加一个恒定的压力，使墨水连续地从喷头中喷出，然后充电电极根据打印信息以开关方式对电荷进行控制，模拟调制器按照生成的字符及图形信息编码对部分墨粒子充电，以形成带电和不带电两种墨粒子。当墨粒子通过偏转电极形成电磁场时，受静电偏转的作用，带电的墨粒子发生偏转，喷射到打印纸上的不同位置，形成字符或图形，而不带电的墨粒子在通过偏转电极时不发生偏转，直接进入墨水回收器中，经过滤后可再次使用。

采用这种喷墨技术的打印机的打印速度较快，而且对打印纸张要求不高，易于实现彩色打印，但容易造成墨水的浪费。

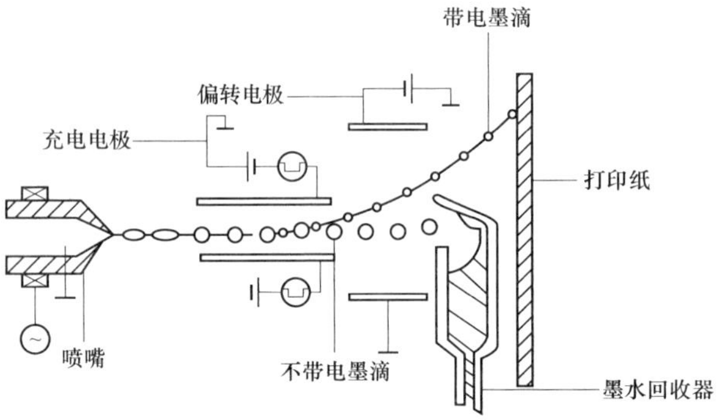

图 8－18　连续式喷墨方式的原理示意

2. 随机式喷墨技术

20 世纪 90 年代以后，随着喷墨打印机向小型化、廉价普及型的方向发展，随机式喷墨打印机渐渐成为市场的主流。

与连续式喷墨技术相比，这种喷墨技术去掉了墨水泵及墨水回收装置，墨水按照需要随机地从喷头中喷出。为了提高喷墨打印速度，随机式喷墨打印机的喷墨头采用了多喷嘴结构，即将多个喷嘴按类似于针式打印机打印针的排列方式排成一排。这种喷嘴结构宜于小型化，为目前多数家用喷墨打印机所普遍采用。

另外，随机式喷墨技术根据墨水驱动方式的不同又可以分为压电式和气泡式两种。

（1）压电式喷墨技术。图 8－19 所示为压电式喷墨方式的原理示意。喷墨头的两侧各装有一个压电晶体，并受打印信号的控制。压电晶体在脉冲电压的作用下产生形变，喷墨头中的墨水在受到外侧压电晶体挤压的情况下，以墨滴的形式从喷嘴处喷出。这种喷墨方式还可以细分为压电管型、压电隔膜型和压电薄片型三种。目前，EPSON 系列打印机多采用此种喷墨技术。

（2）气泡式喷墨技术。气泡式喷墨又称电热喷墨，图 8－20 所示为气泡式喷墨方式的原理示意。

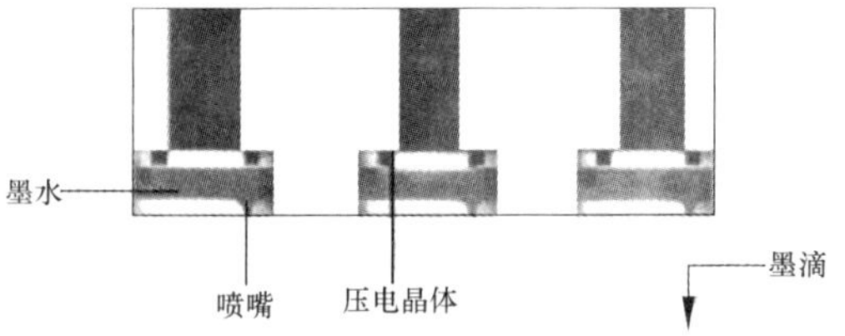

图 8－19　压电式喷墨方式的原理示意

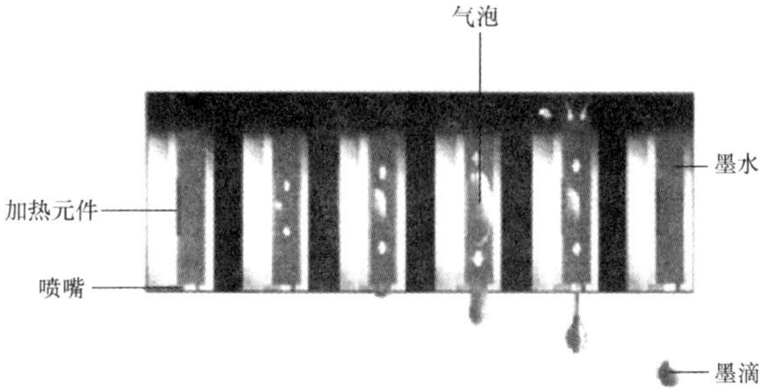

图 8－20　气泡式喷墨方式的原理示意

气泡式喷墨的过程如下：

1）喷墨头内部设置加热元件，在正常情况下，喷墨头内部的墨水在表面张力的作用下与外界大气压达成相对的平衡，处于稳定状态。

2）当打印机接收到打印信号后，打印数据通过驱动电路对喷墨头施加电脉冲信号，喷墨头内部的加热元件迅速升温，使其附近的墨水温度急剧上升并汽化，从而形成小气泡。

3）小气泡逐渐变大，形成蒸汽膜。

4）当脉冲信号消失后，持续的余热使气泡进一步膨胀，内部产生的压力将墨水从喷嘴处挤出，同时加热元件的温度开始下降。

5）随着加热元件表面温度的降低，气泡和墨水分界处开始冷却。由于墨水前端已从喷嘴处挤出，而后端又由于墨水收缩而使喷头内部压力减小，在喷嘴处产生负压力，再将墨水吸回到喷头内。

6）在负压的作用下，墨水被吸回到喷墨头内，在喷嘴处形成墨滴。

7）当喷墨头内的气泡消失后，负压力继续作用，墨滴与喷嘴完全分离，剩余墨水被吸回到喷墨头内，喷墨头回到初始平衡状态。

这种喷墨技术在近几年发展很快，其打印精度较高，彩色效果也较好。目前 Canon 及 HP 等许多品牌的喷墨打印机都采用这种技术。

三、激光打印机的基本结构和工作原理

（一）激光打印机的基本结构

激光打印机以其打印速度快、打印品质高、噪声低、使用经济可靠等优点越来越受到市场的青睐，其应用领域也越来越广泛。

激光打印机的整机结构如图 8-21 所示，它主要由激光扫描系统、成像转印系统、机械传动系统、传感器、电路系统等部分构成。

1. 激光扫描系统

激光扫描系统主要由激光器、光调制器、扫描器、同步器、光学系统等部分构成。图 8-22 所示为激光扫描系统结构示意。

图 8-21　激光打印机的整机结构

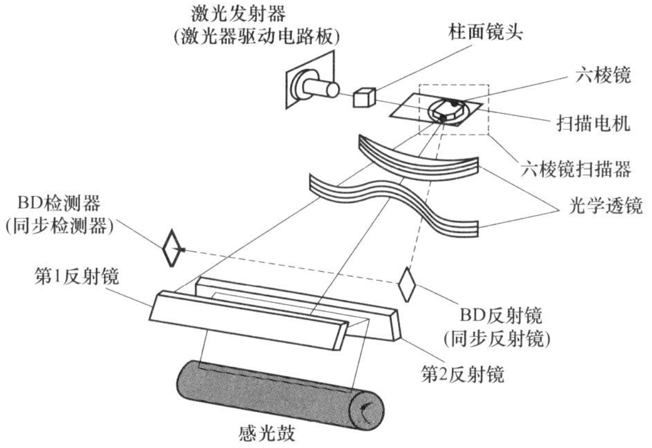

图 8-22　激光扫描系统结构示意

（1）激光器。激光器主要用于产生扫描光源。与普通光源不同，激光器发出的光具有方向性好、单色性强、亮度高、容易叠加、分离等特点。常见的激光器有氦（He）-氖（Ne）气体激光器和半导体激光器两种。其中，氦-氖气体激光器的波长为 632.8μm，输出功率较高，具有噪声低、寿命长、性能可靠等优点，但由于体积太大，目前已经基本被淘汰，只有在早期生产的激光打印机中才能看到它的身影。半导体激光器是目前经常采用的一种激光器，型号较多，具有体积小、成本低、便于调制和偏转等特点，十分适合小型激光打印机使用。

（2）光调制器。光调制器位于激光器的前方，主要作用是将二进制脉冲信号调制成相应的激光束。目前常见的光调制器主要有电光调制器（AO 调制器）和声光调制器（EO 调制器）两种。电光调制器的调制频率可达 1GHz，但由于其温度的稳定性较差，需进行温度补

偿，因此成本较高，现在已很少采用。声光调制器利用声光效应特性来实现对激光束的传输控制，其调制频率可达 300MHz，由于它性能稳定，成本较低，是目前激光打印机普遍采用的光调制设备。

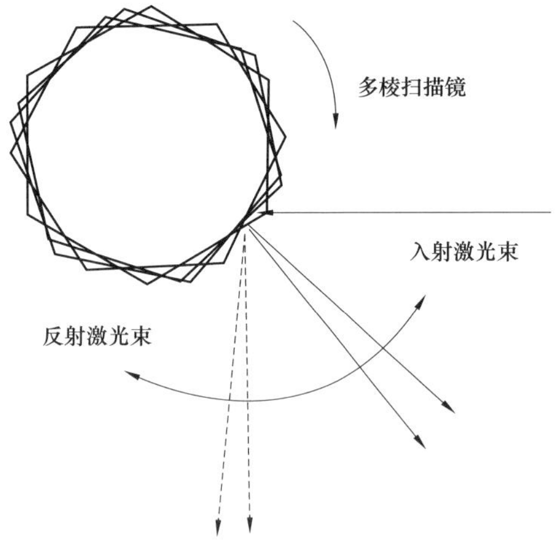

图 8-23 多棱镜扫描的原理示意

（3）扫描器。扫描器根据工作方式的不同可以分为电光式、声光式、转镜式等类型。经光调制器调制后的激光束如果要在感光鼓上形成文字或图像，激光束需要完成横向和纵向的扫描移动。但直接移动激光器来实现扫描是绝对不行的，因为光电器件的轻微抖动会直接影响激光束的精度。因此，通常激光器采用固定式设计，依靠感光鼓的旋转来实现纵向扫描。在横向扫描方面，目前采用最多的是转镜式扫描，即采用多棱扫描镜，一般有二面镜、四面镜和六面镜三种。扫描镜由扫描电动机驱动旋转，在旋转的同时完成横向扫描。这种方式具有扫描幅度大、分辨率高、能耗少、结构简单等优点。图 8-23 所示为多棱镜扫描的原理示意。

（4）同步器。由于扫描器是在扫描电动机的驱动下运动的，这势必会因为转镜及机械振动而产生扫描误差，从而导致纵向间距和字符轨迹不均匀。而同步器的作用就是通过同步传感器发出的同步信号来控制高频信号发生器的起停，以保证扫描间距的一致性，最终消除误差。

（5）光学系统。光学系统是激光打印机中一套非常精密的光电子器件，主要由一组光学透镜构成，其主要作用是对扫描器产生的激光束进行聚焦，消除光在传播过程中的漫反射，以形成标准的光束。可见，光学系统对扫描精度有着直接的影响，其结构如图 8-24 所示。光学系统根据透镜相对扫描器的位置，分为透镜前置型和透镜后置型两种。由于透镜后置型光学系统容易产生较大的扫描失真，因此现在已很少采用，目前激光打印机多采用透镜前置型光学系统。

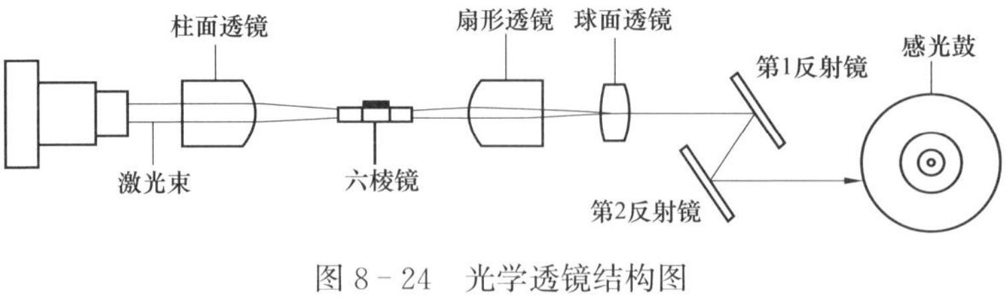

图 8-24 光学透镜结构图

2. 成像转印系统

成像转印系统主要由感光鼓、显影辊、墨粉、转印装置、定影辊、热敏电阻、加热灯及清洁系统构成，其结构如图 8-25 所示。

（1）感光鼓。感光鼓的结构如图 8-26 所示。它的外面涂有一层光导体材料作为感光层，鼓内部套有一铝筒，处于接地状态。外部光导体在不见光的情况下呈中性，为绝缘状

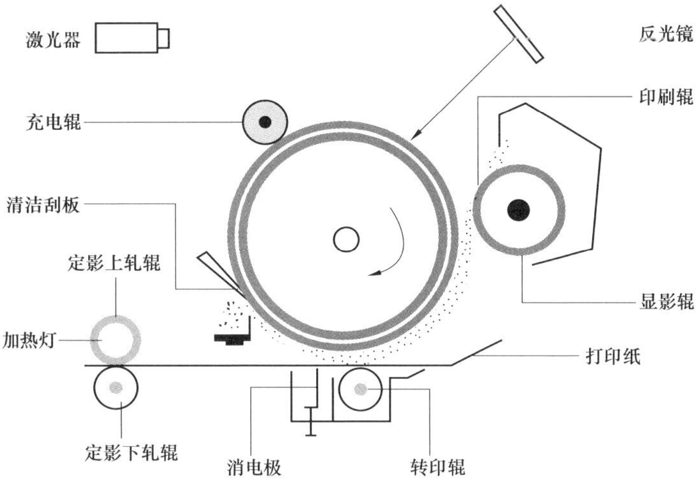

图 8－25　成像转印系统结构示意

态，不带任何电荷。当鼓表面受到光照时，这一部分就变成了导体，其上的电荷通过导体接地，而未受到照射的部分电荷会依然存在，这就是充电的基本原理。

（2）显影辊。显影辊是运载墨粉的重要部件，其结构如图 8－27 所示，它由永磁芯、隔离套、偏置导电极、磁辊套等部件组成。

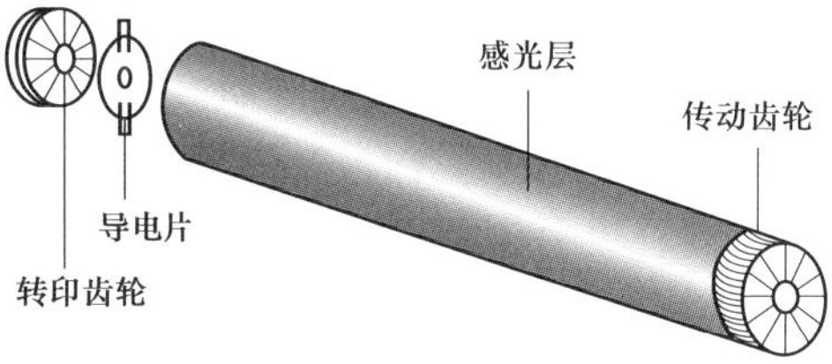

图 8－26　感光鼓的结构图

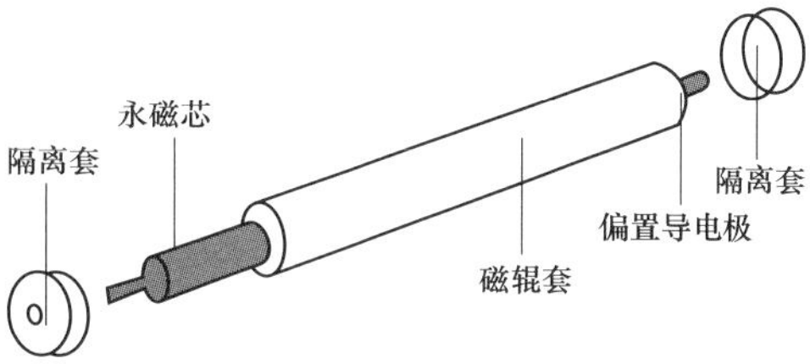

图 8－27　显影辊的结构图

（3）墨粉。墨粉一般是由经过染色的合成树脂材料和少量的 Al_2O_3 等润滑添加剂制成的粉状颗粒。颗粒的粒度一般为 5～20μm。墨粉在显影器中与载体混合，被载体均匀地携带到潜像区。当潜像区的电场力大于墨粉和载体的亲和力时，墨粉颗粒会在光电导体表面显现出墨粉图像。载体和墨粉的混合比例十分重要。如果墨粉所占比例过大，会造成最终打印浓度偏深、底灰大，且墨粉会从显影器中飞逸出来，污染机内构件。如果载体所占比例过大，最终打印浓度偏浅、偏淡，还会因为缺少墨粉而使载体暴露出来，互相摩擦而引起过早的疲劳。由于每种打印机所使用的墨粉含量不尽相同，因此墨粉不能随意代用。

（4）定影辊。定影辊分定影上轧辊和定影下轧辊。定影上轧辊也称加热辊，主要由陶瓷加热片、支架和定影膜构成，如图 8－28 所示。

定影下轧辊也称为压力胶辊，与定影上轧辊配合共同完成热压定影工作。其外形如图 8－29 所示。

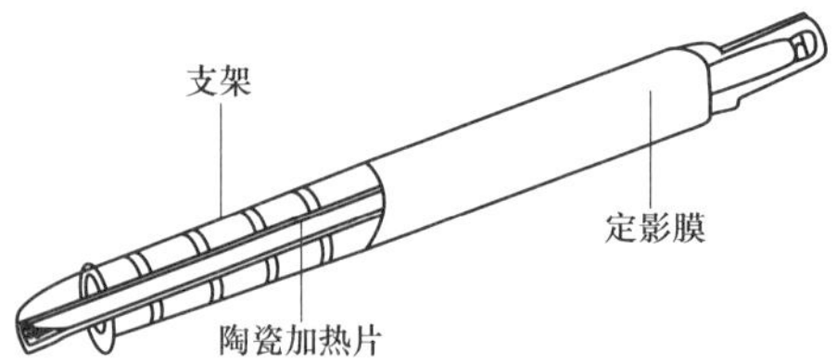

图 8 - 28　定影上轧辊外形示意

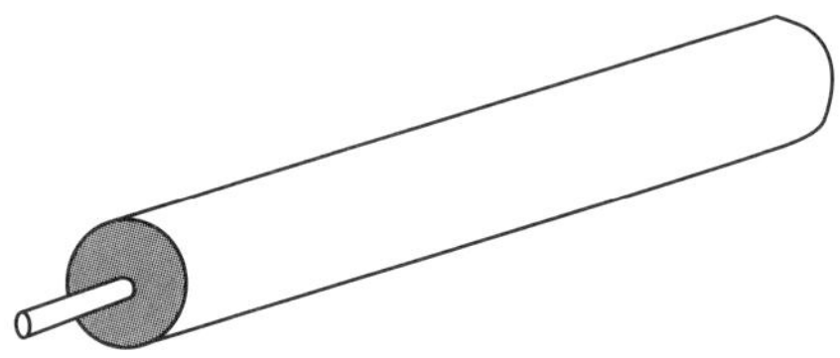
图 8 - 29　定影下轧辊外形示意

（5）热敏电阻。热敏电阻紧贴在定影上轧辊（加热辊）上，通过热感应方式来感知当前定影上轧辊的温度，以使通过逻辑电路控制加热灯的开关，从而实现对定影温度的恒定调节。

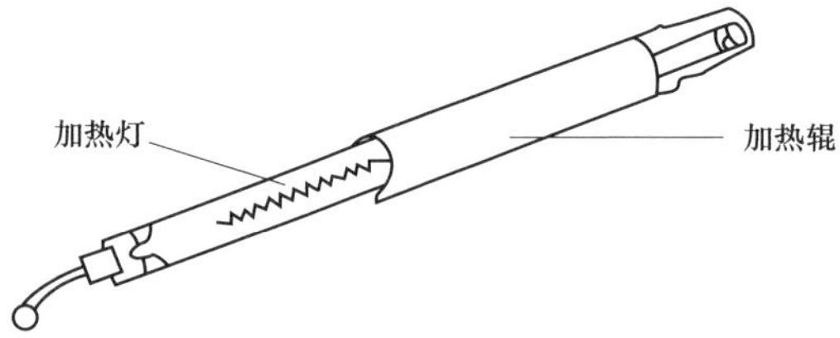

图 8 - 30　加热灯位置示意

（6）加热灯。加热灯（见图 8 - 30）位于定影上轧辊的中间，其主要作用是将定影辊加热到定影所需的温度。

（7）清洁机构。清洁机构的主要作用是将感光鼓表面上没有完全转印的残留墨粉清除掉，可以分为毛刷式清洁机构和刮板式清洁机构两种。

3. 机械传动系统

机械传动系统主要负责完成打印纸张的传送工作。它主要由传动齿轮、光电感应器、搓纸轮、托纸板、导轨等部分组成。由于激光打印机类型的不同，所采用的机械传动系统的具体结构也各不相同。目前常见的纸张传动方式主要有吸引式传动和摩擦式传动方式两种。

（1）吸引式传动方式。吸引式传动方式主要是指采用吸引式电磁离合器来控制走纸的传动方式。吸引式电磁离合器由进纸凸轮、定位凸轮、托纸板、吸引磁芯、电磁线圈、复位弹簧、回位弹簧等部件构成。正常情况下，进纸凸轮被一铁制挡板限制，当发出走纸信号后，电磁线圈流过电流，由于电磁感应，线圈所产生的感应磁场吸引铁制挡板，进纸凸轮即被释放，带动进纸凸轮旋转，即将一张打印纸送入打印轨道。然后，电磁线圈电流消失，铁制挡板失去吸引力，在回位弹簧的作用下恢复原先状态，挡住凸轮转动，这样即完成了一个走纸过程。

（2）摩擦式传动方式。摩擦式传动系统采用摩擦式电磁离合器，其结构如图 8 - 31 所示。电磁离合器线圈通电后产生电磁场，将位于离合器中间的联动叉向联轴器一侧推动，从而推动摩擦弹簧，使摩擦弹簧的一端正好插入联轴器的对位孔中，进而带动搓纸轮旋转以完成走纸过程。

4. 传感器

激光打印机中的传感器主要有热敏电阻传感器、机械传感器和光电传感器三类传感器。

（1）热敏电阻传感器。这种传感器通过小型热敏电阻、采用热感应方式以实现最终感应控制。激光打印机在成像转印部分所使用的传感器大多属于此类。

（2）机械传感器。激光打印机控制面板上的开关大多使用机械传感器来实现操作控制。

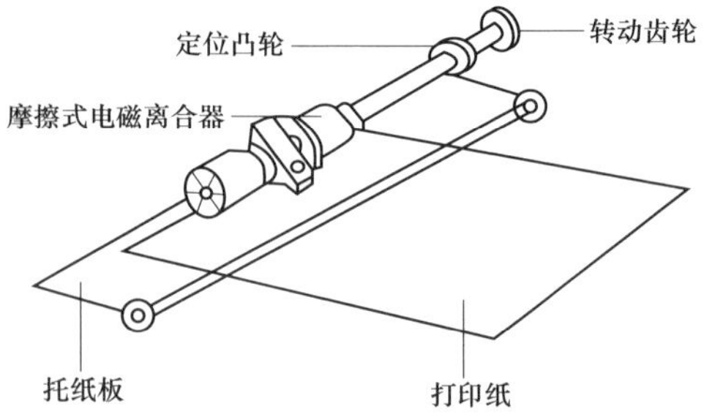

图 8 - 31　摩擦式传动系统结构示意

（3）光电传感器。光电传感器由发光二极管和光敏二极管组成，通过其光电感应特性来判定是否导通，从而通知逻辑控制电路发送指令以实现打印机的控制。例如，打印纸传感器、送纸传感器、出纸传感器等多属于此类传感器。

5. 电路系统

激光打印机的电路系统主要由接口电路、供电电路、控制电路、驱动电路等构成。

（1）接口电路。接口电路主要负责打印机与主机间的通信连接任务。在数据传输方面，接口电路主要采用并行接口传输和串行接口传输两种方式。接口电路除包括通信接口外，还有自己的微处理器和存储器。存储器可以分为只读存储器（ROM）和随机存储器（RAM），相当于存放待打印数据信息的数据缓冲器，既能输入数据，又能输出数据。

（2）供电电路。供电电路负责提供打印机各部分的控制电压。在激光打印机中，供电电路需要提供三类电压，即交流电压、直流电压和高压。交流电压通常用于定影机构。常见的直流电压有±24V、±5V 等，主要为各集成电路、检测电路及扫描电动机等部件提供电源。高压则主要应用于成像系统中。与针式打印机中的电源电路相似，220V 的交流电通过整流、滤波及变压等处理，输出符合打印机需要的多路规格电压。

（3）控制电路。与其他类型打印机相似，激光打印机的控制电路主要由微处理器、只读存储器、随机存储器、定时控制电路、直流控制电路、I/O 控制电路等部分构成。作为打印机的核心电路，控制电路负责接口电路与主机间的信息交换控制任务、接收交互面板发送的控制信息，以及由直流控制电路控制的定影、驱动等操作。

（4）驱动电路。驱动电路主要包括扫描驱动电路、主电动机驱动电路和纸驱动电路。扫描驱动电路将接收的打印信息经高频振荡器以产生激光束，并通过控制扫描电动机的旋转带动扫描镜工作，从而完成对感光鼓的扫描曝光工作。主电动机驱动电路主要负责驱动主电动机旋转，配合各传动齿轮的工作来实现打印运动。纸驱动电路主要用于驱动打印纸。

（二）激光打印机的工作原理

图 8－32 所示为激光打印机的基本工作流程图。打印机接收到主机发送的数据信息后，通过数据转换将数据信息转换成打印机的打印信息，通过此信息进一步驱动高频振荡器，激光器发射激光束，经扫描器在感光鼓上生成静电潜像，同时打印机驱动走纸，通过成像转印和高温定影将打印完成的最终稿件输出。

最关键的两个过程是激光扫描和成像转印。下面首先来了解一下激光扫描过程的工作原理。

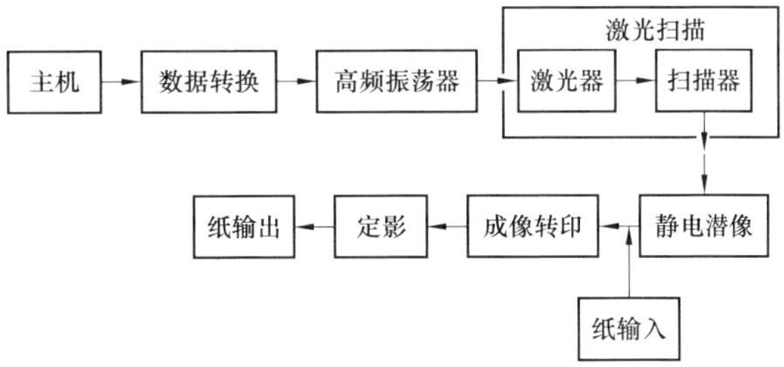

图 8－32　激光打印机的基本工作流程图

1. 光线基本原理

自然界之所以能够被人所认识，光的存在是一个重要的因素。如果光束直径极小或无限小，就称为光线。可以把光看作无数条光线的集合。光线传播的路程称为光路。当光遇到本身不发光的物体时，如果被反射回来，并且只在一个方向上反射回来，则称之为反射光；如果是多方向反射没有规律，如粗糙物体表面的反射，则称之为漫射光。本身能够发光的物体称为光源。本身不能发光但能反射光线的物体能被人眼看到。如果本身既不能发光又不能反射光线，而是将光线全部吸收掉，该物体就不能被人眼看到或表现为全黑。如果有部分的吸收，又有部分的反射，就形成了不同的黑度。黑度用光学反射密度这一概念表示，可用光学反射密度计或电子反射密度计进行测量。如果光透过某物体时未被反射回来或极少反射回来，该物体即为透明体，如无色玻璃、洁净的水等。

光波的两个波峰之间的距离称为波长，单位为 nm（纳米）。不同的光有不同的波长。人眼可见光的波长范围在 400～700nm 之间，并且不同的波长表现为不同的颜色。例如，红色的物体是因为反射波长接近 700nm 的光的原因。波长大于 700nm 的光称为红外线，波长小于 400nm 的光称为紫外线。红外线和紫外线均不能被肉眼所看到。

对于激光打印机来说，所需要的光不仅要有很好的方向性和单色性，而且要容易叠加和分离。而由于普遍光具有很大的散射性和漫射性，不能形成集中的光束，因此不能用于激光打印机。激光不仅方向性好、单色性强，而且能量集中，便于调制和偏转，是激光打印机最理想的选择。图 8－33 和图 8－34 所示分别为激光与日光的聚焦示意图。

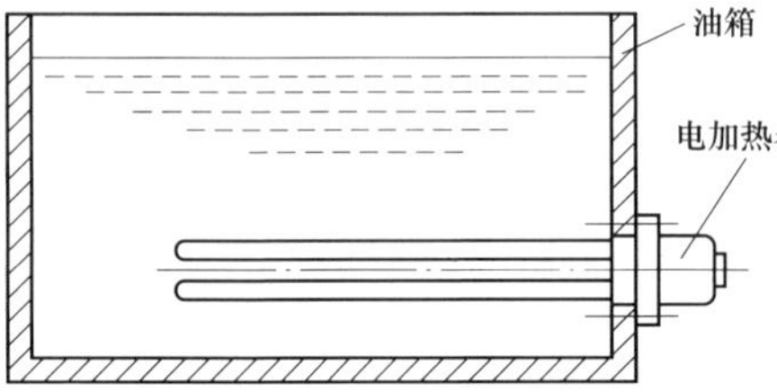

图 8－33 激光聚焦示意

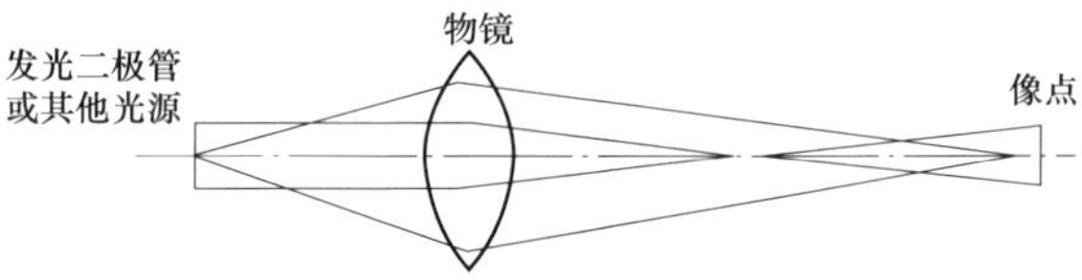

图 8－34 日光聚焦示意

2. 激光器的原理及特点

激光器是激光打印机中用于产生激光的器件，可分为固体激光器、气体激光器和半导体激光器。由于气体激光器体积大、价格昂贵，且随着半导体激光二极管技术的发展而不断更新，目前半导体二极管已经成为激光打印机中使用最多的激光器件。

半导体激光器通常采用半导体激光二极管，它是在气体二极管出现之后开发的，与普通二极管极为相似，都是由 PN 结构成的。由于材料的不同和工艺的差异，它所发出的激光束的波长也不同，如图 8－35 所示。

当发光二极管有电压时，在 PN 结交界处光子被激发出来，即能量以光的形式释放出来，这种光的光谱不是单一波长。而激光二极管从其截面图可见：在 PN 结交界处设有 U 层、P 层和激活层，这样就形成了光的谐振系列，从而发出激光。图 8－36 所示为激光二极管的立体结构示意。

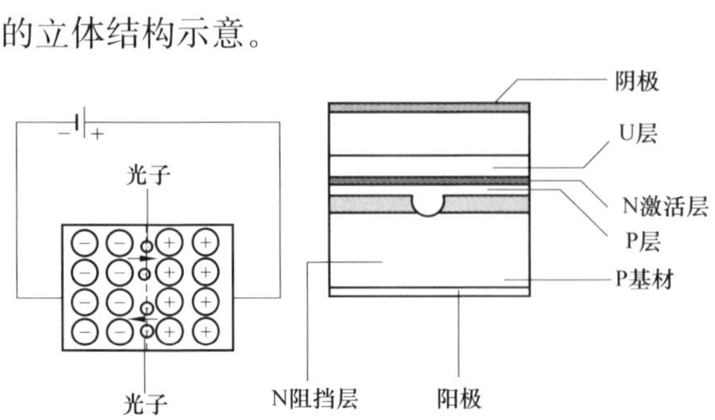

图 8－35 半导体激光二极管原理图

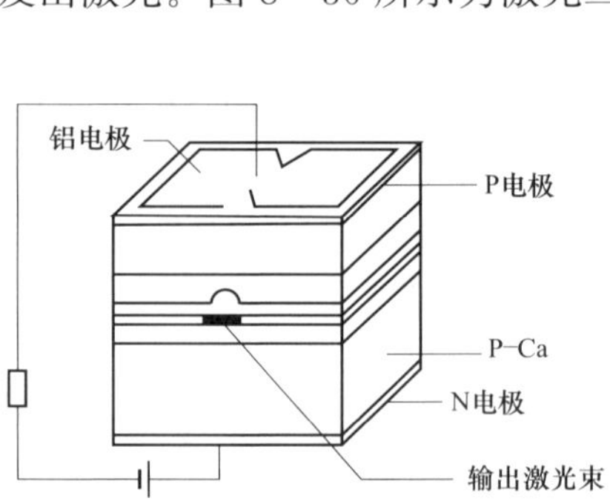

图 8－36 激光二极管的立体结构示意

将激光二极管芯制作在金属壳内，引线接在下面，管壳的上部开有圆形窗口以便发射激光束。顶部通常为平顶型或倾斜型，其典型结构如图 8－37 所示。

管壳内设置一个光敏二极管，这是为了通过检测激光强度来控制供给激光二极管的电源。因此，它一般有三个引线脚，即一个激光二极管供电端、一个光敏二极管输出端和一个接地端。

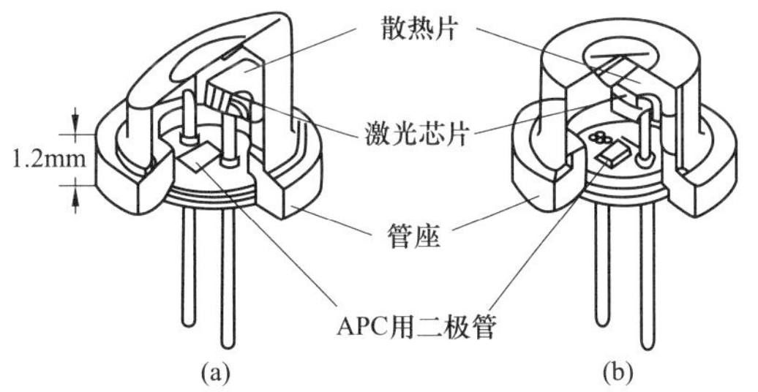

图 8－37　斜顶型激光二极管和平顶型激光二极管
（a）斜顶型；（b）平顶型

3. 声光调制

声光调制主要用于调制打印信息。激光器发射激光束，激光束本身带有数据信息，但要将数据信息打印出来必须经过调制转换。这一过程需要由声光调制器来完成。它可以将要打印的数据信息调制成激光打印机能够识别的激光打印信号。

经过换能器，高频信号被转换成超声波，然后根据声波的衍射特性，经衍射光栅生成 0 阶衍射光和 1 阶衍射光。根据布雷格衍射特性，当超声波维持一种频率的高频信号时，入射激光束将产生一条 0 阶衍射光和一条 1 阶衍射光。利用 0 阶衍射光不发生偏转的性质，0 阶衍射光可用来控制同步器和高频信号的启停，从而实现同步消除扫描误差。用 1 阶衍射光来记录打印数据信息，通过扫描器的旋转和感光鼓的转动，完成横向扫描和纵向扫描，以对感光鼓最终曝光成像。0 阶衍射光始终投射到同步传感器，不发生任何变化。

4. 光电导现象

同某些化合物遇光分解或聚合而使化学结构发生变化不同，自然界中某些材料遇光以后，其化学结构不发生变化，而电性质发生了变化，从绝缘体变为具有一定导电能力的导电体，当它重新回到黑暗中后又从导电体变回绝缘体。这种现象就是通常所说的光电导现象，可以用一个式子将这种现象表示为

$$\text{绝缘体}+\text{光量子}\xrightarrow{\text{激活}}\text{导电体}$$

诸如硒、硫化镉等材料，将它们置于暗处时，电阻率很高，经过一定波长的光照射时，其电阻率明显下降。停止光照后，重新将其置于暗处时，其电阻率又重新回到原来的水平。如果对其施加一个电场，光照部分和未光照部分通过的电流强度就会有明显的差异。

激光打印机就是利用这些材料的光电导特性，将其制成类似于普通照相用的感光板，利用静电高压电晕放电使感光板表面沉积一定量的电荷，通过脉冲电压控制打印信息投射到感光板上，在感光板表面形成一个肉眼看不见的静电电荷图像，再通过“显影”，将电荷图像变成肉眼可见的色剂图像并输出。

5. 光电导材料

一般将能够明显地发生光电导现象的材料统称为光电导材料。换句话说，光电导材料是具有光电特性的材料的统称。

除硒外，氧化锌、硫化镉及越来越多的合成有机物也具有良好的光电导特性，使静电复印对光电导材料的选择余地大大拓宽了。

（三）成像转印的基本原理

激光打印机的成像转印过程与复印机十分相似，通常需要充电、曝光、显影、转印、定

影和清洁六个步骤。

1. 充电

充电就是以静电高压电晕放电的形式使光电导体的表面带电，从而获得较高的表面电位。

从图 8－38 中可以看到，感光鼓由内到外依次为导电层、光导层和绝缘层。绝缘层位于感光鼓的最外层，负责保护光导体以防止磨损，从而保持光导体的光电特性。导电层由精度很高的铝合金圆筒构成，且保证接地，以使曝光后的电位能迅速释放。电晕丝同高压发生器的输出端相连接，在电晕放电的同时沿着感光鼓的表面平行移动。被电离带正电荷的空气离子在电场力的作用下被推向光电导体的表面，一方面与光电导体的表面亲和，另一方面与从导电层感应出来的负电荷相平衡。因为这时的光导层未经光照，基本为绝缘状态（只有微弱的漏电流），恰似一个平板电容器两极板间的绝缘介质，在它的两个界面（一个是空气界面，另一个是底基界面）形成了两个电荷量相同而极性相反的电荷层，这与电容器充电原理一样。光电导体与空气界面的电荷层也与电容器的正极板一样，呈正极性。形成这一电荷层的电量越大，表面电位就越高。

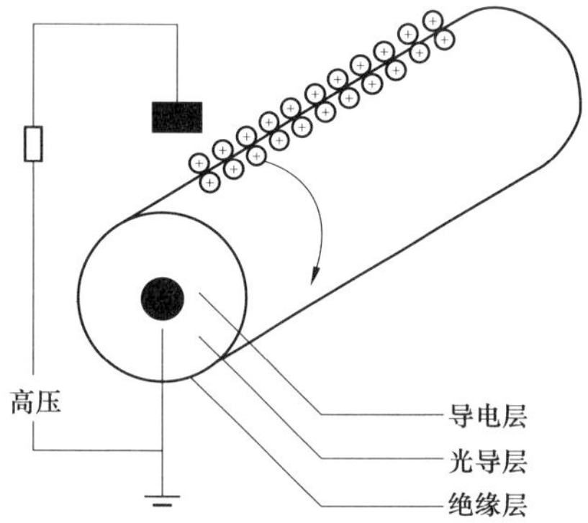

图 8－38　感光鼓的组成结构

由于不同机型感光鼓所采用的光导材料各不相同，如硒光电导体属于 P 型半导体导电方式，对其充正电有利于增强受光照后的导电能力。而若是采用氧化锌、硫化镉、有机合成材料制成的光电导体，则要充负电，即负静电高压电晕放电。表面电荷层是负电荷层，表面电位是负极性电位，而底基感应电荷层是正电荷层。这是因为氧化锌等材料属于 N 型半导体导电方式，对其充负电有利于其光电导性能的增强。

充电是成像转印的首要步骤。为了同其他过程中的高压充电相区别，这次充电往往称为主充电。

此外，值得一提的是，通过充电电极，电极丝与感光鼓之间的空气发生电离，从而最终达到光导层充电。这种方法虽然能使感光鼓表面的电荷分布均匀，但同时会产生大量的负离子（即臭氧），臭氧聚集到一定程度即会对人体有害。鉴于此，目前许多激光打印机采用充电辊充电的方式，如图 8－39 所示。由于这种方式采用接触式充电，避免了臭氧的产生，但这种方式增加了感光鼓的磨损，而且会出现充电不均匀的现象。

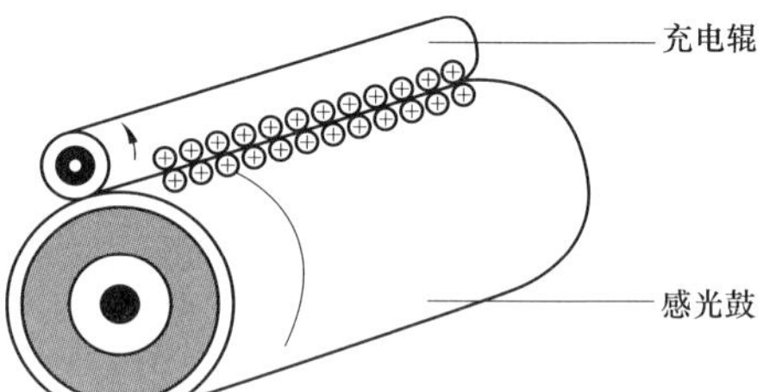

图 8－39　接触式充电示意

2. 曝光

曝光就是利用感光鼓表面的光电导材料的光敏特性，用带有打印数据信息的激光束扫描感光鼓表面时，被光照射的部分与感光鼓导电层直接导通，电荷迅速消失，未被光照射的部分则仍然维持绝缘状态，仅进行暗衰过程（电位随时间自然降低的过程），因此基本保持着高电位；而被光照射的部分因受到光照变为导电状态，正、负电荷透过光电导体互相中和，表面电位大幅度降低，进行亮衰过程（光导层受光线照射，形成光导电压，电荷迅速中和消失，光导体表面电位迅速下降的过程），亮衰过程在顷刻间完成。在曝光结束的瞬间，光电导体表面上形成静电潜像。

图 8－40 所示为感光鼓表面的电位变化曲线。从图中可以看出，在曝光过程中，光衰过程非常关键，光衰过程彻底与否直接影响打印质量。

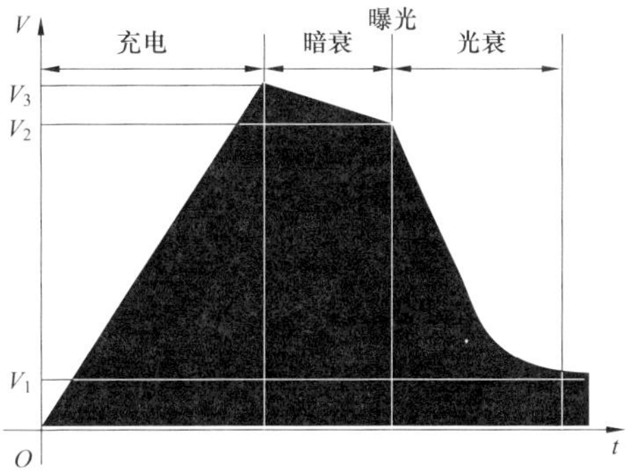

图 8－40　感光鼓表面电位变化曲线

3. 显影

显影实际上就是将静电潜像变为人眼可见的色剂图像的过程。

能够使图像显现出来的色剂称为显影剂。显影剂分湿式和干式两大类。湿式显影剂是液态的，一般由色调剂和分散剂组成。干式显影剂又分双组分和单组分两大类。双组分显影剂由墨粉和载体两种成分构成。单组分显影剂是墨粉和载体合二为一的产物，颗粒是单一成分的。使用湿式显影剂的激光打印机称为湿法激光打印机。使用干式显影剂的激光打印机称为干法激光打印机。目前，湿法打印机已被干法打印机所淘汰，因此一般以干式显影剂为例来描述显影过程。

即使是干式双组分显影剂，使图像显现的有效成分仍是墨粉，而载体仅起携载和输送墨粉颗粒到显影区的作用。光电导体正充电的情况下，静电潜像是正电荷像，需要通过摩擦带负电性的墨粉；光电导体负充电的情况下，需要通过摩擦带正电性的墨粉。

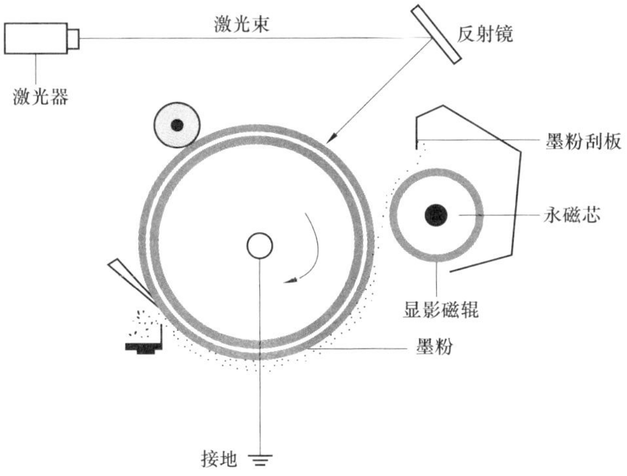

图 8－41　显影的工作过程

显影的工作过程如图 8－41 所示，显影磁辊载着墨粉旋转并与墨粉刮板相切以产生摩擦，使墨粉带电，从而被鼓所吸附。被光线照射的部分电位极低，不能吸附墨粉颗粒；未被光照射的部分电位高，很容易吸附带有相反极性的墨粉颗粒。静电潜像电位越高的部分，吸附墨粉的能力越强，反之则弱。吸附墨粉颗粒的多少会呈现不同层次的黑度，给人一种层次感。

4. 转印

转印就是将光电导体上的墨粉图像转移到打印纸上的过程。

目前激光打印机的转印方法有两种，其中一种是电晕放电转印，如图 8－42 所示。其过程是：将一张打印纸覆盖在光电导体的墨粉图像上，用一个同主充电极性相同的高压静电沿纸的背面移动的同时进行电晕放电，所形成的强大电场使墨粉颗粒从光电导体上被转移到打印纸上。

另一种转印方法是放电胶辊转印，如图 8－43 所示。与电晕放电转印不同，这种方式采用的是放电胶辊（转印辊）而不是电极。

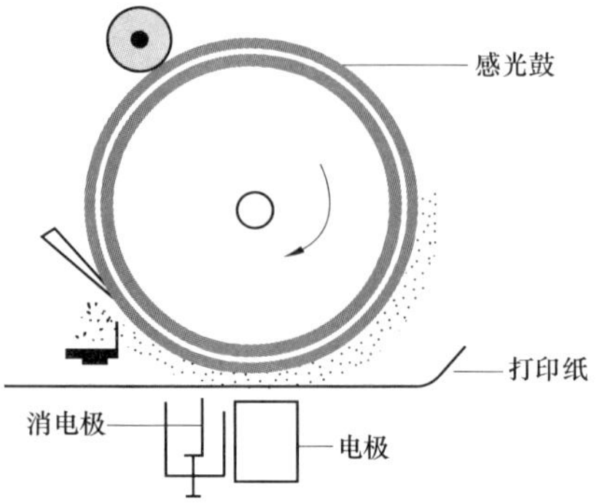

图 8-42 电晕放电转印

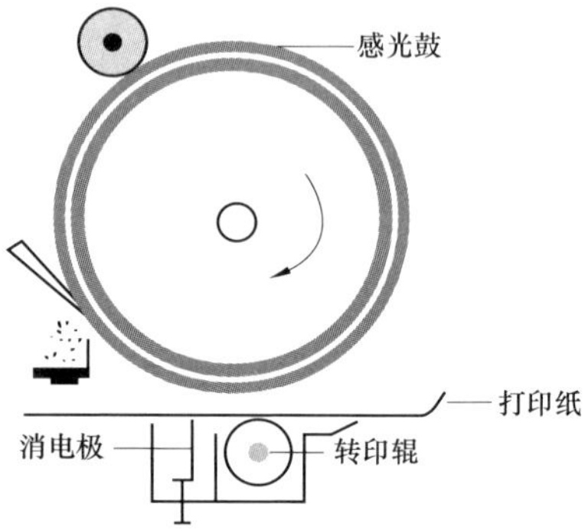

图 8-43 放电胶辊转印

在转印的过程中，由于静电潜像电位对转印高压形成的电场强度在越靠近光电导体表面的地方抵消作用越大，加之万有引力的作用及墨粉颗粒在转移过程中的拥挤现象等因素，在转印高压作用的瞬间内，不可能将墨粉全部转移到纸上，总有一些墨粉残留在光电导体上。这些残留在光电导体上的墨粉称为残余墨粉。经转印后，残余墨粉的量越大，说明转印效率越低。衡量转印效率的方法是用转移到纸上的墨粉量同转印前光电导体上的墨粉量相对比，可用下式表示：

$$转印效率=\frac{转印到纸上的墨粉量}{纸上墨粉量+残余墨粉量}$$

这个比值越大，说明转印效率越高。一般干法激光打印机的转印效率以 75%为标准，低于 75%的为低，高于 75%的为高，能够达到 85%的就相当理想了。

5. 定影

被转移到纸上的墨粉图像还没有和纸完全合为一体，此时若用手一摸，墨粉图像就会被抹掉，因此还需要将墨粉固化到纸上才能成为最终打印品，这一固化的过程称为定影。

目前，定影的方式很多，但基本上以热定影为主。一般采用卤素加热灯作为定影的热源。当热源使墨粉达到熔点时，颗粒熔化互相融合并向纸基渗透，同时定影下轧辊（压力胶辊）施加一定压力以增强墨粉颗粒的附着能力。当离开热源后温度低时，墨粉凝固，与纸融为一体，墨粉颗粒之间也融为一体，使图像固化到纸上以变得光洁、平整、细腻而富有质感。

在定影过程中，关键是定影温度的控制，既要能使墨粉融化，又不至于湮散，以保证图像的清晰。

6. 清洁

光电导体表面在转印后仍滞留着残余墨粉和残余电荷，如果不清除势必带入下一个成像转印过程，造成前一张打印的残余图像会在后一张打印品中显现出来，输出有重叠影像或有前一原稿内容的脏乱打印品，因而清除残余墨粉和残余电荷极其重要，所以必须设置清洁的过程。

清洁的方法很多，主要有三种：放电曝光清洁、刮板清洁和毛刷清洁。放电曝光清洁是通过交流高压放电配之以充分曝光来消除光电导体上的残余电荷。刮板清洁是用橡塑刮板将残余墨粉刮掉，如图 8－44 所示。

橡塑刮板紧贴于感光鼓上并与其表面成一定剪切角，在感光鼓旋转的同时将其表面残留的墨粉刮入废粉回收盒内。由于这种方式容易使墨粉颗粒附着于刮板之上，长期使用会磨损感光鼓，因此要注意定期对此部件进行清洁。

毛刷清洁采用反充电曝光加磁刷的方法回收墨粉，如图 8－45 所示。

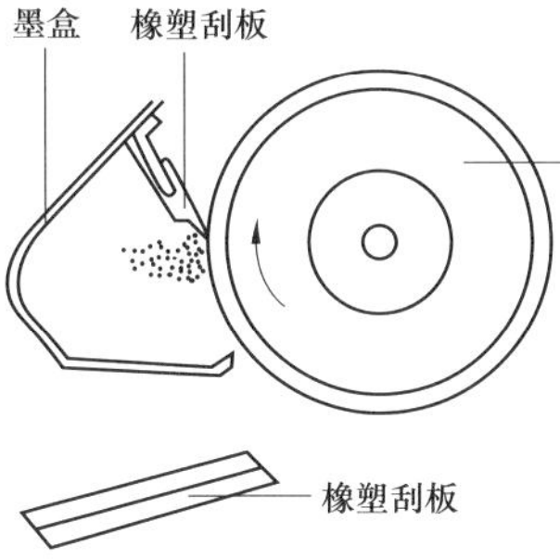

图 8－44　刮板清洁示意

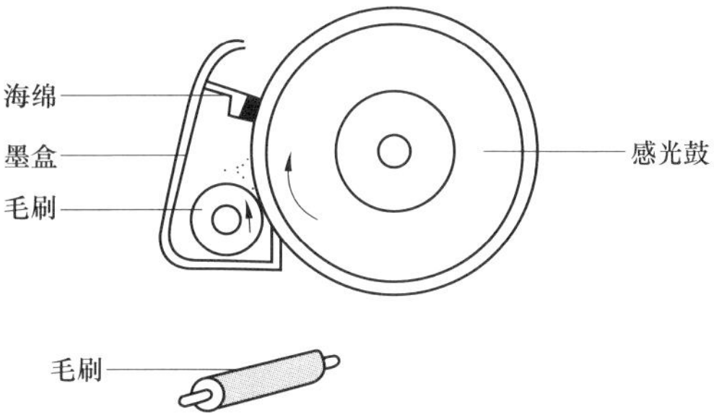

图 8－45　毛刷清洁示意

滚筒式毛刷在驱动电动机的作用下与感光鼓反向转动，将感光鼓上残留的墨粉轻轻扫入废粉回收盒内。同时，毛刷利用旋转摩擦产生静电以吸引墨粉，可以有效地避免墨粉飞扬而污染打印机的其他部件。与刮板清洁方式相比，这种清洁方式对感光鼓表面磨损小，一定程度上延长了感光鼓的使用寿命。

综上所述，充电、曝光、显影、转印、定影、清洁这六个步骤是成像转印的基本过程。这一全过程可用如图 8－46 所示的流程图表示。

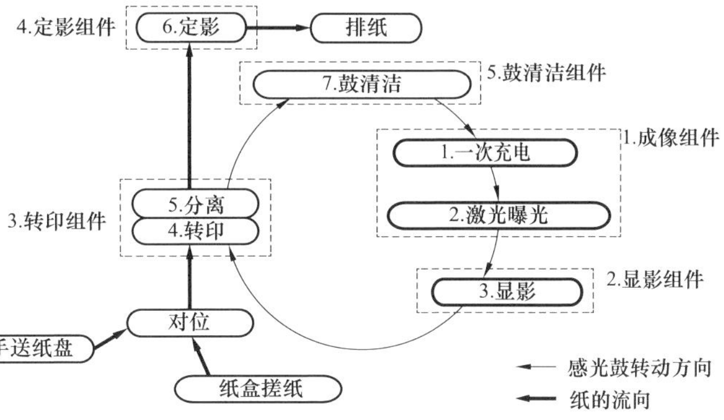

图 8－46　成像的基本过程

（1）预曝光：由预曝光灯对感光鼓表面进行照射以消除残余电荷，为成像转印做好准备。

（2）主充电：由主充电器以－6～＋7kV 的高压对感光鼓表面进行充电，使光电导体表面获得－600～700V 的初始电位。

（3）图像曝光：激光束对感光鼓表面进行扫描，于是鼓表面形成静电潜像。

（4）显影：具有静电潜像的鼓面在旋转时靠近显影器，吸收显影器中的磁粉，在鼓面上形成相应的墨粉。

（5）转印：带墨粉图像的感光鼓继续转动，当靠近转印电晕器时，复印纸已被传送到它们之间，此时，转印电晕器以－6～－5kV 的高压放电，将墨粉从鼓面转移到纸上。

（6）分离：墨粉被吸附到纸上后，感光鼓继续旋转，打印纸在驱动机构的作用下向前移动。

（7）定影：带有墨粉图像的复印纸被送到定影上轧辊（加热辊）和定影下轧辊（压力胶辊）组成的定影器中，墨粉受到热融加压后被固化到纸上，成为最终打印品并输出。

（8）清洁：清洁感光鼓上残留的墨粉，准备下一个转印的过程。

模块二　全自动洗衣机工作原理及电路分析

知识要求	技能要求
1. 了解全自动洗衣机的种类和结构； 2. 熟悉全自动洗衣机程序控制系统； 3. 掌握全自动洗衣机内各传感器的应用	1. 能识读全自动洗衣机系统控制图； 2. 能识读全自动洗衣机程序控制图； 3. 能根据故障现象提出维修意见

全自动洗衣机是一种同时具有洗涤、漂洗、脱水等功能，且它们之间的转换不用手工操作而能自动进行的洗衣机。

一、全自动洗衣机的分类

全自动洗衣机的分类方法是多种多样的，若按洗涤方式分类，它可分为搅拌式、波轮式和滚筒式三种；若按控制系统分类，它可分为普通式、微电脑控制式和模糊控制式三种。下面以按洗涤方式分类为例，简要介绍全自动洗衣机的结构、特点。

1. 搅拌式全自动洗衣机

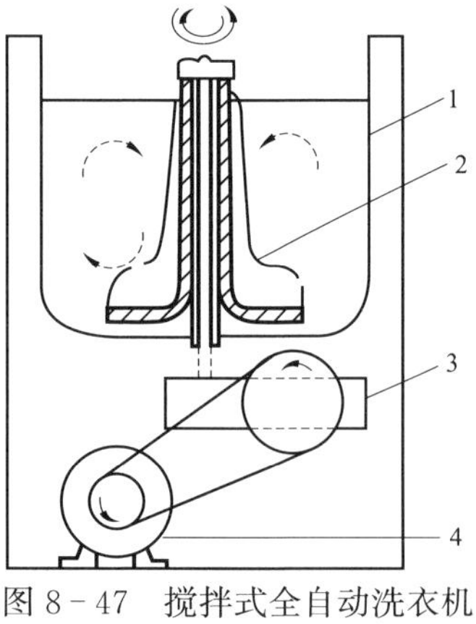

图 8－47　搅拌式全自动洗衣机

1—洗涤筒；2—搅拌叶；3—齿轮箱；4—电动机

搅拌式全自动洗衣机是指被洗涤物浸没于洗涤液中，依靠搅拌叶往复运动的方式进行洗涤的洗衣机，其主要结构如图 8－47 所示。洗涤筒（内筒）内装有垂直的搅拌叶。洗涤时，搅拌叶小幅度地正反向转动，一般搅拌叶的转动角度为120°～180°，利用屈伸作用、摩擦作用、水流作用进行洗涤。这种洗衣机的特点是可洗涤较大量的、质地细致的衣物，其洗净比介于滚筒式全自动洗衣机和波轮式全自动洗衣机之间，洗涤时衣物不易缠绕，对衣物的损伤也比较小；缺点是洗涤的时间较长，且由于结构复杂，因此价格较贵。

2. 波轮式全自动洗衣机

波轮式全自动洗衣机是指被洗涤物浸没于洗涤液中，依靠波轮连续转动或定时正反向转动的方式进行洗涤的洗衣机，其主要结构如图 8－48 所示。洗涤筒（内筒）底部带有波轮。洗涤时，波轮连续转动或定时正反向转动，利用摩擦作用和水流作用进行洗涤。以前的波轮式全自动洗衣机的运转方式为连续转动 30s，停止 5s，这种方式称为涡卷式。现在的波轮式全自动洗衣机采用的运转方式为 1s 左右的正转—停—反转，这种短周期的运转方式称为新水流式。波轮是产生水流的主要部件，波轮的形状不同，产生的水流就不同，达到的洗涤效果也就不同。这种洗衣机的特点是洗净比高，机械力的作用强，可在短时间内洗净衣物，造型紧凑，机械结构较简单，易做到“大容量、小体积”；缺点是洗涤时磨损率较大，衣物易缠绕，从而造成洗涤不均匀。

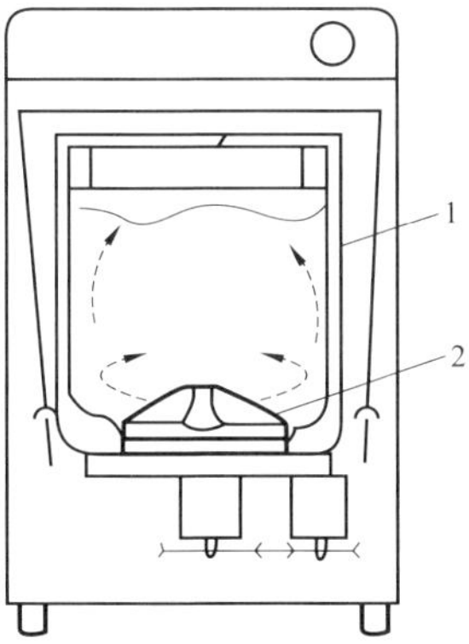

图 8-48　波轮式全自动洗衣机
1—洗涤筒；2—波轮

另外，JIS（日本工业规格）根据搅拌叶、波轮的形状对搅拌式全自动和波轮式全自动洗衣机做了以下规定：D 为直径，H 为高度，当 $H \geqslant 0.75D$ 时，称为搅拌式洗衣机；当 $H \leqslant 0.75D$ 时，称为波轮式洗衣机。D 和 H 尺寸如图 8-49 所示。

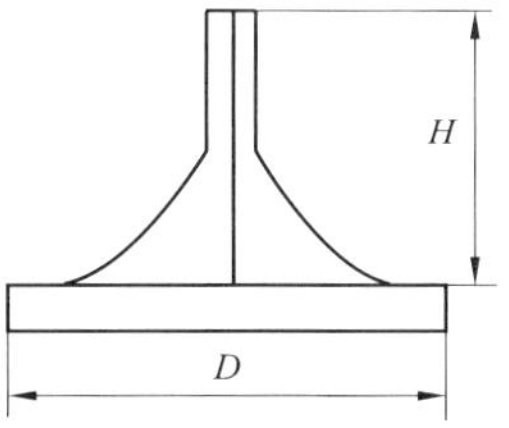

图 8-49　搅拌叶外形

3. 滚筒式全自动洗衣机

滚筒式全自动洗衣机是指被洗涤物放在滚筒内，部分浸没于洗涤液中，依靠滚筒连续转动或定时正反向转动的方式进行洗涤的洗衣机，其主要结构如图 8-50 所示。洗涤筒（内筒）上开有许多小孔，内筒沿水平轴连续转动或定时正反向转动，利用内筒内壁上的凸筋将被洗涤物提升上来，再落到洗涤液内，利用冲击作用、摩擦作用进行洗涤。这种洗衣机的特点是洗涤时对衣物的磨损最小，用水量少，而且可以将烘干装置安装到洗衣机内，成为洗涤-干燥机，从而完成洗涤—烘干整个过程；缺点是洗净比较低，所以为了洗涤干净，必须延长洗涤时间或进行加热洗涤，这样会使工作时间加长或使耗电量增加。因其运动特点是沿水平轴向转动，所以为了抑制上下方向的振动，要加大自重，这样对安装的要求就较为苛刻。

滚筒式全自动洗衣机按被洗涤物的投入方式，又可分为前开门式和顶开门式两种类型。

（1）前开门式。前开门式滚筒式全自动洗衣机的结构如图 8-51 所示。这种洗衣机从前面开门，放入和取出衣物不大方便，但可以从玻璃门中观察洗涤情况。这种洗衣机体积较大，外形美观。

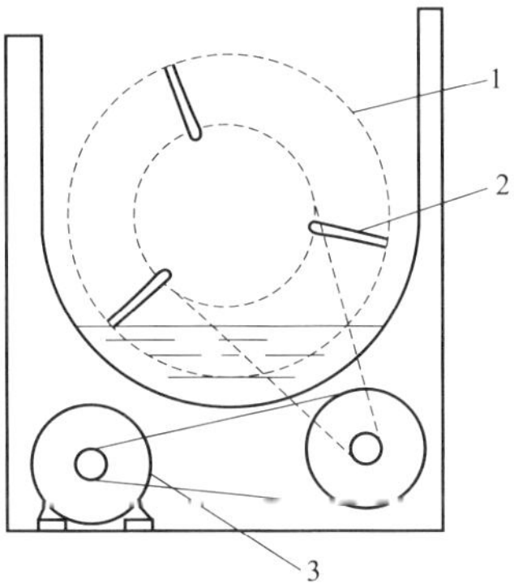

图 8-50　滚筒式全自动洗衣机
1—洗涤筒；2—提升筋；3—电动机

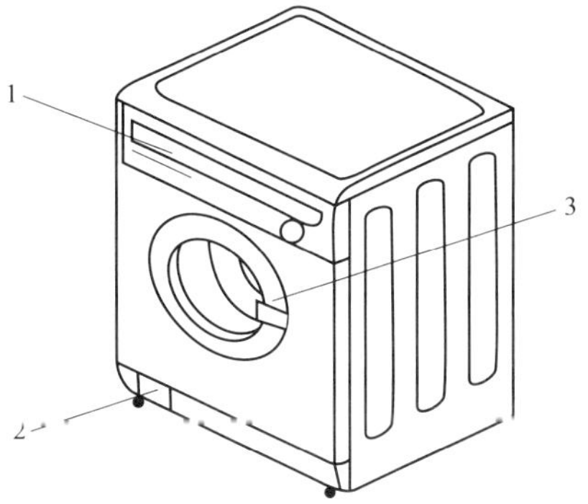

图 8-51　前开门式滚筒式全自动洗衣机
1—操作板；2—排水泵盖；3—机门

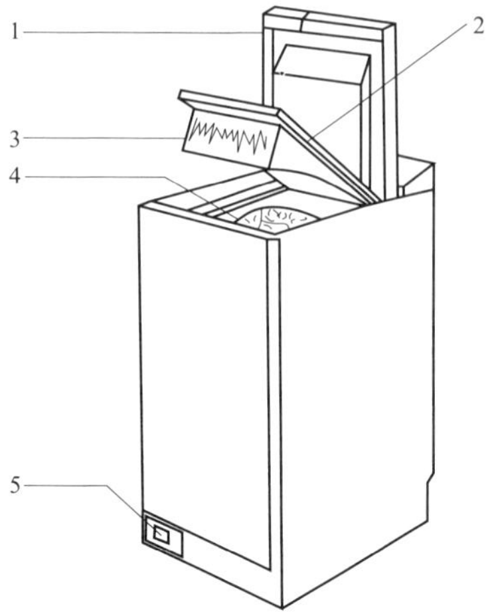

图 8－52 顶开门式滚筒式全自动洗衣机

1—机门；2—内盖；3—洗涤剂盛载盒；4—内筒；5—排水泵盖

（2）顶开门式。顶开门式滚筒式全自动洗衣机的结构如图 8－52 所示，这种洗衣机从顶部开门，放入和取出衣物较方便。这种洗衣机防漏性好，体积较小，外形美观。

二、滚筒式全自动洗衣机的结构和工作原理

（一）滚筒式全自动洗衣机的结构

滚筒式全自动洗衣机按被洗涤物的投入方式，可分为前开门式和顶开门式两种，其结构大体相同，一般由洗涤脱水系统、传动系统、支撑系统、操作系统、电气控制系统、加热系统及进水、排水系统等组成，如图 8－53 所示。

1. 洗涤脱水系统

洗涤脱水系统主要由内筒（滚筒）、外筒（盛水筒）、内筒叉形架、主轴、外筒叉形架、轴承等组成。部分结构如图 8－54～图 8－56 所示。

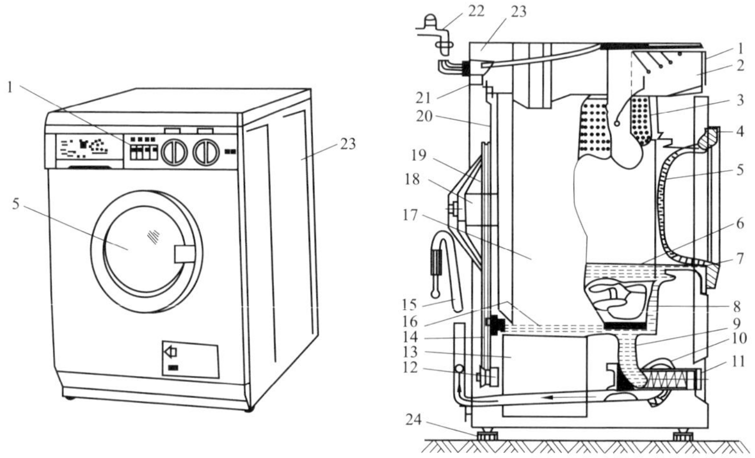

图 8－53 前开门式滚筒式全自动洗衣机的结构图及外形图

1—操作面板；2—洗涤剂；3—洗涤内筒；4—圆形门环；5—透明玻璃视孔；6—洗涤液；7—异形密封圈；8—被洗涤物；9—排水连接管；10—排水泵；11—过滤器；12—小带轮；13—双速电动机；14—V 带；15—外排水管；16—管状加热器；17—盛水筒；18—轴承支座及转轴；19—大带轮；20—外筒叉形支架；21—进水电磁阀；22—水龙头；23—外箱体；24—调节底脚

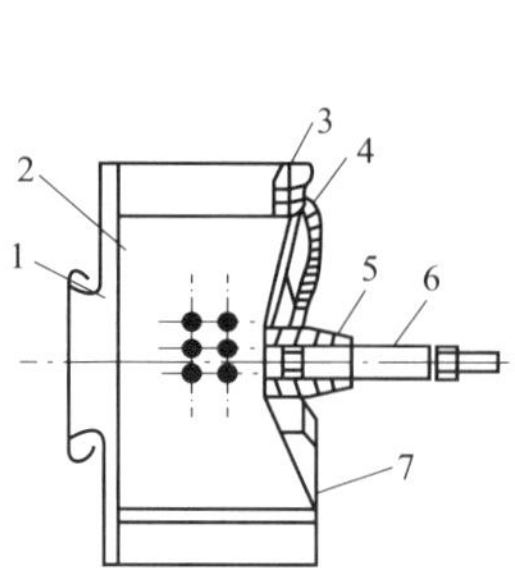

图 8－54 内筒

1—内筒前盖；2—内筒圆筒；3—加强块；4—叉形架；5—轴衬套；6—内筒主轴；7—内筒后盖

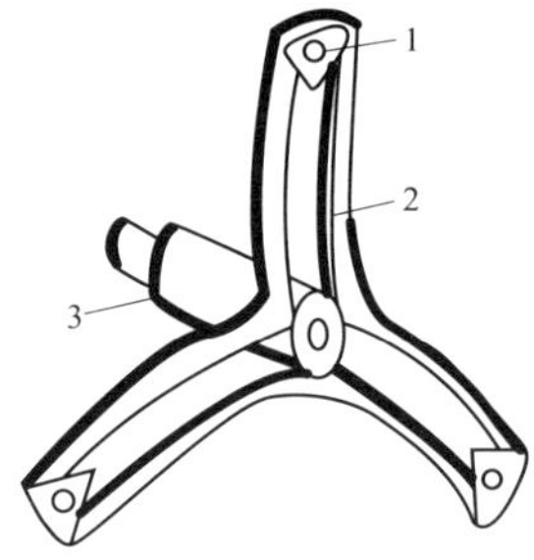

图 8－55 内筒叉形架

1—叉形架固定孔；2—叉形架；3—主轴

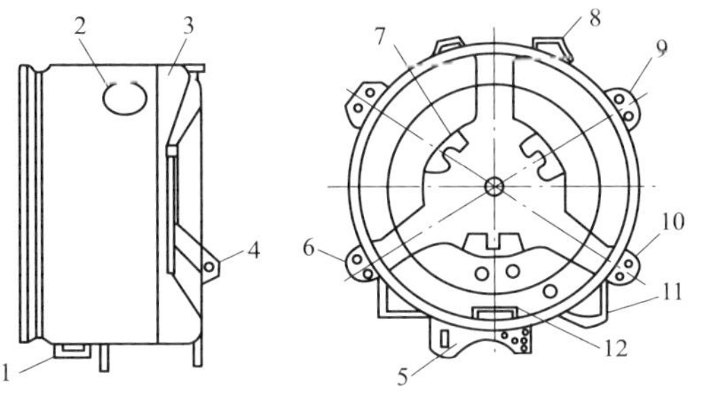

图 8－56　外筒

1—排水管法兰；2—外筒；3—外筒后盖；4—外筒支架；5—电动机支架；6—橡胶运输杆衬；7—叉形架支架；8—上配重块支架；9—挂簧支架；10—外筒支架；11—减振器支架；12—加热器支架

2. 传动系统

传动系统主要由电动机、大小带轮、电容器、V 带等组成，其结构如图 8－57 所示。

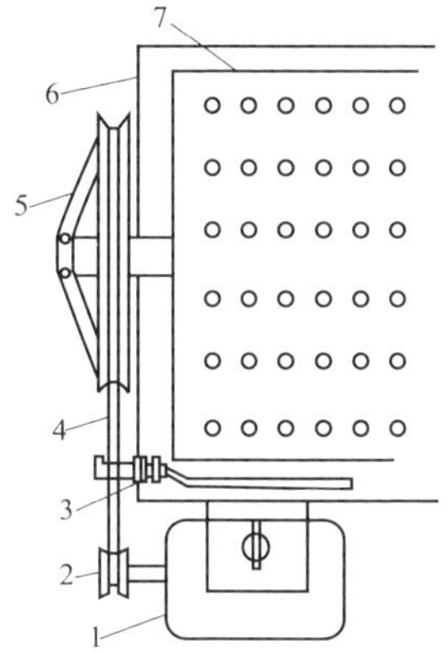

图 8－57　滚筒式全自动洗衣机传动系统示意图

1—电动机；2—小带轮；3—加热器；4—V 带；5—大带轮；6—外筒；7—内筒

(1) 电动机。因滚筒式全自动洗衣机中没有离合器，所以不能像波轮式全自动洗衣机那样通过离合器进行洗涤转速和脱水转速的切换。为了实现低速运转进行洗涤、漂洗，高速运转进行脱水，只有通过对电动机的转速进行调节才能执行这些功能。现在的滚筒式全自动洗衣机使用的电动机有两种：一种是电容运转式电动机，这种电动机只有一个或两个脱水转速，不能进行无级调速，而且洗衣机的脱水转速较低，一般为 400～800r/min；另一种是串励电动机，它通过控制系统可进行无级调速，而且洗衣机的最高脱水转速可达到 1200r/min，主要用于高档洗衣机中。

(2) 电容器。电容器主要用于电容运转式双速电动机，与波轮式全自动洗衣机所采用的相同。它利用控制器分别接入 2 极绕组或 12 极（16 极）绕组，从而实现电动机的高、低速运转。

(3) 带轮。滚筒式全自动洗衣机的动力是这样传递的：电动机运转，带动电动机轴上的小带轮运转，经过 V 带带动内筒主轴上的大带轮运转，从而带动内筒运转。大、小带轮均采用铝合金压铸而成，具有强度大、质量轻、使用寿命长等特点。大带轮固定在从外筒叉形架中伸出的内筒主轴上，小带轮固定在电动机的轴上。在紧固大带轮的螺钉时安装了止退垫圈，以防止大带轮在运转时松动。

3. 支撑系统

支撑系统由四根减振吊装弹簧、两个弹性支撑减振器、外箱体和底脚组成，具结构如图 8－58 所示。外筒上部装有四根减振吊装弹簧，它们将整个运动机构吊装在外箱体的四个顶角上。同时，外筒底部装有两个弹性支撑减振器，它们将整个运动机构支撑在外箱体的底座上。这样整个运动机构就被悬吊起来，为柔性连接，故洗衣机在工作时具有良好的稳定性和柔韧性，从而减少了工作时产生的振动和噪声。

弹性支撑减振器的结构如图 8-59 所示。螺母 5 与外筒底部固定连接，螺母 1 与外箱体底座固定连接。当洗衣机工作时，由于内筒（滚筒）在外筒（盛水筒）内推动衣物转动，它将带动外筒一起振动，由此带动与外筒固定连接的上减振套筒 4 在下减振套筒 2 和减振弹簧 6 上振动。与此同时，减振套筒口的橡胶块 3 与下减振套筒外壁柔性摩擦，减振弹簧和橡胶块同时起到减振作用。

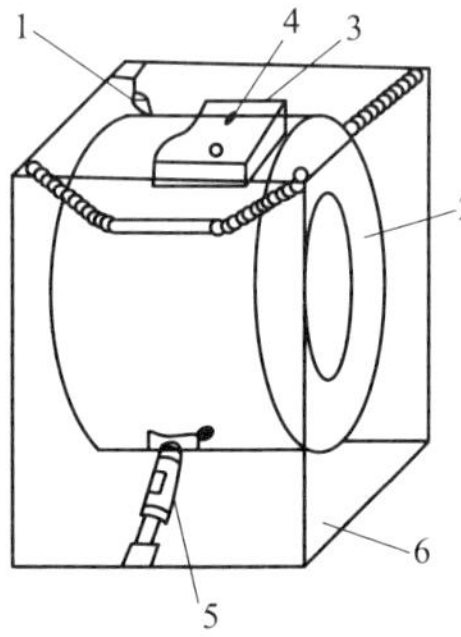

图 8-58　滚筒式全自动洗衣机支撑系统的结构

1—减振吊装弹簧；2—盛水筒；3—上配重块；4—上配重块紧固螺母；5—弹性支承减振器；6—外箱体

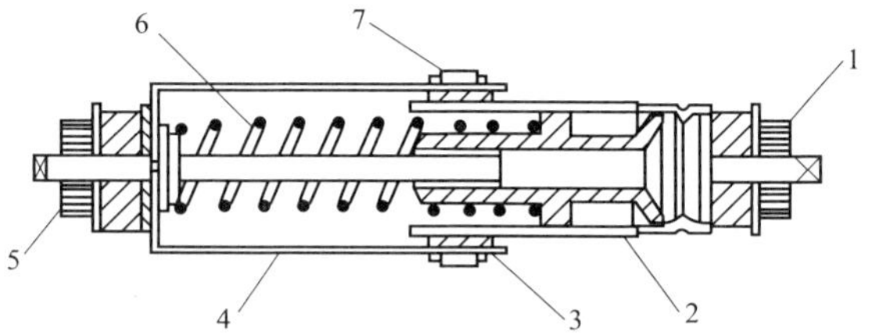

图 8-59　弹性支承减振器的结构

1—与外箱体连接螺母；2—下减振套筒；3—橡胶块；4—上减振套筒；5—与外筒连接螺母；6—减振弹簧；7—弹簧卡片

外箱体由箱体、前面板、上盖、后盖等构成。箱体由钢板冲压成形。外箱体底部装有底脚，底脚的高度可以调节，保证洗衣机的运行稳定。

4. 操作系统

操作系统由操作盘和衣物投入口构成，前开门式滚筒全自动洗衣机操作系统的结构如图 8-60 所示。

操作盘由面板、标牌、琴键开关及支架、指示灯、程序控制器（以下简称程控器）旋钮、温度调节旋钮、脱水转速调节旋钮等构成。前开门式滚筒式全自动洗衣机的操作盘左侧还装有洗涤剂盛载盒。

5. 电气控制系统

电气控制系统由程控器、水位传感器（水位开关）、门开关、琴键开关、电源开关、滤噪器等组成。

（1）程控器。程控器按其结构的不同可分为机械式、电动式和电子式三种。滚筒式全自动洗衣机大多采用电动式程控器。电动式程控器由永磁同步电动机驱动齿轮减速机构，带动一组快轴和慢轴旋转。在快轴和慢轴上装有若干组凸轮片，构成凸轮群组。快轴和慢轴在电动机的驱动下，带动凸轮群组缓慢旋转，从而按照设定程序控制触点的接通和断开，完成各种程序组合，控制洗衣机的整个洗涤过程。电动式程控器按其外形可分为方形程控器和扁形程控器两种，方形程控器如图 8-61 所示。

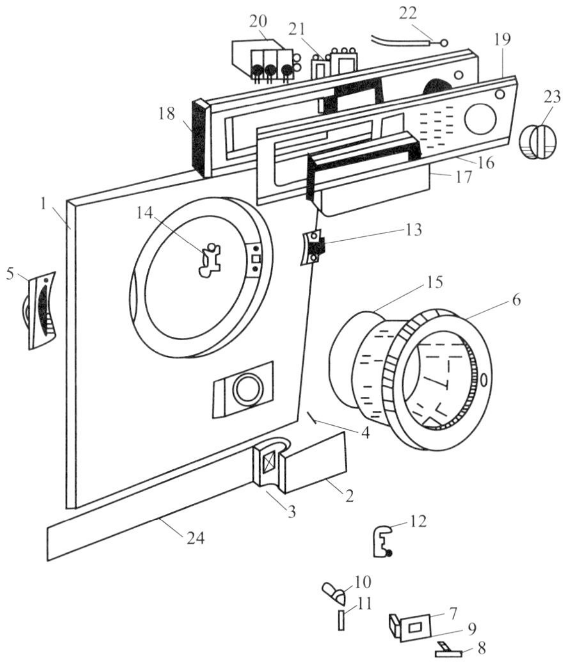

图 8－60　前开门式滚筒式全自动洗衣机操作系统的结构

1—前面板；2—过滤器门；3—小门铰链；4—橡胶钉；5—大门铰链；6—前玻璃门总成；7—门手柄；8—手柄按钮；9—按钮弹簧；10—门开关抓钩；11—手柄销；12—手柄弹簧；13—门开关底板；14—门开关；15—弹簧卡环；16—洗涤剂盛载盒面板；17—小标牌；18—操作盘骨架；19—程序标牌；20—琴键开关；21—琴键开关支架；22—指示灯及导线；23—程控器旋钮；24—前底板

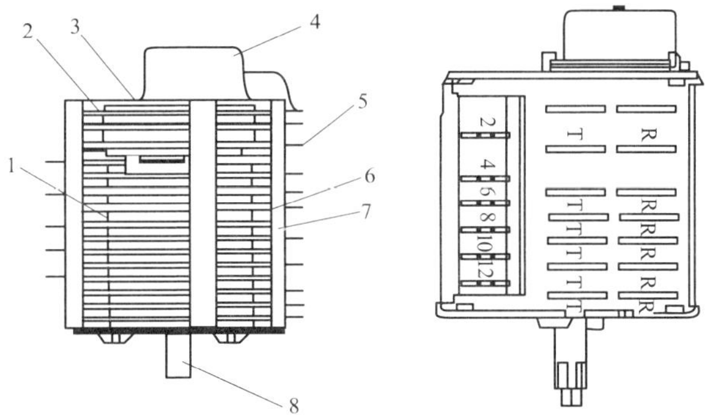

图 8－61　方形程控器

1—慢轴；2—快轴；3—变速机构；4—同步电动机；5—连接端子；6—凸轮群组；7—外壳；8—主轴

（2）水位传感器。水位传感器又称为水位开关或压力开关，主要功能是控制水位。

（3）门开关。滚筒式全自动洗衣机所采用的门开关有以下两种形式：

1）触点式微动开关。触点式微动开关是安装在滚筒式全自动洗衣机的衣物投入口（即机门）处的微动电源开关，串联在电源电路中，能控制和保护洗衣机。当洗衣机的机门关闭好后，门手柄抓钩压下门开关的触点，接通洗衣机的电源。当洗衣机的机门打开或未关闭好时，门开关的触点断开，切断洗衣机的电源。洗衣机在工作过程中，如果机门被打开，则门开关动作，切断电源，使洗衣机停止运转，从而保护使用者的安全。

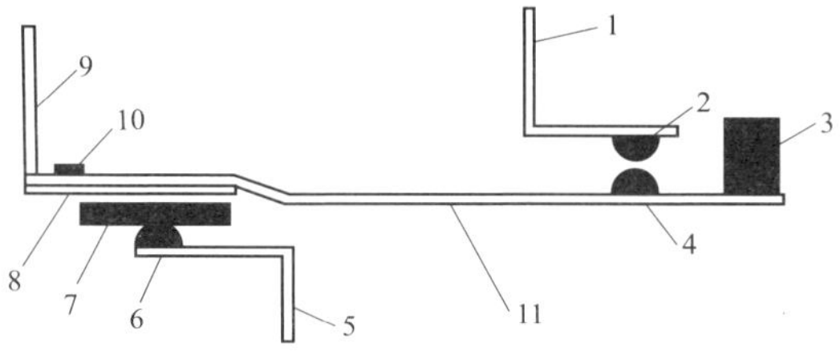

图 8－62　电子式开关结构示意

1、5、9—引出片；2、6—静触点；3—小插销；4—动触点；7—PTC 发热元件；8—双金属片；10—安装螺钉；11—动触片

2）电子式开关。电子式开关又称为电子门锁，串联在电源电路中，能控制和保护洗衣机，其结构如图 8－62 所示。

当洗衣机的机门关闭好后，门手柄抓钩推动活动板，接通电源，这时电子式门开关内的 PTC 发热元件通电发热，温度急剧升高，进入高电阻状态。双金属片由于受热变形向上顶起，推动动触片，使动触点与静触点 2 接通，同时动触片上的小插销也向上移动，并插入固定板与活动板的小方孔内，使洗衣机的机门关闭而不能打开。

PTC 发热元件是一种正温度系数的热效电阻，当 PTC 元件通电后，温度上升到某一点（即居里点）时，电阻率会成倍地增加。当切断电源时，PTC 发热元件从高阻状态恢复到低阻状态需 2min 左右的时间，这时 PTC 元件温度降低，双金属片恢复原来的形状，动触点与静触点 2 断开，塑料小插销复位，活动板活动自如，机门门手柄抓钩复位，机门才可安全打开。

前开门式滚筒式全自动洗衣机的门开关还设有水位连动机构，以防止机内有可见水位时开门溢水。

（4）琴键开关。琴键开关是进行功能选择的开关，主要用于洗衣机各种功能、动作的切换和开关，其外形如图 8－63 所示。

琴键开关的按键有三个或四个，分别对不同功能和动作进行切换和开关。琴键开关控制的功能主要有半量洗涤、不脱水、电源通断、加热功率选择等。琴键开关每个按键的结构和工作原理与波轮式全自动洗衣机的电源开关（不带自断开功能）基本相同。

（5）电源开关。有的滚筒式全自动洗衣机的电源开关是与琴键开关分开来单独安装的，这样具有自动断电功能，安全性能更好。滚筒式全自动洗衣机的电源开关与波轮式全自动洗衣机的电源开关在结构、功能和工作原理上基本相同。

（6）滤噪器。滚筒式全自动洗衣机的电源电路中装有滤噪器，其作用是防止使用洗衣机时对电网的污染，减少对其他家用电器的干扰。其外形和电气原理如图 8－64 所示。

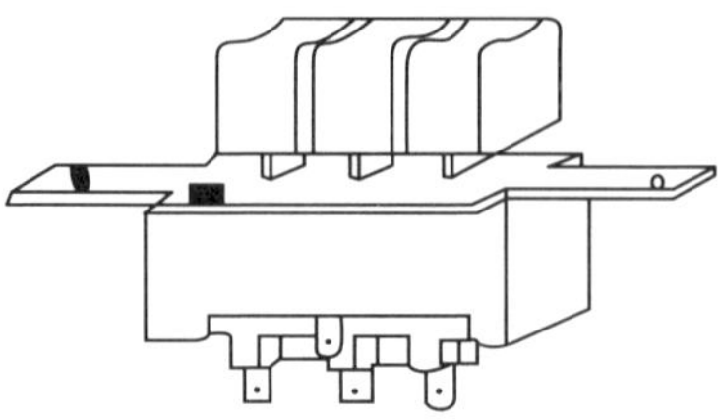

图 8－63　琴键开关

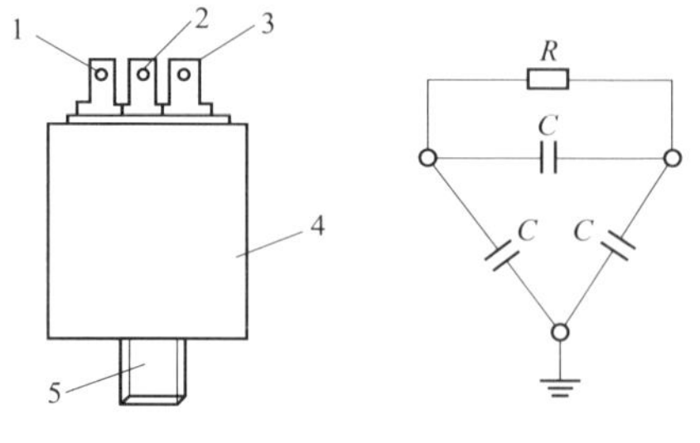

图 8－64　滤噪器

1、3—接线端子；2—接地端子；4—外壳；5—螺栓

滤噪器是由电阻和电容组成的滤波电路，并联在电源电路中，可将洗衣机工作时产生的高次谐波吸收掉，通过接地线接入大地，从而减小对电网的污染。因滤噪器的接地线与外箱体相连接，交流电可通过电容器，故在使用时将有很小的漏电电流。

6. 加热系统

加热系统由加热器、温控器、调温器等组成。因滚筒式全自动洗衣机的洗净比较低，为提高洗涤效果，一般采用延长洗涤时间或提高洗涤液温度的方法进行补偿。由于延长洗涤时间后会使衣物的磨损率上升，滚筒式全自动洗衣机一般采用提高洗涤液温度的方法来提高洗净比，因而洗衣机中装有提高洗涤液温度的加热系统。

(1) 加热器。加热器为管状其结构如图 8-65 所示，外形如图 8-66 所示。加热器是在金属管内放入电热丝，并在间隙中填充绝缘填料，再经外管压缩成形、表面处理和加引出棒等工艺处理后加工而成。电热丝密封于金属管内，这样有效地防止了电热丝的氧化。加热器具有热效率高、机械强度好、结构简单、安全可靠、使用寿命长等优点。

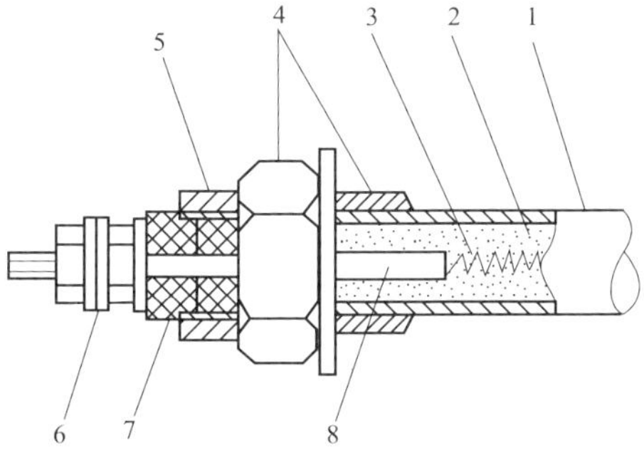

图 8-65　加热器结构示意

1—金属管；2—绝缘填料；3—螺旋状电热丝；4—夹紧机构；5—封口材料；6—接线端子；7—端部绝缘；8—引出棒

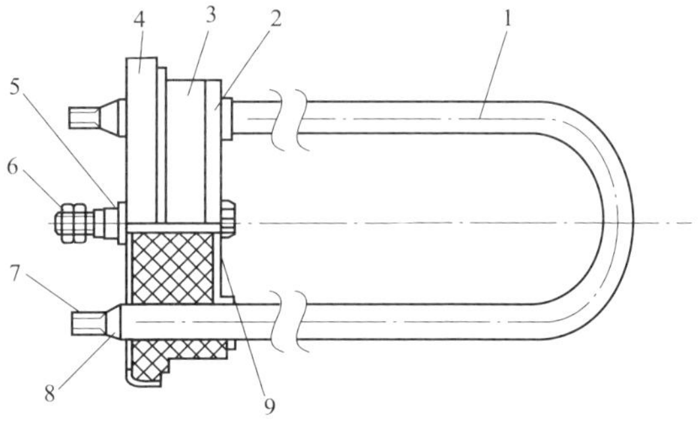

图 8-66　加热器外形

1—电热管；2—不锈钢夹座；3—密封橡胶；4—金属夹；5—夹紧螺母；6—接地螺母；7—接插片；8—绝缘子；9—不锈钢螺栓

因加热器浸没在洗涤液中，所以加热器的外管由不锈钢制成。电热丝由镍铬合金和铁铬铝合金制成。绝缘填料为结晶氧化镁粉末。

加热器安装在外筒（盛水筒）内的底部，位于内筒和外筒之间，如图 8-67 所示。安装时应将加热器略靠近外筒，这样可以防止内筒在高温脱水甩干时因振动而与加热器碰擦。加热器的固定板用螺钉固定连接在外筒的侧盖上，并在连接处用橡胶垫密封，防止洗涤液渗漏。加热器的功率一般为 2kW，这就要求用户电度表的容量要大一些。有的洗衣机装有加热功率调节开关，可对加热功率进行选择，一般采用双管或三管加热（即有两根或三根电热管工作）。当选择低功率加热时，仅使用一根电热管工作，即使用高阻值的电热丝，也可减少电度表的容量，但将延长加热时间。当选择高功率加热时，使用两根或三根电热管一起工作，这时高阻值和低阻值的电热丝同时加热，缩短了加热时间，即缩短了整个洗涤过程的时间。

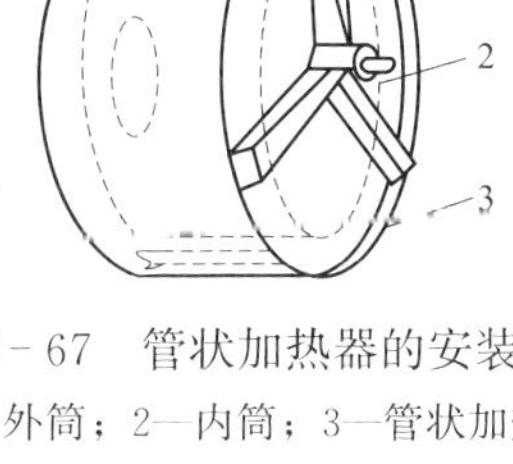

图 8-67　管状加热器的安装位置

1—外筒；2—内筒；3—管状加热器

(2) 温控器。温控器又称为温度继电器，主要作用是对洗涤液的温度进行控制。滚筒式全自动洗衣机使用的温控器主要有以下两种。

1）金属膨胀式温控器。金属膨胀式温控器的工作原理是利用不同的金属其膨胀系数不同，将两层或几层不同的金属片贴合在一起，在一定的温度下，使热能转变为机械能，以控制电路的通断。冲制成具有一定挠度的双金属片元件受热到设定温度时，双金属片急速反向弯曲，由凸形突变成凹形，从而推动瓷柱使触点断开，切断电路。当温度下降到设定值以下时，双金属片又急速恢复原状，重新接通电路。

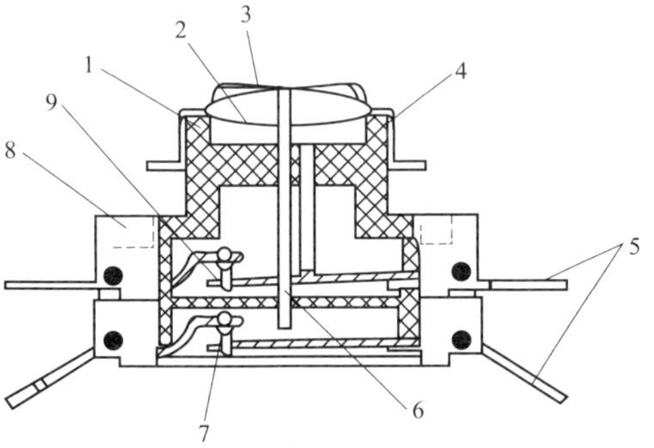

图 8－68 盘形双温温控器

1—金属帽；2—双金属片；3—双金属片；4、6—瓷柱；5—引出片；7—动断触点；8—壳体；9—动合触点

这种温控器的温度设定值是不可调节的，故又称为定值式温控器。有的洗衣机为了对洗涤液的温度上、下限进行控制，采用盘式双温温控器，其结构如图 8－68 所示。一组为动合触点，当洗涤液被加热到第一挡温度（约 40℃）时，常开触点闭合，洗衣机开始洗涤；另一组为动断触点，当洗涤液被加热到第二挡温度（约 60℃）时，动断触点断开，切断加热器的电路，停止加热。

2）液体膨胀式温控器。液体膨胀式温控器的工作原理是利用液体温度不同时，体积的膨胀也不同，将膨胀系数大、沸点高、凝固点低且黏度低的液体充满感温元件和波纹管，当温度变化时，液体的体积发生变化，从而引起波纹管产生位移来接通和断开触点。

由于液体的体积膨胀系数为线性，因此这种温控器的温度是可以进行线性调节的，故又称为线性可调式温控器，它具有耐热温度高、温度调节范围广、切换温差小等特点。现在，洗涤液温度调节范围可由常温到 95℃的滚筒式全自动洗衣机就是采用这种温控器。

7. 进水、排水系统

进水、排水系统主要由进水管、进水阀、内进水管、洗涤剂盒、回旋进水管、溢水管、过滤器、排水泵、排水管等组成。

（1）进水系统。进水管一端与洗衣机上的进水阀相连，另一端与自来水水龙头相连。进水阀根据程控器的指令进行自动开关。内进水管连接进水阀和洗涤剂盒，由普通橡胶制成。回旋进水管连接洗涤剂盒和外筒，由耐酸碱橡胶制成。

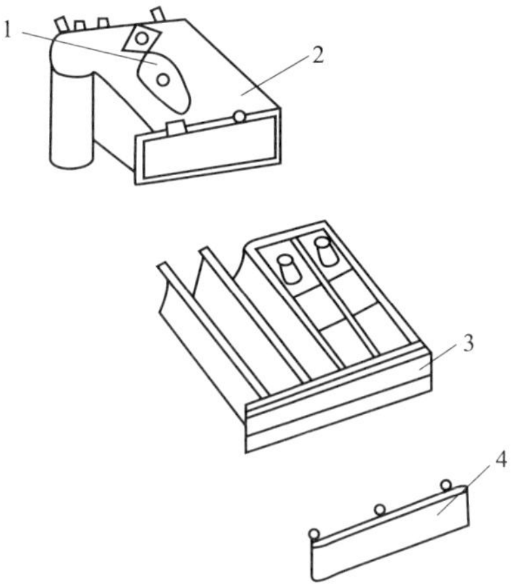

图 8－69 洗涤剂盒的结构

1—扇形齿轮；2—洗涤剂盒；3—洗涤剂盛载盒；4—小标牌

洗涤剂盒由洗涤剂盒上盖、分水机构、洗涤剂盒骨架、洗涤剂盛载盒等组成，如图 8－69 所示。洗涤剂盒上盖上安装有分水槽和喷嘴。当自来水流入洗涤剂盒上盖时，根据程序指令，自来水经喷嘴喷到指定的水槽内，水由该水槽中的水孔流入洗涤剂盛载盒内，再进入外筒。分水机构是连接洗涤剂盒和程序控制器的机构，它的一端与洗涤盒上盖的喷嘴柄相连，另一端与程控器的分水凸轮相连。当洗衣机工作时，程序控制器动作，分水凸

轮控制分水机构。将自来水根据程序要求自动进行进水分配。洗涤剂盛载盒一般由四格组成，第一格内装预洗洗涤剂，第二格内装主洗洗涤剂，第三格内装柔软剂，第四格内装漂白剂。各格内所盛的洗涤剂和添加剂由喷嘴内流出的水按需要冲入外筒内。

(2) 排水系统。排水系统的结构如图 8-70 所示。排水波纹管的一端安装在外筒（盛水筒）的底部，用压板压紧，以防止漏水；另一端与过滤器相连。过滤器一端与排水波纹管相连，另一端与排水泵连接管相连，其作用是过滤洗涤剂中的线屑、毛发及小的杂物，避免堵塞管道和损坏排水泵。过滤器需定期清理。排水泵一端与排水泵连接管相连，另一端与排水管相连。滚筒式全自动洗衣机一般为上排水方式，这就需要利用排水泵进行排水。排水管的一端与排水泵相连，另一端挂在水池等较高的地方，它由耐酸碱、耐老化、耐高温、抗弯折的材料制成。

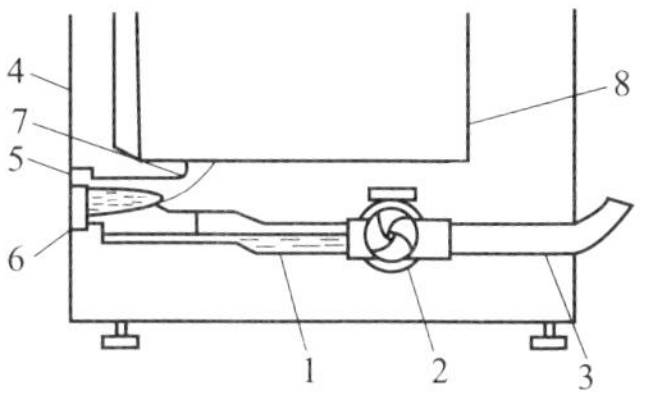

图 8-70　滚筒式全自动洗衣机排水系统的结构

1—排水泵连接管；2—排水泵；3—排水管；4—外箱体；5—压板；6—过滤器；7—排水波纹管；8—外筒

（二）滚筒式全自动洗衣机的洗涤程序

下面以小鸭圣吉奥牌 XQG-50-156N 型滚筒式全自动洗衣机为例，对滚筒式全自动洗衣机的程序进行介绍。

整个洗涤程序分为两大部分：标准洗涤程序和弱洗涤程序。进行标准洗涤时，内筒按正转 7.5s、停止 7.5s、反转 7.5s 循环。进行弱洗涤时，内筒按正转 4s、停止 11s、反转 4s 循环。标准洗涤程序与弱洗涤程序是分开的，程控器的指针可从 1 走到 10，也可以从 11 走到 18，在程序 1～10 结束和程序 11～18 结束处都有一条粗实线，并标有停止位置“0”。当程控器指针位于“0”时，洗衣机不工作。有关程序的具体内容和使用范围见表 8-1。

表 8-1　**洗衣程序说明**

	程序过程	程序内容	适用范围
标准洗涤程序	1—0	预洗，长时间洗涤，四次漂洗，漂白，软化，脱水	脏的粗厚织物
	2—0	长时间洗涤，四次漂洗，漂白，软化，脱水	较脏织物
	3—0	标准洗涤，四次漂洗，漂白，软化，脱水	一般织物
	4—0	标准洗涤，四次漂洗，漂白，软化，脱水	轻细织物
	5—0	冷水洗涤，四次漂洗，漂白，软化，脱水	稍脏织物
	6—0	四次漂洗，漂白，软化，脱水	
	7—0	三次漂洗，漂白，软化，脱水	
	8—0	两次漂洗，漂白，软化，脱水	
	9—0	一次漂洗，漂白，软化，脱水	
	10—0	仅用于脱水	

续表

	程序过程	程序内容	适用范围
弱洗涤程序	11—0	预洗，长时间洗涤，三次漂洗，漂白，软化，脱水	较脏、轻细织物
	12—0	标准洗涤，三次漂洗，漂白，软化，脱水	一般轻细织物
	13—0	一般弱洗，三次漂洗，漂白，软化，脱水	高级织物
	14—0	标准洗涤，三次漂洗，漂白，软化，脱水	高级轻细织物
	15—0	三次漂洗，漂白，软化，脱水	
	16—0	两次漂洗，脱水	
	17—0	一次漂洗，脱水	
	18—0	仅用于轻细织物脱水	

当程控器的指计处于不同的位置时，程控器的触点的闭合方式和闭合时间也不相同，所以洗衣机的工作方式也不相同。

1. 标准洗涤程序

标准洗涤程序由程序 1～10 组成，整个洗涤过程包括一次预洗，一次长时间洗涤，四次漂洗、漂白、软化，两次脱水。

（1）预洗程序（程序开始点 1～2）。预洗程序的作用是将较脏的衣物用清水或含少量洗涤剂的洗涤液进行预先洗涤，将衣物上的水溶性污垢清洗掉。工作过程包括预注水、注水、洗涤、加热洗涤和排水。

将衣物放入内筒后，关好机门，接通电源。洗衣机进入“预注水”步骤。进行预注水时，自来水不经过洗涤剂盛载盒，而是直接进入外筒内，仅用清水将衣物浸湿。预注水是为了防止衣物在未被浸湿前直接与洗涤剂接触，减少洗涤剂对衣物的损伤。1min 后，内筒旋转半周，使底部被浸湿的衣物翻到上面，以保证衣物均匀浸湿。这时，预注水结束，进入“注水＋洗涤”步骤。在程控器的控制下，洗涤剂盒内的分水机构动作，自来水流经洗涤剂盛载盒的预洗格，将预洗洗涤剂冲入外筒。

当注水到设定值后，内筒开始正反转进行洗涤。4min 后内筒停止旋转，进入“加热”步骤，对洗涤液进行加热。当洗涤液温度上升到设定值后，进入“加热洗涤”步骤，内筒开始正反转进行洗涤，这时洗衣机是边加热边洗涤。加热洗涤 4min 后进入“排水”步骤，进行排水。再经过 2min，程控器旋钮的指针指向程序开始点 2。这样预洗程序“1”结束，自动进入主洗程序“2”。

需要说明的是，在进行程序选择时，如果将程控器旋钮的指针指向程序开始点 1，则洗衣机执行从程序 1 到程序 10 的整个过程，直至停止。若跳过程序开始点 1，直接将程控器旋钮的指针指向程序开始点 2，则预洗程序（程序开始点 1～2）被省略，洗衣机执行从程序 2 到程序 10 的整个过程，直至停止，其他情况依此类推。

（2）主洗程序（程序开始点 2～3）。主洗程序的工作过程包括预注水、注水、洗涤、加热、加热洗涤。衣物经过预洗程序后（程序开始点 1～2）或直接从程序开始点 2 开始洗涤时，先进入“预注水”步骤，进行预注水，浸湿衣物。预注水时，自来水经洗涤剂盛载盒的预洗格进入外筒内。1min 后，内筒旋转半周，将衣物上下翻转一次，这时洗涤剂盒内的分水机构动作，进入“注水”步骤，水流由洗涤剂盛载盒的预洗格转向主洗格，将主洗格内的洗涤剂冲入外筒。注水到设定值时，水位传感器（水位开关）动作，进入“洗涤”步骤，内筒开始正反转进行洗涤。4min 后，内筒停止旋转，进入“加热”步骤，对洗涤液进行加热。当洗涤液温度上升到设定值时，进入“加热洗涤”步骤，内筒再开始正反转进行洗涤，这时洗衣机是边加热边洗涤。当洗涤液的温度上升到设定的最高加热温度或 60℃时，则加热停止。经过 38min 的加热洗涤后，主洗程序“2”结束，进入程序“3”。

（3）直接洗涤程序（程序开始点 3～4）。当洗衣机由程序“1”或程序“2”开始运行到程序“3”时，工作过程包括洗涤和加热洗涤。当洗衣机直接从程序开始点 3 开始进行时，工作包括预注水、注水、洗涤、加热、加热洗涤，这时的工作过程与主洗程序基本相同，洗涤的总时间约为 38min。标准洗涤程序“3”结束后，进入程序“4”。

（4）节约洗涤程序（程序开始点 4～5）。节约洗涤程序与程序“3”相似。当洗衣机由前面的程序开始运行到程序“4”时，工作过程包括继续洗涤、加热、加热洗涤。当洗衣机直接从程序开始点 4 开始时，工作过程包括预注水、注水、洗涤、加热、加热洗涤，这时的工作过程与主洗程序基本相同，一个区别在于加热温度，这时加热器由程控器控制，加热时间为 4min，目的是省电；另一个区别在于洗涤时间较短，为 8min。节约洗涤程序“4”结束后，进入程序“5”。

（5）强注水洗涤程序（程序开始点 5～6）。当洗衣机由前面的程序开始运行到程序“5”时，工作过程包括强注水、排水洗涤。当洗衣机直接从程序开始点 5 开始时，工作过程包括预注水、注水、洗涤、排水。在这段程序中，洗衣机洗涤 15min 后，程控器控制进水阀进行 2min 的连续强注水，注入量不受水位传感器控制，目的在于降低洗涤液的温度，防止衣物在漂洗时突然接触冷水而产生褶皱。然后洗衣机开始排水洗涤，即边排水边洗涤，一共进行 41min，这样整个洗涤过程结束，进入漂洗程序。

（6）漂洗程序（程序开始点 6～7）。本程序为 4 次漂洗中的第一次漂洗，注水到设定值后，内筒旋转，漂洗 2min，然后进行排水洗涤，2min 后进入第二次漂洗。

（7）再漂洗程序（程序开始点 7～8）。本程序为 4 次漂洗中的第二次漂洗，注水到设定值后，内筒旋转，漂洗 2min，然后进行 2min 的排水洗涤，接着进入高速脱水，将脏的洗涤液甩干净，结束后进入第三次漂洗。

（8）继续漂洗程序（程序开始点 8～9）。本程序为 4 次漂洗中的第三次漂洗，工作过程与漂洗程序“6”相同，结束后进入第四次漂洗。

（9）最终漂洗程序（程序开始点 9～10）。本程序为 4 次漂洗中的最后一次漂洗。注水到设定值后，内筒旋转漂洗 2min，结束后进入程序“10”。

（10）脱水程序（程序开始点 10～停止）。本程序进行 2min 的排水洗涤，然后进行 6min 的高速脱水。脱水完成后程控器旋钮指针指向“0”位置，即停止位置，这样就完成了整个标准洗涤程序。

2．弱洗涤程序

弱洗涤程序又称为轻柔洗涤程序，由程序 11～18 组成，包括一次预洗、一次长时间弱洗、三次漂洗、漂白、软化、一次脱水。

弱洗涤程序的工作过程与标准洗涤程序基本相同，区别在于轻柔洗涤程序没有设置预洗程序，且内筒的停转比及对洗涤液的加热温度不一样。进行弱洗涤时，内筒的停转比为正转4s、停止11s、反转4s，内筒旋转时间比标准洗涤程序短，内筒停止时间比标准洗涤程序长，而且对洗涤液加热的温度较低，一般为40～50℃。

弱洗涤程序适合洗涤质地轻柔或不太脏的衣物，标准洗涤程序适合洗涤质地厚重或较脏的衣物。

（三）滚筒式全自动洗衣机的电气原理

下面以小鸭圣吉奥牌滚筒式全自动洗衣机为例，对滚筒式全自动洗衣机的程控器及电路的工作原理进行介绍，便于理解和分析电气原理。

1．程控器的工作原理

（1）方形程控器。方形程控器的凸轮触点动作如图8－71所示。永磁同步电动机通过齿轮减速后，沿逆时针方向带动控制器的快轴匀速旋转。快轴上装有两片凸轮，分别控制一套电气触点，即1T、1B和2T、2B，这些触点的接通和断开控制着电动机的正反转和标准、轻柔两种洗涤方式。快轴经过减速后，带动慢轴旋转。慢轴上装有若干片凸轮，形成一个凸轮群，这个凸轮群不是匀速旋转，而是由中间一级凸轮控制，按设定的时间逐格地跳动，使各凸轮片所控制的触点接通或断开，完成各种逻辑控制。慢轴旋转一周，凸轮群共跳动60格，带动10对电气触点按设定程序接通或断开。触点组中的公共触点（动触点）在程控器中的编号为3～12。公共触点两侧的触点（静触点）编号是3T、3B，4T、4B，5T、5B，…，12T、12B。靠近凸轮的触点用B表示，远离凸轮的触点用T表示。慢轴每跳动一格，凸轮群所控制的触点组的通断就变动一次。滚筒式全自动洗衣机就是利用程控器上的这些电气触点的定时通断来控制整个工作过程的。

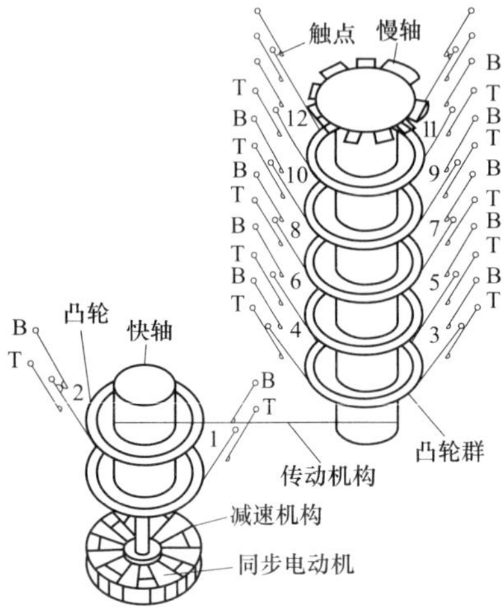

图8－71 程控器凸轮触点示意

程控器的运行状态及各触点的状态变化的时间和次序是按设定程序设置的。将程控器在各周期间的触点通断状态、洗衣机运行状态、各格所占时间及次序等用表格形式表达出来，就形成了时限图。限于篇幅，这里不再介绍时限图。

（2）扁形程控器。扁形程控器的运行及各触点的状态变化的时间和次序也是按设定程序设置的。扁形程控器各触点的动作情况与方形程控器大致相同，区别在于触点符号不同，各触点间的连接方法不同。

2．电路的工作原理

因方形程控器和扁形程控器的运行状态及各触点的状态变化的时间和次序大致相同，所以将这两种程控器统一起来，以小鸭圣吉奥牌XQG 50－156N型滚筒式全自动洗衣机为例，对电路的工作原理进行分析。

XQG 50－156N型洗衣机采用扁形程控器，并用节能开关（又称半量洗涤开关）进行高、低水位的选择，用不脱水开关控制是否进行脱水运转，用电源开关控制电源的通断，用调温器调节加热温度，用温控器对加热温度进行控制。温度调节范围为常温和30～60℃连续调节。

洗衣机的工作电路由供电电路、供水电路、洗涤电路、加热电路、排水电路、脱水电路组成。在下面的分析中，我们将用粗实线将其中一部分电路在整个电气原理图中标识出来，以便于识读。

（1）供电电路。供电电路如图 8－72 所示。洗衣机接通电源后，接线夹 ML 得电，关好机门（前门），按下电源开关 P1，则电子门锁 BL 的 L、N 端接通，使得 PTC 元件通电发热，与 PTC 元件接触的双金属片受热变形，从而推动电子门锁的动合触点 C 接通，电源指示灯 LS 点亮，整机电路接通。这个过程大约需要 2s。随后，程控器的 3 端、22 端及节能开关 P9 的触点 1 得电，洗衣机准备工作。

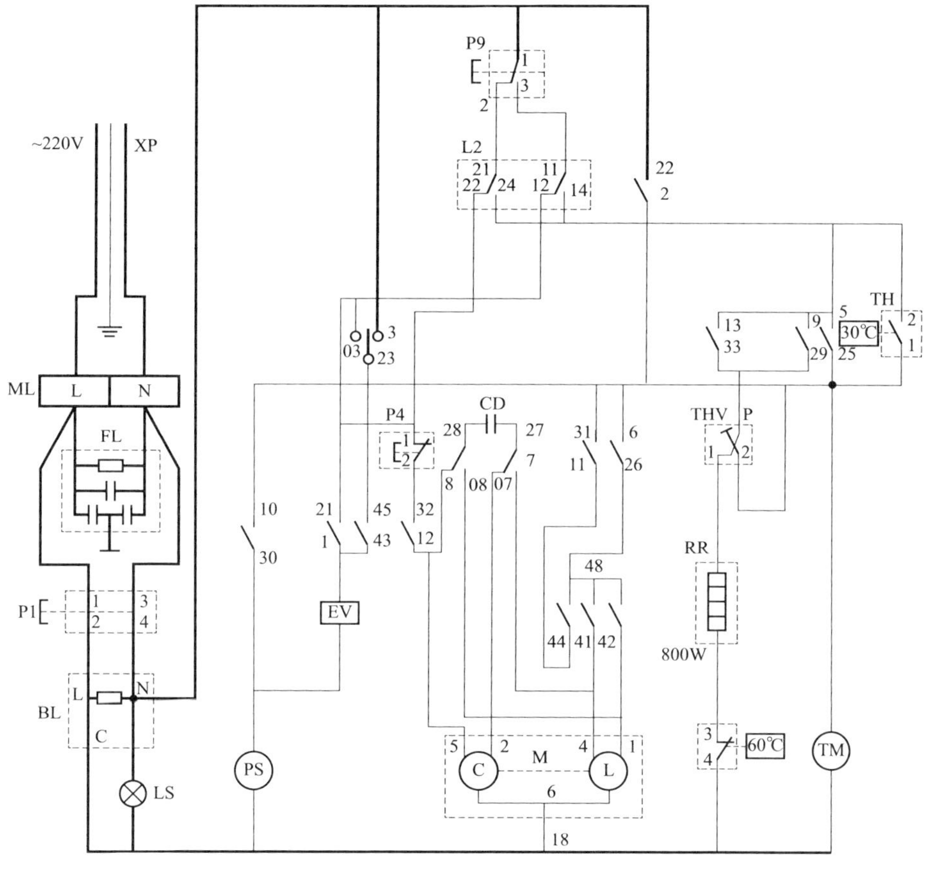

图 8－72　XQG 50－156N 型洗衣机的供电电路

XP—电源线；ML—接线夹；FL—滤噪器；P1—电源开关；BL—门开关（电子门锁）；LS—指示灯；L2—水位开关；P9—节能开关；P4—不脱水开关；EV—进水阀；PS—排水泵；CD—电容器；M（C. L）—双速电动机；TH—温控器；THV—调温器；RR—加热器；TM—程控器电动机；1～48—程控器触点

滚筒式全自动洗衣机上装有加热器，且加热器的功率较大。加热器在工作过程中接通和断开时会产生较大的冲击电流，冲击电流会产生高次谐波，从而影响供电电路的供电质量，这对在同一供电电路中使用的其他用电设备会造成不良影响和干扰。为了减少这种干扰，在洗衣机的供电电路中还装有滤噪器 FL。滤噪器 FL 是由三个电容和一个电阻组合而成的滤波电路，可以吸收和滤除高次谐波，并通过接地线将其导入大地。

（2）供水电路。供水电路由进水阀、水位开关和程控器组成，分为注水电路和强制注水电路。

首先来分析注水电路。

在进行注水工作时，水位开关参与供水电路的控制。根据水位不同，注水电路可以分为高水位注水电路和低水位注水电路。

高水位注水电路如图 8－73 所示，各符号含义见图 8－72。当洗衣机进行注水工作时，程控器的触点 21—1 接通。如果不按下节能开关 P9（即选择高水位时），则电流从电源经节能开关 P9 的动断触点 1—2、水位开关 L2 的动断触点 21—22、程控器的触点 21—1 进入进水阀 EV 和排水泵 PS，再经过接点 18 返回电源，使进水阀 EV 得电工作，由于排水泵 PS 的电阻远小于进水阀 EV 的电阻，故此时排水泵 PS 不工作。当注水到高水位后，水位开关 L2 的动断触点 21—22 断开，动合触点 21—24 导通，这样进水阀 EV 断电，停止进水。

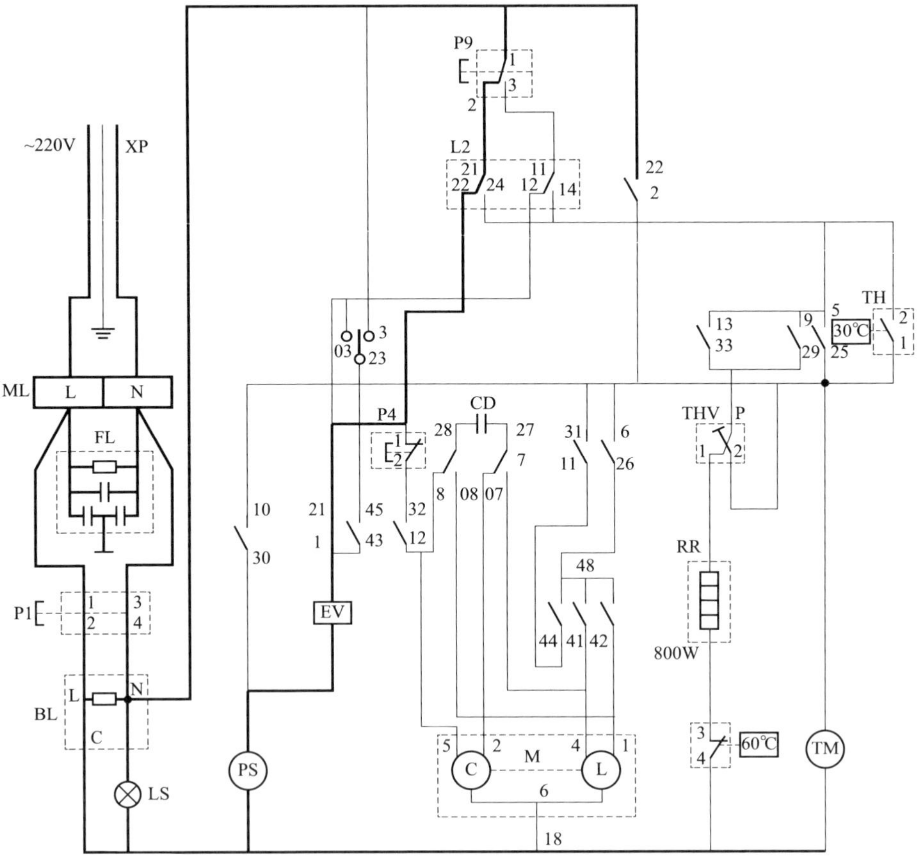

图 8－73　XQG 50－156N 型洗衣机的注水电路（高水位）

低水位注水电路如图 8－74 所示，各符号含义见图 8－72。当洗衣机进行注水工作时，程控器的触点 21—1 接通。如果按下节能开关 P9（即选择低水位时），节能开关 P9 的触点 1—3 接通，触点 1—2 断开。电流从电源经节能开关 P9 的动合触点 1—3、水位开关 L2 的动断触点 11—12、程控器的触点 21—1 进入进水阀 EV 和排水泵 PS，通过接点 18 返回电源，使进水阀 EV 得电工作。当注水到规定水位后，水位开关 L2 的动断触点 11—12 断开，动合触点 11—14 导通，这样进水阀 EV 断电，停止进水。

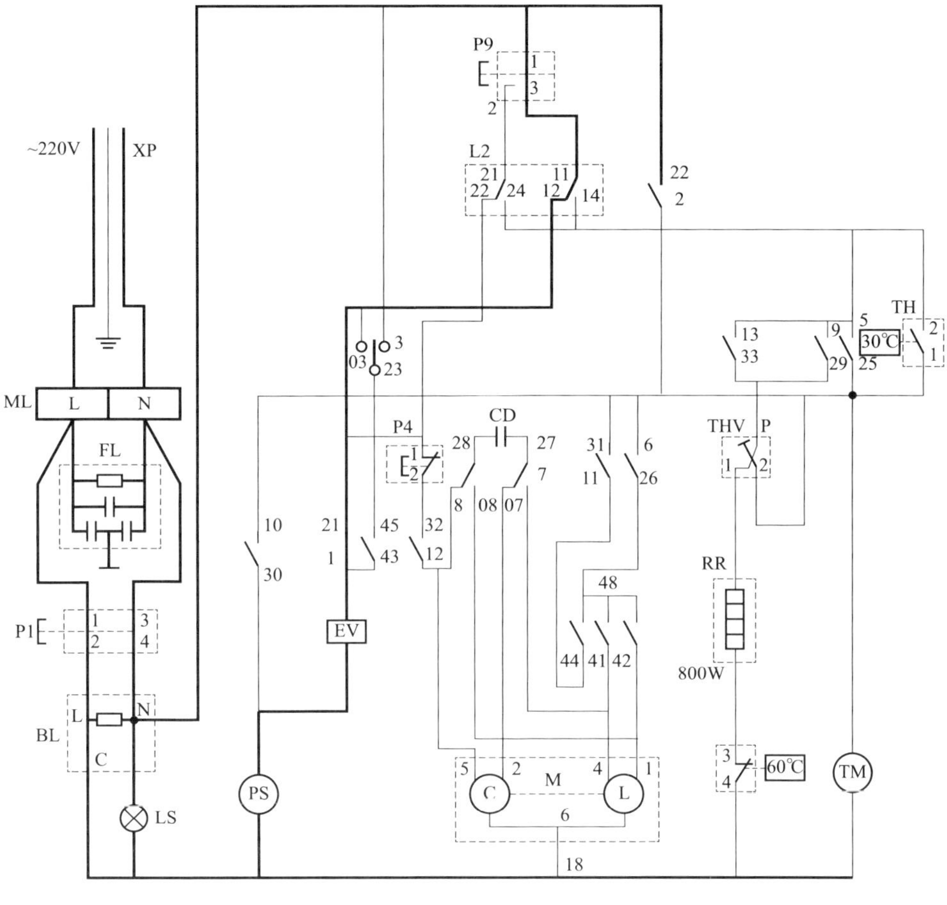

图 8－74　XQG 50－156N 型洗衣机的注水电路（低水位）

预注水电路如图 8－75 所示，各符号含义见图 8－72。滚筒式全自动洗衣机在注水程序开始前有时要进行预注水。在预注水时，程控器的触点 21—1 断开，触点 03—23 和 45—43 接通，触点 45—43 的动作是接通 30s、断开 30s，所以预注水时表现为进水 30s、停止 30s 的断续注水情况。如果不按下节能开关 P9（即选择高水位时），则电流从电源经节能开关 P9 的动断触点 1—2、水位开关 L2 上的动断触点 21—22、程控器的触点 3—23、45—43 进入进水阀 EV 和排水泵 PS，并通过接点 18 返回电源，使进水阀 EV 得电工作。如果按下节能开关 P9（即选择低水位时），则节能开关的动断触点 1—2 断开，动合触点 1—3 接通，电流从电源经节能开关 P9 的动合触点 1—3、水位开关 L2 的动断触点 11—12、程控器的触点

03—23、45—43进入进水阀EV和排水泵PS，并通过接点18返回电源，使进水阀EV得电工作。

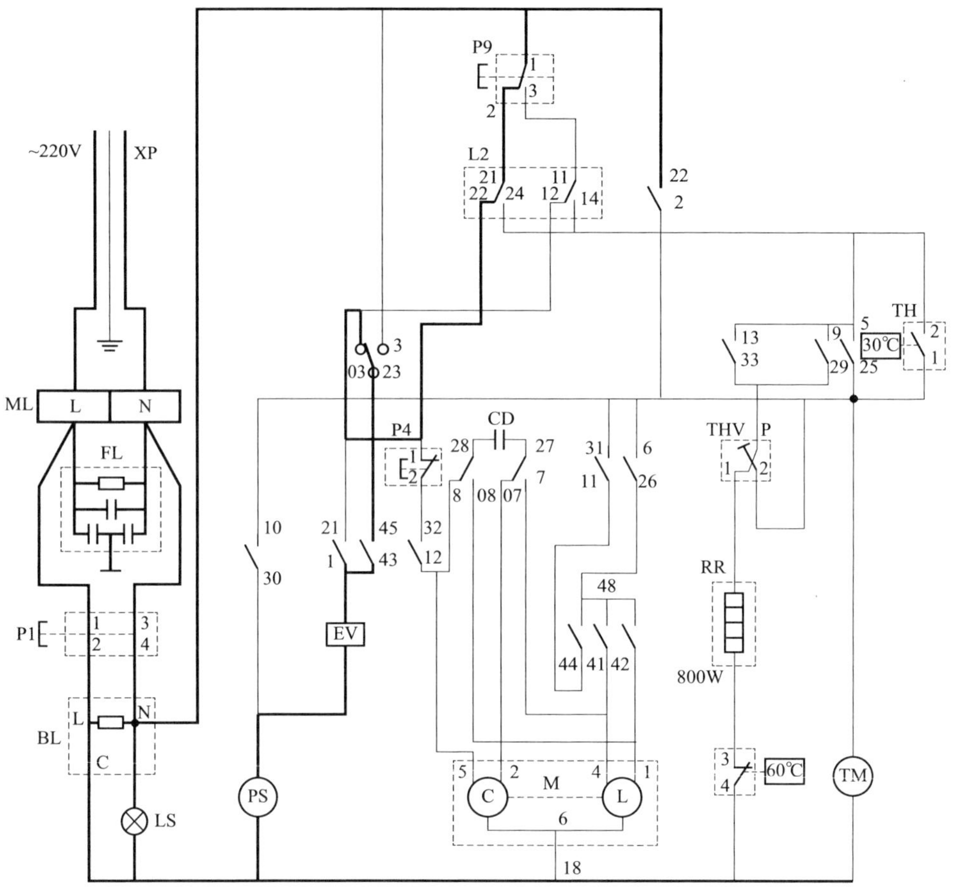

图8-75 XQG 50-156N型洗衣机的注水电路（预注水）

再来分析强制注水电路。

强制注水电路如图8-76所示，各符号含义见图8-72。在进行强制注水工作时，水位开关不参与供水电路的控制。洗衣机在进行漂洗工作时，为了降低洗涤液的温度，防止衣物在漂洗时突然接触冷水而产生褶皱，以达到更好的漂洗效果，滚筒式全自动洗衣机一般具有强制注水功能。此时程控器的触点3—23、45—43接通，电流从电源经程控器的触点3—23、45—43到进水阀EV和排水泵PS，再到接点18，从而返回电源形成回路，使进水阀EV得电工作进水。在进水过程中，水位开关L2不参与控制，洗衣机的进水量直接由程控器通过控制进水时间、进水阀EV的流量来控制（即由自来水的水压决定）。由于程控器的触点45—43的动作是接通30s、断开30s，因此强制注水也表现为进水30s、停止30s的断续注水情况。

（3）洗涤电路。洗衣机注水到规定的水位后，水位开关L2动作，切断供水电路，进水阀EV停止进水，洗衣机进入洗涤工作。洗涤分标准洗涤程序和轻柔洗涤程序。

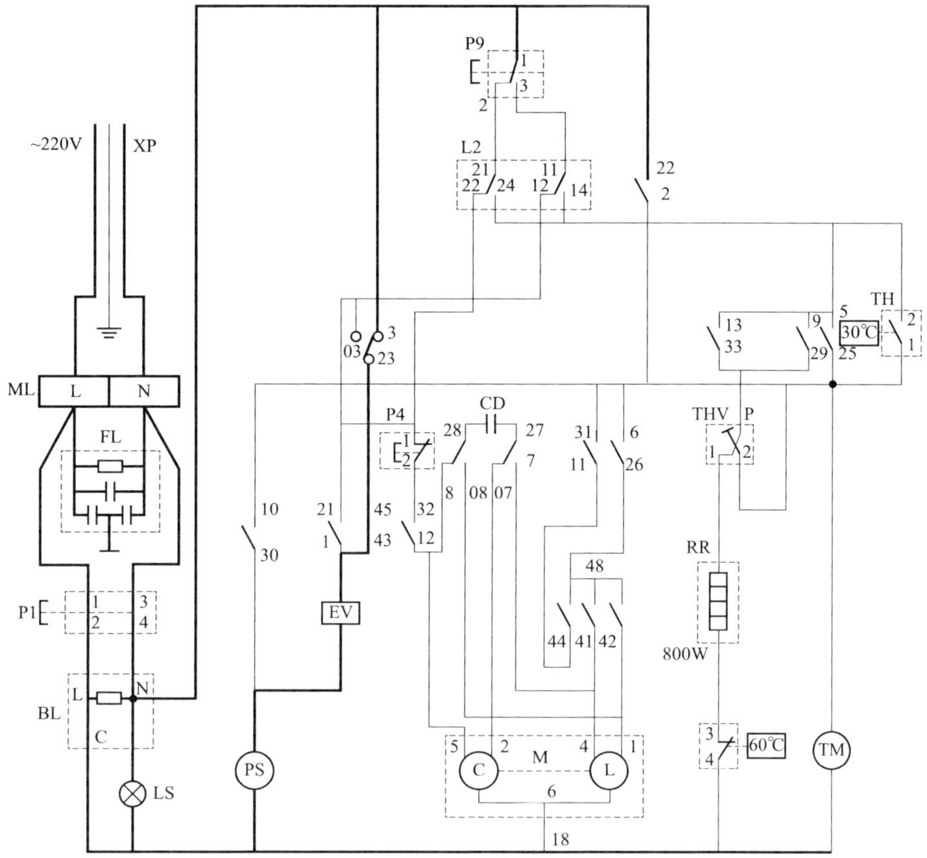

图 8-76　XQG 50-156N 型洗衣机的强制注水电路

标准洗涤电路如图 8-77 所示，各符号含义见图 8-72。进行标准洗涤时，程控器的触点 6—26、28—08、27—7、5—25 接通。如果进行高水位洗涤，则电流从电源经节能开关 P9 的动断触点 1—2、水位开关 L2 的动合触点 21—24 至程控器的触点 5—25、6—26，再到触点 48。如果进行低水位洗涤，则电流从电源经节能开关 P9 的动合触点 1—3、水位开关 L2 的动合触点 11—14 至程控器的触点 5—25、6—26，再到触点 48。程控器的触点 5—25 接通后，程控器的同步电动机 TM 得电工作，从而带动凸轮控制触点 48—41 和 48—42 的通断。当触点 48—41 接通时，触点 48—42 断开，这样电流从触点 48 经程控器的触点 48—41 至双速电动机 M 的低速绕组 L 的主绕组端 4，另一路电流经程控器的触点 27—7、电容器 CD、程控器的触点 28—08 到双速电动机 M 的低速绕组 L 的二次绕组端 1，两路电流经过双速电动机 M 的公共端 6 至接点 18，并返回电源形成回路，这样电动机正转。当触点 48—42 接通时，触点 48—41 断开，这样电动机 M 的低速绕组 L 中一、二次绕组的电流方向改变，电动机反转。程控器的触点 48—41、48—42 周期性接通和断开，使得电动机实现正反转，从而带动内筒正、反两个方向交替低速旋转，完成标准洗涤程序。标准洗涤时，电动机正转 7.5s，停止 7.5s，反转 7.5s，如此循环。

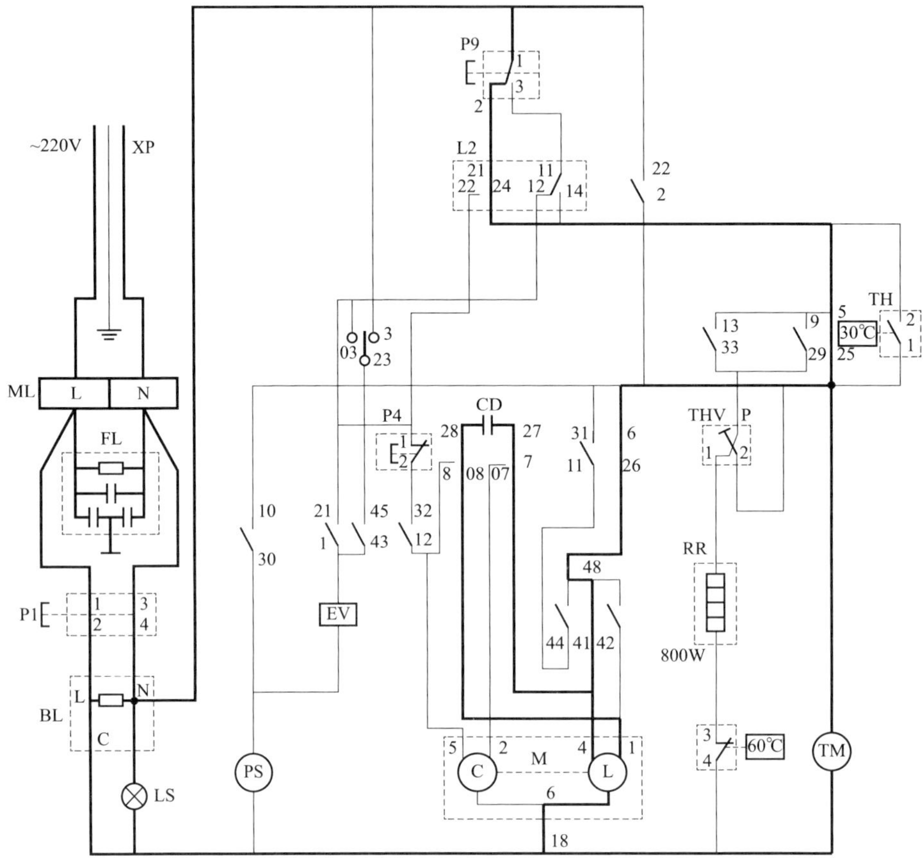

图 8－77　XQG 50－156N 型洗衣机的洗涤电路（标准洗涤）

轻柔洗涤电路如图 8－78 所示，各符号含义见图 8－72。进行轻柔洗涤时，其电路与标准洗涤程序的电路大致相同，程控器的触点 31—11、48—44 接通，触点 6—26 断开，这样电动机的工作状态改变为正转 4s、停止 11s、反转 4s，如此循环。

（4）加热电路。加热电路如图 8－79 所示，各符号含义见图 8－72。当选择加热洗涤程序时，洗衣机注水到设定水位后，进入加热状态，此时程控器的触点 9—29 或 13—33 接通，触点 5—25 断开。如果选择高水位加热洗涤程序，则电流从电源经节能开关 P9 的动断触点 1—2、水位开关 L2 的动合触点 21—24、程控器的触点 13—33 至调温器 THV 的闭合触点 P1。如果选择低水位加热洗涤程序，则电流从电源经节能开关 P9 的动合触点 1—3、水位开关 L2 的动合触点 11—14、程控器的触点 9—29 至调温器 THV 的闭合触点，电流再经加热器 RR、温控器 TH（60℃）的动断触点 3—4 至接点 18，并返回电源形成回路。当洗涤液的温度达到设定值时，温控器 TH（30℃）的动合触点 1—2 接通，使程控器的同步电动机 TM 得电工作，从而控制电动机 M 运转，洗衣机进行洗涤工作。与此同时，加热电路继续工作，使加热器 RR 加热，这样洗衣机就边加热边洗涤，即进入加热洗涤状态。当温度继续上升到设定的最高加热温度后，调温器 THV 的闭合触点断开，停止加热，洗衣机进行正常的洗涤工作。另外，温控器 TH（60℃）控制洗涤液的最高加热温度，起保护作用。当洗涤液的温度上升到 60℃时，温控器 TH（60℃）的动断触点 3—4 断开，加热器 RR 断电，停止加热。

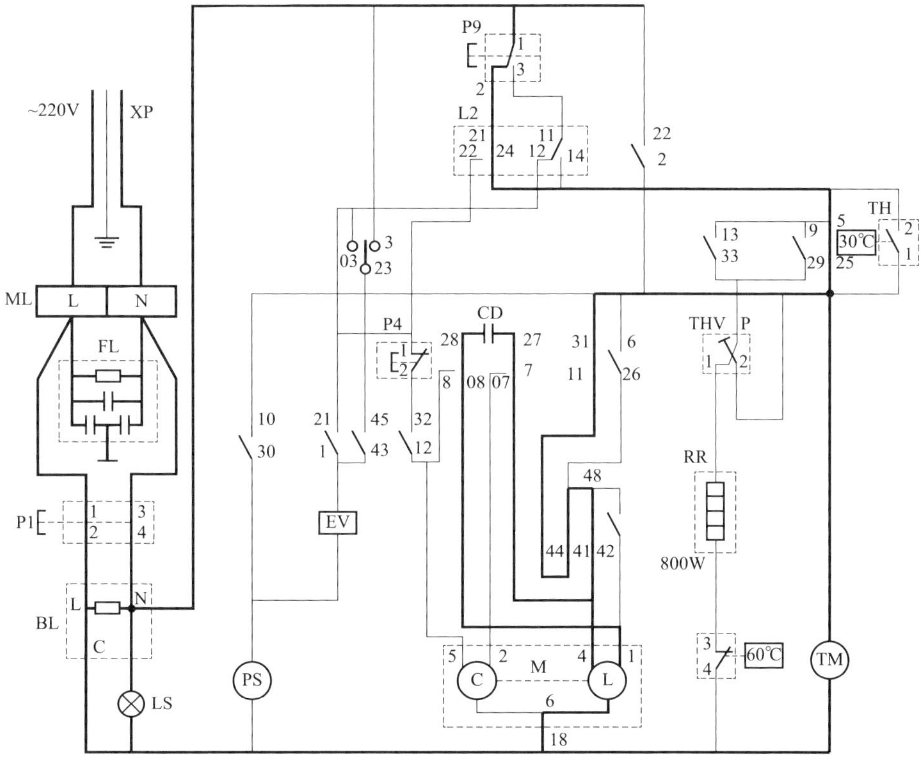

图 8－78　XQG 50－156N 型洗衣机的洗涤电路（轻柔洗涤）

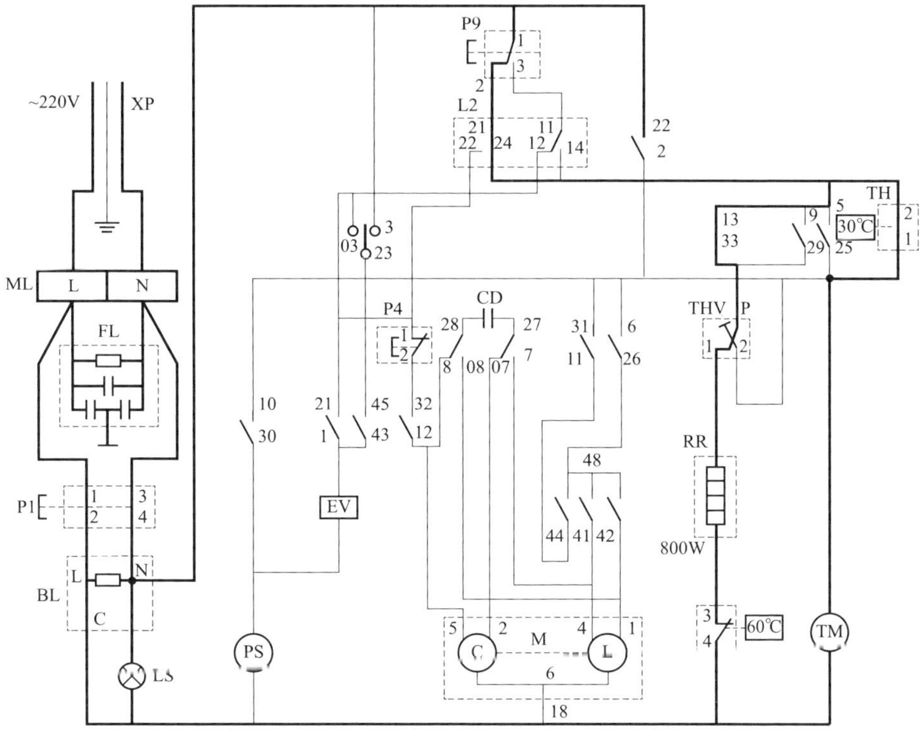

图 8－79　XQG 50－156N 型洗衣机的加热电路

如果直接选择加热洗涤，则程控器的触点 5—25 接通，电流直接经程控器的触点 5—25 形成回路，而不需经温控器 TH（30℃）的动合触点 1—2 形成回路，这样可以使程控器的同步电动机 TM 得电工作，从而控制双速电动机 M 运转，洗衣机边加热边洗涤。当洗涤液温度达到设定的最高加热温度后，调温器 THV 的闭合触点断开，加热器 RR 断电，停止加热，洗衣机进行正常的洗涤工作。

（5）排水电路。排水电路如图 8－80 所示，各符号含义见图 8－72。洗衣机的洗涤过程和漂洗过程结束后，程控器的触点 22—2、10—30 接通。电流从电源经程控器的触点 22—2、10—30 到排水泵 PS，再经过接点 18 返回电源，形成回路。排水泵 PS 得电工作，洗衣机开始排水。排水泵 PS 排水时不受水位开关 L2 的控制，电源直接接排水泵 PS。在排水的同时，洗衣机还在进行洗涤工作，即边洗涤边排水。

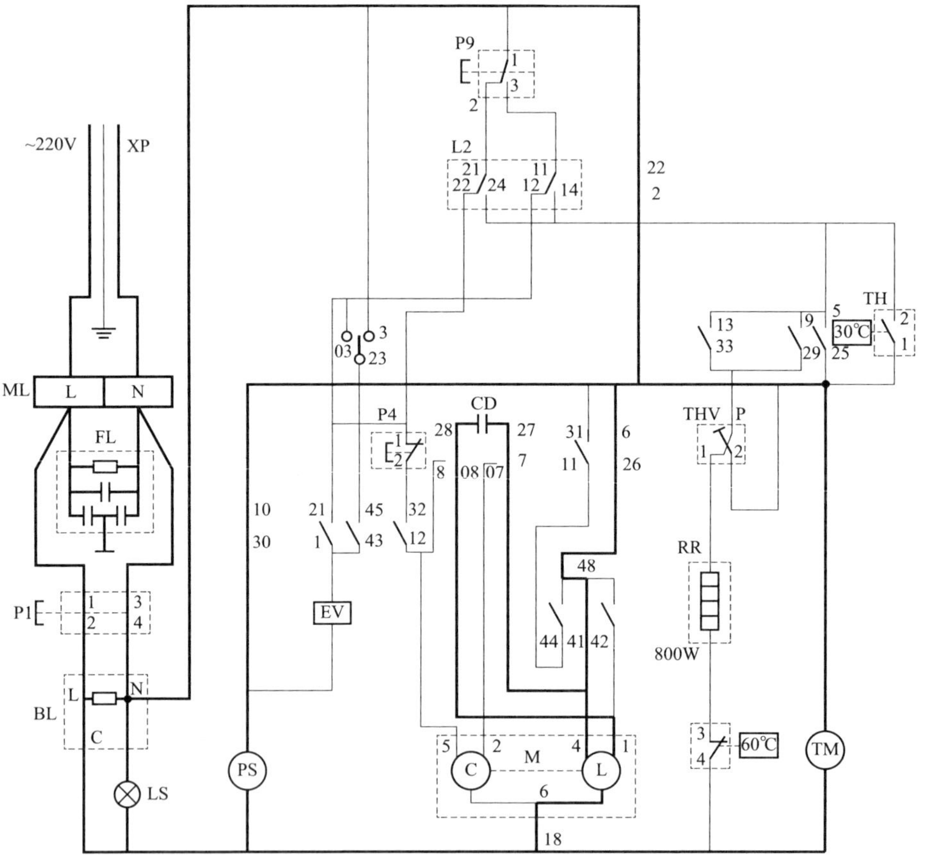

图 8－80　XQG 50－156N 型洗衣机的排水电路

（6）脱水电路。脱水电路如图 8－81 所示，各符号含义见图 8－72。洗衣机排水至外筒内无水或只有极少量水后，水位开关 L2 复位，水位开关 L2 的动断触点 21—22、11—12 导通，洗衣机进入脱水状态。与此同时，排水电路继续工作，洗衣机在进行脱水工作时，程控器的触点 32—12、28—8、27—7、22—2、10—30 接通，电流从电源经节能开关 P9 的动断触点 1—2、水位开关 L2 的动断触点 21—22、不脱水开关 P4 的动断触点 1—2，一路电流经程控器的触点 32—12 到双速电动机 M 的高速绕组 C 的一次绕组端 5，另一路电流经程控器的触点 32—12、28—8、电容器 CD、程控器的触点 27—7 到双速电动机 M 的高速绕组 C 的二次绕组端 2，两路电路再经双速电动机 M 的公共端 6 到接点 18，返回电源形成回路，电动机高速旋转，从而带动内筒高速旋转，进行脱水工作。脱水时间由程控器控制。在脱水的同时，电流从电源经程控器的触点 22—2、10—30、排水泵 PS 到接点 18 返回电源，排水泵 PS 得电工作。这时洗衣机同时进行脱水和排水。

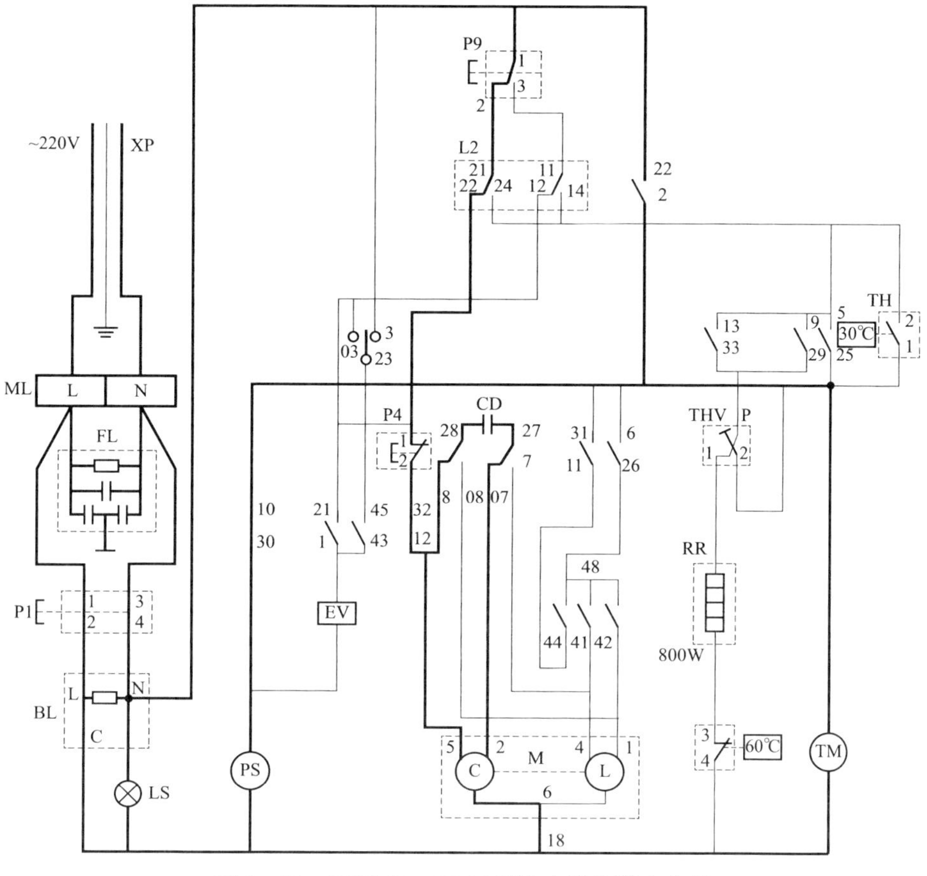

图 8－81　XQG 50－156N 型洗衣机的脱水电路

如果按下不脱水开关 P4，则不脱水开关 P4 的动断触点 1—2 断开，脱水电路成为开路，洗衣机仅进行排水，而不进行脱水，但整个排水过程要持续到程控器的脱水程序时间结束。

程控器的脱水程序时间结束后，程控器的触点 32—12 断开，脱水程序结束。同时，程控器复位，程控器的触点均断开。

模块三　工业机器人原理及分析

知识要求	技能要求
1. 熟悉机器人的基本结构和原理； 2. 熟悉机器人的典型应用场合； 3. 熟悉机器人智能控制技术	1. 会正确选择和使用机器人； 2. 会根据要求调整机器人的动作路径

人类始终渴望制造一种像人一样的机器，以便将人从繁重的、枯燥的、危险的活动中解脱出来。虽然当今机器人的本领还十分有限，但它正在迅速发展，并开始对人类生产、生活的各方面产生越来越大的影响。

一、机器人及其发展

1. 机器人的由来

早在我国西周时期，就流传有关巧匠偃师献给周穆王一个歌舞机器人的故事。我国东汉时期，张衡发明的指南车是世界上最早的机器人雏形。

第一次工业革命以来，随着各种自动机器、动力机械的问世，制造机器人开始由梦想转入现实，许多机械式控制的机器人（主要是各种精巧的机器人玩具和工艺品）应运而生。1768～1774 年，瑞士钟表匠德罗斯父子设计制造了三个真人大小的写字偶人、绘图偶人和弹风琴偶人，它们是由凸轮控制和弹簧驱动的自动机器。1893 年，加拿大人摩尔设计制造了以蒸汽为动力的能行走的机器偶人“安德罗丁”。这些事例标志着人类在制造机器人从梦想到现实这一漫长道路上前进了一大步。

1920 年，捷克剧作家卡雷尔·卡佩克在他的幻想情节剧《罗萨姆的万能机器人》中第一次提出了“机器人”这个名词。在剧中，他把机器人描述成与人相似但能不知疲倦地工作的机器，最终机器人背叛它们的创造者而消灭了人类。1950 年，美国著名科幻小说作家阿西莫夫在他的小说《我是机器人》中，提出了著名的“机器人三守则”：

（1）机器人必须不危害人类，也不允许眼看人类将受害而袖手旁观。

（2）机器人必须绝对服从于人类，除非这种服从有害于人类。

（3）机器人必须保护自身不受伤害，除非为了保护人类或者是人类命令它做出牺牲。

这三条守则现在仍被机器人研究人员、研制厂家和用户共同遵守。

现代机器人的研究始于第二次世界大战之后处理放射性物质的遥控机械手。当时的遥控机械手包括主操作手和从操作手，从操作手通过一系列连杆与主操作手相连，使用者通过操作主操作手而使从操作手完成同样的动作。1949 年，为了使从操作手能够操作诸如玻璃杯等易碎品，在从操作手上增加了力反馈。

在遥控机械手发展的同时，由于航空工业的需求，出现了能够完成复杂曲面加工的数控机床（CNC）。1954 年，美国人乔治·德沃尔用 CNC 控制器的可编程技术取代遥控机械手的主操作手，发明了第一台“可编程关节式输送装置”，并取得了该项专利，即工业机器人专利。约瑟夫·艾根伯格购买了该专利，于 1956 年成立了万能自动化（Unimation）公司。1961 年，该公司研制出第一台机器人 Unimate，并在美国通用汽车公司投入使用，其外形如图 8-82 所示，这标志着第一代工业机器人的诞生。

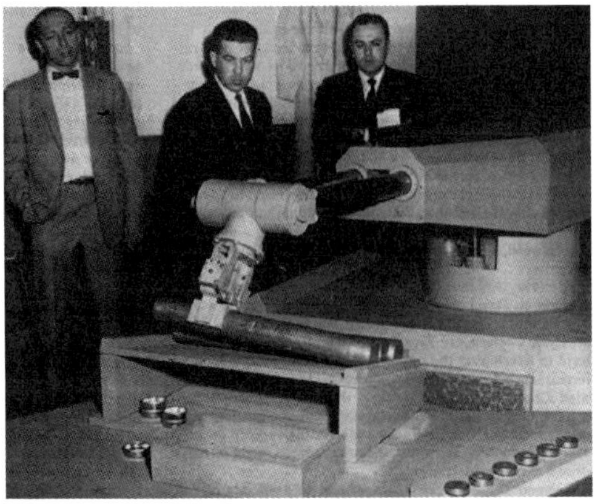

图 8-82　第一代机器人 Unimate

2. 机器人的发展

1962 年，斯坦福操作手问世，其外形如图 8-83 所示。该机器人有六个关节，其中一个是移动关节。1974 年，机床制造商辛辛那提米拉克公司研制成功第一台计算机控制的机器人，其外形如图 8－84 所示。它能提起 45kg 重物，并能在装配线上跟踪运动的工件。1978 年，Unimation 公司开发出用于装配的可编程 PUMA 机器人，其外形如图 8－85 所示。它是一种多关节结构形式、全电动机驱动、多 CPU 分级控制的机器人，应用范围十分广泛。

1976 年，美国国家航空航天局（NASA）成功实现了“海盗”号宇宙飞船火星着陆计划，该宇宙飞船在火星着陆后，释放出两台机器人，它们在地面监控人员和计算机的共同控制下，在火星上采集样品进行实验，并把实验所得数据通过卫星送回地面。

1968 年，日本川崎重工公司从美国引进 Unimate 机器人，并对它进行改进，增加了视觉功能，使其成为一种智能机器人。这一成就引起了日本产业界和政府的高度重视，并在 1971 年成立了日本工业机器人协会。1979 年，日本山梨大学的牧野洋教授研制成功水平关节型 SCARA（selective compliance assembly robot arm）机器人，其外形如图 8－86 所示，它特别适合于垂直方向的装配作业。

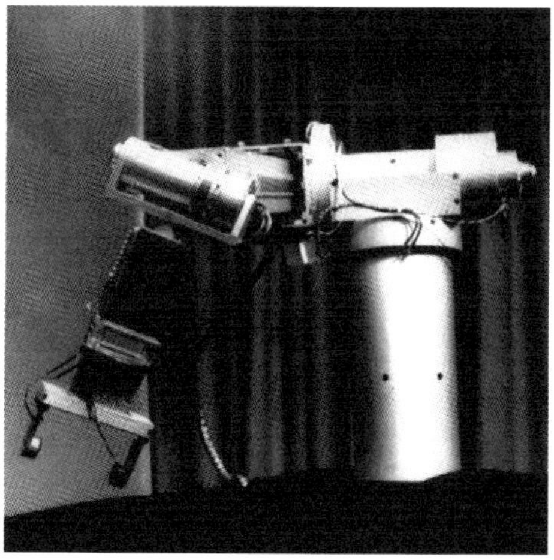

图 8－83　Stanford 机器人

图 8－84　T3 工业机器人

图 8－85　PUMA 机器人

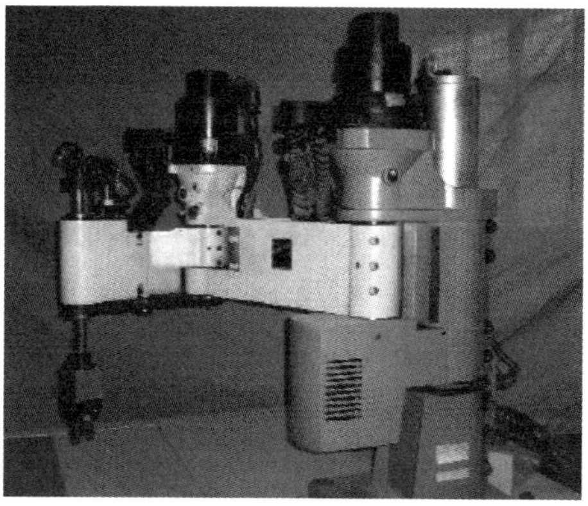

图 8－86　SCARA 机器人

随着工业机器人应用的普及和推广，机器人的驱动方式也发生了巨大变化。出于洁净和廉价的考虑，轻载作业的机器人常采用电动机驱动，但是由于电动机只有在高速时才能获得最大功率，机器人在工作时需对电动机进行减速，齿轮减速不可避免带来摩擦、间隙等，引起较大运动误差，因此需要寻找一种无须对电动机进行减速、能直接驱动机器人动作的方法。1981年，美国卡内基＆梅隆大学研制成功直接驱动机器人。

我国对现代机器人的研究和开发始于20世纪70年代，从20世纪80年代中期进入快速发展阶段。国家科技攻关计划、国家高技术研究与发展计划等都将机器人的研究和开发列为重点。

我国先后研制成功点焊、弧焊、喷漆、搬运等工业机器人，并成功用于工业生产中。在特种机器人领域，我国也取得了丰硕成果，先后研制成功6000m水下机器人、双足步行机器人、多手指灵巧手等。

二、机器人的定义和组成

1. 机器人与机器人学的定义

综上所述，我们认为机器人是一种能自动控制、可重复编程、多功能，可以代替人完成特定任务的一种自动化机电装置。

机器人技术的迅速发展，为机器人学的建立奠定了基础。机器人学是综合运用数学、力学、机械、电子、计算机、自动控制、人工智能等多学科知识，对机器人的体系结构、机构、控制、智能、传感、编程语言及机器人应用等进行研究的一门综合性新兴交叉学科。

2. 机器人的组成

机器人系统一般由下列四个互相作用的部分组成：执行机构、控制器、环境和任务，如图8－87所示。

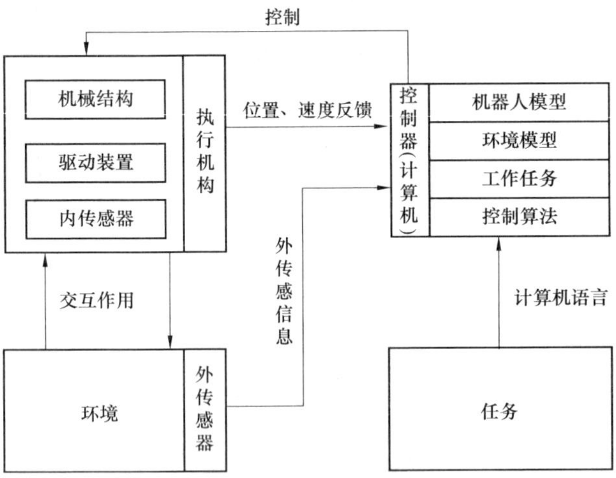

图8－87　机器人系统的基本组成

（1）执行机构。执行机构（也称力机械手、操作器或操作手）一般是一种多关节式机械结构，由连杆、关节、末端执行器等组成，其末端执行器根据操作需要也可以换装焊枪、吸盘、扳手等工具。

（2）控制器。控制器是机器人系统的指挥中枢，负责信息处理和与人交互，它接收来自传感器的信号，对其进行数据处理，并按照预存信息、机器人的状态及其环境情况等，产生控制信号以驱动机器人的各个关节。为此，控制器内必须具有保证机器人实现其功能所必需的程序。对于技术比较简单的机器人，计算机只含有固定程序；对于技术比较先进的机器人，可采用可编程序计算机或微处理器作为控制器。

（3）环境。环境指机器人在执行任务时所能达到的几何空间。在机器人工作环境中，机器人会得到完成任务所需的支持，如自动传输线将为机器人传送生产所需的工件、材料等。同时，在机器人的工作环境中，也会遇到一些障碍物和其他突发事件，必须为机器人设计合理的运动路线，避免与这些障碍发生碰撞，并妥善处理好环境中各种突发事件，以保证机器人完成特定任务。

(4) 任务。任务的定义为环境的初始状态和目标状态间的差别。这些任务必须用适当的程序设计语言来描述，并把它们存入控制机器人系统的计算机中。而且，这种描述必须能被计算机所理解。随着所用系统的不同，语言描述方式可为图形、语音或书面文字。

三、机器人的分类

机器人的分类方法很多，这里介绍四种分类法，即分别按机器人的几何结构、控制方式、智能程度及移动方式分类。

1. 按机器人的几何结构分类

机器人的结构形式多种多样，最常见的结构形式是用其坐标特性来描述。这些坐标结构包括笛卡儿坐标结构、柱面坐标结构、极坐标结构、球面坐标结构、关节式结构等。这里简单介绍柱面、球面和关节式结构这三种常见的机器人。

(1) 柱面坐标机器人。柱面坐标机器人主要由垂直柱子、水平移动关节和底座构成。水平移动关节装在垂直柱子上，能自由伸缩，并可沿垂直柱子上下运动。垂直柱子安装在底座上，并与水平移动关节一起绕底座转动。这种机器人的工作空间形成一个圆柱面，因此把这种机器人称为柱面坐标机器人，如图 8-88 所示。

(2) 球面坐标机器人。球面坐标机器人像坦克的炮塔一样。其机械手能够做里外伸缩移动、在垂直平面内摆动及绕底座在水平面内转动。因此，这种机器人的工作空间形成球面的一部分，称为球面坐标机器人，如图 8-89 所示。

(3) 关节式机器人。关节式机器人主要由底座、大臂和小臂构成。大臂和小臂可在通过底座的垂直平面内运动。大臂和小臂间的关节称为肘关节，大臂和底座间的关节称为肩关节。在水平平面上的旋转运动，既可由肩关节完成，也可以绕底座旋转来实现。这种机器人与人的手臂非常类似，因此称为关节式机器人，如图 8-90 所示。

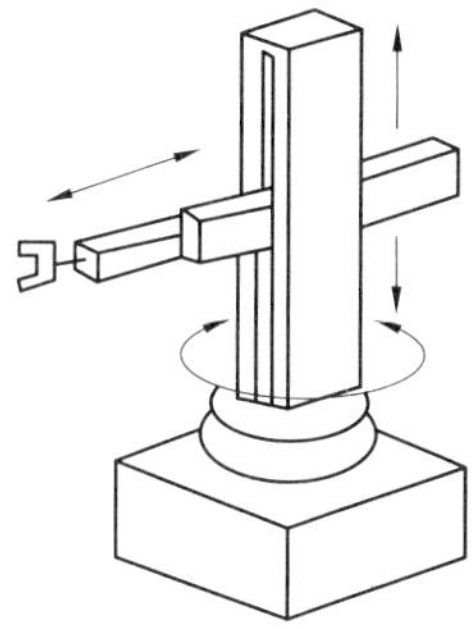
图 8-88　柱面坐标机器人

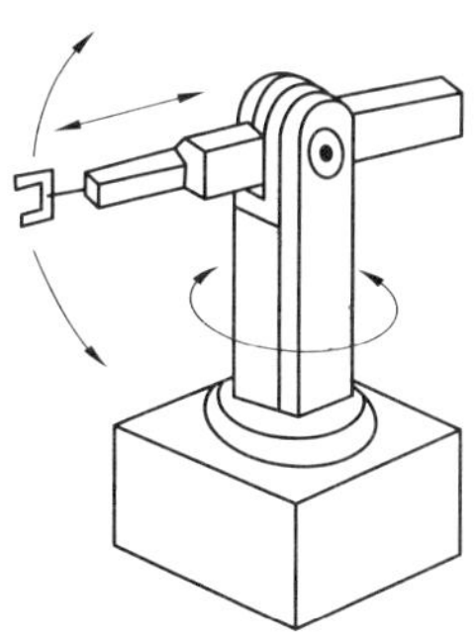
图 8-89　球面坐标机器人

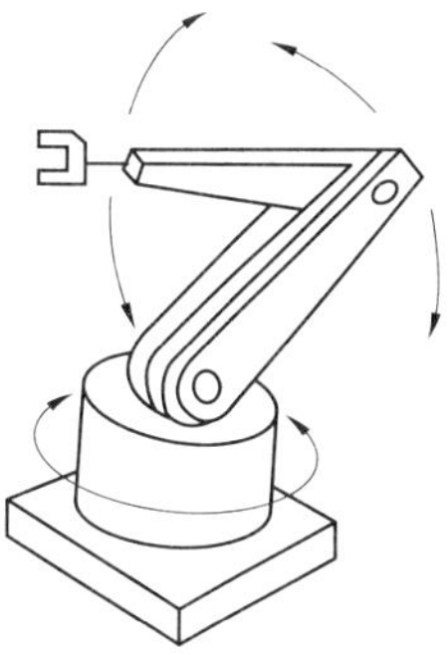
图 8-90　关节式机器人

2. 按机器人的控制方式分类

按照控制方式分类，机器人分为非伺服机器人和伺服控制机器人两种。

(1) 非伺服机器人。非伺服机器人按照预先编好的程序进行工作，使用终端限位开关、终端制动器、插销板和定序器来控制机器人的运动，其工作原理如图 8-91 所示。插销板用来预先规定机器人的工作顺序，而且往往是可调的。定序器是一种定序开关或步进装置，能够按照预定的正确顺序接通驱动装置的能源。驱动装置接通能源后，带动机器人的手臂、腕部和手爪等装置运动，当它们移动到由终端限位开关所规定的位置时，限位开关切换工作状态，给定序器发送“工作任务（或规定运动）已完成”信号，并使终端制动器动作，切断驱动能源。机器人完成一个工作循环。

（2）伺服控制机器人。伺服控制机器人比非伺服机器人有更强的工作能力，但是在某些情况下不如非伺服机器人可靠。如图 8－92 所示，伺服系统的输出可为机器人末端执行装置（或工具）的位置、速度、加速度或力等。用比较器将从反馈传感器取得的反馈信号与来自给定装置（如给定电位器）的综合信号加以比较后，得到误差信号，该信号经过放大后用以控制机器人的驱动装置，进而带动末端执行装置以一定规律运动到达规定的位置或速度等。

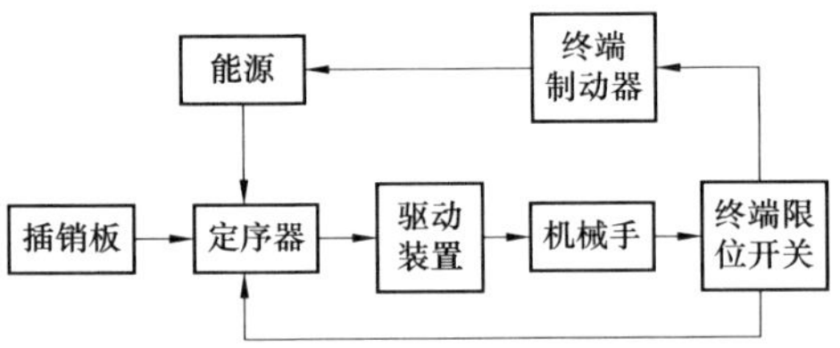

图 8－91　非伺服机器人功能示意

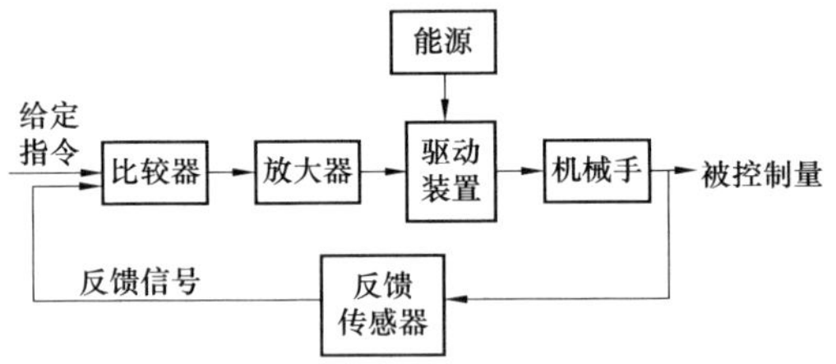

图 8－92　伺服机器人功能示意

3. 按机器人的智能程度分类

（1）一般机器人。一般机器人不具有智能，只具有一般编程能力和操作功能。

（2）智能机器人。智能机器人按照具有智能的程度不同可分类如下：①传感型机器人，具有利用传感信息（包括视觉、听觉、触觉、接近觉、力觉和红外、超声及激光等）进行传感信息处理，实现控制与操作的能力；②交互型机器人，通过计算机系统与操作员或程序员进行人机交互，实现对机器人的控制与操作；③自主型机器人，无需人的干预，能够在各种环境下自动完成各项任务。

4. 按机器人的移动方式分类

（1）固定机器人。固定机器人固定在某个底座上，只能通过移动各个关节完成任务。

（2）移动机器人。移动机器人可沿某个方向或任意方向移动。这种机器人可分为有轨式机器人、履带式机器人和步行机器人，其中，步行机器人又可分为单足行走机器人、双足行走机器人、多足行走机器人。

四、机器人系统及其典型应用

目前，机器人的应用范围涵盖了制造业、农业、林业、交通运输业、核工业、医疗、福利事业、娱乐业、海洋、太空开发等领域，而且随着机器人技术的不断提高，可以预见机器人的应用领域将进一步扩大。

（一）机器人外围设备

机器人外围设备是指可以附加到机器人系统中用来加强机器人功能的设备。这些设备是除了机器人本身的执行机构、控制器、作业对象和环境之外的其他设备和装置，例如，用于定位、装夹工件的工装，用于保证机器人和周围设备通信的装置等。

一般情况下，灵活性高的工业机器人的外围设备较简单，可适应产品型号的变化；反之，灵活性低的工业机器人的外围设备较复杂，当产品型号改变时，需要付出高额的投资以更换外围设备。

外围设备的功能必须要与机器人的功能相协调，包括定位方法、夹紧方式、动作速度等，应根据作业要求确定机器人的外围设备。

单一机器人是不可能有效工作的，必须与外围设备共同组成一个完整的机器人系统才能发挥作用。

（二）焊接机器人

焊接机器人突破了焊接刚性自动化的传统生产方式，开拓了一种柔性自动化生产方式，使小批量产品自动化焊接生产成为可能。由于机器人具有示教再现功能，完成一项焊接任务只需要示教一次，随后即可精确地再现示教动作。如果机器人去做另一项焊接工作，只需重新示教即可。

焊接机器人可以稳定地提高焊接质量，保证其均匀性；提高劳动生产率，一天可保证24h连续生产；改善工人劳动条件，可在有害环境下工作；降低对工人操作技术的要求；缩短产品改型换代的准备周期，减少相应的设备投资；可实现小批量产品的焊接自动化；能在空间站建设、核设备维修、深水焊接等极限条件下完成人工难以进行的焊接作业；为焊接柔性生产线提供技术基础。

在实际焊接过程中，作业条件是经常变化的，例如加工和装配上的误差会造成焊缝位置和尺寸的变化，焊接过程中工件受热及散热条件改变会造成焊道变形和熔透不均。为了克服机器人焊接工作中各种不确定性因素对焊接质量的影响，提高机器人作业的智能化水平和工作的可靠性，要求焊接机器人系统不仅能实现空间焊缝的自动实时跟踪，而且能实现焊接参数的在线调整和焊缝质量的实时控制。

1. 焊接机器人系统组成

焊接机器人系统一般由以下几部分组成：机械手、变位机、控制器、焊接系统（专用焊接电源、焊枪或焊钳等）、焊接传感器、中央控制计算机、相应的安全设备等。典型的焊接机器人系统组成如图8-93所示。

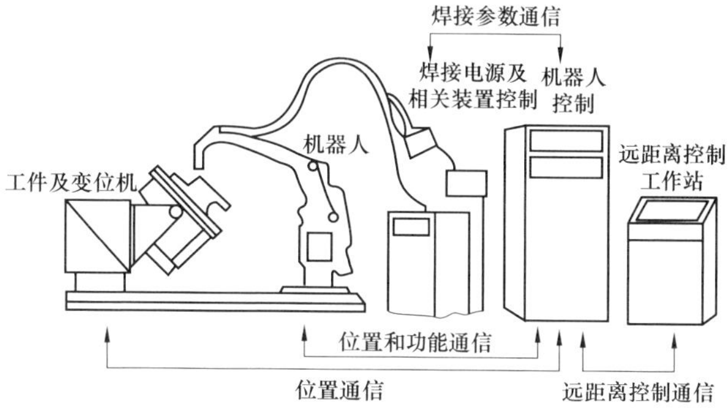

图8-93　焊接机器人系统组成

机械手是焊接机器人的执行机构，由驱动器、传动机构、连杆、关节及内部传感器（编码盘）等组成。具有六个旋转关节的关节式机器人已被证明在机构尺寸相同情况下的工作空间最大，并且能以较高的位置精度和最优的路径到达指定位置，因而在焊接领域得到广泛应用。

变位机作为机器人焊接生产线及焊接柔性加工单元的重要组成部分，其作用是将被焊工件旋转（平移）到最佳的焊接位置。在焊接作业前和焊接过程中，变位机通过夹具来装卡和定位被焊工件，对工件的不同要求决定了变位机的负载能力及其运动方式。为了使机械手充分发挥效能，焊接机器人系统通常采用两台变位机，当其中一台进行焊接作业时，另一台则完成工件的装卸，从而提高整个系统的工作效率。

焊接机器人控制器是整个机器人系统的神经中枢，如图8-94所示，它由计算机硬件、软件和一些专用电路组成，其硬件包括工业控制计算机、人机界面、输入/输出接口、伺服驱动控制接口、网络控制接口等部分组成。控制器负责处理焊接机器人工作过程中的全部信息和控制其全部动作。

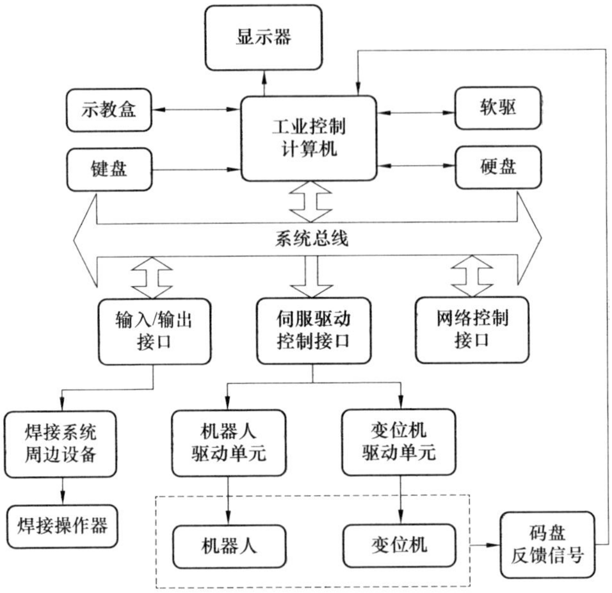

图 8－94　焊接机器人控制系统组成

焊接系统是焊接机器人完成作业的核心装备，由焊钳（点焊机器人）、焊枪（弧焊机器人）、焊接控制器及水、电、气等辅助部分组成。焊接控制器可根据预定的焊接监控程序，完成焊接参数输入、焊接程序控制及焊接系统故障自诊断，并实现与本地计算机及手控盒的通信联系。用于弧焊机器人的焊接电源及送丝设备由于参数选择的需要，必须由机器人控制器直接控制。

在焊接过程中，尽管机械手、变位机等能达到很高的精度，但由于被焊工件存在几何尺寸和位置误差，以及焊接过程中产生的热引起工件的变形，传感器仍是焊接过程中（尤其是焊接大、厚工件时）不可缺少的设备。传感器的任务是实现工件坡口的定位、跟踪及焊缝熔透信息的获取。

安全设备是焊接机器人系统安全运行的重要保障，主要包括驱动系统过热自断电保护、动作超限位自断电保护、超速自断电保护、机器人系统工作空间干涉自断电保护及人工急停等。

图 8－95 所示为机器人焊接生产线。

图 8－95　机器人焊接生产线

2. 点焊机器人

在我国，点焊机器人约占焊接机器人总数的46%，主要应用在汽车、农机、摩托车等行业，就其发展而言，尚处于第一代机器人阶段，对环境的变化没有应变能力。点焊机器人的典型组成如图8-96所示。

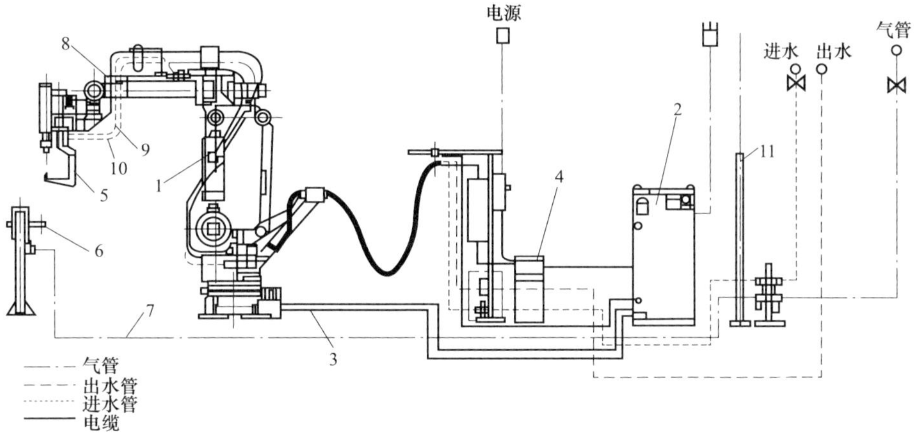

图8-96　点焊机器人的典型组成

1—焊钳；2—机器人控制柜；3—控制电缆；4—点焊定时器；5—电焊钳；6—电极修整装置；
7、8、9、10—气、电、进水、出水管线；11—安全围栏

（1）点焊机器人的分类。点焊机器人有直角坐标式、极坐标式、圆柱坐标式、关节式等，最常用的是直角坐标式简易型（2～4个自由度）点焊机器人和关节式（5～6个自由度）点焊机器人。关节式机器人按安装位置分既有落地式，也有悬挂式，占用空间比较小。驱动系统多采用直流或交流伺服电动机。

通常，装配一台汽车车身需要完成4000～5000个焊点。例如，某汽车厂采用以106台Unimate通用型机器人为核心的柔性生产线焊接K型轿车，机器人完成98%的焊点，仅少数焊点因机器人无法伸入车体内部而需手工完成。该车型有二门轿车、四门轿车和面包车等，设置在生产线上的传感器可将车型信息通知机器人控制器，以选择适用于该车型的预先存储的任务程序并规定机器人的初始状态。

点焊机器人可以取代笨重、单调、重复的体力劳动；能更好地保证点焊质量；可长时间重复工作，提高工作效率30%以上；可以组成柔性自动生产系统，特别适合新产品开发和多品种生产，增强企业应变能力。

目前，正在开发一种新的点焊机器人系统，该系统可把焊接技术与CAD/CAM技术完美地结合起来，提高生产的效率，缩短产品投产的周期，使整个机器人系统取得更高的效益。这种系统拥有关于汽车车身结构信息、焊接条件计算信息和机器人机构信息等数据库，CAD系统利用该数据库可方便地进行焊钳选择和机器人配置方案设计；采用离线编程的方式规划路径；控制器具有很强的数据转换功能，能针对机器人本身不同的精度和工件之间的相对集合误差及时进行补偿，以保证足够的工作精度。

（2）选用点焊机器人的基本要求。在选用或引进点焊机器人时，必须注意点焊工艺对机器人的基本要求：

1）点焊作业一般采用点位控制（PTP），其重复定位精度≤±1mm。

2）点焊机器人的工作空间必须大于焊接所需的空间（由焊点位置及焊点数量确定）。

3）按工件形状、种类、焊缝位置选用焊钳。

4）根据选用的焊钳结构（分离式、一体式、内藏式）、焊件材质与厚度及焊接电流波形（工频交流、逆变式直流等）来选取点焊机器人的额定负载，一般为50～120kg。

5）机器人应具有较高的抗干扰能力和可靠性（平均无故障工作时间应超过2000h，平均修复时间不大于30min）；具有较强的故障自诊断功能，例如，可发现电极与工件发生“黏结”而无法脱开的危险情况，并能使电极沿工件表面反复扭转直至故障消除。

6）点焊机器人的示教记忆容量应大于1000点。

7）机器人应具有较高的点焊速度（如每分钟60点以上），可保证单点焊接时间（含加压、焊接、维持、休息、移位等点焊循环）与生产线物流速度匹配，且其中50mm短距离（焊点间距）移动的定位时间应缩短在0.14s以内。

8）需采用多台机器人时，应研究是否选用多种型号，并与多点焊机并用等问题；当机器人布置间隔较小时，应注意动作顺序的安排，可通过机器人群控或相互间连锁作用避免干扰。

（3）点焊机器人焊接系统。对点焊机器人的要求一般基于两点考虑：一是机器人运动的定位精度，由机器人机械手和控制器来保证；二是点焊质量的控制精度，主要是由机器人焊接系统来保证。机器人焊接系统主要由阻焊变压器、焊钳、点焊控制器及水、电、气路及其辅助设备等组成。

点焊机器人焊钳从用途上可分为C型和X型两种，通过机械接口安装在机械手末端。根据钳体、变压器和机械手的连接关系，焊钳分为分离式、内藏式、一体式三种。

1）分离式焊钳。钳体安装在机械手末端，阻焊变压器安装在机器人上方悬梁上，且可沿着机器人焊接的方向运动，两者以粗电缆连接。其优点是可明显减轻手腕负荷，运动速度高，价格便宜。主要缺点是机器人的工作空间及焊接位置受到限制，电能损耗大，并使手腕承受电缆引起的附加载荷。

2）内藏式焊钳。阻焊变压器安装在机械手手臂内，显著缩短了二次电缆和变压器容量。其主要缺点是机械手的机械设计较复杂。

3）一体式焊钳。钳体与阻焊变压器集成安装在机械手末端。其显著优点是节省电能（约为分离式的1/3），并避免了分离式焊钳的其他缺点。当然，它使机械手腕部必须承受较大的载荷，并影响了焊接作业的可达性。

机器人点焊钳与通常所采用的悬挂式电焊机的不同之处在于：

1）具备双行程。其中短行程为工作行程，长行程为预行程，用于安装较大焊件、修整及更换和避免机器人焊接时的障碍。

2）具备扩力机构。为增加焊件厚度并减轻机器人负载，有时在钳体的机械设计中采用扩力式气压-杠杆传动加压机构（用于X型焊钳）或串联式增压气缸（用于C型焊钳）。

3）具备浮动装置。浮动式焊钳可以降低对工件定位精度的要求，有利于用户使用，同时也是防止点焊时工件产生波浪变形的重要措施。浮动机构主要由弹簧平衡系统（多用于C型焊钳）或气动平衡系统（多用于X型焊钳的浮动气缸）。

4）新型电极驱动机构。电动及伺服驱动加压机构（即伺服焊钳）可实现电极加压软接触，并可进行电极压力的实时调节，可显著提高点焊质量和减少点焊喷溅，如MOTOMAN点焊机器人所配置的伺服焊钳。

5）点焊控制器。用于点焊机器人焊接系统中的点焊控制器是一相对独立的多功能电焊微机控制装置，主要功能包括：可实现点焊过程时序控制，顺序控制预压、加压、焊接、维持、休止等；可实现焊接电流波形的调制，且其恒流控制精度在1%～2%；可同时存储多套焊接参数；可自动进行电极磨损后的阶梯电流补偿，记录焊点数并预报电极寿命；具有故障自诊断功能，对晶闸管超温、晶闸管单管导通、变压器超温，以及计算机、水压、气压、电极黏结等故障进行显示并报警，直至自动停机；可实现与机器人控制器及示教盒的通信联系，提供单加压和机器人示教功能；具有断电保护功能，即系统断电后内存数据不会丢失。

点焊控制器与机器人控制器有以下三种结合方式：

1）中央结构型。它将点焊控制器作为一个模块安装在机器人控制器内，由主计算机统一管理并为焊接模块提供数据，焊接过程控制由焊接模块完成。这种结构的优点是机器人控制器集成度高，便于统一管理。

2）分散结构型。点焊控制器与机器人控制器分开设置，两者采用应答式通信联系。这种结构的优点是调试灵活，焊接系统可单独使用，但集成度不如中央结构型高。

3）群控系统。将多台点焊机器人与群控计算机相连，以便对同时通电的数台焊机进行控制。这种结构的优点是实现部分焊机的焊接电流分时交错，限制电网瞬时负载，稳定电网电压，保证点焊质量。为此，点焊机器人的焊接系统都应增加“焊接请求”与“焊接允许”信号，并与群控计算机相连。

图8－97　点焊机器人实例

图8－97所示为某点焊机器人实例。

目前，机器人点焊控制器正向智能化方向迅速发展，主要表现在：①改进传统人机操作模式，提供友好的人机对话界面；②根据所焊材质、厚度、焊接电流波形（即焊机类型），研制专家系统、人工神经网络、模糊技术等诸多人工智能方法相混合的电焊工艺设计与接头质量预测的智能混合系统，偏重于软件方面实现机器人点焊质量控制；基于多传感器信息融合技术（如基于多传感器信息融合的智能HD控制、Fuzzy－PID控制等），偏重于硬件方面实现机器人点焊多参数联合质量控制。

（三）喷涂机器人

喷涂机器人广泛用于汽车车体、家电产品和各种塑料制品的喷涂作业，一般分为液压喷涂机器人和电动喷涂机器人两类。

1. 液压喷涂机器人

机器人的结构为六轴多关节式，工作空间大，腰回转采用液压马达驱动，手臂采用液压缸驱动。手部采用柔性手腕结构，可绕臂的中心轴沿任意方向做±110°转动，而且在转动状态下可绕腕的中心轴扭转420°。由于腕部不存在奇异位形，因此能喷涂形态复杂的工件并具有很高的生产率。图8－98所示为液压喷涂机器人作业系统。

2. 电动喷涂机器人

近年来，由于交流伺服电动机的应用和高速伺服技术的发展，在喷涂机器人中采用电动机驱动已经成为可能。电动喷涂机器人的电动机多采用耐压或内压防爆结构，限定在1级危

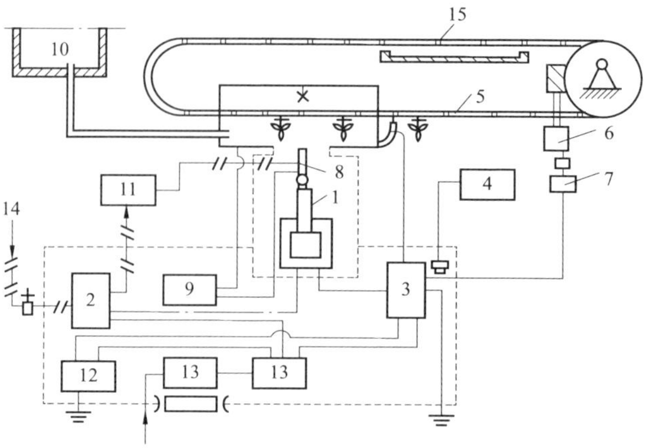

图 8－98　液压喷涂机器人作业系统

1—操作手；2—液压站；3—机器人控制柜；4、12—防爆器；5—传送带；6—电动机；7—测速电动机；8—喷枪；9—高压静电发生器；10—塑粉回收装置；11—粉桶；13—电源；14—气源；15—烘道

险环境（在通常条件下有生成危险气体介质的可能）和 2 级危险环境（在异常条件下有生成危险气体介质的可能）下使用。电动喷涂机器人一般有六个轴，工作空间大，手臂质量轻，结构简单，惯性小，轨迹精度高。电动喷涂机器人具有与液压喷涂机器人完全一样的控制功能，只是改用交流伺服电动机驱动，维修保养十分方便。

电动喷涂机器人的成功应用给企业带来非常明显的经济效益，可大幅度提高产品质量，产品合格率达到 99%以上，大大提高劳动生产率，降低成本，提高企业的竞争力和产品的市场占有率。图 8－99 所示为某电动喷涂机器人实例。

图 8－99　喷涂机器人

（1）防爆功能的实现。当电动喷涂机器人采用交流或直流伺服电动机驱动时，电动机运转可能会产生火花，电缆线与电器接线盒的接口等处也可能会产生火花。而电动喷涂机器人用于在封闭的空间内喷涂工件内外表面，涂料的微粒在此空间中形成的雾是易燃易爆的，如果机器人的某个部件产生火花或温度过高，就会引燃喷涂间内的易燃物质，引起大火，甚至爆炸，造成不必要的人员伤亡和巨大的经济损失。所以，防爆系统是电动喷涂机器人的重要设计部分，绝不可掉以轻心。

电动喷涂机器人的电动机、电器接线盒、电缆线等应封闭在密封的壳体内，使它们与危险的易燃气体隔离，同时配备一套空气净化系统，用供气管向这些密封的壳体内不断地运送清洁的、不可燃的、高于周围大气压的保护气体，以防止外界易燃气体的进入。机器人按此方法设计的结构称为通风式正压防爆结构。

（2）净化系统。机器人通电前，净化系统先进入工作状态，将大量的带压空气输入机器人密封腔内，以排除原有的气体，清吹过程中空气压力为 $5kg/cm^2$，流量为 $10 \sim 32m^3/h$，快速清洁操作过程为 3～5min，将机器人腔内原有的气体全部换掉，这样即可保证机器人电动机及其他部件通电时的安全。

快速清洁操作完成以后，净化系统进入维持工作状态，在这种状态下，此系统在机器人内维持一个非常微弱的正压力。一旦腔体有少量气体泄漏，不断输入的带压气体进入腔内防止易燃气体的进入，如果气体泄漏量过大，则净化系统无法保持一个正压力，易燃气体会进入机器人腔内。当腔内压力低于 0.17kg/cm^2 时，低压报警开关被触发，开关信号使得控制面板上的警报发光二极管显示，表示净化系统需要维修。当压力低于 0.15kg/cm^2 时，低压压力开关合上，使得控制器切断机器人的动力源。

(3) 参数设置。首先分析喷涂对象。被喷涂零件的形状、几何尺寸是自动喷涂线上的主要设计依据，先要分析被喷涂零件的几何特征，再进行喷涂区域划分，计算喷涂面积。然后分析喷涂工艺及参数。最后进行喷涂线设备选型。

自动喷涂线的喷涂室除了满足一般涂装工艺要求外，其动力设备应能受总控制台控制并连锁。

设备必须满足安全防爆要求。一般防爆结构采用本质安全型防爆结构和正压型防爆结构。

（四）装配机器人

统计资料表明，在现代工业化生产过程中装配作业所占的比例日益增大，其作业量达到40%左右，作业成本占到产品总成本的 50%～70%，因此装配作业成了产品生产自动化的焦点。以装配机器人为主构成的装配作业自动化系统近年来发展迅猛。在国外一些企业的装配作业中已大量采用机器人来从事装配工作，例如，美国、日本等国家的汽车装配生产线上用机器人来装配汽车的零部件，在电子电器行业中用机器人来装配电子元器件等。

一般来说，要实现装配工作，可以采用人工、专用装配机械和机器人三种方式。如果以装配速度来比较，则人工和机器人都不及专用装配机械。如果装配作业内容改变频繁，则采用机器人的投资要比专用装配机械经济。此外，对于大量、高速生产，采用专用装配机械最为有利。对于大件、多品种、小批量且人又不能胜任的装配工作，则采用机器人合适。例如，30kg 以上重物的安装，单调、重复及有污染的作业，在狭窄空间的装配等，这些需要改善工人作业条件、提高产品质量的作业都可采用机器人来实现。

自动装配作业的主要内容是，实现将一些对应的零件装配成一个部件或产品，零件的装入、压入、铆接、嵌合、黏结、涂封、拧螺丝等作业，此外还有一些为装配工作服务的作业，如输送、搬运、码垛、监测、安置等工作。所以，一个柔性的自动装配作业系统基本由以下几部分构成：

(1) 工件的搬运：识别工件，将工件搬运到指定的安装位置，工件的高速分流输送等。

(2) 定位系统：决定工件、作业工具的位置。

(3) 零件或装配所使用的材料的供给。

(4) 零部件的装配。

(5) 监测和控制。

据此，要求装配机器人应具有如下条件：高性能、可靠性、通用性，操作和维修容易，人工容易介入，成本及售价低，经济合理。

目前，国外已有各种专用和通用的装配机器人在生产中得到应用，主要类型有直角坐标型、圆柱坐标型和关节型三大类，关节型装配机器人又有垂直关节型（即空间关节型）和平面关节型（即 SCARA 型）两种。

1. 机器人装配单元

以某种泵的装配为例，说明机器人装配单元的组成及功能。该泵由泵体、内转子、外转子、端盖、螺钉等零件构成，如图 8－100 所示。

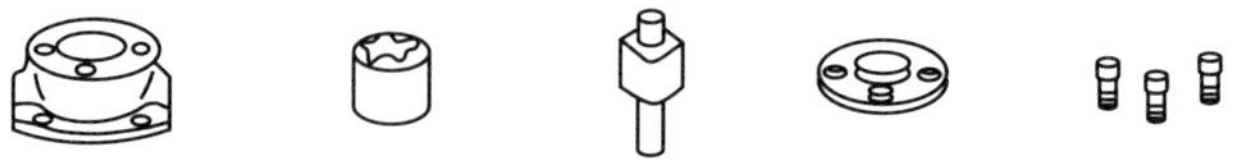

图 8－100　组成泵的零件

采用三台机器人、工作台、供料器、料仓、传送带等组成的机器人装配单元完成泵的装配，如图 8－101 所示。

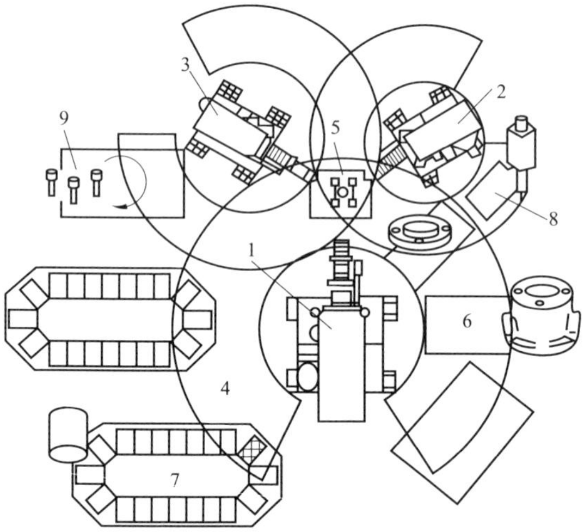

图 8－101　泵的装配单元

1、2、3—机器人；4、7—环形传送带；5—装配工作台；6、8、9—料仓

装配单元的装配顺序如下：机器人 1 从料仓 6 中夹取泵体并置于装配工作台 5 上；机器人 1 从环形传送带 4 上夹取外转子并将其嵌入泵体；机器人 1 从环形传送带 7 上夹取内转子并将其装入外转子中；机器人 2 从料仓 8 中夹取端盖装到外转子轴上并与泵体贴合；机器人 3 从料仓 9 中夹取排列的螺钉并将端盖与泵体连接；机器人 1 将装配好的泵从装配工作台 5 中夹至传送带上。至此，一个工作循环结束。

2. 机器人装配线

以某吊扇电动机的装配力例，说明机器人装配线的构成及其配置。

(1) 吊扇电动机自动装配作业系统。吊扇电动机自动装配作业系统用于装配 1400mm、1200mm、1050mm 三种规格吊扇电动机，生产节拍 6～8s，吊扇电动机结构如图 8－102 所示，它由下盖、转子组件、定子组件和上盖等组成，定子由上下各一个向心球轴承支承，整个电动机用三套螺钉垫圈连接，电动机质量约为 3.5kg，外径尺寸为 180～200mm。

电动机装配过程包括轴孔嵌套（属于过渡配合情况下的轴孔嵌套）和螺纹装配两种基本操作。机器人装配线的平面布置图如图 8－103 所示。装配线呈矩形布置，有 14 个工位、34 套随行夹具分布于装配线上，并按规定节拍同步传送；系统中使用 5 台装配机器人，各配 1 台自动送料机；此外，还有 3 台压力机，6 台专用设备。

各工位需要完成的装配作业如下：

工位 1：机器人从送料机夹持下盖，用光电检测装置检测螺孔定向，放入夹具内定位夹紧。

工位 2：螺孔精确定位，先松开夹具，利用定向专机的三个定向销校正螺孔位置，重新夹紧。

工位 3：机器人从送料机夹持轴承，放入夹具内的下盖轴承室。

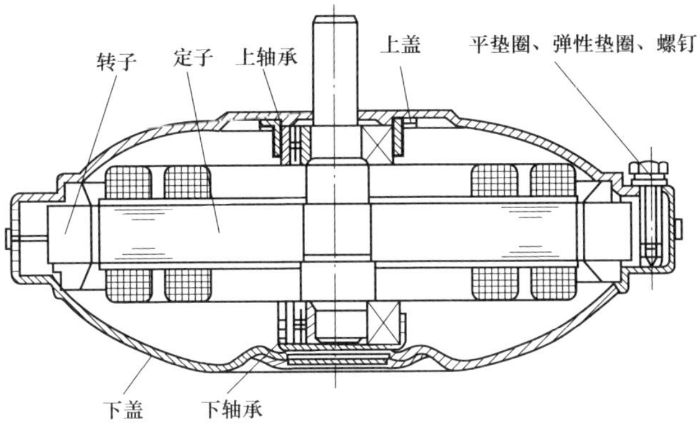

图 8-102　吊扇电动机结构

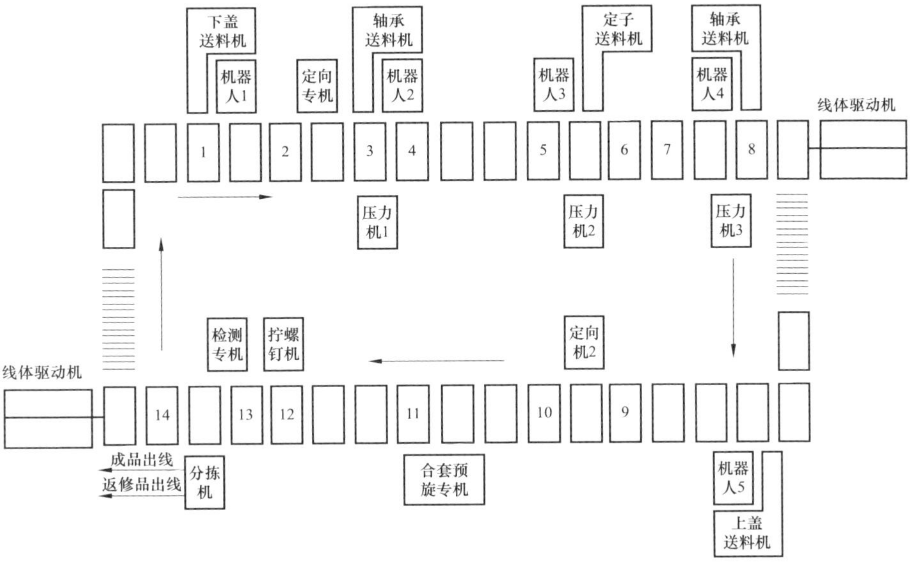

图 8-103　机器人装配线的平面布置图

工位 4：压力机将轴承压到位。

工位 5：机器人从送料机夹持定子，放入下轴承孔中。

工位 6：压力机将定子压到位。

工位 7：机器人从送料机夹持上轴承，套入定子轴颈。

工位 8：压力机将上轴承压到位。

工位 9：机器人从送料机夹持上盖，用光电检测装置检测螺孔定向，放在上轴承上面。

工位 10：定向压力机先用三个定向销把上盖螺孔精确定向，随后压头将上盖压到位。

工位 11：三台螺钉垫圈合套专用设备把弹性垫圈、平垫圈，分别套在螺钉上，送到抓取位置，三个机器人分别夹持螺钉，送到工件并插入螺孔，由螺钉预旋专用设备把螺钉拧入螺孔三圈。

工位 12：拧螺钉机以一定扭矩把三个螺钉同时拧紧。

工位 13：专用设备以一定扭矩转动定子，按转速确定电动机装配质量，分成合格品或返修品，然后松开夹具。

工位 14：机器人从夹具中夹持已装好或未装好的电动机，分别送到合格品或返修品运输带出线。

（2）装配机器人选型。

1）需求。吊扇电动机自动装配作业系统所使用的机器人主要完成下述操作：利用机器人的堆垛功能，实现对零件的顺序抓取，并运送到装配位置；配合使用柔性定位装置，实现零件在装配位置上的自动定心和插入；利用机器人及其控制器，配合光电检测装置和识别微处理器，实现螺孔的识别和定向；利用机器人的示教功能，简化设备安装调整工作；使装配系统容易适应产品规格的变化，具有更大的柔性。

2）结构形式。根据上述需求，机器人必须具有垂直上下方向的运动，以抓取和放置零件；具有水平左右方向的运动，把零件从送料机传送到夹具上；此外，还应有一个绕垂直轴的运动，实现螺孔检测。因此选择具 4 个自由度的 SCARA 型机器人。定子组件采用装料板顺序运送的送料方式，每一装料板上安放 6 个零件，机器人必须有较大的工作空间，因此选择直角坐标机器人。

3）规格。根据用途选择适合规格的机器人。

4）行程。根据作业要求，两种类型的机器人取平面移动范围 600mm，垂直坐标行程在工件装入定子组件之前取 100mm，而在装入定子组件以后，由于定子轴上端有一个保护导线的套管，需要增加 100mm 行程。因此，分别选择 100mm 和 200mm 两种规格。

5）速度。企业要求的装配节拍为 6～8s，为了达到这一要求，两种类型的机器人必须选择高速型，其中 SCARA 型机器人的第一臂和第二臂的综合运动速度 5.2m/s，Z 轴垂直运动速度 0.6m/s；直角坐标型机器人平面运动速度 1.5m/s，垂直运动速度 0.25m/s。

6）持重。机器人持重由工件及夹持器质量决定，工件质量最重的是定子组件 2.5kg，上下盖或轴承都比较轻，再考虑夹持器的质量，选用持重 5kg 的机器人。

7）重复定位精度。根据作业要求，选择 SCARA 型机器人的重复定位精度为±0.05mm，直角坐标型机器人的重复定位精度为±0.02mm。

8）生产厂家。根据性能可靠、价格适中、维修方便等原则，可以选定机器人生产厂家及其具体型号。

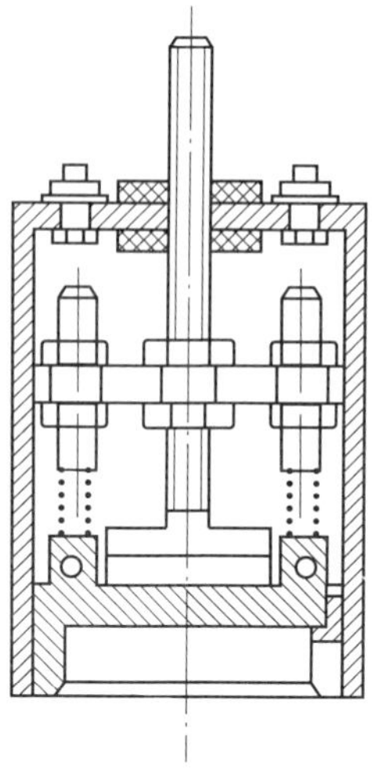

图 8－104　SMA 轴承夹持器结构

（3）机器人装配线外围设备。吊扇电动机自动装配作业系统的外围设备包括机器人夹持器、自动送料装置、螺孔定向装置、螺钉垫圈合套装置等。

1）形状记忆合金轴承夹持器。形状记忆合金（SMA）轴承夹持器的结构如图 8－104 所示，其外形为直径 650mm、高 90mm 的圆柱体，重约 0.4kg，可安装在 SCARA 型机器人手臂末端进行装配作业。当夹持轴承时，夹持器先套入轴承，通电加热右侧记忆合金弹簧（SMA1）收缩变形，带动杠杆逆时针转动，轴承被夹紧；松开时 SMA 断电，通电加热左侧记忆合金弹簧（SMA2）收缩变形，带动杠杆顺时针转动，松开轴承。其工作原理如图 8－105 所示。该夹持器在吊扇电动机自动装配作业系统中将下轴承装入电动机下盖的工作情况如图 8－106 所示。

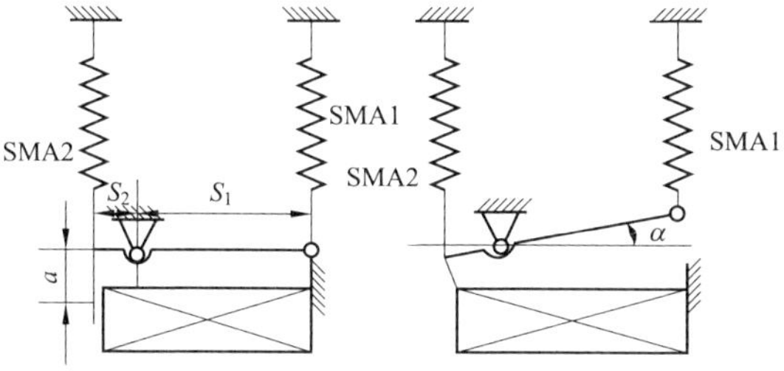

图 8-105　形状记忆合金轴承夹持器工作原理示意

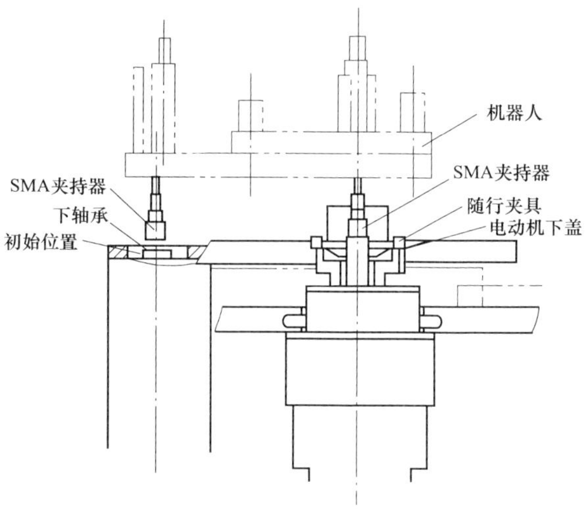

图 8-106　装配轴承工作图

2）轴承送料机。轴承送料机如图 8-107 所示，主要由一级料仓、料道、给油器、机架及行程程序控制系统和气压传动系统等组成。物料储备约 600 件，备料间隔时间约 1h。

为了达到较大储量，轴承送料机采用多仓分装、多级供料的结构形式，设有 6 个一级料仓，每个料仓存有 6 列 16 层轴承；1 个二级料仓，存放 16 个轴承。料筒固定，料筒中的轴承按工作节拍逐个沿料道由一个输出气缸送到指定的机器人夹持装置。当料筒耗空后，对准料筒的一级料仓的轴承，在列输送气缸的作用下，向料筒送进一列 16 个轴承，6 次循环之后，该一级料仓轴承耗空，一级料仓由数字气缸组驱动切换料仓，按控制系统设定的规律依次与料筒对接供料，直至耗空 5 个料仓后，控制系统发出备料报警信号。

3）上盖送料机。上盖送料机如图 8-108 所示，主要由电磁调速电动机及传动机构、转盘、拨料板、送料气缸、定位气缸、导轨、定位板、机架等组成。上盖物料不宜堆叠，采用单层料盘，储料 21 个，备料间隔时间约为 2min。

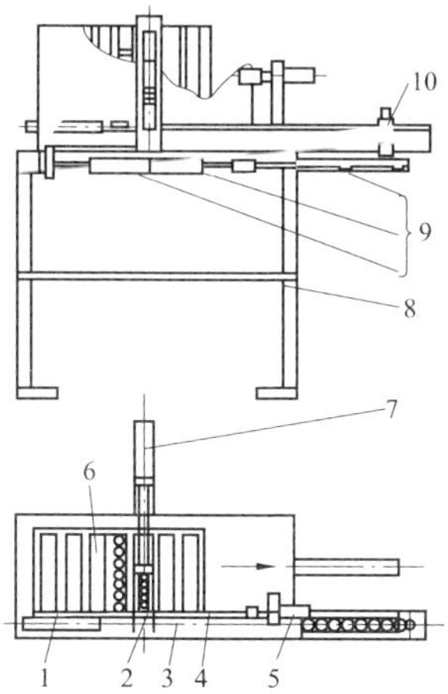

图 8-107　轴承送料机

1—输出气缸；2—二级料仓；3—料道；4—隔离板；5—隔离气缸；6—一级料仓；7—列输送气缸；8—机架；9—数字气缸组；10—给油器

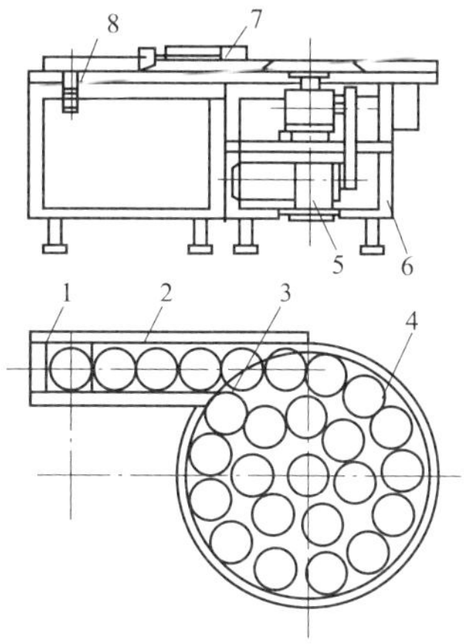

图 8-108　上盖送料机

1—定位板；2—导轨；3—拨料板；4—转盘；5—电动机及减速器；6—机架；7—送料气缸；8—定位气缸

上盖送料机料盘为圆形转盘，盘面为锥面。电动机驱动转盘旋转，转盘带动物料做绕转盘中心的圆周运动，把物料甩至周边，利用物料的圆形特征和拨料板的分道作用，物料在转盘周边自动排序。物料沿转盘边进入切线方向的直线料道，由于物料的堆积力，直线料道可以得到连续的供料。在直线料道的出口处，由送料气缸按节拍要求间歇供料。物料到抓取位后由定位气缸通过上盖轴承座位孔定位。

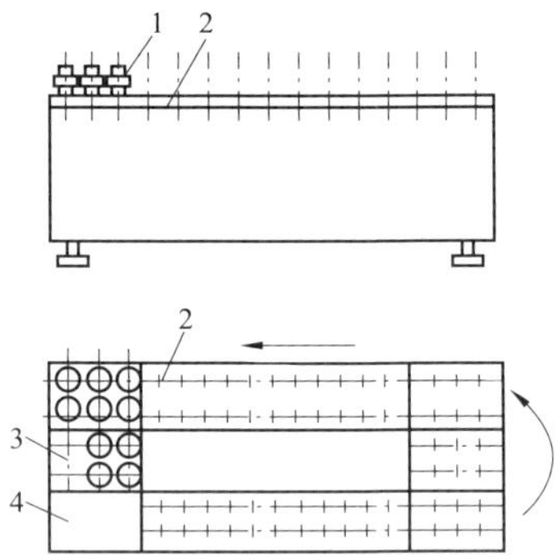

图 8-109 定子送料机

1—定子；2—托盘；
3—工作位；4—空位

4）定子送料机。定子形状复杂，绕组部分不容碰撞，且无合适的滑移支承面，因此送料机上定子单层利用下轴颈插装在托盘上，托盘作为移动料仓间歇移动供料，利用机器人的堆垛功能在工作位置的托盘上顺序取料。定子送料机如图 8-109 所示，由 11 个托盘、输送导轨、托盘换位驱动气缸、机架等组成。送料机储料 60 件，正常备料时间间隔 3min。定子送料机采用框架式布置，矩形框四周设 12 个托盘位，其中一个空位作为托盘先后移动的交替位。矩形框的四边各设一个气缸，在托盘要切换时循环推动各边的托盘移动一个位置。在工作位（输出位）底部设定位销，用于工作托盘精确定位，保证机器人与被抓定子的位置关系。

（4）机器人装配线安全措施。

1）从控制方面保证系统的安全使用。由于装配线上有 5 台机器人和 20 多台套的专用设备，各自完成一定的动作，既要保证这些动作按既定的程序执行，又要保证其安全运转，因此对其作业状态必须严格进行监测与监控，防止误操作，必要时还要进行人工干预。主要措施包括：设置数百个监测点，检测初始状态信息、运行状态信息及安全监控信息。在关键或易出故障的部位检测危险动作的发生，防止被装零件或机构相互干涉，当有异常时，发出报警信号并紧急停机。

2）采用分级分布式控制方式，既实现了对整个装配过程的集中监视与控制，又使控制系统职能分散，增加了系统的鲁棒性。

3）采用多种通信方式，保障系统信息畅通。从气动系统方面保障系统的安全使用。使用专用气源装置，保证气压稳定。

4）保证生产率的前提下，气缸采取适当的缓冲措施以避免冲击。从操作人员培训方面保证系统的安全使用。在系统安装与调试阶段，就开始培养使用、维护人员，使其对全系统有一个深入了解，以避免操作失误。使用安全栅栏，避免非操作人员进入作业区。

思考与练习

8-1 简述打印机的定义和分类。

8-2 简述喷墨打印机的结构和特点。

8-3 简述激光打印机的结构和特点。

8-4 试说明成像打印的基本过程和原理。

8-5 简述全自动洗衣机的定义和分类。

8－6　试说明各类全自动洗衣机结构的区别之处。

8－7　滚筒式全自动洗衣机是怎么工作的？它的洗涤程序是怎样的？

8－8　你认为今后洗衣机的发展方向在哪里？

8－9　什么是机器人系统？为什么要组成该系统？

8－10　机器人外围设备包括哪几种类型？各有什么用途？

8－11　焊接机器人有哪些组成部分？为什么？

8－12　装配机器人主要应用领域有哪些？为什么？

8－13　选用机器人要考虑哪些主要因素？为什么？

8－14　你认为今后机器人应用热点在哪个方向？

项目九　电气控制系统故障维修与设计要求

在实际生产中，从事机电设备控制相关工作的人员，学会控制系统故障的诊断、查找与检修非常实用。本项目除介绍电气控制系统故障查找与检修的方法外，还将介绍电气控制系统设计的一般要求，为进一步掌握机电设备控制技术奠定基础。

模块一　电气控制系统故障查找与检修

知识要求	技能要求
掌握电气控制系统故障查找的一般方法	1. 能识读比较复杂的电气图； 2. 能根据电路图判断故障可能，并提出维修意见

电气控制电路发生故障后，轻者使电气设备不能工作，影响生产等，重者会造成人身伤害事故。因此，要求在发生故障后，必须及时查明原因并迅速排除。但电气控制电路形式多样，它的故障又常常和机械、液压等系统交错在一起，难以分辨，这就要求我们首先弄懂原理，并应掌握正确的排障方法。

故障检修时，大体上可按下列几个步骤操作：观察（故障现象）→分析（故障部位）→检查（确定故障点）→修理（或更新损坏的器件）。当然，这并不是检修的固定程序，各步骤相互联系，有时要交替进行。

一、观察和调查故障现象

电气故障现象是多种多样的，例如，同一类故障可能有不同的故障现象，不同类故障可能是同种故障现象。这种故障现象的同一性和多样性，给查找故障带来了困难。但是，故障现象是查找电气故障的基本依据，是查找电气故障的起点，因而要仔细观察并分析故障现象，找出故障现象中最主要的、最典型的方面，搞清故障发生的时间、地点、环境等。

二、分析故障原因

根据故障现象分析故障原因，是查找电气故障的关键。分析的基础是电工基本理论，是对电气设备的构造、原理、性能的充分理解，是与实际故障的结合。某一故障产生的原因可能很多，重要的是在众多原因中找出最主要的原因。例如，某三相笼型异步电动机出现了不能运转的故障，其原因可能是电源方面的，也可能是电路接线方面的或电动机本身的负载方面的。在这些原因中，到底是哪个方面的原因使电动机不能运转，还要经过更深入、更详细的分析。例如，如果电动机是第一次使用，就应从电源、电路、电动机和负载多方面进行检查分析；如果电动机是经修理后第一次使用，就应着手于电动机本身的检查分析；如果电动机运转一段时间突然不能运转，就应从电源及控制元件方面进行检查分析。经过以上过程进而确定造成电动机故障的比较具体的原因。

在分析电气设备故障时，常常需要用到以下方法：

（1）状态分析法。这是一种发生故障时根据电气设备所处的状态进行分析的方法。电气设备的运行总过程可以分解成若干个连续的阶段，这些阶段也可称为状态，如电动机的工作过程可以分解成起动、运转、正转、反转、高速、低速、制动、停止等工作状态，电气故障总是发生于某一状态，而在这一状态中，各种元件又处于什么状态，如电动机起动时，哪些元件工作、哪些触点闭合等，是我们分析故障的重要依据。

（2）图形分析法。电气设备图是用于描述电气设备的构成、原理、功能，提供装接、使用和维修信息的依据。分析电气设备必然要使用各类电气图，根据故障情况，从图形上进行分析，这就是图形分析法。电气设备图种类很多，如原理图、构造图、系统图、接线图、位置图等。分析电气故障时，常常要对各种图进行分析，并且要掌握各种图之间的关系，如由接线图变换成电路图、由位置图变换成原理图等。

（3）单元分析法。一个电气设备由若干单元构成，每一个单元具有特定的功能。从一定意义上讲，电气设备故障意味着某功能的丧失，由此可判定故障发生的单元。分析电气故障时，将设备划分为单元（通常是按功能划分），进而确定故障的范围，这就是单元分析法。

（4）回路分析法。电路中任一闭合的路径称为回路。回路是构成电气设备电路的基本单元。分析电气设备故障，尤其是分析电路断路、短路故障时，常常需要找出回路中元件、导线及其连接，以此确定故障的原因和部位，这就是回路分析法。

（5）推理分析法。电气设备中各组成部分及其功能都有其内在的联系，如连接顺序、动作顺序、电流流向、电压分配等都有其特定的规律，因而某一部件、组件、元件发生故障必然影响其他部分，表现出特有的故障现象。在分析电气故障时，常常需要从这一故障联系到对其他部分的影响，或由某一故障现象找出故障的根源。这一过程就是逻辑推理过程，即推理分析法。推理分析法又分为顺推理法和逆推理法。

（6）简化分析法。虽然电气设备的组成部件、元件都是必需的，但从不同的角度分析，总可以划分出主要的部件、元件和次要的部件、元件。分析电气故障时，要根据具体情况，注重分析主要的、核心的、本质的部件、元件。这种方法称为简化分析法。

（7）树形分析法。电气装置的各种故障存在着许多内在的联系，例如，某装置故障“1”可能是由故障“2”引起的，故障“2”可能是由故障“3”、“4”引起的，故障“3”又可能是……如果将这些故障按一定顺序排列起来，则形成一棵树，被称为故障树（见图 9－1）。

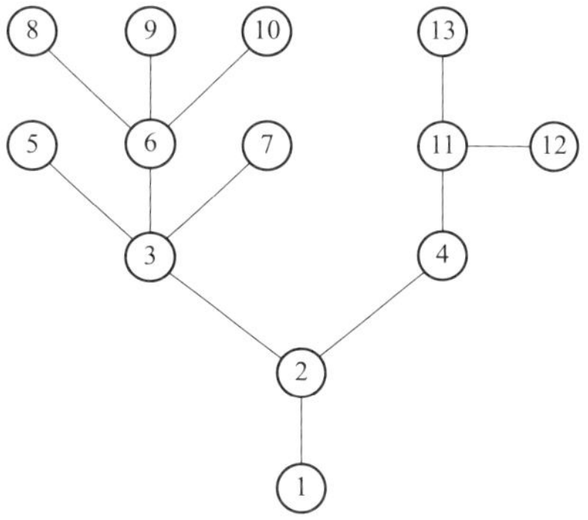

图 9－1　故障树示意

根据故障树分析电气故障的方法称为树形分析法。这也是常用的一种故障分析方法，在某些情况下更条理分明，脉络清晰。

（8）计算机辅助分析法。利用计算机对复杂的电气设备、电气网络等进行故障分析与处理，在某些情况下更方便。计算机在故障分析中的应用通常有以下几种方法：

1）状态模拟：将电气设备、网络中各种部件、元件的工作状态用“1”和“0”表示，如接通、有电流、高电位为“1”状态，而断开、无电流、低电位为“0”状态，当 A 触点故障断开，A 电路无电流，A 设备电位为 0，则上述状态均变为“0”，计算机便可从这些状态变化中找出发生故障的部件、元件。

2）参数比较分析法：将电气设备、网络中各部件、元件的各种运行正常参数预先储存于计算机中，将测试出的某些参数输入计算机中，由计算机进行分析、比较，判断出其中的故障。参数输入的方式还可以通过电压、电流、温度、压力、位移等传感器和电平转换器直接输入计算机中。

三、确定故障部位

确定故障部位是查找电气设备故障的最终目的。确定故障部位可理解成确定设备的故障点，如短路点、损坏元件等，也可理解成确定某些运行参数的变异，如电压波动、三相不平衡等。

确定故障部位是在对故障现象进行周密的考察和细致分析的基础上进行的。在这一过程中，往往要采用多种手段和方法。

1. 调查研究法

在处理故障前，通过“问、看、听、摸”来了解故障前后的详细情况，以便迅速地判断故障的部位，并准确地排除故障。

问：向操作者了解故障发生的前后情况。一般询问的项目是故障是经常发生还是偶尔发生；有哪些现象；故障发生前有无频繁起动、停止或过载等；是否经历过维护、检修或改动线路等。

看：看熔丝是否熔断；接线是否松动、脱落、断线；开关的触点是否接触良好；有没有熔焊；继电器是否动作；撞块是否碰压行程开关等。

听：用耳朵倾听电动机、变压器和电器元件的声音是否正常，以便帮助寻找故障部位。例如，某三相电动机运行时嗡嗡响，可以确定定子电源缺相运行或转子被机械卡住。

摸：当电动机、变压器、继电器线圈发生故障时，温度升高，可以手感检查。限位开关没有发信号而动作中断时，也可以用手代替撞块去撞一下限位开关，如果动作和复位时有“嘀嗒”声，则一般情况下开关是好的，调整撞块位置就能排除故障。

需要注意，为确保人身和设备的安全，在听电气设备运行声音是否正常而需要通电时，应以不损坏设备和扩大故障范围为前提；在摸靠近传动装置的电器元件和容易发生触电事故的故障部位前，必须切断电源后进行。

2. 通电试验法

在外部检查发现不了故障时，可对电气控制电路进行通电试验检查。

通电试验检查时，应尽量使电动机和传动机构脱开，调节器和相应的转换开关置于零位，行程开关还原到正常位置。若电动机和传动机构不易脱开，可使主电路熔体或开关断开，先检查控制电路，待其正常后，再接通电源检查主电路。通电试验检查时，应先用试灯或万用表交流电压挡检查电源电压是否正常，有无缺相或严重不平衡情况。通电试验检查时，应先易后难、分步进行，检查的顺序是：先控制电路后主电路，先辅助系统后主传动系统，先开关电路后调整电路，先怀疑重点部位后怀疑一般部位。

通电试验检查时可采用分步试送法，即先断开所有的熔体，然后顺序逐一接通要检查部位的熔体。合上开关，观察有无冒烟、冒火及熔断器熔断现象。若有，则故障部位就在该处；若无异常现象，则再给以动作指令，观察各接触器和继电器是否按规定的顺序动作，也可发现故障。

通电试验时必须注意以下几种：

（1）可能发生飞车或损坏传动机构的设备不宜通电。

（2）发现冒烟、冒火及有异常声音时立即停车检查。

（3）不能随意触碰带电电器。

（4）养成右手单独操作的习惯。

3. 测量法

测量法利用校验灯、试电笔、钳形电流表、万用表、示波器等对电路进行带电或断电测量，是找出故障点的有效方法。

（1）带电测量法。对于简单的电气控制电路，可以用试电笔直接判断电源的好坏。例如，试电笔碰触主电路组合开关及三个熔断器输出端，若氖泡三处发光均较亮，则电源正常；若两相较亮，一相不亮，则存在电源缺相故障。但试电笔有时会引起误判断，例如，某额定电压为380V的线圈的一根连接线正常而另一根断路，由于线圈本身有电阻，试电笔测量两端均正常发光，可能误判为电源正常而线圈损坏。这时最好用电压测量法，并选择合适的量程。测量线圈两端电压为额定值，但继电器不动作，则线圈损坏；否则线圈是好的，但电路不通。

在采用可控整流供电的电动机调速控制电路中，利用示波器来观察触发电路的脉冲波形和可控整流的输出波形，可以很快地判断故障所在。

（2）断电测量法。尽管带电测量法检查故障迅速准确，但不安全，所以经常用断电测量法检修故障，即在切断电源后，利用万用表欧姆挡对怀疑有问题的控制电路中的触点、线圈、连接线的电阻值进行测量，以此来判断它们的短路或断路。总之，电气控制线路的故障现象各不相同，我们一定要理论联系实际，灵活运用以上方法，及时总结经验，并做好检修记录，不断提高自己的排除故障的能力。

4. 类比法

在有些情况下，可采用与同类型且完好的设备进行比较来确定故障的方法，即类比法。例如，一个线圈是否存在匝间短路，可通过测量线圈的直流电阻来判定，但无法判别直流电阻多大才是完好，这时可以与一个同类型且完好的线圈的直流电阻值进行比较来判别。又如，无法判别某设备中的一个电容是否损坏（电容值变化），可以用一个同类型且完好的电容器替换，如果设备恢复正常，则故障部位就是这个电容。

模块二　电气控制系统设计的一般要求

知识要求	技能要求
掌握电气控制系统设计的一般原则和方法	1. 能根据要求正确选择电动机容量； 2. 能根据要求确定电气控制系统的控制方案； 3. 能根据设计方案列出电气控制系统应注意的安全问题

一、机床电力装备设计的基本原则和内容

进行电气控制系统设计工作必须树立正确的设计思想、群众观点和工程实践的观点，虚心向有实践经验的工人、工程技术人员请教，使设计的产品经济、实用、安全、可靠、使用及维修方便。

由于近代机床的生产效率高，结构形式与机床电气化程度密切相关，因此机床电力装备的设计应与机械部分的设计同步进行，紧密配合，共同拟订电气控制方案，协同解决设计中出现的各种问题，制订出最佳方案。

机床电力装备设计的基本内容如下：

(1) 确定电力拖动方案，选择拖动电动机容量、形式和型号。

(2) 设计机床电力拖动自动控制电路。

(3) 选择电器元件，制定电器一览表。

(4) 进行机床电力装备施工设计。

二、电力拖动方案确定原则和电动机选择

1. 电力拖动方案的确定原则

生产机械的电力拖动方案主要根据生产机械调速要求来确定。

(1) 对于无电气调速要求的生产机械。一般在不需电气调速和起动不频繁时，应首先考虑采用笼型异步电动机拖动。只有在负载静转矩很大或有飞轮的拖动装置中，才考虑采用绕线转子异步电动机。当负载很平稳，容量大且起动、制动次数很少时，采用同步电动机更为合理，这样既可充分发挥同步电动机效率高、功率因数高的优点，又可调节励磁使其工作在过励情况下，以便提高电网功率因数。

(2) 对于要求电气调速的生产机械。这时，应根据生产机械提出的一系列调速技术要求（调速范围、调速平滑性、机械特性硬度、转速调节级数、工作可靠性等）来选择拖动方案，在满足技术性能指标的前提下，进行经济性能比较（设备初投资、调速效率、维修费用等），最后确定最佳拖动方案。

(3) 电动机调速性质的确定。电动机调速性质是指电动机在整个调整范围内转矩、功率与转速的关系，是允许恒功率输出还是恒转矩输出。

电动机的调速性质要与生产机械的负载特性相适应。以车床为例，其主运动需恒功率传动，进给运动则要求恒转矩传动。对于电动机，若采用双速笼型异步电动机拖动，当定子绕组由三角形接法改为星形接法时，转速由低速升为高速，功率却变化不大，适用于恒功率传动；由星形接法改为双星形接法时，电动机输出转矩不变，适用于恒转矩传动。对于直流他励电动机，改变电枢电压调速为恒转矩调速，而改变励磁调速为恒功率调速。

若采用不对应调速，即恒转矩负载采用恒功率调速或恒功率负载采用恒转矩调速，都将使电动机额定功率增大 D 倍（D 为调速范围），且使部分转矩未得到充分利用。所以，选择调速方法时，应尽可能使它与负载性质相同。

2. 拖动电动机的选择

(1) 电动机选择的基本原则。

1) 电动机应完全满足生产机械提出的有关机械特性的要求。

2) 电动机在工作过程中，功率能被充分利用。

3) 电动机的结构形式适合周围环境条件。

(2) 电动机形式的选择。在工作方式上，按生产机械不同工作制，相应选择连续工作制、短时工作制及断续周期工作制的电动机。

按安装方式的不同，电动机分为卧式与立式两种，一般选用卧式电动机，只有为简化传动装置时才选用立式电动机。

按不同工作环境选择电动机的防护形式。开启式电动机适用于干燥及清洁的环境。防护式电动机适用于干燥和灰尘不多且没有腐蚀性、爆炸性气体的环境。封闭式电动机有自扇冷式、他扇冷式和密封式三种，前两种用于潮湿、多腐蚀性灰尘、易受风雨侵蚀的环境，后一种用于浸入水中的机械。防爆式电动机用于有爆炸危险的环境中。

(3) 电动机额定电压的选择。交流电动机的额定电压应与供电电网电压一致，一般车间低压电网电压为 380V，因此中小型异步电动机的额定电压为 220V、380V 两种，后者可用于星形-三角形起动。当电动机功率较大，供电电压为 6000V 及 10 000V 时，可选用高压电动机。

直流电动机的额定电压也要与电源电压一致。当直流电动机由单独的直流发电动机供电时，额定电压常用 220V 及 110V。大功率电动机可提高到 600～800V，甚至为 1000V。

(4) 电动机额定转速的选择。对于额定功率相同的电动机，额定转速越高，电动机的尺寸、质量和成本越小，因此选用高速电动机较为经济。但由于生产机械所需转速一定，电动机转速越高，传动机构转速比越大，传动机构越复杂，因此应综合考虑电动机与机械两方面的多种因素来确定电动机的额定转速。

1) 电动机连续工作时，很少起、制动。可从设备初始投资、占地面积、维护费用等方面，以几个不同的额定转速进行全面比较，最后确定转速比和电动机的额定转速。

2) 电动机经常起、制动及反转，但过渡过程持续时间对生产率影响不大时，除考虑初始投资外，主要以过渡过程能量损耗最小为条件来选择转速比及电动机的额定转速。

3) 电动机经常起、制动及反转，但过渡过程持续时间对生产率影响较大时，主要以过渡过程时间最短为条件来选择电动机的额定转速。

(5) 电动机容量的选择。电动机的容量反映它的负载能力，与电动机的允许温升和过载能力有关。前者是电动机负载时允许的最高温度，与绝缘材料的耐热性能有关；后者是电动机的最大负载能力，在直流电动机中受整流条件的限制，在交流电动机中由最大转矩决定。实际上，电动机的额定容量由允许温升决定。

电动机容量的选择有两种方法：一种是分析计算法，另一种是调查统计类比法。

分析计算法是根据生产机械负载图，在产品目录上预选一台功率相当的电动机，再根据此电动机的技术数据和生产机械负载图求出电动机的负载图，最后，按电动机的负载图从发热方面进行校验，并检查电动机的过载能力是否满足要求，若不行，再选一台电动机重新进行计算，直至合格为止。此法计算工作量较大，负载图的绘制较困难。

调查统计类比法是在不断总结经验的基础上，选择电动机容量的一种实用方法。此法比较简单，但也有一定局限性。它是将各国同类型的机床容量进行统计和分析，从中找出电动机容量和机床主要参数间的关系，再依据我国实际情况得出相应的计算公式。

此外，还有另一种类比法，通过调查长期运行的同类生产机械的电动机容量，并对机械主要参数、工作条件进行类比，然后确定电动机的容量。

三、电气控制系统设计的一般要求

1. 电气控制系统应满足生产机械的工艺要求

在设计前，应充分了解生产机械的工作性能、结构特点、运动情况、加工工艺过程及加工情况，并在此基础上考虑控制方案，如控制方式、起动、制动、反向及调速要求，必要的连锁与保护环节，以保证生产机械工艺要求的实现。

2. 控制电路的电流种类与电压数值的要求

根据GB 5226.1—2008《机械电气安全　机械电气设备　第1部分：通用技术条件》规定：如果电源具有中性线时，可以把控制电路直接接到相线与中性线之间。对于具有五个以上电磁线圈（接触器、继电器、电磁阀等）或电柜外还具有控制器件或仪表的机床，必须采用分离绕组的变压器给控制电路和信号电路供电。当机床有若干个控制变压器时，一个变压器尽可能只给机床一个单元的控制电路供电，只有这样才使不工作的那个控制电路不会危及人身、机床和工件的安全。

由变压器供电的交流控制电路，其二次侧电压为24V或48V，50Hz。对于触点外露在空气中的电路，若电压过低而使电路工作不可靠时，应采用48V或更高的电压，如110V（优选值）和220V，50Hz。

对于具有五个以下电磁线圈的控制电路，可直接接在两相线间或相线与中性线之间。

直流控制电路的电压有24V、48V、110V、220V。对于大型机床，因其线路长，串联的触点多，压降大，故不推荐使用24V、48V交、直流电压。

对于只能使用低电压的电子电路和电子装置，可以采用其他的低电压。

3. 保证控制电路工作的可靠性

（1）电器应工作可靠、牢固、稳定并符合使用环境条件，电器元件的动作时间要短，线圈的吸引时间和释放时间应不影响电路正常工作。

（2）电器元件要正确连接。每个电磁动作器件的线圈、信号灯或向信号灯供电的变压器的一次线圈必须连接在控制电路接地的一边。各个器件的触点应接在线圈和控制电路的另一边之间。

如果保护继电器的触点与被它所控制的器件线圈之间的导线在同一个电柜或壁龛内，该保护继电器的触点可以连接在控制电路接地边和线圈之间。

凡实际接线中，应将线圈并联后接到其额定电压值电路上，切忌将两个交流电磁线圈串联后再接于其额定电压之和的交流电源上。因在交流串联电路中，电压根据阻抗大小正比分配，即使是两个型号相同的交流接触器KM1、KM2，也不能按图9-2串联后接于两倍线圈额定电压的交流电源上。这时当其中一个接触器先动作，该接触器磁路气隙减小，使该线圈电感量增大，阻抗加大，分配到的电压增大，而使未吸合的接触器因电压低不能吸合；同时线路电流增加，有可能使接触器线圈烧毁。

在直流控制电路中，直流电磁铁线圈与直流中间继电器线圈并联时应注意，如图9-3（a）所示，当触点KM断开时，由于电磁铁YA线圈的电感量大，产生大的感应电动势，加在中间继电器KA线圈上，流经KA线圈的电流有可能大于其工作电流，造成KA误动作，以后随着感应电流下降再释放，为此在YA两端并联放电电阻R，并在KA支路中串入KM动合触点，如图9-3（b）所示。

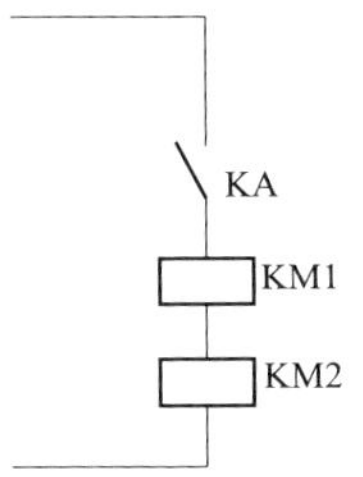

图 9-2　错误的线圈连接

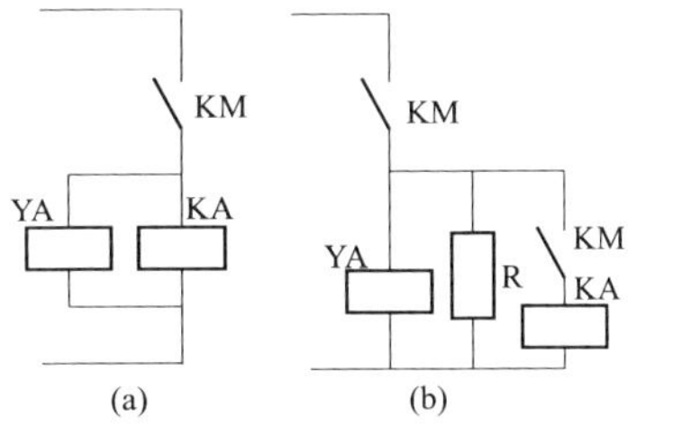

图 9-3　直流电磁铁与直流中间继电器线圈的连接

触点的连接应遵照国家标准，但在具体连接时还应考虑以下两点：首先在设计控制电路时，应尽量使分布在电路不同位置的同一电器触点接到同一极性或同一相上，以免在电器触点上发生电源短路。图 9-4 是行程开关 SQ 的两对触点与电磁线圈的连接电路，其中图 9-4（a）所示的电路可靠性比图 9-4（b）高。另外，应考虑电器触点的接通和分断能力，如果触点容量不够，可加接中间继电器或增加触点数目。用多触点并联可增加接通能力，用多触点串联可提高分断能力。

（3）尽量减少触点数和连接导线数与长度。

（4）防止出现寄生电路。寄生电路是指控制电路在正常工作或事故情况下，发生意外接通的电路。若在控制电路中存在寄生电路，将破坏电器和电路的工作顺序，造成误动作。图 9-5 为存在寄生电路的控制电路，在正常情况下，电路能完成起动、正反转和停止的操作控制，信号灯也能指示电动机正反转工作状态，但当电动机过热使热继电器 FR 动断触点断开时，将出现图中虚线所示的寄生电路，将使接触器 KM1 不能断开释放，电动机失去过热保护。若将 FR 动断触点移至停止按钮 SB1 之后，便可防止寄生电路。

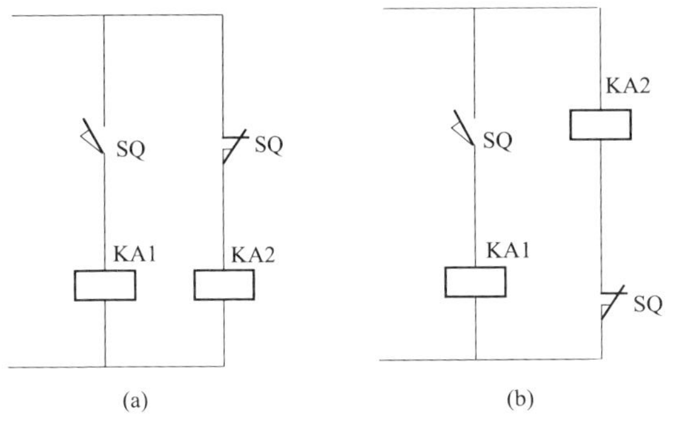

图 9-4　触点的正确连接

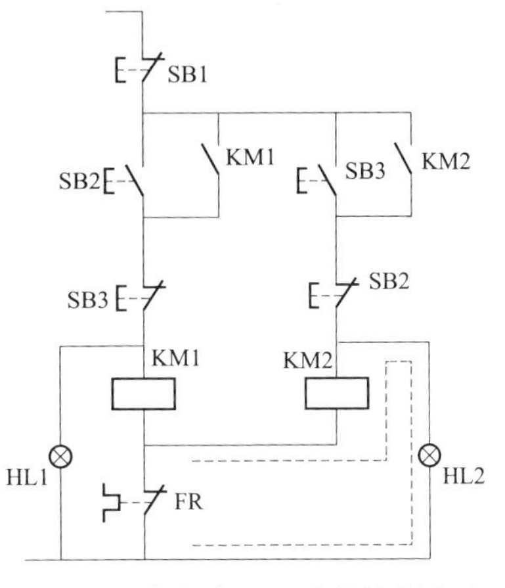

图 9-5　存在寄生电路的控制电路

4. 保证电气控制电路工作的安全性

电气控制电路在事故情况下，应能保证操作人员、电气设备、生产机械的安全，并能有效地制止事故的扩大。为此，在电气控制电路中应采取一定的保护措施，常用的有采用漏电保护开关的自动切断电源的保护、短路保护、过载保护、失电压保护、欠电压保护、连锁保护、行程保护与过电流保护等。

5. 操作和维修方便

电气控制电路应从操作与维修人员工作出发，力求操作简便，维修方便。电气控制电路在满足生产机械要求前提下，力求简单、经济。

思考与练习

9-1 确定电气控制系统故障的主要步骤是什么?

9-2 分析电气控制系统故障有哪些方法。

9-3 调查研究法有什么好处?

9-4 用通电试验法排查电气故障有什么好处? 使用这种方法要注意哪些事项?

9-5 机床电力装备设计要注意哪些?

9-6 确定电力拖动方案要遵循哪些原则?

9-7 选择拖动电动机时应满足哪些条件?

9-8 为什么要正确连接继电器?

9-9 应如何避免出现寄生电路?

参 考 文 献

[1] 李益民，刘小春. 电机与电气控制技术 [M]. 北京：高等教育出版社，2006.
[2] 赵明，许翏. 工厂电气控制设备 [M]. 2 版. 北京：机械工业出版社，2011.
[3] 田淑珍. 工厂电气控制设备及技能训练 [M]. 2 版. 北京：机械工业出版社，2012.
[4] 项毅，吴宜平. 工厂电气控制设备实验与设计指导 [M]. 北京：机械工业出版社，1999.
[5] 李伟. 电气控制与 PLC [M]. 北京：北京大学出版社，2009.
[6] 华满香. 电气控制及 PLC 应用 [M]. 北京：北京大学出版社，2009.
[7] 阮友德. 电气控制及 PLC [M]. 北京：人民邮电出版社，2009.
[8] 吴灏，冯宁. 电动机与机床电气控制 [M]. 北京：人民邮电出版社，2009.
[9] 吴拓，于立辉. 机电控制技术 [M]. 北京：机械工业出版社，2011.
[10] 韩雪涛，吴瑛. 图解打印机/扫描仪原理与维修 [M]. 北京：人民邮电出版社，2003.
[11] 黄钟穆. 打印机结构与维修 [M]. 北京：金盾出版社，2001.
[12] 侯放. 洗衣机原理与检修 [M]. 2 版. 北京：高等教育出版社，2003.
[13] 向骞. 全自动洗衣机原理与维修 [M]. 福州：福建科技出版社，2000.
[14] 郭洪红. 工业机器人技术 [M]. 2 版. 西安：西安电子科技大学出版社，2012.
[15] 孙树栋. 工业机器人技术基础 [M]. 西安：西北工业大学出版社，2006.
[16] 姜佩东. 液压与气动技术 [M]. 北京：高等教育出版社，2000.
[17] 张玉莲. 液压和气压传动与控制 [M]. 杭州：浙江大学出版社，2006.
[18] 屈圭. 液压与气压传动 [M]. 2 版. 北京：机械工业出版社，2014.
[19] 何法明. 液压与气动技术学习及训练指南 [M]. 北京：高等教育出版社，2003.
[20] 朱新才，周秋沙. 液压与气动技术 [M]. 重庆：重庆大学出版社，2003.
[21] 毛好喜，刘青云. 液压与气动技术 [M]. 2 版. 北京：人民邮电出版社，2012.
[22] 冯锦春. 液压与气压传动技术 [M]. 2 版. 北京：人民邮电出版社，2014.
[23] 王益群，高殿荣. 液压工程师技术手册 [M]. 北京：化学工业出版社，2010.
[24] 李振军，刘建英. 液压传动与控制 [M]. 北京：机械工业出版社，2009.
[25] 崔培雪. 液压与气动技术 [M]. 北京：机械工业出版社，2014.
[26] 李善术. 数控机床及应用 [M]. 2 版. 北京：机械工业出版社，2012.
[27] 刘启中，蔡德福. 现代数控技术及应用 [M]. 北京：机械工业出版社，2000.
[28] 张伟中，姜晓强，徐安林. 数控原理与系统 [M]. 北京：人民邮电出版社，2012.
[29] 宋丹，黄文广，张伟中. FANUC 数控系统实训 [M]. 北京：中国电力出版社，2011.
[30] 沈军达. 数控机床故障诊断及维修 [M]. 北京：机械工业出版社，2010.
[31] 何伟. 数控机床原理及应用 [M]. 北京：机械工业出版社，2007.
[32] 杨克冲，陈吉红，郑小年. 数控机床电气控制 [M]. 武汉：华中科技大学出版社，2005.
[33] 熊军. 数控原理与结构 [M]. 北京：人民邮电出版社，2007.
[34] 陈富安. 数控原理与系统 [M]. 2 版. 北京：人民邮电出版社，2011.
[35] 林其骏. 数控技术及应用 [M]. 北京：机械工业出版社，2001.
[36] 龚仲华. FANUC0iC 数控系统完全应用手册 [M]. 北京：人民邮电出版社，2009.
[37] FANUCα、β 系列交流伺服驱动规格说明书.
[38] FANUC 0/0i－TD 系列操作说明书、连接调试、维修说明书.